CANoe

使用教程及案例分析

基础篇

马开献　王　悦　丁秋玉　陆　清　著

同济大学出版社
TONGJI UNIVERSITY PRESS
·上海·

图书在版编目(CIP)数据

CANoe 使用教程及案例分析.基础篇 / 马开献等著
. -- 上海：同济大学出版社，2024.3
ISBN 978-7-5765-0919-9

Ⅰ.①C… Ⅱ.马… Ⅲ.①总线-技术 Ⅳ.①TP336

中国国家版本馆 CIP 数据核字(2023)第 185459 号

CANoe 使用教程及案例分析　基础篇

马开献　王　悦　丁秋玉　陆　清　**著**

责任编辑 朱　勇　**助理编辑** 王映晓　**责任校对** 徐逢乔　**装帧设计** 张　微

出版发行 同济大学出版社　www.tongjipress.com.cn
(地址:上海市四平路 1239 号　邮编:200092　电话:021-65985622)
经　销 全国各地新华书店
制　作 南京月叶图文制作有限公司
印　刷 上海安枫印务有限公司
开　本 787mm×1092mm　1/16
印　张 19.75
字　数 430 000
版　次 2024 年 3 月第 1 版
印　次 2024 年 3 月第 1 次印刷
书　号 ISBN 978-7-5765-0919-9

定　价 168.00 元

前言 PREFACE

随着汽车电动化、智能化和网联化的飞速发展，车载网络的应用和创新越来越多，电子电器架构也从分布式向集成式创新发展，这些变化势必会使ECU软件和硬件的复杂度越来越高。那么，如何尽早地在开发过程中发现问题并解决问题？如何评估车载网络中各个网段的负载？面对日益增加的数据量，如何进行集群化测试？随着AUTOSAR AP的广泛应用，如何对部署在不同操作系统上的软件进行测试？如何应对DevOps、GitOps、CI/CT在现代化开发流程中的测试？经过35年的持续迭代和改进，CANoe已经成为汽车电子开发和测试工程师不可或缺的工具，能够帮助工程师应对以上问题。

本书介绍如何使用CANoe软件进行网络通信的仿真、分析、测试和诊断。通过快速、精准地模拟各种车辆网络和ECU通信环境，帮助汽车电子开发测试工程师加速开发测试和验证工作。本书从基础入手，帮助读者了解CANoe的基本使用操作，包括创建工程、配置通道以及发送数据等。同时，本书还深入介绍了CANoe软件的部分高级功能和应用，例如，在开发过程中使用CAPL语言来实现自定义功能，从而增强仿真和分析的灵活性。本书中所有的代码均使用CAPL语言编写。CAPL语言简单易学，可读性强，对初学者非常友好。在仿真、测试和诊断章节会有大量的CAPL语言语法及函数介绍，同时也会提供操作实例，供读者参考。

本书适用于对CANoe软件有兴趣的读者，无论是汽车电子工程师、软件工程师还是测试工程师都可以从中受益。本书的目标读者应该具备一定的汽车电子基础知识和编程经验(如C、C++或Python基础)，并且对CAN总线协议和汽车电子系统有一定的了解。本书编写过程中秉承“简单易学、实用性强”的原则，力求让读者在最短时间内掌握CANoe的基础知识和使用方法；从实际需求出发，注重实践操作，让读者通过实践来感受CANoe的强大功能，从而更好地掌握其使用方法。

本书也可作为高校相关专业的参考用书。

本书能帮助读者快速掌握基本的CANoe仿真、分析和测试技能。但是本书不是CANoe软件的详细说明书，如果在使用软件过程中遇到问题，可以发送邮件至官方支持邮箱support@cn.vector.com，也可以查阅CANoe软件中的帮助文档。

最后，感谢参与本书编写的专家和工程师，他们的经验和技术为本书的编写提供了重要的素材和支撑。同时，也要感谢所有为CANoe的开发和推广作出贡献的人员，是他们让CANoe成为汽车电子开发领域中最重要的工具之一。希望本书能够为读者的工作提供有价值的帮助，让大家更好地掌握CANoe的使用方法，从而在汽车电子开发中发挥更大的作用，在车联网和汽车电子领域的开发、测试工作中更加顺利。书中若有疏漏之处，恳请读者批评指正，并请将意见和建议发送至邮箱kaixian.ma@vector.com，我们不胜感激。

著者

2023年6月

目 录 CONTENTS

第 1 章 CANoe 功能概述

■ 1.1 概述

CANoe 软件在汽车电子领域被广泛应用。许多工程师都会用到 CANoe 的仿真、分析、测试和诊断功能，但大多仅限于与工作内容相关的部分，对于这些功能没有系统性认识，对某些便捷的功能和特性也并不了解。本书旨在帮助汽车电子行业工程师更全面地认识 CANoe 软件，以进一步提高开发效率和质量。

CANoe 软件的全称是 CAN Open Environment，它是一个专业的系统级总线和 ECU（Electronic Control Unit，电子控制单元）仿真、分析、开发、测试工具。支持 ECU 或总线网络开发从需求分析到系统实现的全过程，包括模型创建、仿真、测试、诊断及通信分析等。

CANoe 不但能帮助用户开发和测试 CAN/CAN FD/CAN XL 总线，还能够通过各种插件来支持 LIN、Ethernet、FlexRay、MOST 和 SAE J1708 等总线系统以及 SAE J1939、ISO 11783、SAE J1587、CANopen、XCP、Car2X、AFDX、ARINC-429、SENT 等协议。本书基于 CANoe 16.0 为大家作相关功能或特性的介绍，目前可供选择的插件如表 1-1 所示。

表 1-1 CANoe 插件

名称	功 能
A429	支持 A429（ARINC-429）相关功能
AFDX	支持 AFDX（ARINC-664）相关功能
AMD/XCP	支持 ECU 内部参数的监控和测试（需基于对应总线插件）
CAN	支持 CAN/CAN FD/CAN XL 相关功能
J1939	支持 SAE J1939 相关功能（商用车，国标充电）
ISO 11783	支持 ISO 11783 相关功能（农用机械）
CANopen	支持 CANopen 相关功能
Car2x	支持中国（GB/T）、欧盟国家（ETSI）和 美国（IEEE）发布的 Car2x 相关标准和协议
Ethernet	支持 Ethernet 相关功能（车载以太网及上层应用）
EtherCAT	支持作为 Master 与第三方 EtherCAT Slave 设备通信
FlexRay	支持 FlexRay 相关功能
J1587	支持 SAE J1587 相关功能
LIN	支持 LIN 相关功能（LIN1.x、LIN2.x、SAE J2602、ISO 17987）
MOST	支持 MOST 相关功能（MOST25/MOST50/MOST150）

（续表）

名称	功　能
Scope	支持物理层波形解析及自动化测试（需结合 USB 便携示波器）
Sensor	支持 SENT 和 PSI5 信号解析、仿真、测试（需结合硬件板卡）
Smart Charging	支持电动车和充电桩之间的通信和测试（DIN-79121、ISO 15118、GB/T 27930、CHAdeMO）

为了满足不同客户群体的需求，CANoe 也提供 PRO（Professional）、RUN（Runtime）、PEX（Project Execution）、Standalone、NOA（Network Offline Analysis）等多种变型，各变型的主要特点如表 1-2 所示。

表 1-2　CANoe 变型

名称	简　介
PRO	包含所有完整功能
RUN	支持运行已有工程，仅可编辑部分模块（如 CAN Interactive Generator），无法编辑 CAPL
PEX	支持运行已有工程，提供图形化用户界面，包含部分分析窗口
Standalone	需配合 VN89/VT6000 系列实时运行平台，将工程下载到对应硬件中脱离 PC 运行
NOA	支持导入记录文件进行离线分析

安装 CANoe 软件时，计算机软、硬件要求如表 1-3 所示。

表 1-3　计算机配置推荐

	推荐	最低要求
CPU	● Intel Core i7 或 comparable ● ≥3 GHz ● ≥4 cores	● Intel compatible ● 2 GHz ● 2 cores
内存（RAM）	≥32 GB	8 GB
硬盘空间	≥20 GB SSD/NVMe	8 GB HD/SSD
显示器分辨率	Full HD	1280×1024 pixels
操作系统	● Windows 10 64-bit（≥version 1803） ● Windows 11 64-bit（≥version 21H2）	

CANoe 支持多种软硬件集成接口技术，可实现更多的扩展功能（表 1-4）。

表 1-4 其他扩展功能

名称	功能描述	软件	硬件	通用接口
VH6051	CAN 总线干扰仪，与 CANoe 无缝集成，通过 CAPL 实现自动化测试	—	✓	—
车辆动力学软件接口	CANoe 可以通过特殊的 CAPL 函数访问车辆动力学软件的接口以控制测试的运行。需要单独安装支持的车辆动力学接口包	✓	—	—
COM 接口	CANoe 支持外部应用程序通过 COM 接口进行访问控制。目前支持的编程语言有 VBScript、JScript、Perl、VBA、Visual Basic、Delphi、C/C ++ 和 Python	—	—	✓
ERT（Extended Real Time，扩展实时模式）	Vector 工具平台的扩展实时功能可以改善 CANoe 和 CANape 的延迟和精度	✓	✓	—
FDX（Fast Data Exchange，快速数据交换）协议	FDX 是一种协议，允许 CANoe 和其他系统之间通过以太网进行简单、快速和实时的数据交换。通过该协议，其他系统可以对 CANoe 的系统变量、环境变量和总线信号进行读/写访问。此外，还可以向 CANoe 发送控制命令（如启动和停止）或通过 FDX 接收状态信息	—	—	✓
Functional Mock-up Interface（FMI，功能模型接口）	FMI 定义了一个标准化接口，借助该接口可以耦合各种建模工具（如 Simulink）的复杂动态仿真模型，从而实现多种模型之间的数据交互及测试	—	—	✓
GPIB（General Purpose Interface Bus）	GPIB 是一种标准协议，主要用于测量设备、程控电源和信号发生器。CANoe 可以通过该协议与这些设备进行通信	—	✓	—
SIL Kit（SIL 套件）	SIL 套件是用于耦合不同仿真工具的框架，为开源代码	—	—	✓
MATLAB Integration	可以借助 Matlab/Simulink 进行 CANoe 节点建模，扩展节点的功能，补充 CANoe 无法或难以通过 CAPL 实现的节点功能	✓	—	—
RS232	通过 CAPL 控制 RS232 接口，实现外部设备与 CANoe 之间的通信	—	✓	—
Scope	借助 Scope 功能及相关的硬件，可以实现 CAN、LIN、FlexRay 物理电平信号的自动化测试	—	✓	—
VN8900	VN8900 兼具易用性（即插即用）和实时功能。CANoe 中仿真和测试环境的实时相关部分可以在 VN8900 设备上执行。该功能非常适合低延时、高精度的应用场景	—	✓	—
VT System	VT 系统是一个模块化硬件系统，能够模拟被测 ECU 的传感器和执行器，CANoe 配合 VT System 可快速搭建 ECU HIL 测试系统，对单个 ECU 或系统进行功能测试和网络测试	—	✓	—
ASAM XIL API	ASAM XIL API 是规范访问测试系统的软件接口的标准，其允许以标准化方式对不同的测试系统进行调用，且不同的测试系统之间可以共用测试脚本	✓	—	—

■ 1.2 快速创建 CANoe 工程

1.2.1 创建仿真工程

以 CANoe 16.0 为例演示如何从零开始创建工程。打开 CANoe 工程，选择 File → New，选择合适的模板创建工程（图 1-1）。

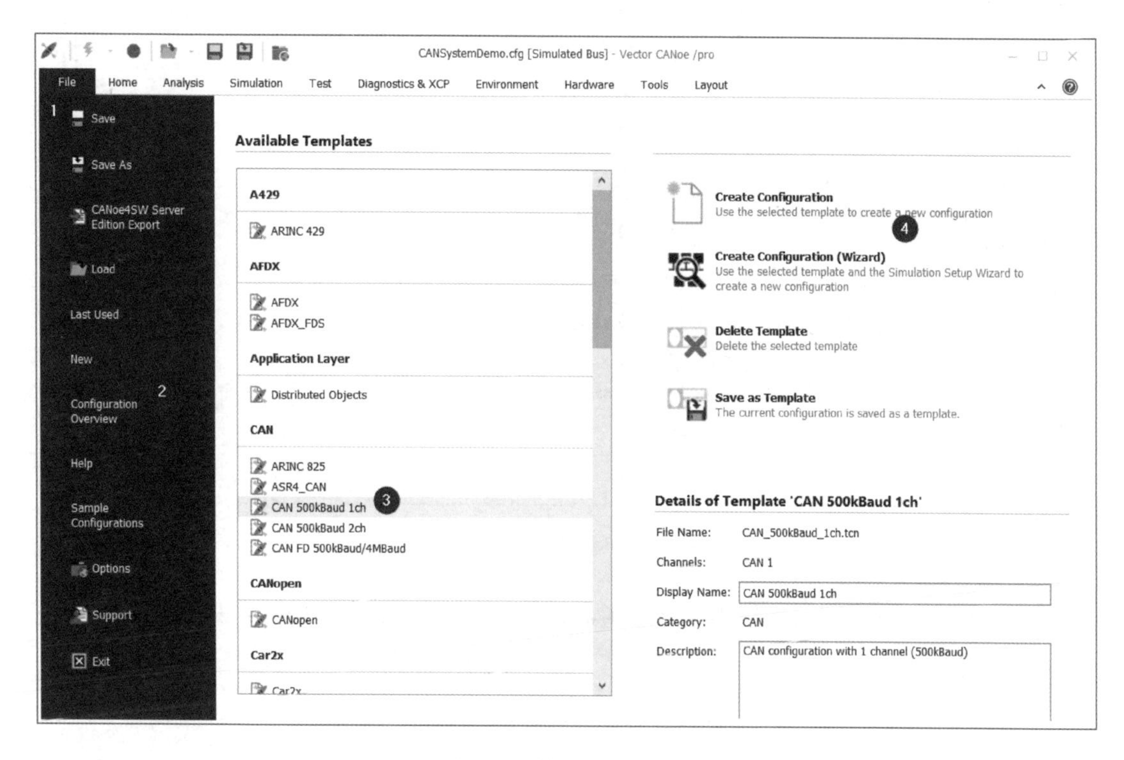

图 1-1　创建 CANoe 工程

CANoe 软件基于总线类型分类定义了模板供用户快速创建工程，模板主要定义了使用的总线类型、通道数目等信息，模板中配置的信息在创建的工程中都可以自定义添加或修改。

1.2.2 配置仿真工程

仿真工程创建完成后，需要进行软硬件配置以适配真实的测试环境。

1. 通道配置

根据实际需求调整软件的通道类型及通道数目配置，选择 Hardware → Channel Usage 配置。图 1-2 所示的配置软件通道通常需要与真实的硬件通道进行映射，因此，按照实际需求选配软件通道类型和数目后，还要确保通道类型和数目与连接的硬件匹配。

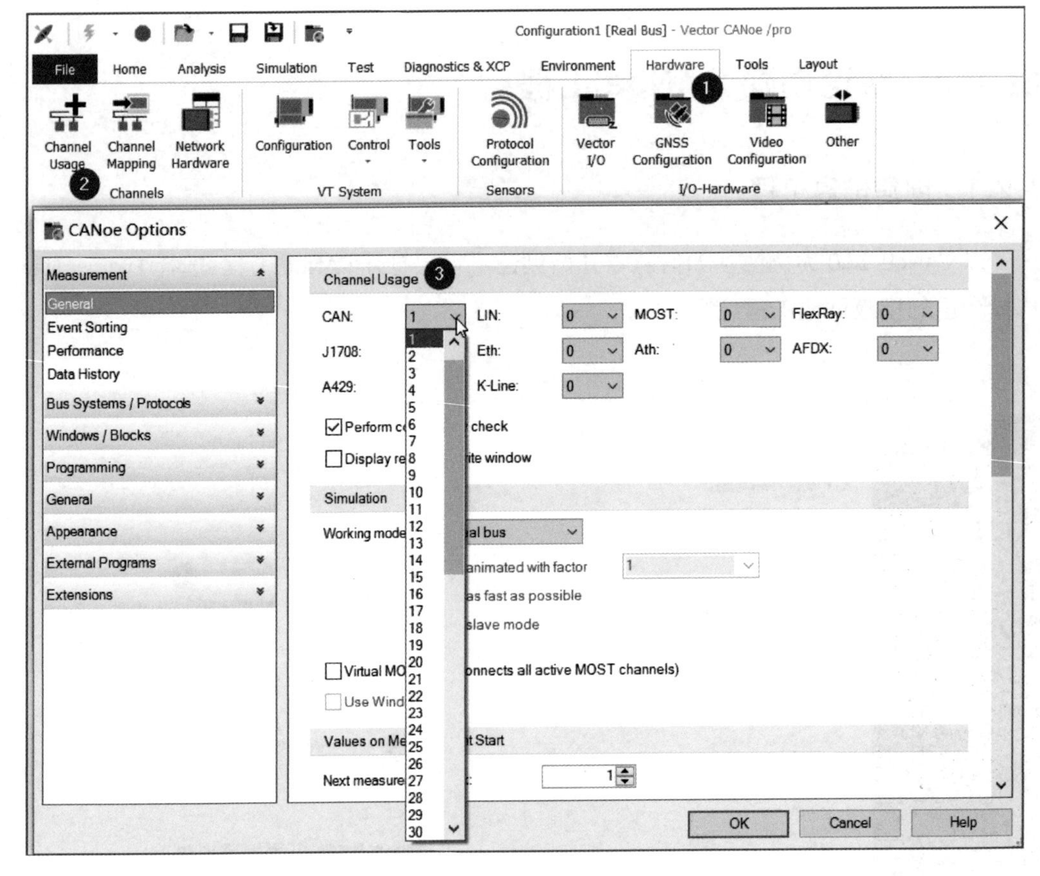

图 1-2　通道类型及数目配置

在“Channel Usage”对话框中配置通道后，还需要在“Simulation Setup”窗口中添加对应的总线网络(图 1-3)。

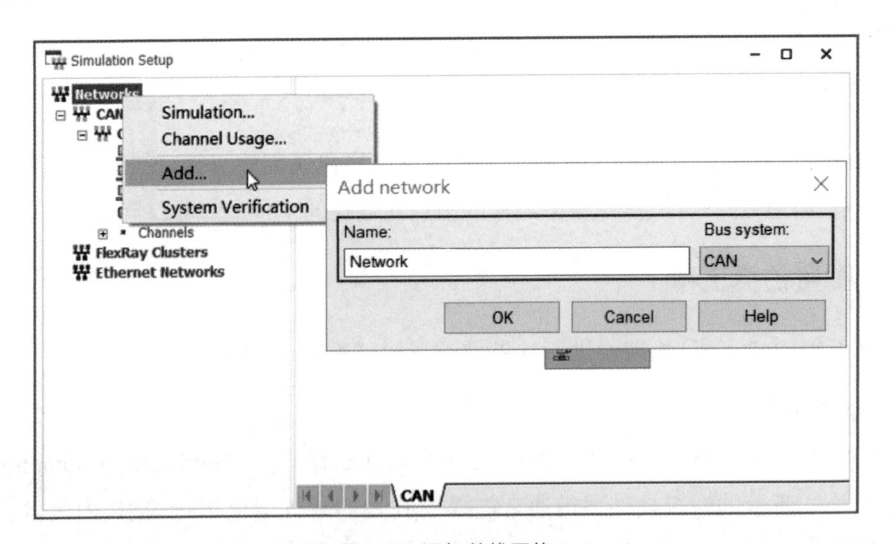

图 1-3　添加总线网络

2. 通信配置

对于 CAN 及 CAN FD 通信，还需要对通信相关的参数进行配置，以确保其能够与真实 ECU 或真实网络进行通信。选择 Hardware → Network Hardware，打开"Network Hardware Configuration"窗口进行配置（图 1-4）。

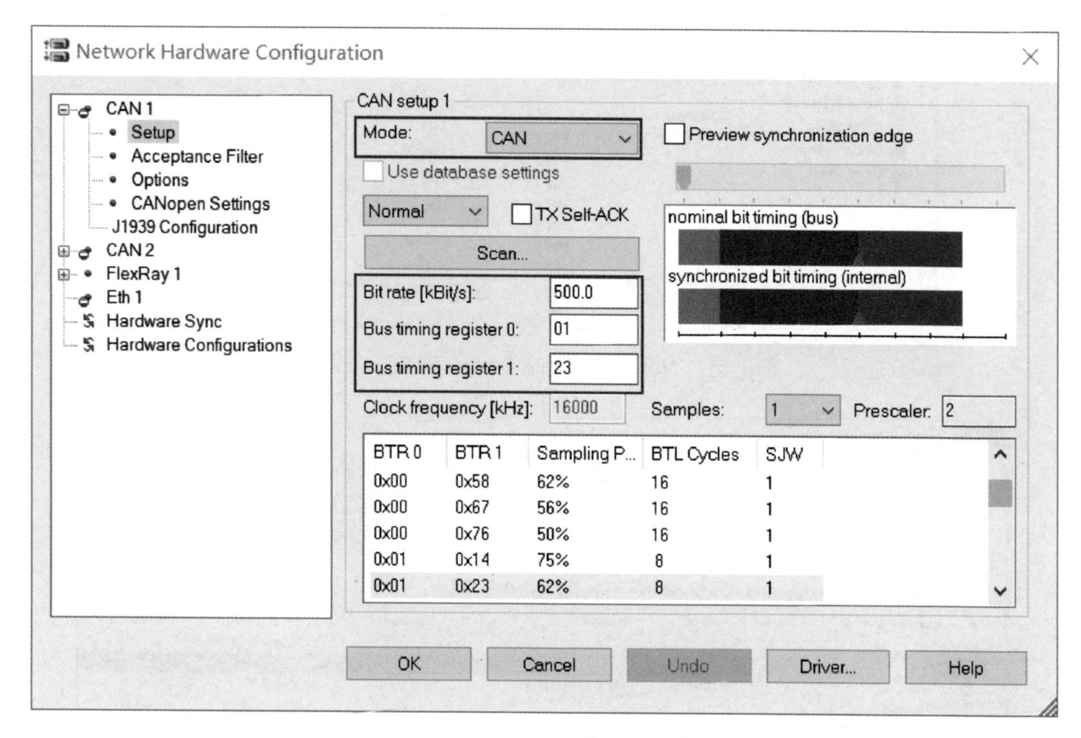

图 1-4 通信参数配置

需要配置如下选项。

- Mode：可配置 CAN 或 CAN FD 模式。
- Bit rate：配置与真实 ECU 一致的通信速率，CAN FD 模式要分别设置仲裁场及数据场通信速率。
- Sample Point：配置与真实 ECU 一致的采样点，由于 CAN FD 涉及波特率切换，所以尤其需要关注其采样点的配置。

3. 通道分配

选择 Hardware → Network Hardware → Driver，打开"Vector Hardware Config"窗口进行通道分配。选择具体的物理通道，单击右键并选择应用程序，分配通道，同时，可在该界面确认每个通道对应的硬件 PIN 脚定义，确保线束连接正确。如图 1-5 所示。

此外，也可以通过 Hardware → Channel Mapping 进行快速通道分配（图 1-6）。

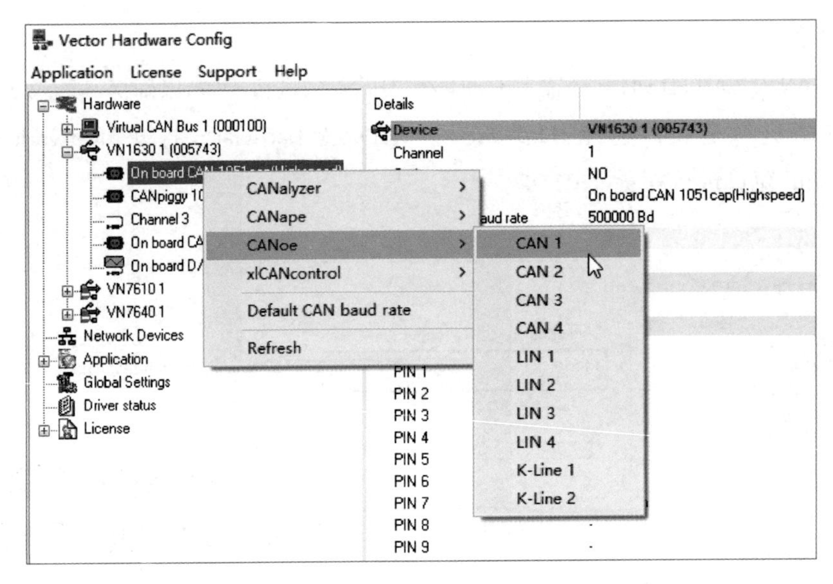

图 1-5 “Vector Hardware Config”窗口分配通道

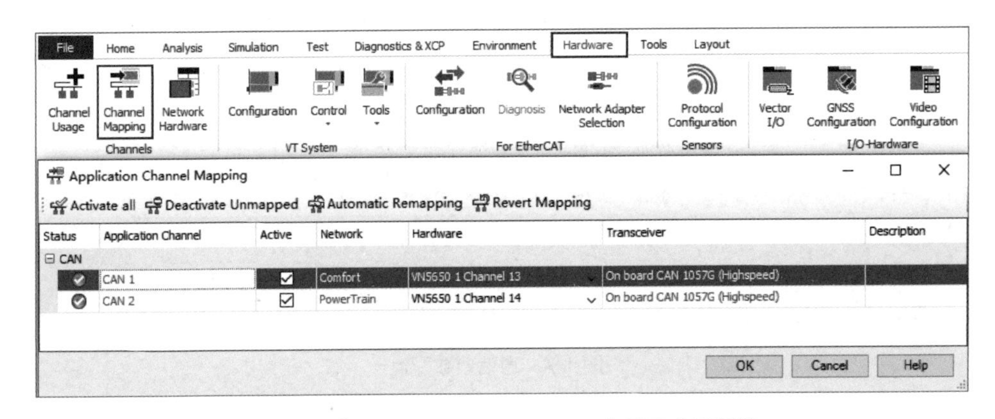

图 1-6 “Application Channel Mapping”窗口分配通道

4. 数据库配置

数据库的作用是在进行总线数据分析时解析报文、信号等内容，在进行总线仿真时可基于数据库的定义快速创建仿真工程，在进行网络测试时也会涉及对数据库内容的处理。不同总线数据库文件的格式也不同，例如，CAN/CAN FD 常见的数据库格式是 DBC 或 ARXML，LIN 总线是 LDF 或 ARXML，FlexRay 和 Ethernet 是 XML 或 ARXML。各种总线的数据库在软件中的配置都是类似的，具体操作可以参考 2.2.1.1 小节。

1.2.3 保存仿真工程

工程配置完成后就可以进行保存，建议在工程文件路径下通过子文件夹的方式存放需要使用到的各类文件，如数据库文件、CAPL 脚本文件、记录文件和面板文件等（图 1-7）。这使整个工程的文件层级清晰，有利于文件管理，并防止文件在拷贝、使用中丢失等。

图 1-7　保存配置工程

为了保证软件不同版本之间配置工程的兼容性，在保存高版本工程时，可以根据需要选择低版本进行保存，以便使用低版本时也能打开。具体操作是选择 File → Save As，在保存类型中切换到对应版本即可（图 1-8）。

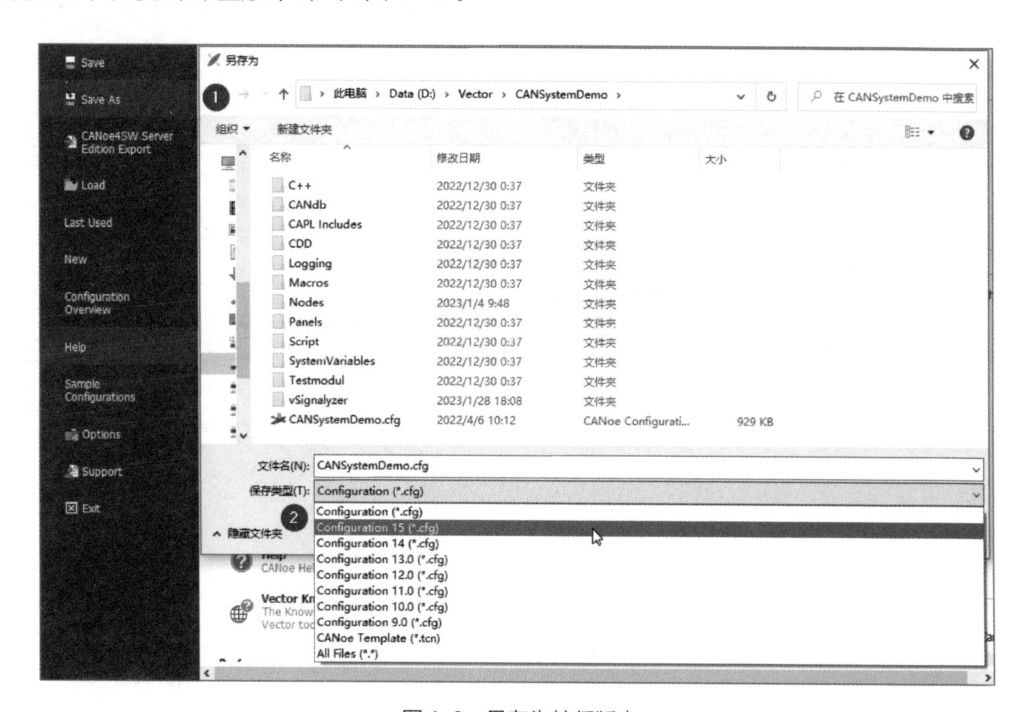

图 1-8　另存为较低版本

如果高版本工程中包含低版本不支持的功能，即使按低版本保存，在低版本中也可能会无法使用。

第 2 章　CANoe 仿真功能

■ 2.1 概述

CANoe 的仿真功能(图 2-1)是整个开发流程中至关重要的一环。

(1) 通过仿真可以在实际硬件和软件开发之前进行系统级测试和验证,帮助开发团队提早发现和解决潜在问题,更早地进行系统验证,从而加快产品的开发进程。也避免了在早期开发阶段进行昂贵的硬件原型制造和实验环境搭建,大大节省时间和资源。同时,降低了测试过程中的风险和不确定性。

(2) 仿真环境可以模拟各种复杂的测试场景和异常条件,包括网络通信、场景仿真和故障模拟等,能够提供更全面的测试覆盖率,验证系统在各种实际情况下的行为和性能。

(3) 仿真功能与测试工具结合使用,可以实现自动化测试,提高测试效率,减少人工测试的工作量,并能更精确地控制测试流程,保证重复测试时测试步骤及仿真环境的一致性。

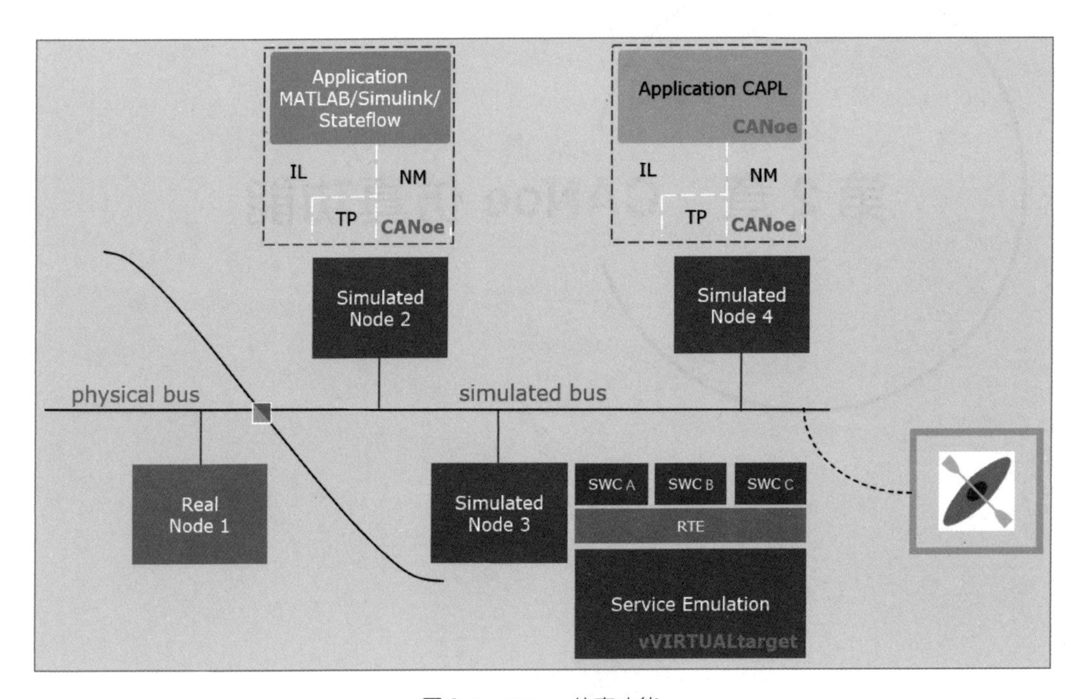

图 2-1 CANoe 仿真功能

CANoe 支持网络开发的三个阶段,包括全网络仿真、残余总线仿真和真实网络分析。在全网络仿真和残余总线仿真阶段,可以模拟网络中真实 ECU 的功能逻辑和传输行为。功能逻辑包括 ECU 的控制策略,需要评估、处理和设置总线信号值等,支持用 CAPL、.NET 语言编写应用代码扩展节点的仿真功能,也支持导入 MATLAB/Simulink 模型进行功能及算法验证,还可以通过虚拟化工具 vVIRTUALtarget 对 AUTOSAR Classic 和 AUTOSAR Adaptive ECU 软件组件和软件系统进行调试。而传输行为可以通过交互层(Interactive Layer)来控制应用报文的发送，通过网络管理层（Network Management Layer）控制网络管理报文的发送来模拟实现。在真实网络分析阶段，可通过 CANoe 配合总线接口卡采集真实总线数据，通过分析窗口如 Trace、Graphics 等监测报文与信号，通过 CAPL 处理实际总线数据。

■ 2.2　常用模块介绍

2.2.1　仿真基本配置

“Simulation Setup”窗口是配置仿真功能的主要窗口，主要用于配置网络、创建仿真节点，以及添加代码或模型文件以扩展仿真功能。

“Simulation Setup”窗口由两部分组成，左侧显示工程中配置的网络使用情况，如网络类型、网络数目等，可通过“Networks”选项添加不同类型的总线网络，如 CAN、FlexRay、Ethernet 等，并可在具体的总线网络（如 CAN Networks）中增加使用的总线数目；右侧显示了与左侧选择的总线网络对应的节点配置情况，通过鼠标选中总线，并单击右键可以添加仿真节点或其他功能模块，如图 2-2所示。

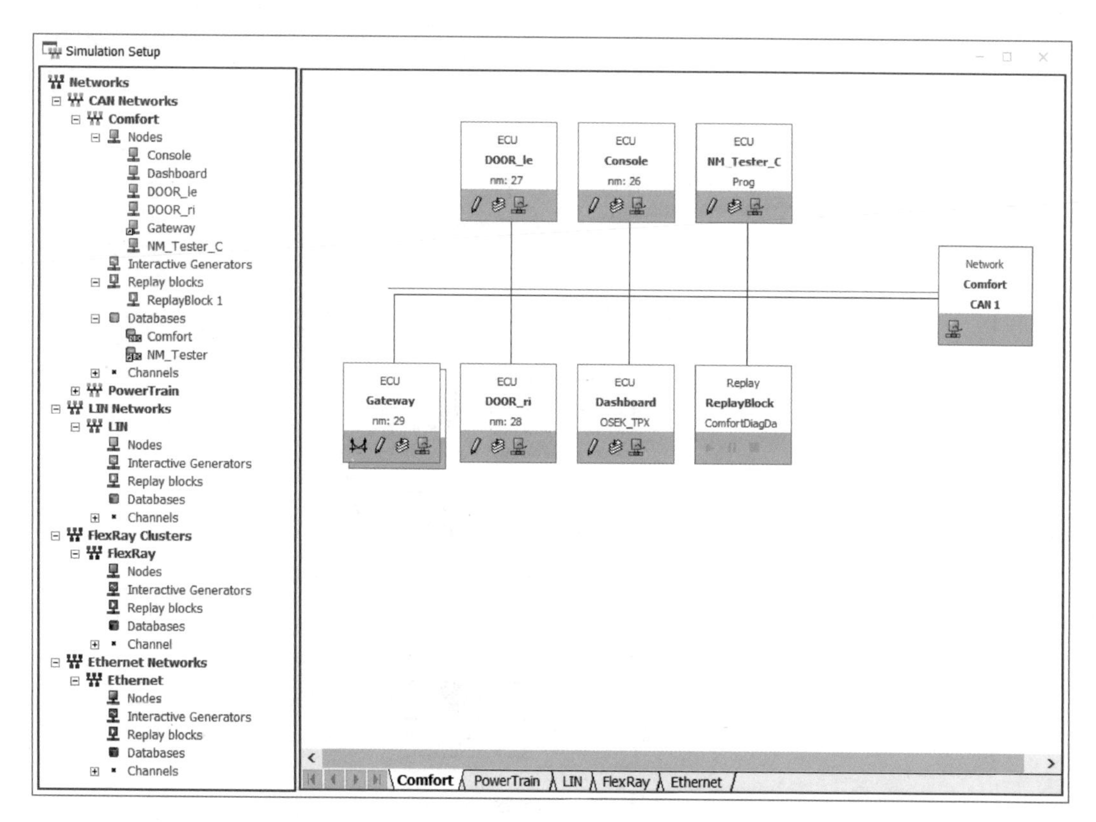

图 2-2　“Simulation Setup”窗口

2.2.1.1　添加数据库

选择总线网络的“Databases”选项，单击鼠标右键有“Add”和“Import Wizard”两种配置模式(图 2-3)。“Add”为仅添加数据库的方式，因此更推荐使用“Import Wizard”，其可以快捷创建残余总线仿真环境。下面以“Import Wizard”模式介绍数据库的导入及仿真节点的配置。

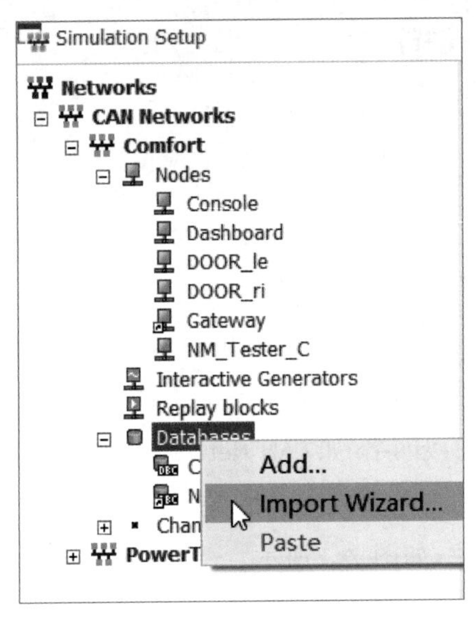

图 2-3　添加数据库

(1) 选择“Import Wizard...”选项。

(2) 添加数据库文件并映射仿真节点(图 2-4)。

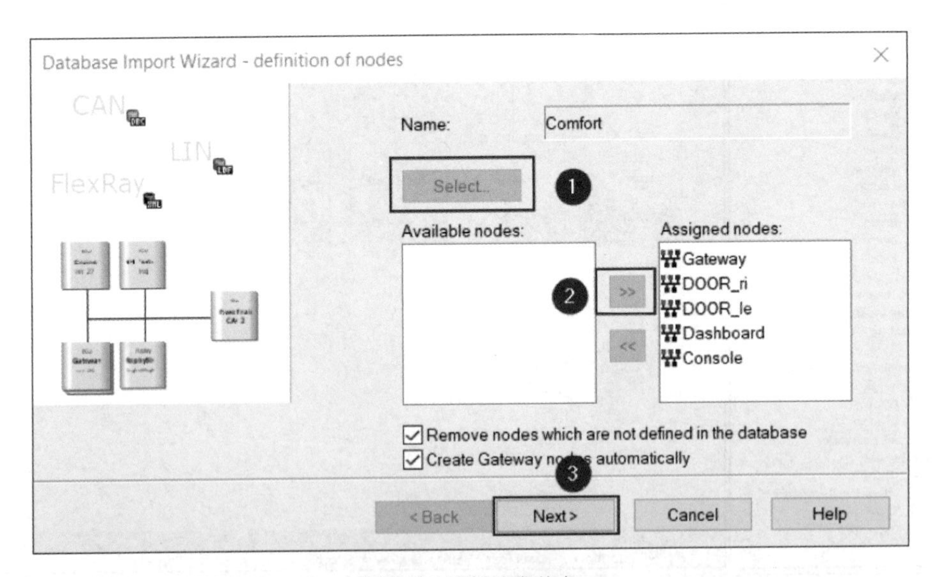

图 2-4　映射仿真节点

● 单击“Select”按钮，添加需要加载的数据库文件。

● 从“Available nodes”列将需要模拟的节点映射到“Assigned nodes”列。

● 单击“Next”按钮。

简单的几步操作即可完成数据库添加，并一键生成所需的仿真节点。生成的仿真节点如图 2-5 所示。

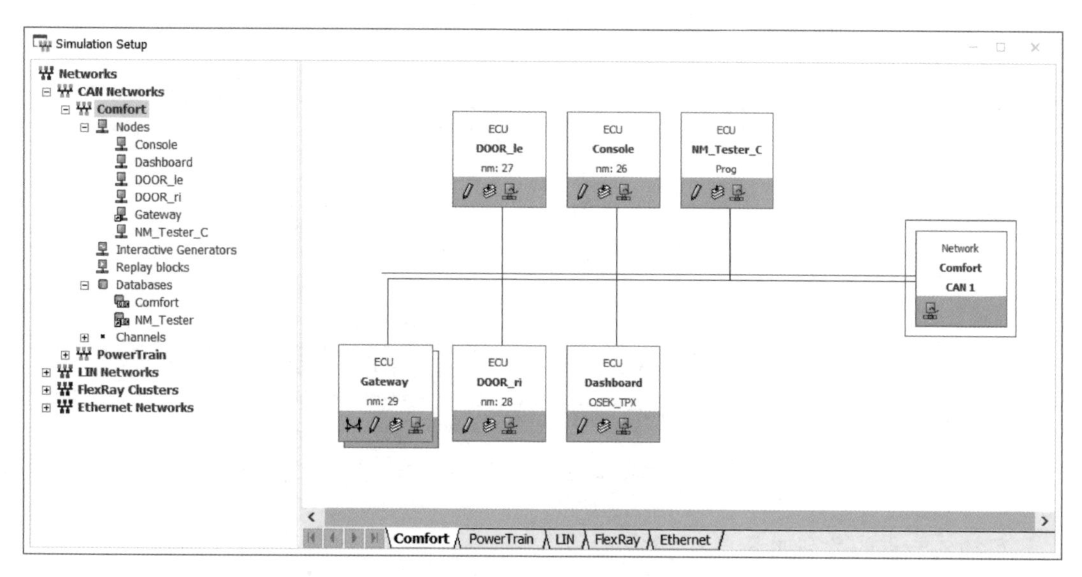

图 2-5　生成仿真节点

添加数据库后，若想重新选择生成哪些仿真节点，可选择数据库文件，右键打开“Node Synchronization ...”选项进行配置。

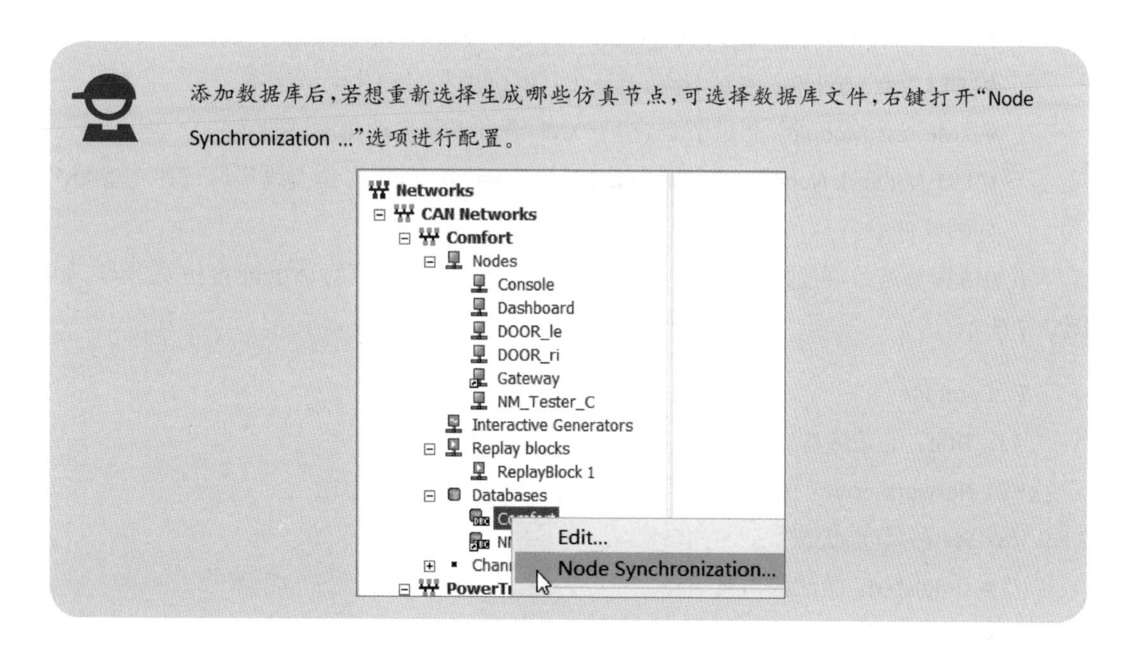

2.2.1.2　仿真节点的配置

除基于数据库生成仿真节点外，也可自定义创建仿真节点，选中总线，单击鼠标右键选择“Insert Network Node”可插入仿真节点(图 2-6)。

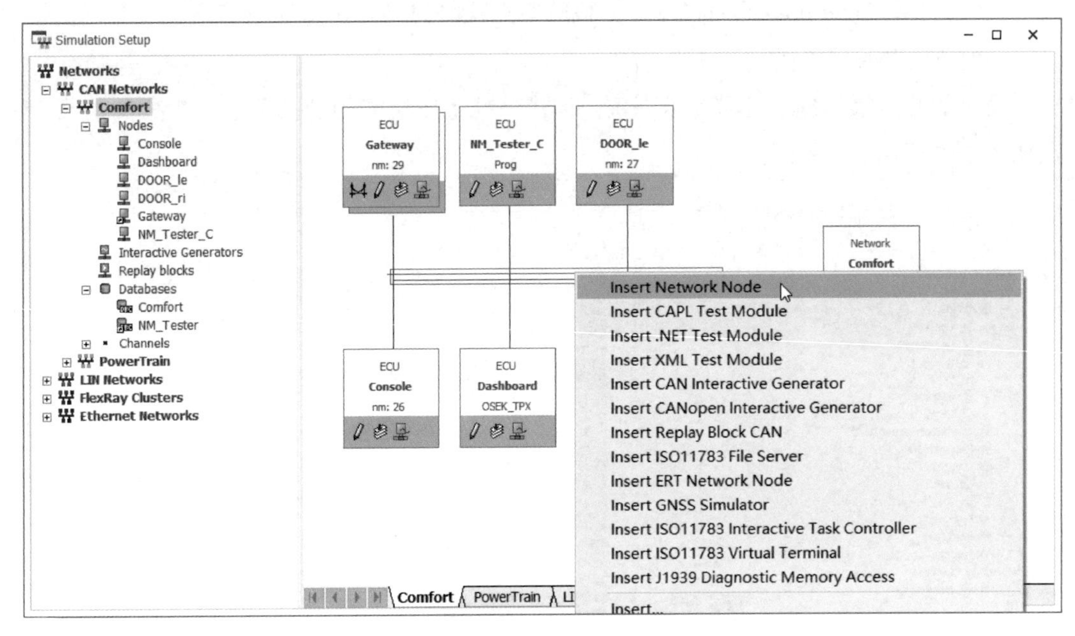

图 2-6　插入仿真节点

可插入节点的类型如下。

- Network Node：仿真节点，用于模拟真实 ECU 的行为，如报文收发、信号处理等。
- CAPL Test Module：测试节点，基于 CAPL 编写自动化测试脚本。
- .NET Test Module：测试节点，基于 C# 语言编写自动化测试脚本。
- XML Test Module：测试节点，基于 XML 语言编写自动化测试脚本。
- ERT Network Node：ERT (Extended Real Time)节点，作为独立线程运行在支持 ERT 的硬件中。

添加仿真节点后，可通过单击右键打开“Node Configuration”对话框配置仿真节点，如图 2-7 所示。

1. Common

(1) Title：定义仿真节点的名称。

(2) Network node：关联数据库中的节点。

(3) State：节点状态。

- simulated：激活该仿真节点。
- off：禁用该仿真节点，连接真实 ECU 时需要禁用的仿真节点。

(4) Execution：执行模式。

- Standard：添加的脚本文件(如 CAPL、C#)在 PC 仿真环境执行。

● CAPL-on-Board：CAPL 脚本会执行在 VN 硬件上，可以提高总线仿真的实时性。

（5）Node specification：通过“File”选项新建或添加脚本文件，用于扩展仿真节点的功能。

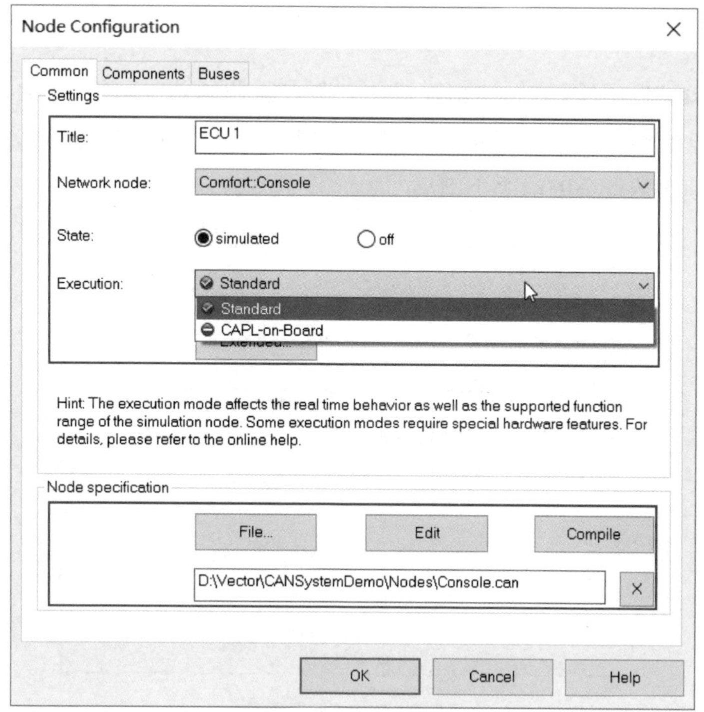

图 2-7　Common 配置界面

2. Components

切换到“Components”选项（图 2-8）可以配置仿真节点使用 CANoe 软件自带的模型库

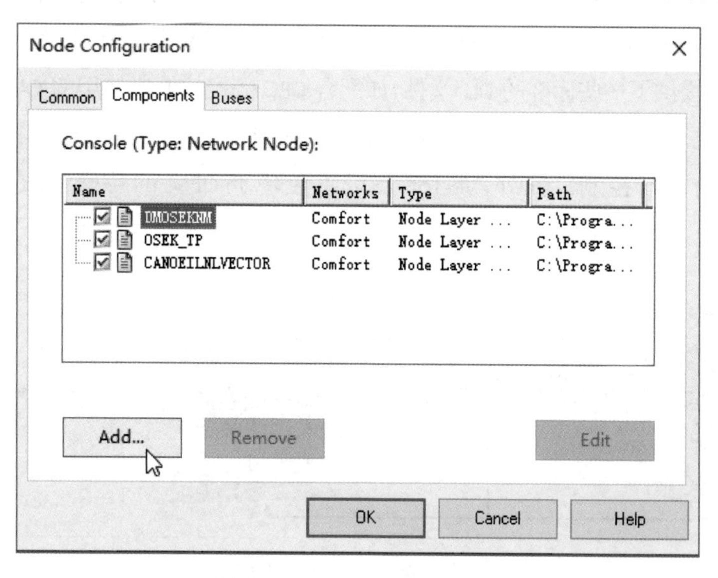

图 2-8　Components 配置界面

文件，如用于网络管理机制（OSKE NM 或 AUTOSAR NM）的 DLL 文件、用于控制应用报文发送的交互层 DLL 文件，以及用于长帧数据发送管理的传输层 DLL 文件等，大部分 DLL 可以在 CANoe 软件安装路径下的“Exec32/Exec64”文件夹中找到。

3. Buses

切换到“Buses”选项（图 2-9）可以配置仿真节点所处的总线网络，通常，仿真节点默认属于添加了其所在数据库的总线网络，如果需要配置网关节点（即挂载到多个网段），可以通过“Buses”选项将节点分配给多个网络。

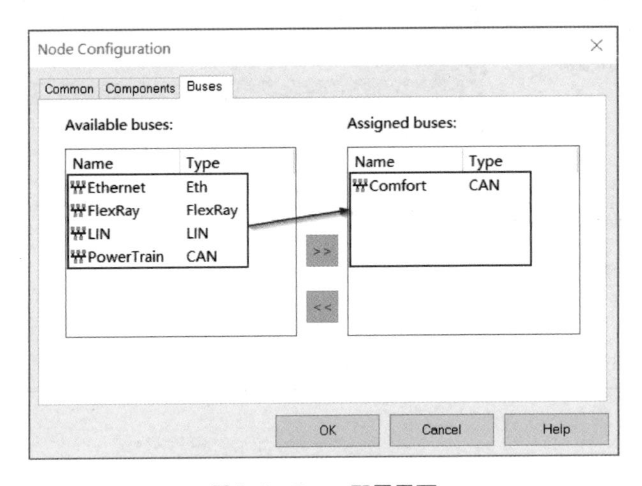

图 2-9　Buses 配置界面

2.2.1.3　基于交互层的报文发送

CANoe Interaction Layer（CANoe IL）主要用于管理信号与报文之间的映射，并根据发送模型控制报文的发送。数据库中需要为报文和信号配置对应的属性，加载到 CANoe 后，CANoe IL 则会基于封装好发送模型的 DLL 根据配置的属性发送对应报文及信号，如图 2-10 所示。

CANoe 本身提供了一些标准的 DLL 文件，如配合 DBC 格式数据库使用的 CANoeILNLVector.dll，以及配合 ARXML 格式数据库使用的 AsrPDUIL2.dll，它们会根据数据库文件中的属性配置实现发送行为的仿真与控制。此外，Vector 公司还会基于 OEM 的特殊需求开发专属 OEM

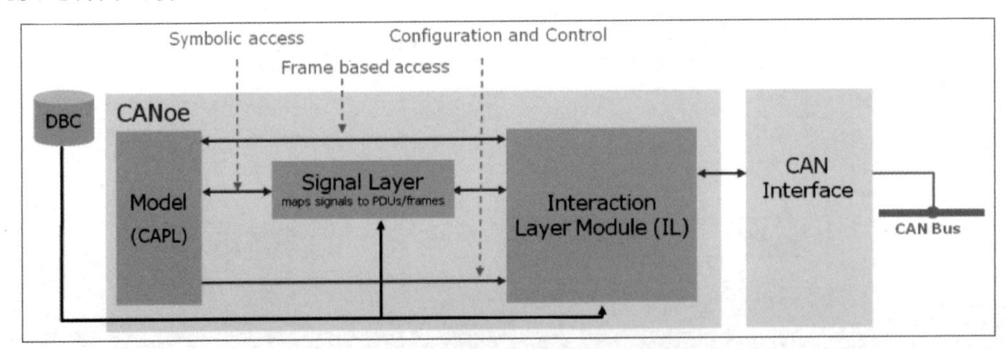

图 2-10　CANoe Interaction Layer

Add-on，其中包含符合 OEM 需求的特定发送模型，可以实现 E2E 的数据仿真、故障注入函数的封装、一键生成仿真工程等。在 CANoe 的帮助文档中搜索关键字"Overview-Modeling Libraries"即可查阅所有的 OEM Add-on 信息。

1. 数据库属性配置

CANoe IL 基于数据库中描述报文及信号发送行为的属性来实现仿真，不同格式的数据库文件的相关属性配置也是有差异的，CAN/CAN FD 通信中用到的数据库格式为 DBC 和 ARXML，其中的属性配置分别如表 2-1 和表 2-2 所示。

表 2-1 DBC 格式数据库属性

名称	类型	数值	默认值	描述
NodeLayerModules	String	CANoeILNLVector. dll、OSEKNM01. dll、AsrNM33.dll、OSEK_TP.dll 等	—	配置仿真节点所需的模块，如 IL、NM，该配置也可在 CANoe 中手动添加
GenMsgILSupport	Enum	0：No 1：Yes	Yes	设置为 Yes 时，使能 IL 的相关功能
GenMsgSendType	Enum	0：Cyclic 1：NotUsed 2：NotUsed 3：NotUsed 4：NotUsed 5：NotUsed 6：NotUsed 7：IfActive 8：NoMsgSendType 9：NotUsed 10：NotUsed 11：NotUsed	Cyclic	该属性与信号的发送类型属性共同定义报文的发送行为
GenMsgCycleTime	Integer	0～65535	0	报文的周期发送时间(ms)
GenMsgCycleTimeFast	Integer	0～65535	0	定义报文快速传输周期(ms)，用于 IfActive 发送类型
GenMsgDelayTime	Integer	0～65535	0	定义多次传输的最小间隔时间(ms)，两次传输之间不得小于该值。 最小间隔约束条件： GenMsgDelayTime < (GenMsgCycleTime / 2) && GenMsgDelayTime < (GenMsgCycleTimeFast / 2)
GenMsgNrOfRepetition	Integer	0～65535	0	重复次数，用于 xxxWithRepetition 类型
GenMsgStartDelayTime	Integer	0～65535	0	定义 IL 初始启动后的延迟时间(ms)
GenMsgFastOnStart	Integer	0～65535	—	定义 IL 启动后以快速传输周期(GenMsgCycleTimeFast)发送周期报文的持续时间(ms)

（续表）

名称	类型	数值	默认值	描述
GenSigSendType	Enum	0：Cyclic 1：OnWrite 2：OnWriteWithRepetition 3：OnChange 4：OnChangeWithRepetition 5：IfActive 6：IfActiveWithRepetition 7：NoSigSendType 8：OnChangeAndIfActive 9：OnChangeAndIfActiveWithRepetition	NoSig SendType	定义信号的发送类型
GenSigInactiveValue	Integer	0x0～0x80000000	0	定义信号的无效值，以信号原始值设置。该值仅用于 IfActive 发送类型，如果信号值不等于该值，则信号所在报文以快速传输周期的间隔周期性发送
GenSigStartValue	Integer	0x0～0x80000000	0	定义信号的起始值，以信号原始值设置

表 2-2　ARXML 格式数据库属性

<table>
<tr><td>Minimum Delay</td><td colspan="2">定义 I-PDU 连续传输之间的最小延迟时间（s）</td></tr>
<tr><td colspan="3">Transmission Mode True Timing</td></tr>
<tr><td rowspan="2">Cyclic Timing</td><td>Time Offset</td><td>定义 I-PDU 首次传输前的延迟时间</td></tr>
<tr><td>Time Period</td><td>定义 I-PDU 的周期传输时间</td></tr>
<tr><td rowspan="2">Event Controlled Timing</td><td>Repetition Period（重复周期）</td><td>定义 PDU 下一次发送前需等待的时间，即相同 PDU 两次传输之间的最小间隔时间。如果没有配置事件触发时 PDU 的重复传输次数（Number of Repetitions），那么 Repetition Period 也是选配的</td></tr>
<tr><td>Number of Repetitions</td><td>定义事件传输模式下 PDU 传输的重复次数</td></tr>
<tr><td colspan="3">Transmission Mode False Timing</td></tr>
<tr><td rowspan="2">Cyclic Timing</td><td>Time Offset</td><td>定义 I-PDU 首次传输前的延迟时间</td></tr>
<tr><td>Time Period</td><td>定义 I-PDU 的周期传输时间</td></tr>
<tr><td rowspan="2">Event Controlled Timing</td><td>Repetition Period</td><td>定义 PDU 下一次发送前需等待的时间，即相同 PDU 两次传输之间的最小间隔时间。如果没有配置事件触发时 PDU 的重复传输次数（Number of Repetitions），那么 Repetition Period 也是选配的</td></tr>
<tr><td>Number of Repetitions</td><td>定义事件传输模式下 PDU 传输的重复次数</td></tr>
<tr><td colspan="3">Data Filter</td></tr>
<tr><td>always</td><td colspan="2">不执行过滤，始终传递报文</td></tr>
<tr><td>maskedNewDiffersMaskedOld</td><td colspan="2">当基于掩码进行与运算后的报文数值发生变化时传递报文，即（new_value&mask）!=（old_value&mask）。其中，new_value 为报文当前值，old value 为报文上一次的值（初始值，每次出现未被过滤而传递的 new_value 后更新为该次 new_value）</td></tr>
</table>

（续表）

maskedNewDiffersX	当基于掩码进行与运算后的报文数值不等于特定值 X 时传递报文，即（new_value&mask）! =X。其中，new_value 为报文的当前值
maskedNewEqualsX	当基于掩码进行与运算后的报文数值等于特定值 X 时传递报文，即（new_value&mask）==X。其中， new_value 为报文的当前值
never	过滤所有报文
newIsOutside	当报文值超出预定义阈值时，传递报文，即（new_value<min）OR（new_value>max）
newIsWithin	当报文值在预定义的阈值范围内时，传递报文,即 min<=new_value <=max
oneEveryN	报文每出现 N 次，过滤器传递一次，即 occurrence% period = = offset。其中，occurrence 表示报文经过其他过滤后的出现次数，period 为 N

2. CANoe IL DLL **配置**

前文提到，DBC 格式文件可以在属性中配置需要使用的 IL DLL 文件，在 CANoe 中加载 DBC 格式文件后会根据属性配置自动查找添加 DLL 文件。当然也可以手动，在生成的仿真节点上单击右键，选择 Node Configuration → Components → Add 添加，参考图 2-8 配置界面，待添加的 DLL 可以从以下两个路径查找。

（1）{CANoe 安装路径}\Exec64 或 Exec32。

（2）% programdata% \Vector\< sub path>。

上述配置完成后，运行 CANoe，模拟的仿真节点即会根据数据库的配置自动发送报文，并且可以单击鼠标选择仿真节点，单击右键，打开“Open IL Configuration”选项，修改交互层相关属性，如报文的发送周期等，具体可配置选项见图 2-11。

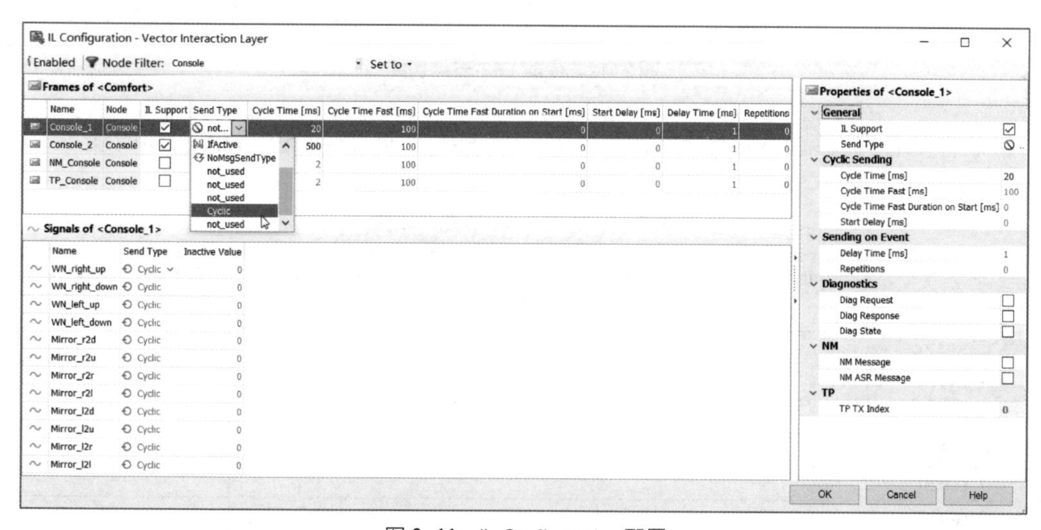

图 2-11 IL Configuration 配置

在后面的章节还会介绍如何处理交互层发送的信号，比如可以通过信号发生器（Signal Generator）去实时修改发送的信号值，参考 2.2.3 小节；通过面板(Panel)修改和显示信号值，参考 2.3 节；通过 CAPL 改变和分析信号值，参考 2.4 节；通过 MATLAB/Simulink 读写信号值，参考 2.5.2 小节。

2.2.1.4　ERT 功能配置

ERT 提供多线程并行运行环境，提高了 CANoe 运行的时钟精度和确定性，同时也显著提高总线数据处理实时性及模型运行能力。如需在 CANoe 中配置 ERT 功能，选择 Options → Measurement → Performance，在"Extended Real Time（ERT）"选项区域中先选择"Activate ERT network nodes"选项，再在"Simulation Setup"窗口添加 ERT 节点(图 2-12)。

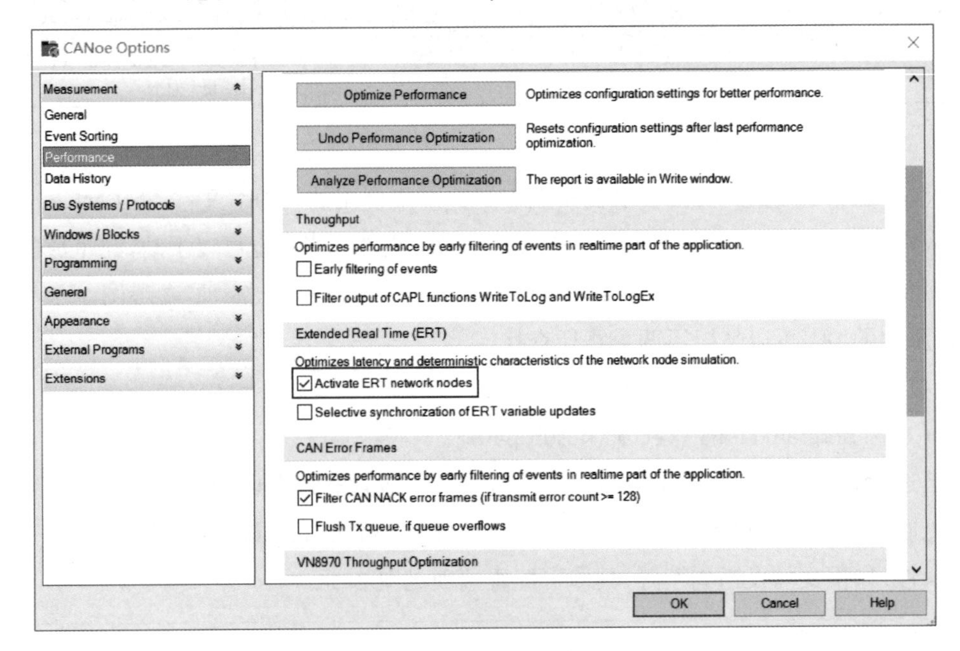

图 2-12　使能 ERT 节点功能

软件配置完成后，还需要确认硬件是否支持 ERT 功能，目前支持 ERT 功能的设备参考表 2-3。

表 2-3　支持 ERT 功能的硬件

	Interface Mode[1]	Distributed Mode[2]	Standalone Mode[3]	Extended Real Time
VN8911	√	√	√	√
VN8912A	√	√	√	√
VN8914	√	√	√	√
VT6011	—	√	√	—
VT6051A	—	√	√	√
VT6020	—	√	√	—
VT6060	—	√	√	√
RT Rack	—	√	√	—[4]

注：1　Interface Mode：接口卡模式，与普通 VN 系列接口卡功能相同。
2　Distributed Mode：分布式模式，CANoe 的仿真和测试部分在硬件设备上运行，上位机只运行分析和图形化界面相关部分。
3　Standalone Mode：独立运行模式，将工程下载至设备中，脱离上位机运行。
4　CS246E 支持 ERT。

ERT 节点支持如下特性。

- CAPL 编程：分配给 ERT 节点的 CAPL 脚本会自动编译并在 ERT 中执行，支持 ERT 功能的 CAPL 函数可在帮助文档中查询。
- MATLAB/Simulink 模型：MATLAB 支持编译 ERT 功能的 DLL，增强模型运行的实时性。
- CANoe 交互层：数据库中配置的节点会自动根据数据库中定义的 IL 层 DLL 添加，也可手动配置。

2.2.2 CAN IG 模块和 PDU IG 模块

CAN IG（CAN Interactive Generator）模块用于发送 CAN/CAN FD 报文，其配置界面简洁，使用简单，方便初学者通过交互界面快速定义报文并发送，常用于验证总线通信及简单的测试逻辑。PDU IG（PDU Interactive Generator）模块用于快速地发送 AUTOSAR PDUs，支持 CAN/CAN FD、FlexRay 和 Ethernet 总线。

2.2.2.1 CAN IG 模块

1. CAN IG 模块创建

选中总线，单击右键插入 CAN IG 模块（图 2-13）。

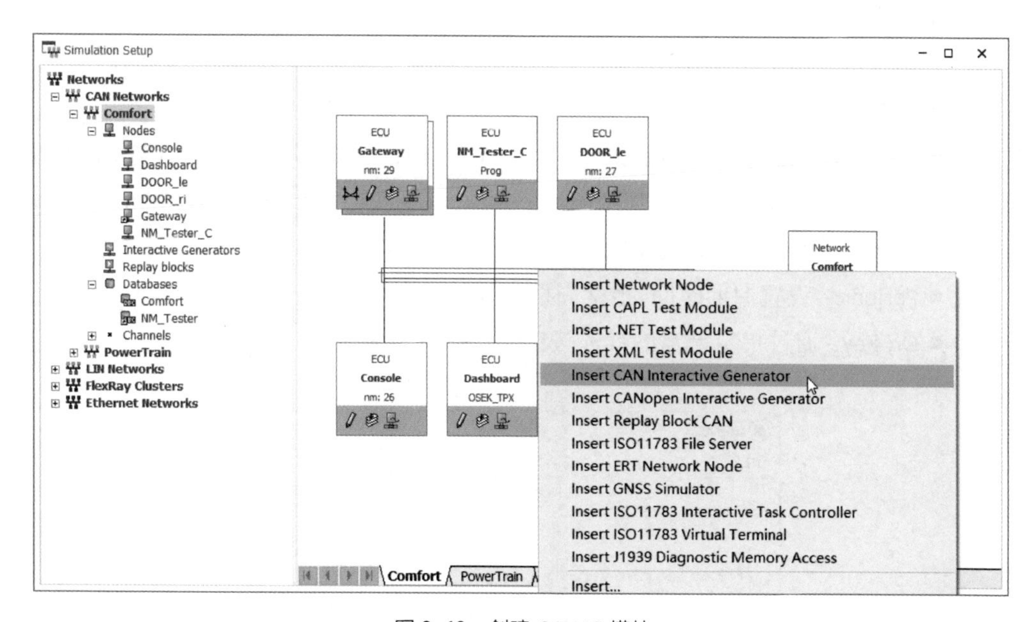

图 2-13　创建 CAN IG 模块

2. CAN IG 窗口介绍

窗口主要分为上下两部分，上半部分为报文列表，用于添加待发送的报文，配置报文属性及其触发方式等；下半部分为信号列表，用于修改发送的信号值或报文的原始负载值

（图 2-14）。

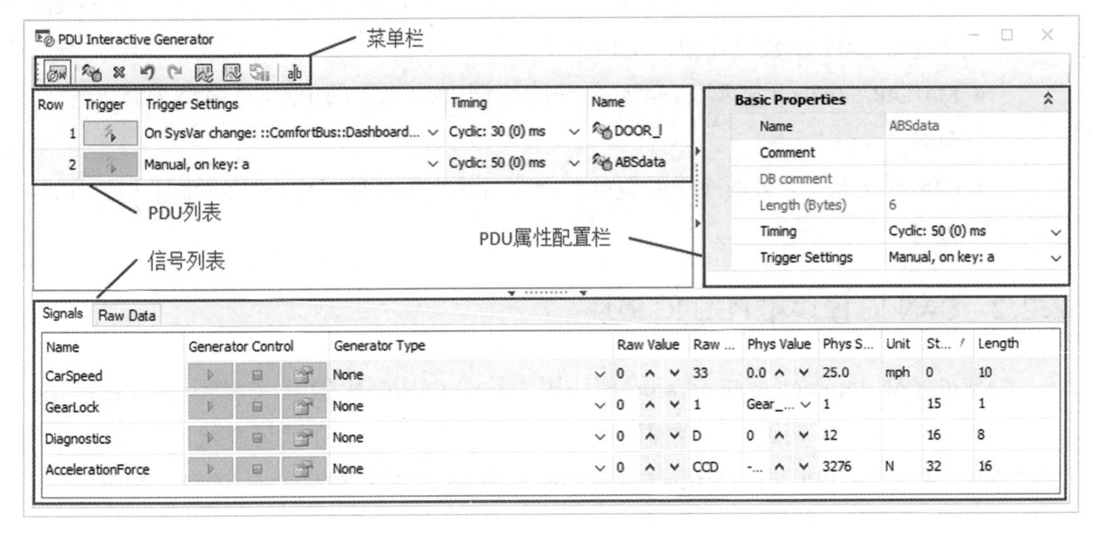

图 2-14 “CAN IG”窗口

（1）菜单栏：包含如下配置项。

● 添加报文至发送列表，包括从数据库中选择报文及创建自定义报文。

● 从报文列表中删除已添加的报文。

● 撤销或恢复上一步操作。

● 配置报文及信号视图的列表选项。

（2）PDU 列表：显示添加的报文并配置报文的属性参数及其发送方式，“Trigger”选项卡包含以下几种选项(图 2-15)。

● Manual：单击“Send”按钮以单次发送。

● Periodic：设置周期时间，报文周期性发送。

● On Key：通过指定键盘的具体按键实现按键触发发送。

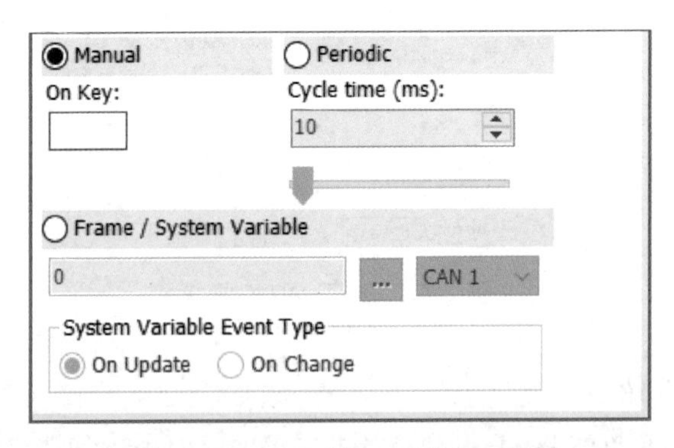

图 2-15 CAN IG “Trigger”选项配置

- Frame/System Variable：当收到指定的报文或指定的系统变量值更新、变化时，触发报文的发送。

（3）PDU 属性配置栏：配置添加的 CAN/CAN FD 报文的属性，如 ID、DLC、BRS 等。

（4）信号列表：用于修改信号值，包括“Signals”列和“Raw Data”列。

- Signals：当添加数据库中定义的报文时，可直接修改报文中的具体信号值，并可通过 Generator Type 配置信号基于特定的波形变化。
- Raw Data：直接对报文的负载部分按照字节来定义数值。

2.2.2.2 PDU IG 模块

1. PDU IG 窗口查看与创建

选择 Simulation → PDU Interactive Generator 即可查看或新建 PDU IG 模块(图 2-16)。

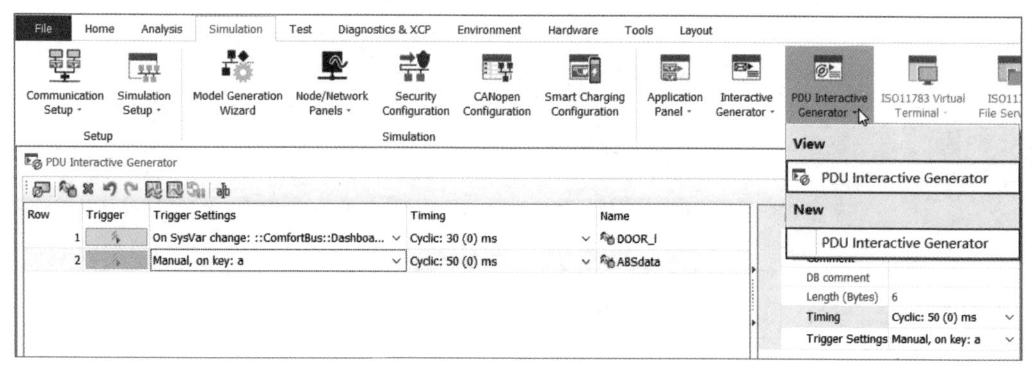

图 2-16　PDU IG 窗口查看与创建

2. PDU IG 窗口介绍

与 CAN IG 模块类似，PDU IG 窗口也分为上下两部分，上半部分是 PDU 列表，用于添加 PDU，配置 PDU 的触发方式及相关参数；下半部分为信号列表，用于修改信号值或 PDU 的原始负载值(图 2-17)。

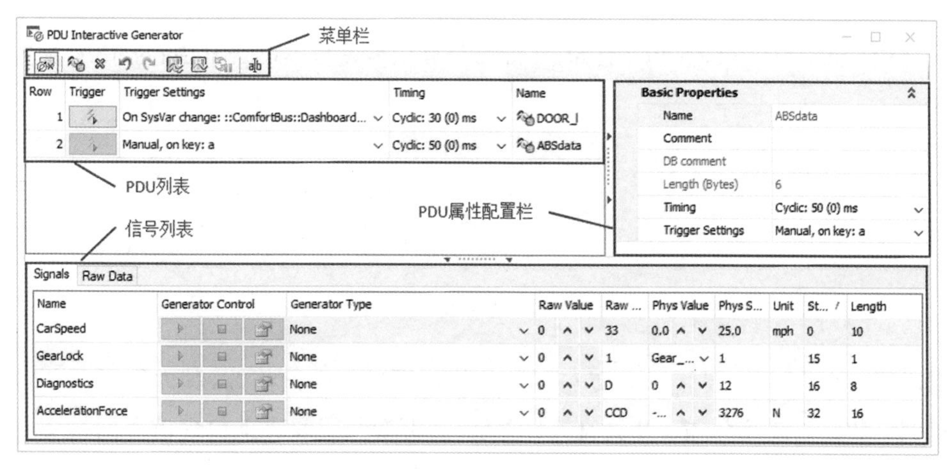

图 2-17　“PDU Interactive Generator”窗口

（1）菜单栏：包含表 2-4 所列配置项。

表 2-4　PDU IG 工具栏图标

图标	描　　述
	激活或禁用 PDU Interactive Generator
	从数据库中添加 PDU
	从 PDU IG 列表中移除选中的 PDU
	撤销上一步操作，鼠标移动到按钮处会显示可以撤销的操作
	恢复上一步操作，鼠标移动到按钮处会显示可以恢复的操作
	配置 PDU IG 窗口的列表选项
	配置“Signals”窗口的列表选项
	暂停 PDU 负载的更改，当使能该按钮时，对 PDU 负载的修改将不会生效，只有在禁用该按钮后，更改才会生效
	重新命名 PDU Interactive Generator 窗口

（2）PDU 列表：显示添加的 PDU 并配置 PDU 的触发方式，具体的触发方式参考 CAN IG 模块。

（3）PDU 属性配置栏：配置 PDU 的触发方式。

（4）信号列表：用于修改信号值，包括“Signals”列和“Raw Data”列。

2.2.3　信号发生器模块

选择 Simulation → Signal Generators 即可打开信号发生器（Signal Generators）配置窗口（图 2-18）。

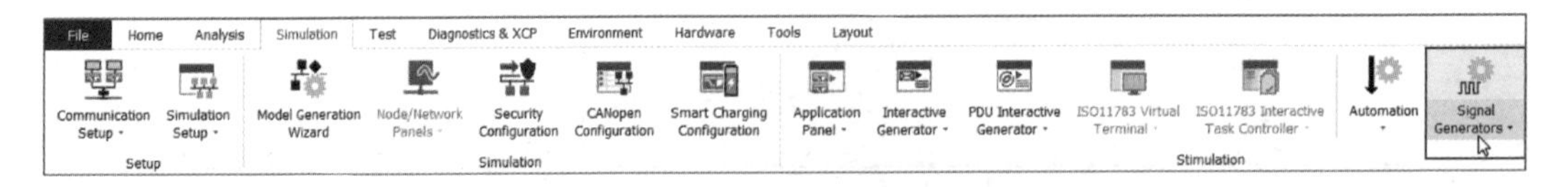

图 2-18　打开信号发生器配置窗口

信号发生器模块主要用于对交互层发送的信号进行数值修改，其内嵌了一些特定波形发生器，如正弦波、随机值、开关值等，信号值的更新频率取决于包含信号的报文发送周期。该模块界面包含“Signal Generators”和“Signal Replay”两个选项卡，如图 2-19 所示。

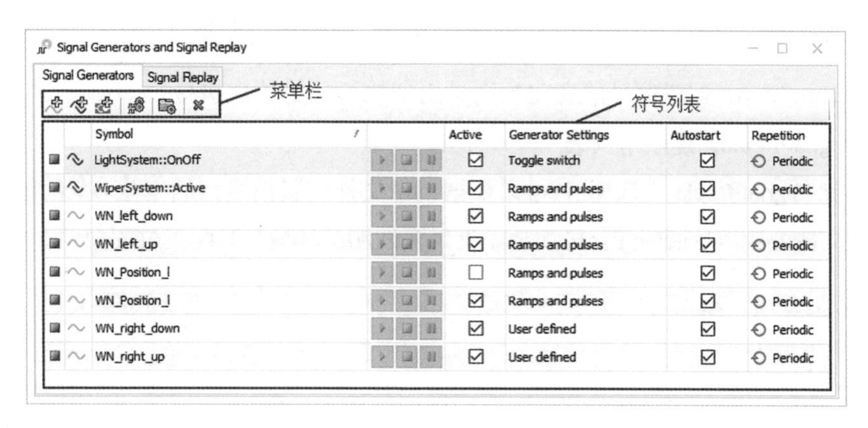

图 2-19　信号发生器模块主要配置界面

1. 菜单栏

菜单栏图标见表 2-5。

表 2-5　信号发生器菜单栏图标

图标	描　　述
	打开符号选择界面选择需要的信号
	打开符号选择界面选择需要的变量
	打开符号选择界面选择 Application Layer Objects
	复制选择的符号
	打开信号发生器的配置界面，对信号或变量配置的波形进行设置
	删除选择的信号及变量

2. "Signal Generators"符号列表

- Symbols：显示添加的信号或变量的名称。
- Active：使能信号值的修改配置。
- Generator Settings：配置信号变化规则。

  Log file：用于添加记录文件进行信号值回放。

  Ramps and pulses：用于定义斜坡和脉冲信号。

  Random：用于指定数值区间内的随机数信号。

  Range of values：用于指定数值区间内的线性信号。

  Sine：用于定义正弦波形信号。

  Toggle switch：用于定义两个数值的开关信号。

  User defined：用于自定义任意波形信号。

  Variable：用于将信号映射到变量，随变量值变化。

● Autostart：勾选后，在 CANoe 运行开始时启动信号值的变化。

● Repetition：配置信号的变化规则是周期执行还是单次执行。

3. “Signal Replay”选项卡列表

切换到“Signal Replay” 选项卡，可以根据记录文件配置信号值的变化，基于真实总线录制的记录文件可让信号值的变化极大地贴近真实的测试环境。其配置过程如图 2-20 所示。

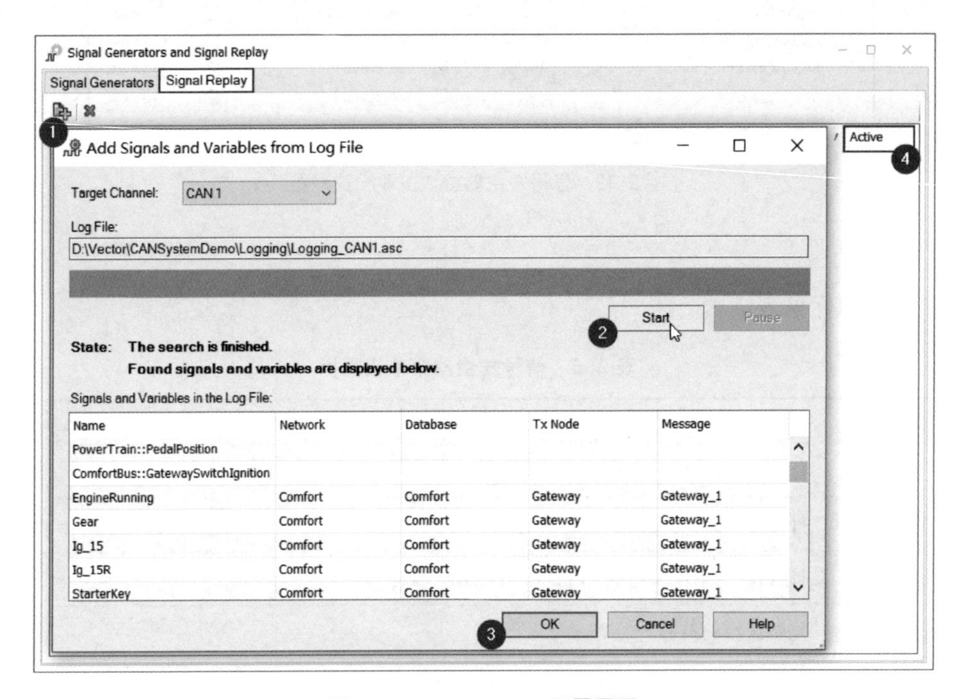

图 2-20　Signal Replay 配置界面

（1）单击“Add”按钮，添加记录文件至对应总线通道，支持的常见格式有.blf、.asc、.mf4 等。

（2）单击“Start”按钮扫描记录文件中的信号及变量，并单击选中需要回放的对象，可通过按住键盘上的 Ctrl 或 Shift 键选中多个对象。

（3）选择后，单击“OK”按钮返回上一层界面。

（4）可通过“Active”选项配置每个对象的回放状态。

2.2.4　回放模块

回放模块（Replay Block CAN）可重新读取记录文件中的真实总线数据并发送给真实的控制器，即数据回灌，这样可以更贴近真实的工况进行测试。选择总线，单击右键，选择“Insert Replay Block CAN”选项即可添加回放模块，如图 2-21 所示。

除 CAN 外，LIN、MOST、FlexRay、Ethernet 也有对应的回放模块。

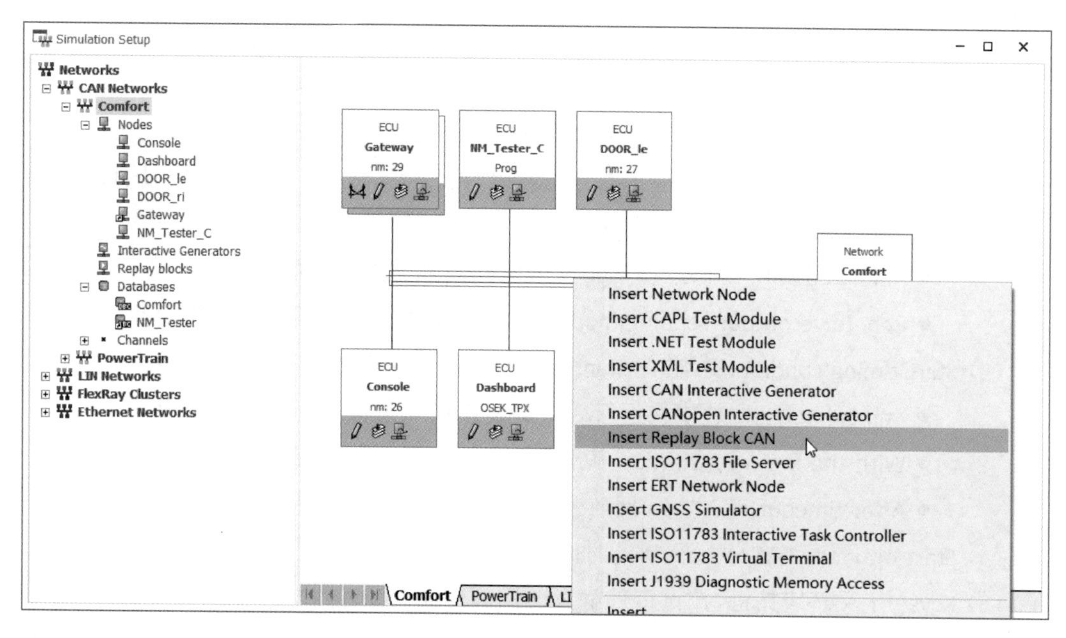

图 2-21　创建回放模块

添加模块后，需要加载回放的源文件并配置回放行为。鼠标双击回放模块或右键单击后选择“Configuration ...”选项即可打开其配置界面，如图 2-22 所示。

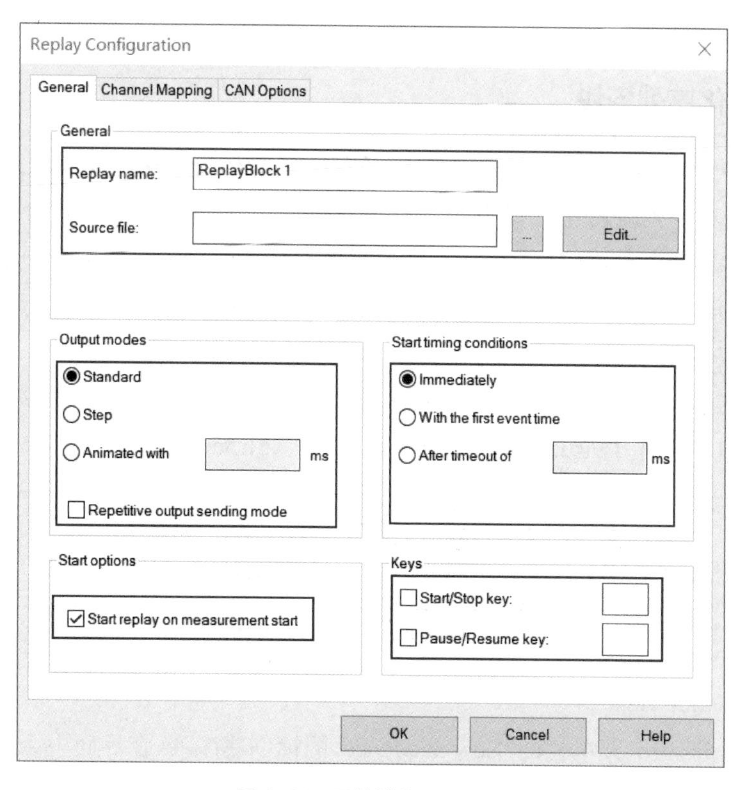

图 2-22　回放模块配置界面

（1）General：定义回放模块名称，并添加用于数据回灌的原始文件。

（2）Output modes：回放速率的配置。

- Standard：按照原始数据的速率回放。
- Step：按照一步一条报文的方式回放，可以手动控制下一次回放或通过 CAPL 函数“replayResume()”控制。
- Animated with ... ms：按照定义的时间间隔回放所有的数据。
- Repetitive output sending mode：定义原始数据单次回放还是周期性回放。

（3）Start timing conditions：定义 Standard 模式下回放模块发送第一条报文的时间。

- Immediately：回放模块运行后立即发出第一条报文。
- With the first event time：基于原始文件中第一条报文的时戳发送第一条报文。
- After timeout of ... ms：回放模块运行后延迟多久发出第一条报文。

（4）Start options：CANoe 运行启动时回放模块开始工作。

（5）Keys：定义特定按键，按键事件触发时回放模块开始/停止/暂停/继续工作。

“Replay Block 窗口”切换到 Channel Mapping 栏，可以将源文件中数据的通道与回放的目标通道进行映射，以实现数据的跨通道回放。

“Replay Block”窗口切换到 CAN Options 栏，可以选择记录文件中被标注为 Tx（通常对应仿真报文）或 Rx（通常对应真实报文）的数据是否要回放，并可以配置回放数据的时戳是否严格对应源文件中记录的时戳。

2.2.5 自动化序列模块

自动化序列（Automation Sequence）模块可通过自定义的自动化序列实现特定的测试逻辑，可以通过命令列表创建可视序列，可用命令包括条件语句、循环语句、赋值命令、检验命令、报文发送命令等，每个可视序列都会在独立的窗口显示，支持运行过程中实时编辑；也可创建 Macro 文件用于记录面板操作行为并用于回放以便再次执行；还可以通过.NET 脚本来定义发送序列。

选择 Simulation → Automation 即可打开自动化序列模块配置窗口（图 2-23）。该窗口包含三个选项卡，分别为 Visual Sequences、Macros 和.NET Snippets。

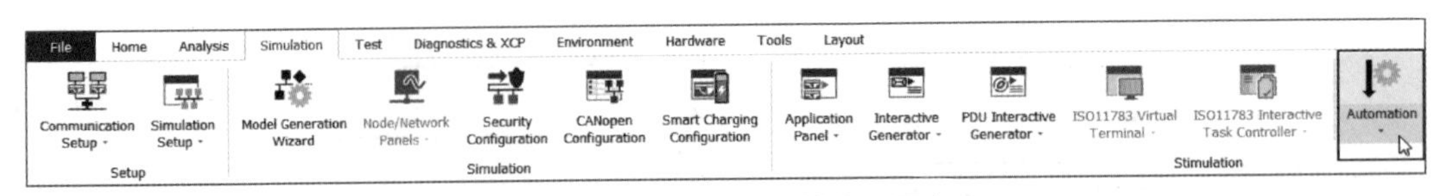

图 2-23　打开自动化序列模块配置窗口

1. Visual Sequence

可以通过该选项卡菜单栏的“New Sequence”图标创建序列，在界面中会显示当前已创建的序列并可配置其执行行为，如图 2-24。

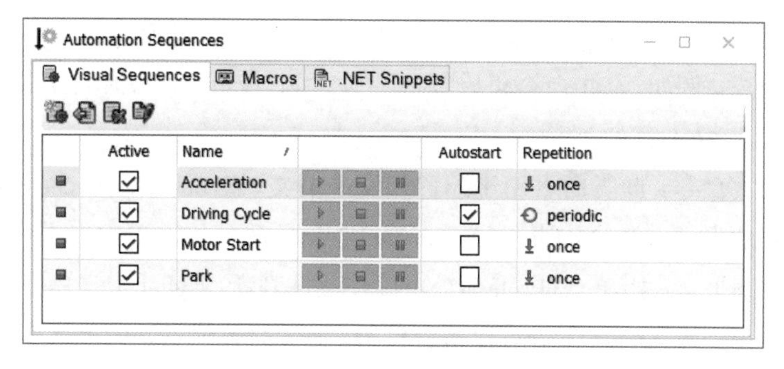

图 2-24 “Automation Sequences”窗口

- Active：可以选择需要执行的序列。
- Name：序列的名称，可以双击鼠标进行修改。
- ：此三个按钮分别用于执行、停止、暂停序列，按钮仅在 CANoe 运行时激活。
- Autostart：勾选后，序列会在 CANoe 开始运行时启动。
- Repetition：支持循环执行(periodic)和单次执行(once)两种模式。

双击某个序列可打开其对应的命令列表，其中会包含一些预定义的命令语句(图 2-25)，主要有以下几类。

Acceleration

Command	Object	Operator	Operand	Wait [ms]
Comment	Push gear up			0
Set	GearUp	=	1	100
Set	GearUp	=	0	1000
Comment	Increase pedal position			0
Set	PedalPosition	=	1	200
Repeat	30	times		0
Set	PedalPosition	inc	2	170
Repeat End				0
Wait	1500	ms		0
Set	PedalPosition	=	0	220
Comment	Push gear up			0
Set	GearUp	=	1	100
Set	GearUp	=	0	1000
Comment	Increase pedal position			0
Repeat	30	times		0
Set	PedalPosition	inc	2	130
Repeat End				0
Wait	1500	ms		0

Sequence valid | Stopped

图 2-25 Automation Sequence 示例

- 信号/变量赋值命令：Set 命令可以对信号、变量进行赋值。
- 等待命令：例如，Wait 命令可以等待一段时间，Wait For CAN Frame 命令可以等待一条特定 CAN 报文。
- 报文相关命令：此类命令用于配置和发送报文，如，Set CAN Cyclic Frame 命令可以周期性地发送一条 CAN 报文，Send CAN Frame 命令可以单次发送一条 CAN 报文。
- 流程控制报文：如，If ... Else If 命令可以作条件判断，Repeat 定义一段序列重复执行。
- 输出命令：如，Check 命令可以检查信号、变量的数值，Write Text 命令可以输出一段字符串。
- 其他命令：执行其他的功能，比如，Comment 命令可以作注释，Control Replay Block 命令可以启动、停止回放模块或更换回访文件。

2. Macros

可进行宏配置，该选项卡用于记录和执行面板及诊断控制台中的用户操作（图 2-26）。

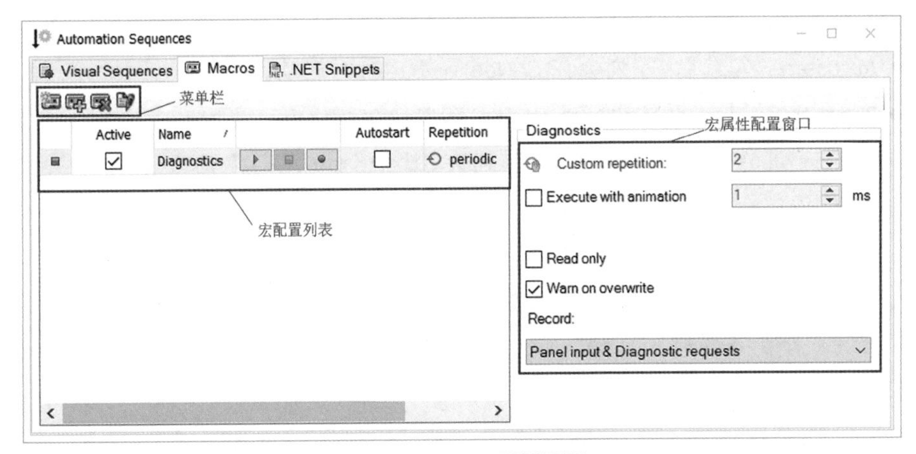

图 2-26 Marcos 配置界面

（1）菜单栏（表 2-6）

表 2-6 Marco 菜单栏图标

图标	描　述
	创建一个新的宏，配置宏的名称以及宏文件路径
	添加一个宏文件，确认后显示在宏文件列表中
	删除选中的宏
	编辑选择的宏文件

（2）宏配置表

- Active：激活需要执行的宏文件。
- Name：宏文件名称，可以双击进行修改。
- ：控制宏文件的开始、停止和暂停。
- Autostart：激活后，宏文件会在 CANoe 开始运行后自动执行。

- Repetition：periodic 模式使宏文件循环执行直到手动停止或 CANoe 停止运行，once 模式只执行一次宏文件，custom 模式可自定义宏文件执行的次数。

（3）宏属性配置窗口

- Custom repetition：配置“repetition”列为“custom”模式时宏文件的执行次数。
- Execution with animation ... ms：忽略宏原本的时间戳，根据设定的间隔时间执行宏文件中的动作，最小间隔时间为 1 ms。
- Read only：使能写保护，无法录制新的动作至当前宏文件。
- Warn on overwrite：勾选后，当尝试用新的录制覆盖已存在的宏文件时，会有警告提示。
- Record：配置需要通过宏录制的事件，可以单独录制面板操作及诊断控制台操作，或者同时录制。

3. .NET Snippets

提供.NET 编程的方式以实现类似 Visual Sequence 的功能。

2.2.6 系统变量模块

系统变量（System Variables）模块用于查看系统生成的变量以及创建或编辑用户自定义变量，这些变量作为 CANoe 环境中的全局变量，可用于 CAPL 脚本或面板设计，并可以在分析窗口如 Trace、Graphics 中监测。分析窗口的使用见 3.2 节，面板的设计见 2.3 节，CAPL 介绍见 2.4 节。

选择 Environment → System Variables 即可打开系统变量模块配置窗口（图 2-27）。

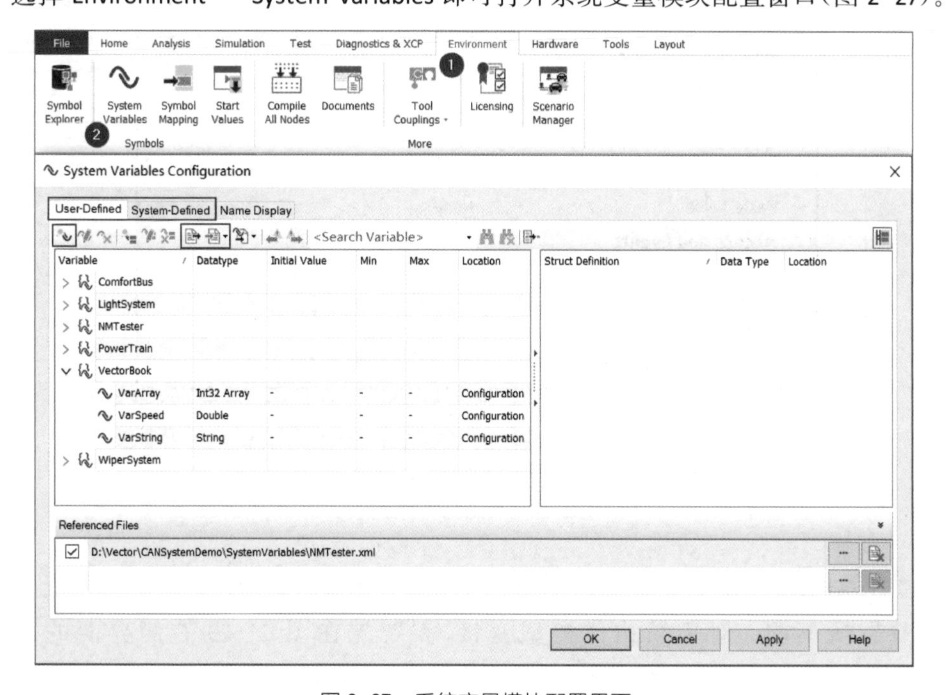

图 2-27　系统变量模块配置界面

其变量类型分为两类。

- User-Defined：用户自定义变量。
- System-Defined：系统自动生成变量，主要包括与 Vector 硬件（如 VT system、VH6501、VH5110A 等）相关的变量、统计变量等。

1. 新建系统变量

新建变量可以单击“User-Defined”界面左上角的（“New System Variable”按钮），打开系统变量创建窗口，如图 2-28 所示。其中需要定义的内容包括变量的命名空间、变量名称、变量类型及变量的属性（包含最大值、最小值、初始值等）。支持的变量类型有 Integer、Double、Data、Double Array、Integer Array 和 String 等，不同类型的变量需要配置的属性略有差异。

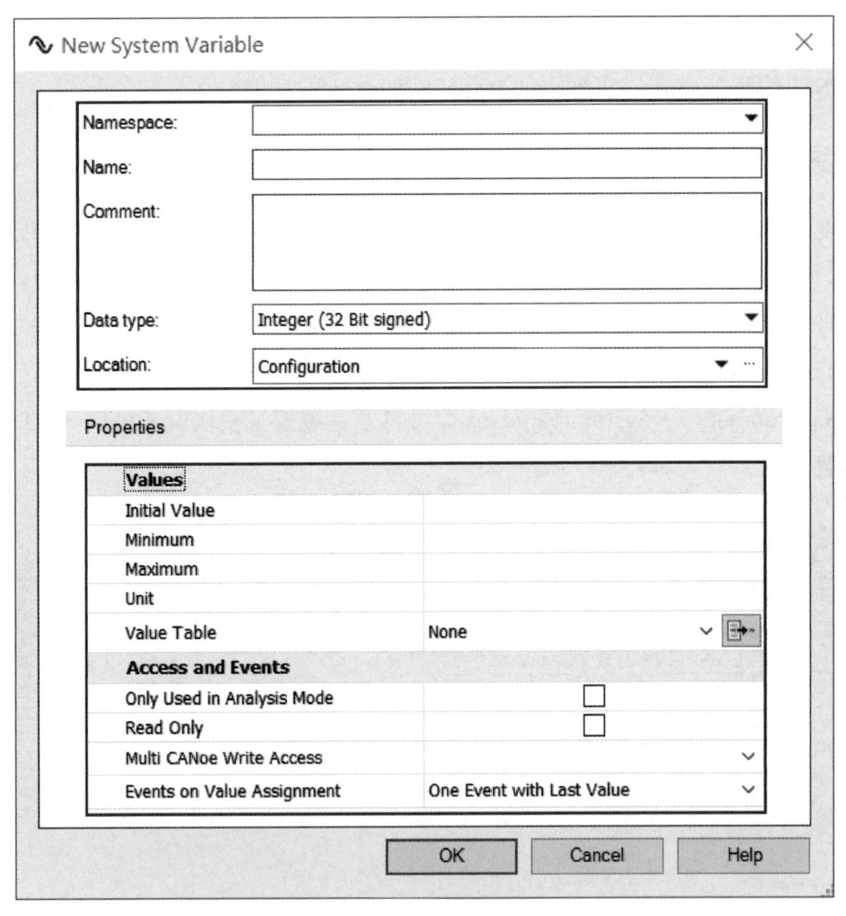

图 2-28　系统变量的定义

需要注意的是，系统变量也支持结构体类型，但其定义方式与前面提到的常规数据类型的变量有所不同。对于结构体类型变量，需要先在图 2-29 右侧界面的“Struct Definition”栏定义一个结构体数据类型，再新建变量并引用定义的结构体类型。

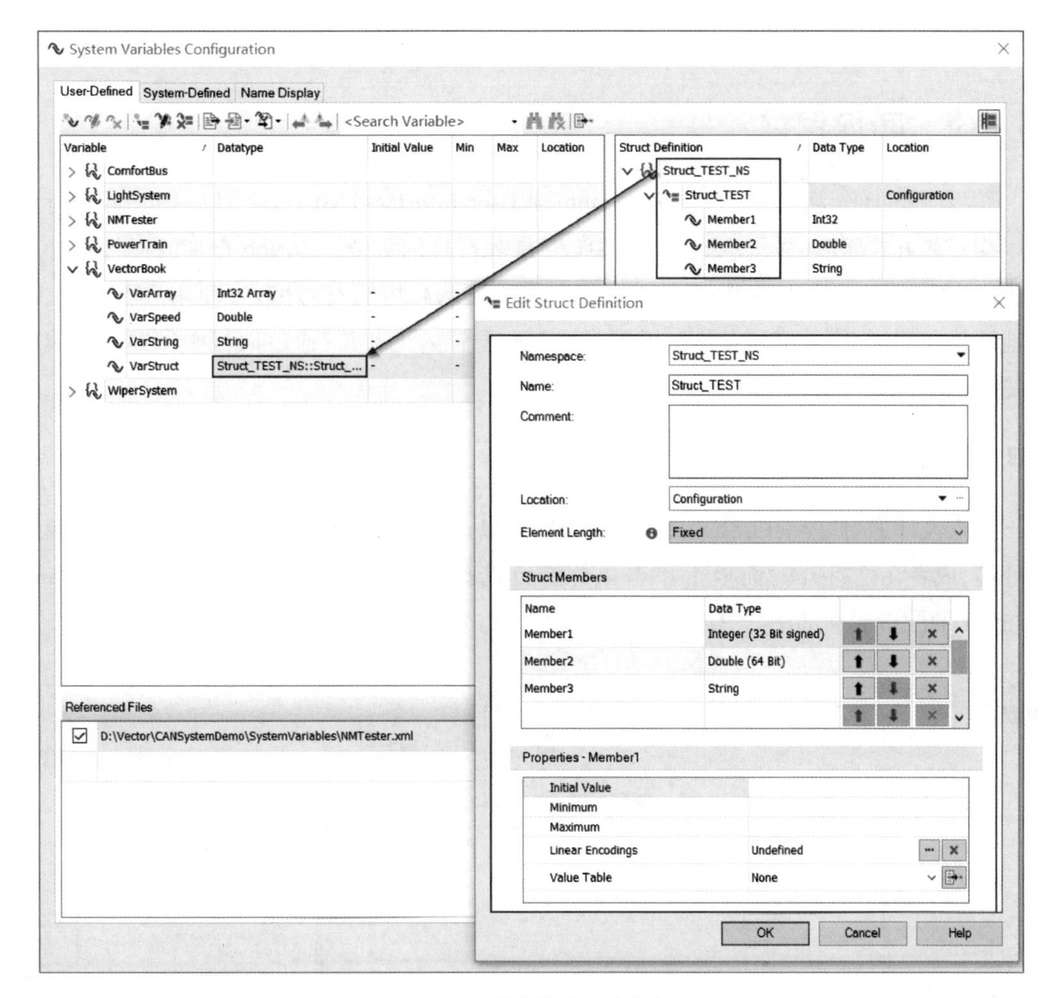

图 2-29　结构体变量的定义

2. 系统变量的导入与导出

创建好的系统变量可通过工具栏导出按钮保存为.xml 或.vsysvar 格式，并可以通过导入按钮在新的 CANoe 工程中实现复用(图 2-30)。

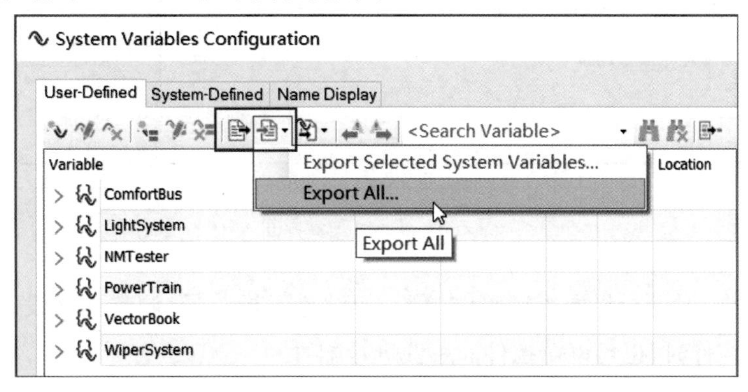

图 2-30　变量的导出与导入

■ 2.3 面板设计

面板(Panel)作为图形用户界面(Graphical User Interface, GUI),可以在 CANoe 运行期间以交互的方式修改、显示总线信号、系统变量等符号的数值。CANoe 自带的面板设计库提供了丰富的控件模块,支持以个性化的方式去显示和控制符号值,方便用户更直观、便捷地监控和测试,终端使用者甚至无须了解工程配置的细节,仅通过面板操作即可完成相关测试工作。

2.3.1 Panel 界面

面板设计通过“Panel Designer”功能实现,可以选择 Tools → Panel Designer 打开面板设计环境,或者在已打开的面板上单击鼠标右键选择“Edit”选项打开 Panel Designer,Panel Designer 的配置界面如图 2-31所示。

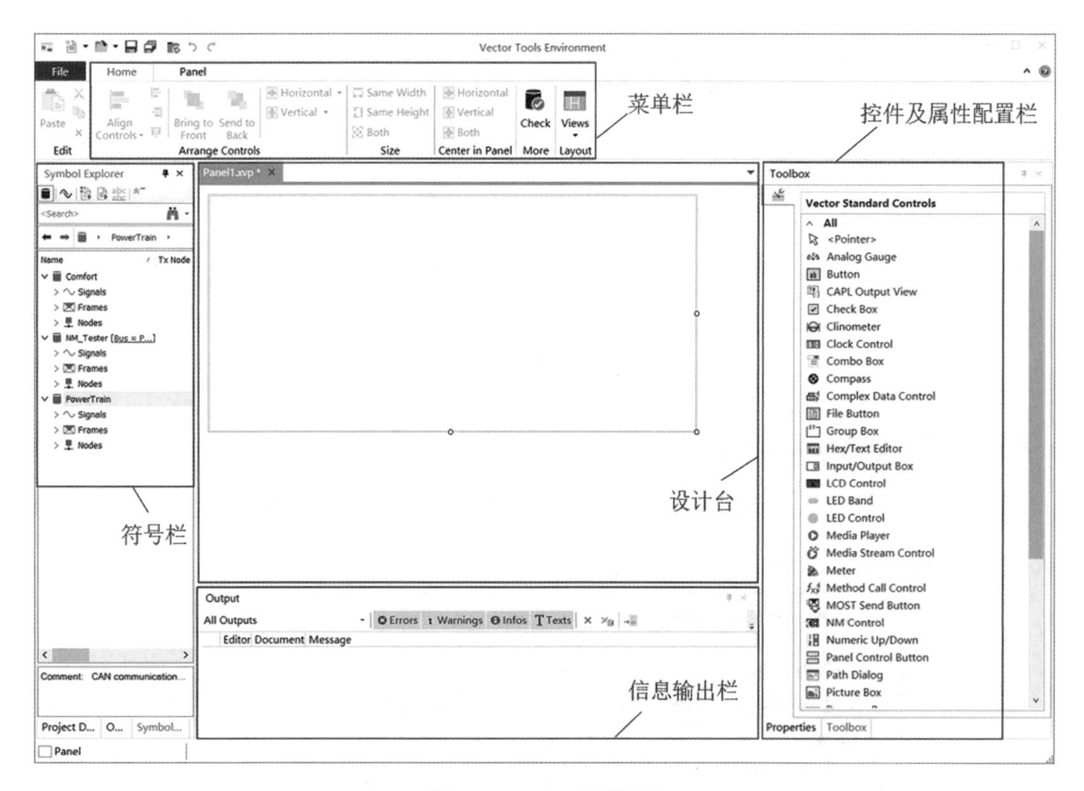

图 2-31　Panel 配置界面

(1) 菜单栏:对面板界面进行整体配置,如设置面板背景、调整面板设计界面的尺寸等。选中具体控件时,也可以对控件的属性进行配置。

(2) 符号栏:显示了可以在面板设计中使用到的符号,主要包括信号、变量、诊断参数、CO（Communication Objects）和 DO（Distributed Objects），在面板设计过程中可通过拖拽的方式将符号与控件进行关联，从而实现对符号值的监测及修改。

（3）设计台：面板的设计区域，可以通过拖拽的方式从右侧控件及属性栏中的“Toolbox”选择控件，去布局完成整个面板的设计。面板画布的大小也是可调的，实际在 CANoe 中显示的面板大小与画布尺寸一致。

（4）信息输出栏：Panel Designer 会对当前编辑的面板文件进行检查，例如，确认所有需要与符号关联的控件都已成功绑定符号，验证绑定的符号是否存在于当前的数据库中等。如果发现问题，信息输出栏将显示相应的提示信息。

（5）控件及属性配置栏：“Toolbox”选项卡会显示 CANoe 支持的所有可用的面板控件。切换到“Properties”选项卡会显示选择控件的具体属性，所有与控件相关的配置都可以在属性栏实现，不同的控件对应的可配置属性是有差异的。

2.3.2 Panel 常用控件

CANoe 提供的控件非常丰富，可以满足绝大多数的设计需求，完整的控件库见表 2-7。控件从类型上可以分为以下四类。

（1）显示类（Display Element）：用于显示关联符号的数值变化，如 Analog Gauge、Input/Output Box、Progress Bar、LCD Control 等。

（2）控制类(Control Element)：用于修改关联符号的数值，如 Button、Switch/Indicator、Combo Box、Check Box 等。

（3）特殊类(Special Element)：不需要与符号关联，用于一些特殊控制或设计等，如 Start Stop Control、Group Box、Picture Box 等。

（4）静态类（Static Element）：不需要与符号关联，用于图形显示或解释说明，如 Group Box、Picture Box 等。

表 2-7 Panel 控件

图标	名称	类型	描述
	Pointer	—	标记工具
	Analog Gauge	Display element	通过仪表形式展示用户设定范围内符号值的变化，可通过颜色突出显示不同范围内的数值
	Button	Display and control element	按钮控件，用于触发符号值变化
	CAPL Output View	Special element	通过 CAPL 输出文本信息
	Check Box	Display and control element	通过选择框的形式展示及控制符号值的变化

（续表）

图标	名称	类型	描述
	Clinometer	Display element	通过测斜仪的形式展示车辆的侧倾和俯仰
	Clock Control	Display and control element	通过数字时钟的形式展示 PC 时间或 CAPL 设置的时间
	Combo Box	Display and control element	通过下拉框的方式去控制或显示符号值，支持十六进制
	Compass	Display element	通过罗盘的形式展示方向和速度信息
	Complex Data Control	Display and control element	复杂数据控件，用于接收或发送 event 及其他复杂数据结构
	File Button	Special element	文件按钮，用于链接外部文件
	Group Box	Static element	组合框，用于对一些控件模块进行分组
	Hex/Text Editor	Display and control element	十六进制/文本编辑器，用于输入及显示大量数据元素
	Input/Output Box	Display and control element	输入/输出框，用于符号值的输入及显示，支持十六进制
	LCD Control	Display element	通过液晶显示的形式展示符号值浮点数
	LED Band	Display element	通过设置颜色和透明度高亮显示面板区域
	LED Control	Display and control element	通过 LED 的不同颜色、状态显示或控制符号值的变化
	Media Player	Control and special element	媒体播放器，用于播放音视频文件
	Media Stream Control	Special element	流媒体播放器，支持 AVTP 及 RTP 协议的音视频数据
	Meter	Display element	通过仪表展示符号值的变化，支持用颜色突出显示不同数值范围
	Method Call Control	Display and control element	方法调用控件，用于调用基于服务的通信中的方法（Method），可以设置参数并接收返回值
	MOST Send Button	Special element	用于发送 MOST 报文的按钮
	NM Control	Special element	网络管理控件，用于控制和显示基于 OSEK NM 或 AUTOSAR NM 的网络管理状态的值
	Numeric Up/Down	Display and control element	数值调节控件，用于控制和显示符号值，支持按钮上下调节数值
	Panel Control Button	Special element	面板控制按钮，用于链接其他面板文件
	Path Dialog	Control element	路径窗口，用于选择文件并将文件名或路径保存到变量
	Picture Box	Static element	图片框，用于静态显示图片

（续表）

图标	名称	类型	描述
	Progress Bar	Display element	进度条，以条形图的形式显示符号值的变化
	Radio Button	Display and control element	单选按钮，用于触发选项列表中的一个选项，或显示其中一个元素
	Start Stop Control	Special element	开始停止控件，用于控制 CANoe 软件的运行与停止
A	Static Text	Static element	静态文本，用于静态显示一段文本信息
	Switch/Indicator	Display and control element	开关/指示控件，用于控制和显示符号值的状态，可个性化配置状态背景图片
	Tab Control	Static and special element	选项卡控件，用于在多个选项卡上配置不同面板控件，方便快速切换
	Track Bar	Display and control element	滚动条，通过滚动条的形式控制和显示符号值的变化

表 2-7 中不少控件既可以用于显示，也可以用于控制，如 Switch/Indicator 在修改符号数值的同时，显示状态也会有变化。下面以几个常用控件为例介绍其具体配置。

1. Switch/Indicator

该控件多用于有多个状态切换的符号，配置时选中 Switch/Indicator 控件并拖拽到设计台，在控件及属性栏中切换到"Properties"选项卡查看该控件相关的配置项，需要配置如下几个主要属性。

- Image File：添加自定义图片以修改控件的显示外观，支持导入的格式有.bmp、.jpg、.gif 等。
- Control Name：修改控件的名称。
- Display Only：配置为 False 既用于控制也可用于显示，配置为 True 仅用于显示。
- Button Behavior：仅有两个值可以设置，点击状态置 1，松开状态置 0。
- Mouse Activation Type：定义鼠标左、右键或仅鼠标左键触发控件状态变化。
- State Count：设置可切换的状态的数目，比图片状态数目少 1。
- Switch Value：根据设置状态数目，设置每个状态对应的关联符号数值。
- Symbol：用于选择关联符号，可以是总线信号或变量，也可以直接从符号栏拖拽符号至控件上进行关联。

需要根据状态数目关联相应的图片文件，这些图片文件需具有对应的"图像序列"。以 N 级开关为例，其图片文件由 N+1 个矩形部分组成，每个矩形位图具有相同的高度和宽度，并按水平方向相邻排列。第一个矩形表示默认状态，在编辑时、未关联符号时或符号值无对应状态时显示。其他矩形位图则分别与一个符号的状态值相对应。如图 2-32 所示。

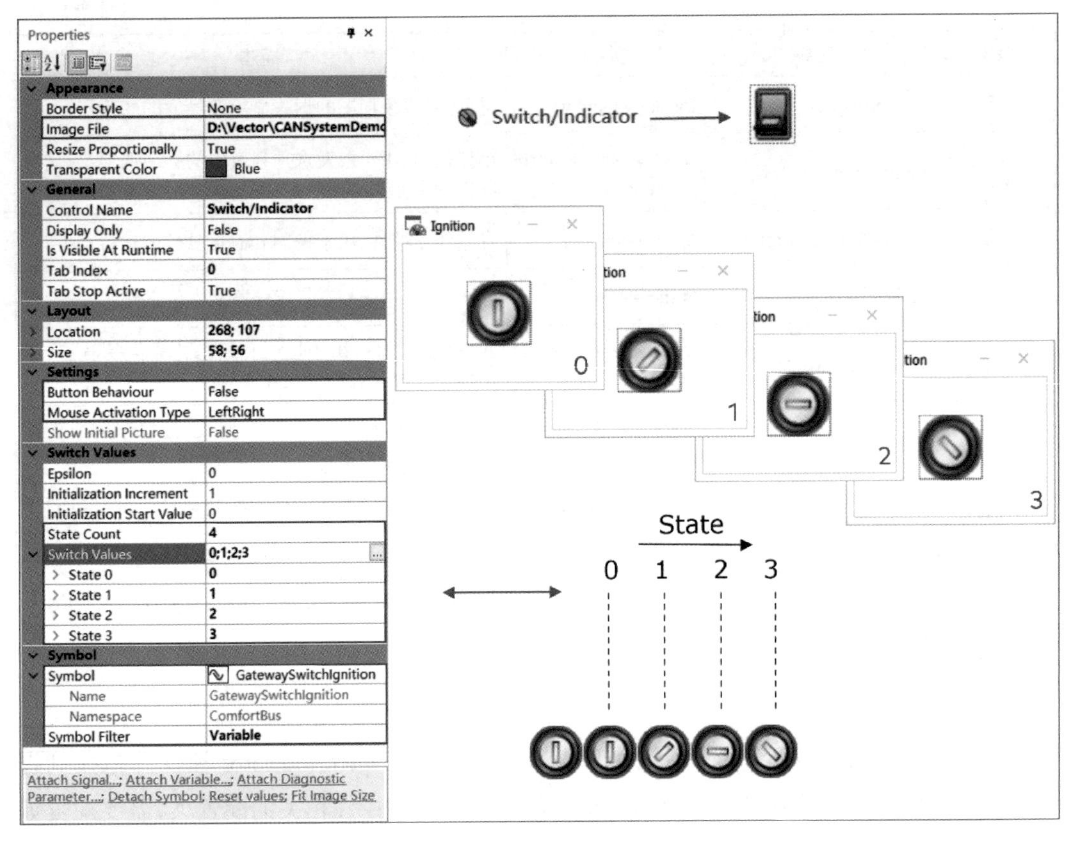

图 2-32　Switch/Indicator 控件配置示意

2. Input/Output Box

该控件用于符号数值的显示与控制，支持对关联符号的物理值及原始值以十六进制、十进制等多种形式进行显示和修改。需要配置如下几个主要属性，如图 2-33～图 2-35 所示。

(1) Alarm Display：设置警报值的上下限以便于用颜色突出显示，可根据符号的属性（如最小/最大值）或用户自定义进行设置。

Alarm Settings	
Alarm Display	None
Lower Limit	None
Lower Limit Background Color	Attributes
Lower Limit Text Color	DBValues
Upper Limit	UserDefinedValues
Upper Limit Background Color	IndianRed
Upper Limit Text Color	WindowText

图 2-33　配置属性示意 1

（2）Control Name：修改控件的名称。

（3）Display Only：配置为 False 既可用于控制也可用于显示，配置为 True 仅用于显示。

（4）Text：控件左侧符号的名称，也可自定义设置。

General	
Control Name	Input/Output Box 1
Display Only	False
Is Visible At Runtime	True
Tab Index	0
Tab Stop Active	True
Text	Signalname:

图 2-34　配置属性示意 2

（5）Symbol：用于选择关联符号，可以是总线信号或变量，可直接从符号栏拖拽符号至控件上进行关联。

（6）Decimal Places：定义数值的小数位。

（7）Show Leading Zeros：设置十六进制或二进制数值，显示是否在数值前包含前导 0，如 00FF。

（8）Value Interpretation：设置关联符号数值的显示方式，如 Text（文本）、Decimal（十进制）、Hexadecimal（十六进制）、Binary（二进制）、Double（双精度）、Science（科学计数法）和 Symbolic（定义的 value table）等。

（9）Value Table：设置关联符号的 value table（值表）。

（10）Value Type：设置关联符号的物理值或原始值。

Symbol	
Symbol	
Symbol Filter	Signal
Value	
Decimal Places	2
Show Leading Zeros	False
Value Interpretation	Double
Value Table	RawValue
Value Type	PhysicalValue

图 2-35　配置属性示意 3

2.3.3　Panel 文件的配置

面板设计完成后，可选择 File → Save 进行保存（图 2-36）。如果是从 CANoe 工程中打开 Panel Designer 功能进行设计的，在保存面板文件后会提示是否需要将其添加到当前的工程中。

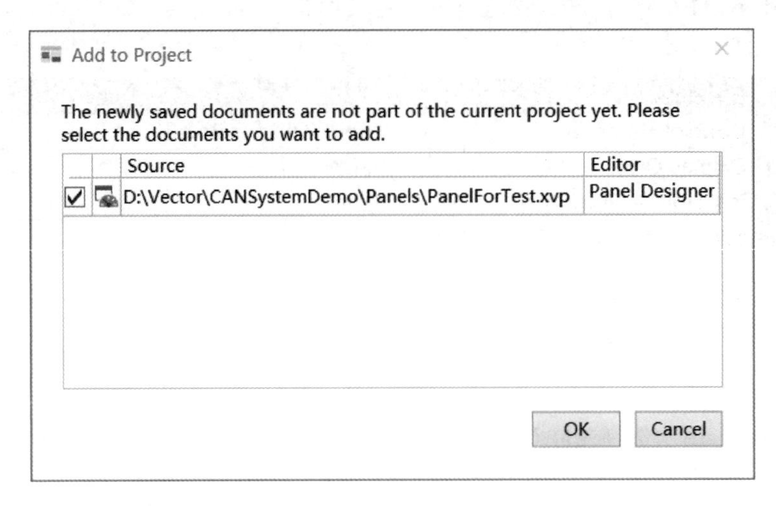

图 2-36　Panel 文件的保存

在 CANoe 中可以选择 Home → Panel 查看已添加的面板文件，以及对面板文件进行管理。在“Panel Configuration”选项中可以对当前工程配置的面板文件进行增加、删除和编辑(图 2-37)。

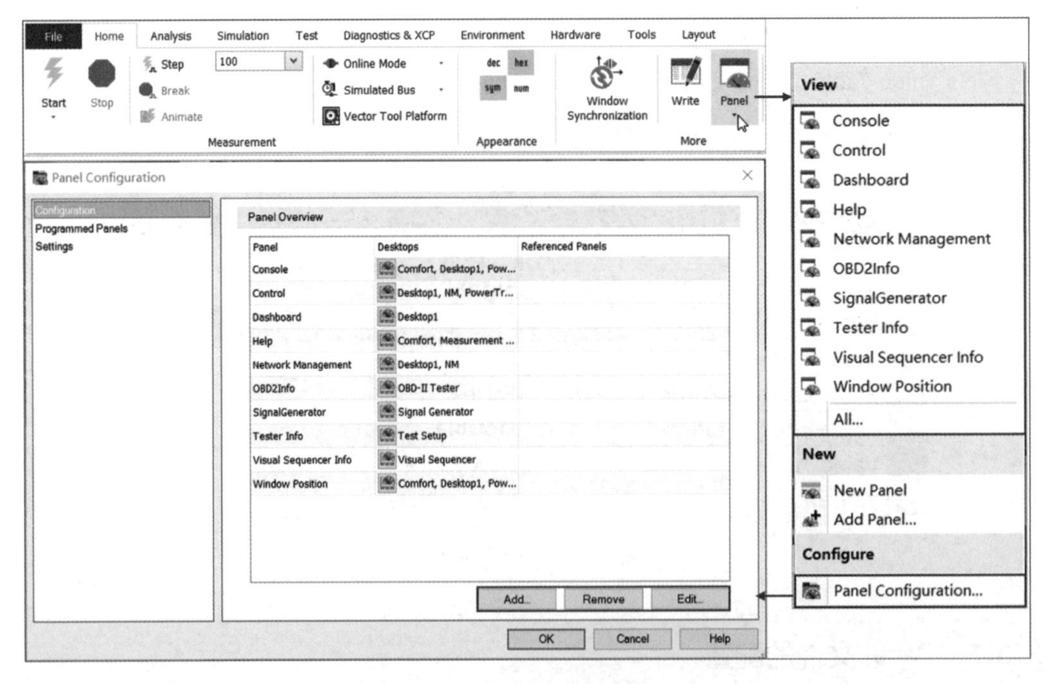

图 2-37　Panel 文件的配置

除了支持 Panel Designer 创建的面板文件外，CANoe 也支持导入 Visual Basic.NET 和 Visual C# 创建的面板，对应的格式为 DLL，需要注意的是，采用 VB.NET 或 C# 创建的面板必须派生自 System.Windows.Forms.UserControl，且每个程序集（DLL）只能包括一个 control，一个 control 相当于一个面板。

若.NET Project 通过 COM 访问 CANoe 中的系统变量及信号，需要借助互操作库（Vector.CANoe.Interop.dll），这些库由 Microsoft Visual Studio（TM）自动生成。从 CANoe6.1 版本开始，互操作库会自动安装，在.NET Project 中直接引用即可。

安装 CANoe 后，软件自带一个基于 VB .NET 和 C# 创建面板文件的示例工程，参考路径：C:\Users\ Public \ Documents \ Vector \ CANoe \ SampleConfigurations16. 4. 4 \ CAN \ MoreExamples\ DotNET_Panels\ NET Panels。

2.3.4 Panel 的自动化控制

面板控件的配置除了在 Panel Designer 中设计时进行定义，也支持在 CANoe 运行过程中通过 CAPL 函数访问，具体的 CAPL 函数见表 2-8。

表 2-8 CAPL 函数

函数	函数描述	支持的面板控件
openPanel	打开面板文件	—
closePanel	关闭面板文件	—
clockControlReset	重置 Clock Control 控件的秒表模式	Clock Control
clockControlStart	启动 Clock Control 控件的秒表模式	Clock Control
clockControlStop	停止 Clock Control 控件的秒表模式	Clock Control
deleteControlContent	删除 CAPL Output View 控件显示的内容	CAPL Output View
enableControl	激活或停用对应的面板控件	Button; Check Box; Combo Box; Hex/Text Editor; Input/Output Box ...
putValueToControl	将各类型的 value 值传递给 CAPL Output View 控件	CAPL Output View
setClockControlTime	设置 Clock Control 控件显示的时间	Clock Control
setControlBackColor	设置特定控件的背景色，颜色数值可通过“MakeRGB”计算	Hex/Text Editor, Input/Output Box, LCD Control, Static Text, Track Bar ...

（续表）

函数	函数描述	支持的面板控件
setControlColors	设置特定控件的背景色及文本颜色，颜色数值可通过“MakeRGB”计算	Analog Gauge，Button，CAPL Output View，Check Box，Input/Output Box ...
setControlForeColor	设置特定控件的前景色，颜色数值可通过“MakeRGB”计算	CAPL Output View，Check Box，Combo Box，Input/Output Box ...
SetControlProperty	设置特定控件的具体属性数值，具体请参考帮助文档描述	Check Box，Combo Box，Input/Output Box，Switch/Indicator，Track Bar ...
setControlVisibility	设置控件在运行时的可见性	All controls
setDefaultControlColors	恢复一些特定控件的背景色及文本颜色为默认值	Analog Gauge，Button，Check Box，Combo Box，Track Bar ...
setMinMax	设置特定控件的最小及最大值	Numeric Up/Down，Progress Bar，Track Bar
setMediaFile	替换 Media Player 中配置的媒体文件	Media Player
setPictureBoxImage	替换 Picture Box 中配置的图片	Picture Box

以常用的 SetControlProperty 函数为例介绍其具体使用方法，函数的详细说明可以参考帮助文档（图 2-38）。

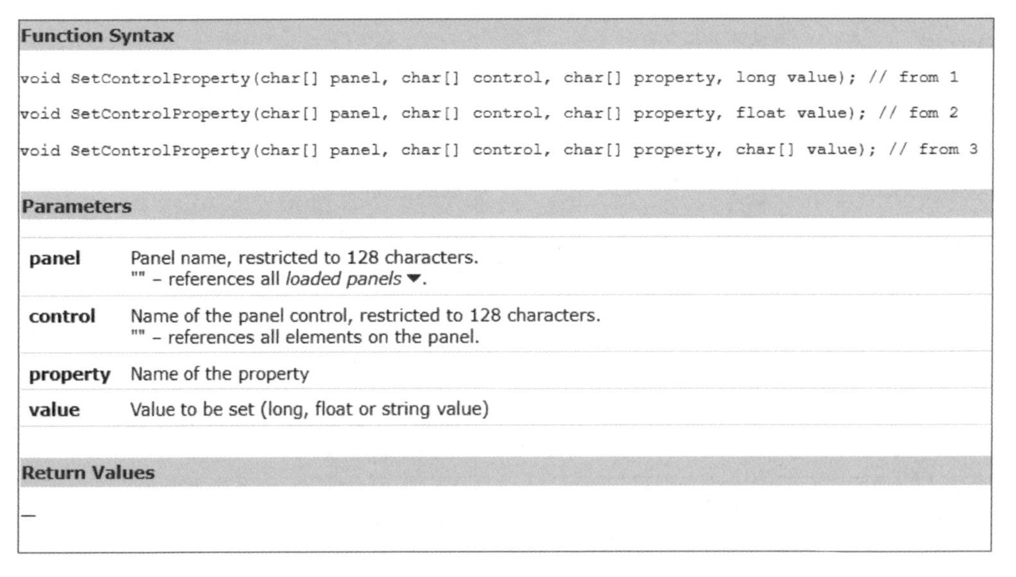
Function Syntax

```
void SetControlProperty(char[] panel, char[] control, char[] property, long value); // from 1
void SetControlProperty(char[] panel, char[] control, char[] property, float value); // fom 2
void SetControlProperty(char[] panel, char[] control, char[] property, char[] value); // from 3
```

Parameters

panel	Panel name, restricted to 128 characters. "" – references all *loaded panels* ▼.
control	Name of the panel control, restricted to 128 characters. "" – references all elements on the panel.
property	Name of the property
value	Value to be set (long, float or string value)

Return Values

—

图 2-38　SetControlProperty 函数描述

SetControlProperty 函数可以对特定控件的特定属性进行修改，如可以修改 Static Text 控件在不同运行状态下显示的文本信息，该函数支持修改的控件及其属性见表 2-9。

表 2-9 SetControlProperty 函数属性描述

控件名称	属性参数	参数数值
Button	Text	string
CAPL Output	Text	string
Check Box	Text	string
Combo Box	Text	string
LCD Control	DecimalPlaces	Int32
	NumberOfDigits	Int32
Numeric Up/Down	DecimalPlaces	Int32
	Increment	decimal
Progress Bar	OriginValue	double
	HoldTime	Int32
Radio Button	Text	string
Switch	ButtonMode	bool
Input/Output Box	Text	string
	DecimalPlaces	Int32
Track Bar	LargeChange	double
	SmallChange	double
	TickFrequency	double
Group Box	Text	string
Static Text	Text	string

示例代码如下：

```
/*
Dashboard：面板文件名称
DisplayInfo：自定义 Static Text 控件的名称
Text：Static Text 控件的 Text 属性
TestPass：修改后 Static Text 控件显示的信息
* /
SetControlProperty("Dashboard","DisplayInfo","Text","TestPass");
```

2.3.5 实例演示

（1）打开 Panel Designer，选择 Tools → Panel Designer 打开面板设计环境，创建一个空白的面板（图 2-39）。

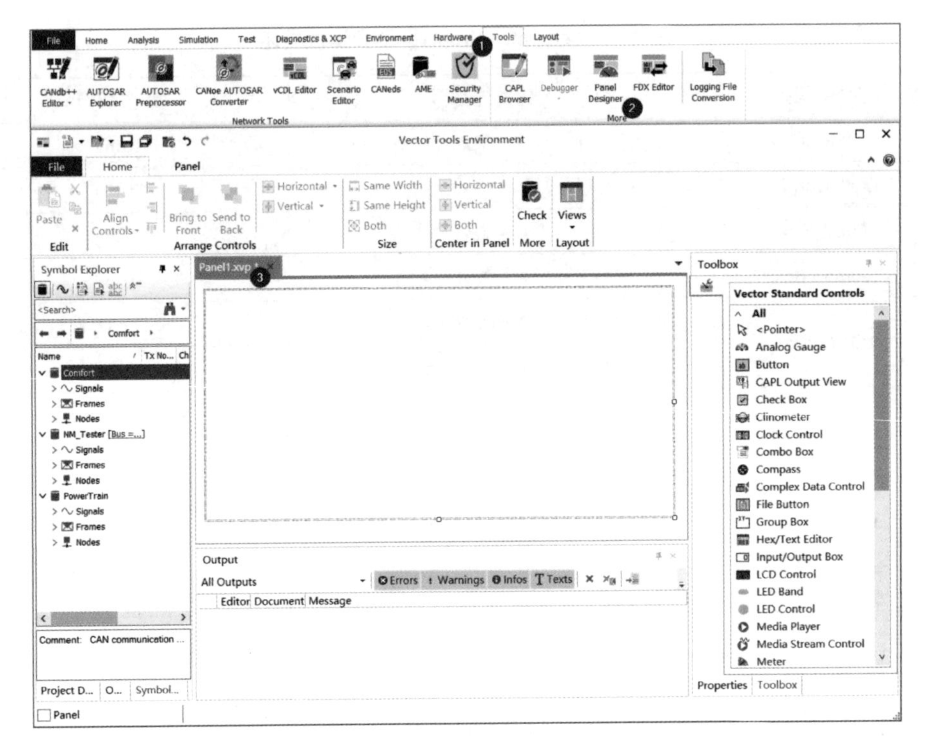

图 2-39　打开 Panel Designer

（2）根据需要选择合适的控件进行面板设计，支持从控件栏直接拖拽控件、双击控件，或在控件栏单击鼠标左键选中控件后，在设计台通过单击等方式将控件添加至面板设计台，如图 2-40 所示。

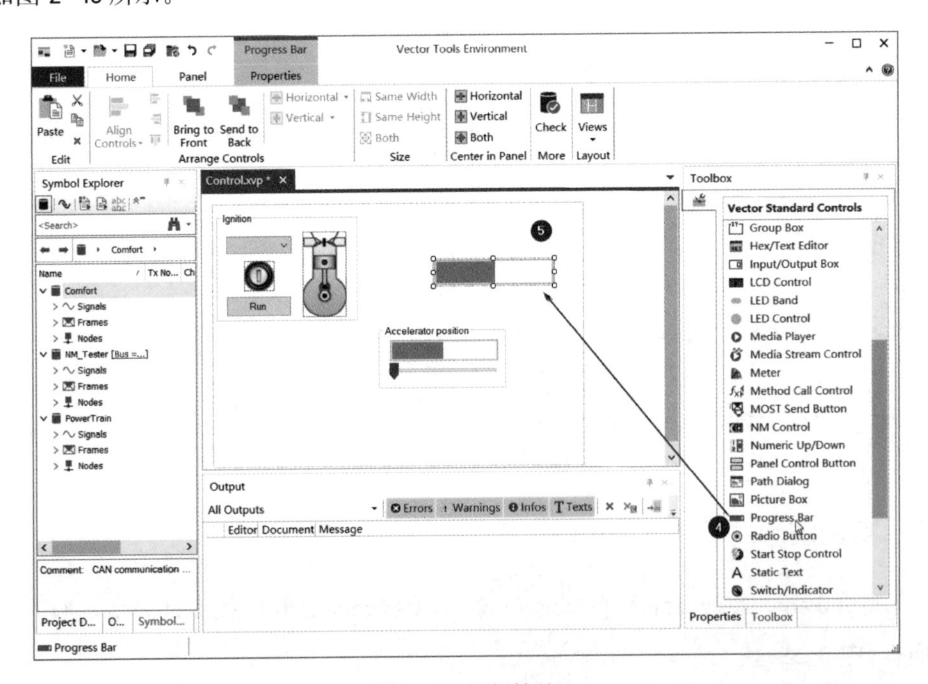

图 2-40　添加控件

（3）配置控件，如配置控件的大小位置、属性参数等，最重要的一步是将需要关联符号的控件与符号对象进行关联，支持从属性栏直接选择，或从符号栏拖拽符号对象进行关联，如图 2-41 所示。

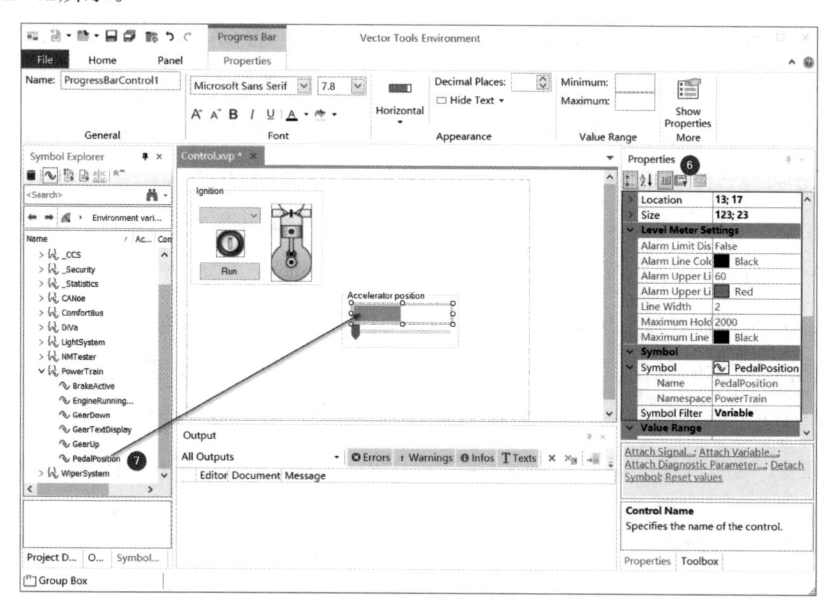

图 2-41　关联控件与符号

（4）调整面板上控件的排布，可以手动拖拽控件进行布局，也支持通过键盘上的方向键并配合 Shift、Ctrl 键移动对齐，具体的按键操作可以参考帮助文档的说明。可以通过 Group Box 对一些控件进行组合以便整体移动进行布局。面板设计完成后，即可保存、退出 Panel Designer（图 2-42）。

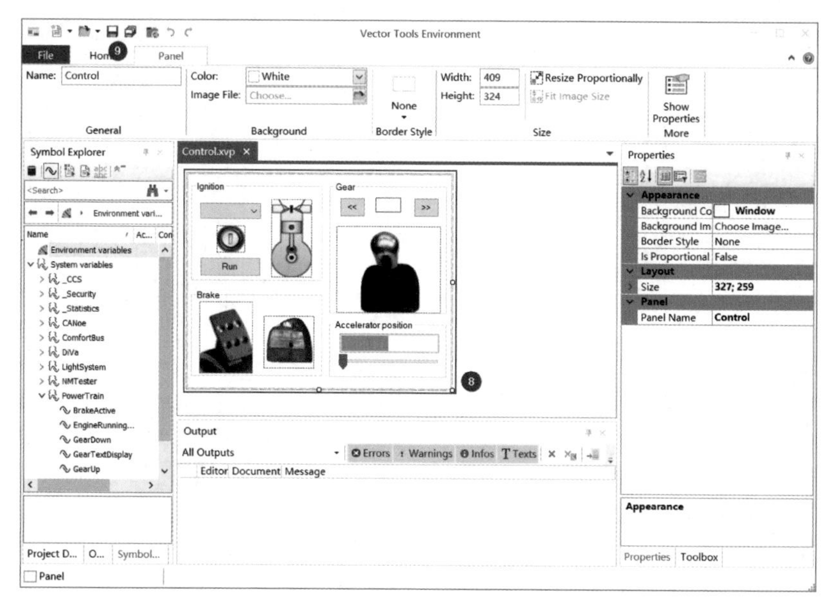

图 2-42　完成 Panel 设计

■ 2.4 CAPL 应用

CAPL(Communication Access Programming Language)作为 CANoe 内置的一种编程语言，是一种面向过程的、类 C 的语言，可编写用于激励、模拟、测试和诊断的脚本和特定的应用程序。例如，在开发网络节点时，可基于 CAPL 实现剩余网络节点的功能仿真，如报文的发送、信号的激励等，还可以编写网关程序用于多总线之间的数据交互。

CAPL 与常规编程语言的区别在于其基于事件驱动的特性，其脚本的执行受各类事件控制，所以 CAPL 脚本是由一个个事件块组成的，各个事件块相互独立，其执行的顺序取决于事件触发的先后次序。CAPL 脚本使用 CANoe 中自带的 CAPL 浏览器进行开发、编译，在开发环境中可以便捷地访问数据库中的任何对象(报文、信号、环境变量、系统变量、诊断服务等)。此外，CAPL 还提供大量的预定义函数，满足各类应用需求，可以极大地降低使用者的二次开发工作，鼠标选中函数，按 F1 键即可快速打开帮助文档对应函数的位置，查看函数的描述及使用示例。

2.4.1 CAPL 浏览器

CAPL 脚本设计是通过 CAPL 浏览器(CAPL Browser)实现的，可以选择 Tools → CAPL Browser 打开 CAPL Browser 设计环境，或在“Simulation Setup”窗口双击配置好.can 文件的仿真节点打开对应的 CAPL 文件，CAPL Browser 的设计界面如图 2-43 所示。

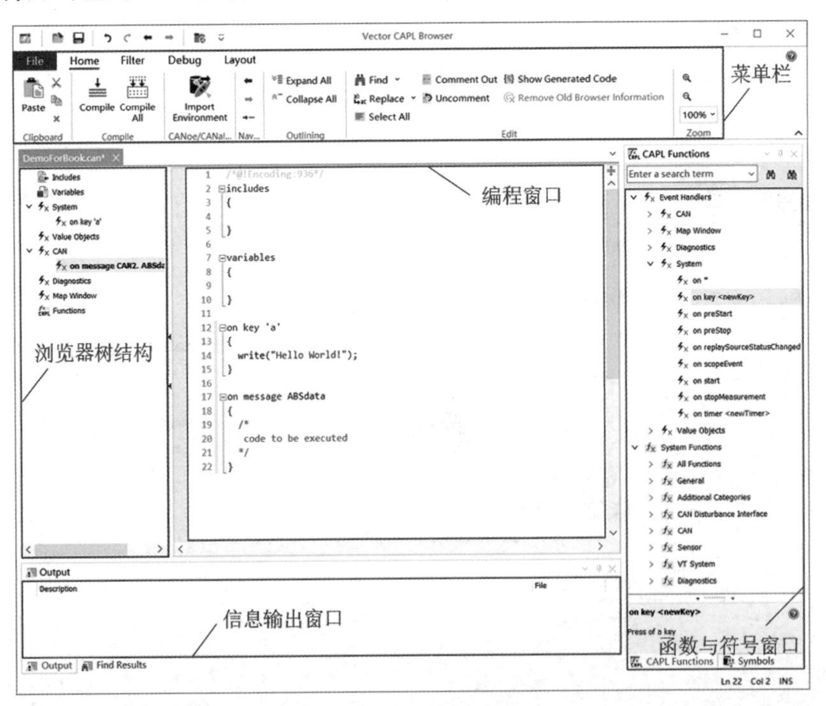

图 2-43 CAPL 浏览器界面

（1）菜单栏：主要用于同步 CANoe 环境，编译脚本。

- Compile：编译选中的 CAPL 文件。
- Compile All：编译所有的 CAPL 文件。
- Import Environment：同步 CANoe 环境中配置的对象，如报文、信号、系统变量等。
- Comment Out：使用“//”注释选中的一行或多行代码。
- Uncomment：用于取消选中代码行前标识注释的“//”。

（2）浏览器树结构：展示了 CAPL 代码的结构，基于该结构可以方便查看和管理代码。

- Include Files：引用其他 CAPL 脚本或外部库文件。例如，可以将多个 CAPL 脚本中共同使用的常量、变量和函数以库文件的方式定义，以便复用。
- Variables：定义 CAPL 脚本的全局变量，全局变量可以被当前 CAPL 文件中所有的事件块或函数访问和使用。事件块或函数内部定义的局部变量则只能在当前事件块或函数中访问。
- Event Procedures：根据事件的不同类型，分为 System、Value Objects、CAN、Diagnostic 等层级。
- Functions：定义函数去封装脚本，便于脚本的复用与维护。

（3）编程窗口：CAPL 代码编辑工作区，可添加库文件，定义全局变量、编写功能脚本。

（4）函数与符号窗口：用于快速访问 CAPL 中预封装的库函数及可使用的对象。

- CAPL Function：显示 CAPL 文件中可使用的函数，可通过拖拽的方式在编程窗口中使用。
- Symbols：显示 CAPL 文件中可使用的符号对象，包括总线信号、变量及 Application Layer Objects 等，可通过拖拽的方式在编程窗口中使用。

（5）信息输出窗口：显示编译的结果，如果有警告或错误提示，可以通过双击来定位问题代码，只有编译成功后才能够运行 CANoe。

2.4.2 CAPL 常用事件

CAPL 作为一种由事件驱动的编程语言，在特定的事件触发时才会执行相应的代码。在 CANoe 中针对不同总线类型、不同的总线对象以及一些特殊事件提供了大量预定义的事件函数(表 2-10)。接下来将以三个常用事件为例，介绍 CAPL 语言事件驱动的特性。

表 2-10　CAPL 常用事件

事件名	描述
on start	当 CANoe 开始运行时触发
on message	当接收到 CAN 报文时触发
on signal /on signal_update	当信号值变化/更新时触发
on sysVar_change/on sysVar_update	当系统变量值变化/更新时触发

（续表）

事件名	描述
on PDU	当接收到 PDU 时触发
on timer	当定时器时间到达后触发
on key	按键时触发

所有的事件都是独立的，不能相互嵌套，也不能嵌套在其他代码中。

2.4.2.1 on message

该事件在接收有效的 CAN 报文（非错误报文）时会被触发，在 on message 后可以指定具体某条报文、某个 ID 范围的报文或全部报文等，常见的格式如下：

```
on message 123              //当收到 ID 为 123(十进制,标准帧)的报文时执行
{/* 执行代码* /}
on message 123x             //当收到 ID 为 0x123(十进制,扩展帧)的报文时执行
{/* 执行代码* /}
on message 0x123            //当收到 ID 为 0x123(十六进制,标准帧)的报文时执行
{/* 执行代码* /}
on message 0x123x           //当收到 ID 为 0x123(十六进制,扩展帧)的报文时执行
{/* 执行代码* /}
on message EngineStatus     //当收到报文名称为"EngineStatus"的报文时执行
{/* 执行代码* /}
on message CAN1.123         //当在 CAN1 上收到 ID 为 123(十进制,标准帧)的报文时执行
{/* 执行代码* /}
on message CAN1.EngineStatus     //当收到 CAN1 上报文名称为"EngineStatus"的报文时执行
{/* 执行代码* /}
on message *                //当收到任意报文(除了已在其他 on message 中定义过的报文)时执行
{/* 执行代码* /}
on message CAN1.*      //当收到 CAN1 上任意报文(除了已在其他 on message 中定义过的报文)时执行
{/* 执行代码* /}
on message CAN1.[* ]        //当收到 CAN1 上任意报文时执行
{/* 执行代码* /}
on message 0,1,10-20        //当收到 ID 为 0、1 以及 10~20 范围内的报文时执行
{/* 执行代码* /}
```

在特定报文对应的事件触发后，还可以通过关键字“this”访问报文的 Selectors 内容，包括报文的数据或属性等元素，常见的 Selectors 见表 2-11，详细的解释说明可参考帮助文档。

表 2-11　报文 Selectors 选项

关键字	描述	参数说明
Byte(x)	用于对报文负载内容的读和写，以 byte 为最小单位	x 取 0～7
Word(x)		x 取 0～6
DWord(x)		x 取 0～4
QWord(x)		x = 0
ID	报文标识符	0～0x7FF（0～2047） 0～0x1FFFFFFF（0～536870911）
DLC	报文负载长度	0～8
CAN	报文所在通道	1～64
DIR	发送方向	RX(0)，TX(1)，TXREQUEST(2)
TIME	报文时戳	时间单位为 10 μs
SIMULATED	判断报文是否由仿真的节点发送	0：不是；1：是
FDF	CAN FD 报文格式指示位	0：CAN；1：CAN FD
BRS	CAN FD 波特率切换指示位	0：数据段波特率不切换；1：数据段波特率切换至配置的数据段速率
GetPDU(N，P)	获取报文中的 PDU	N：指示 PDU 的 index，0 表示第一个； P：PDU 类型的参数

使用关键字“this”的示例代码如下：

```
on message EngineData
{
  pdu *  myPDU; //定义一个 PDU 类型的变量

  write("报文 ID 是：0x% x",this.id);
  write("报文 DLC 是：% d",this.dlc);
  write("报文所在通道是：% d",this.can);
  write("报文发送方向是：% d",this.dir);
  write("报文负载的第一个字节是：0x% x",this.byte(0));
  write("报文时戳是：% lld s",this.time/100000);
  write("获取报文的第一个 PDU",this.GetPDU(0,myPDU));
  write("获取信号 EngSpeed 的物理值是：% d",this.EngSpeed.phys);
```

```
  if(this.simulated == 0)
  {
    /* 处理来自真实 ECU 的报文 * /
  }

  if(this.FDF == 1)
  {
    /* 处理 CAN FD 报文 * /
  }
}
```

2.4.2.2 on signal /on signal_update

on signal 事件在检测到信号值发生变化时被调用，而 on signal_update 事件则在信号值更新时被调用，其后直接跟信号名称。当在不同报文或不同网段中存在具有相同名称的信号时，为了唯一标识该信号，需要使用通道、网络名称、节点名称、报文名称等来进一步限定信号。可以使用如下的限定语法：

```
[(channel | network)::] [[dbNode::] node::] [([dbMsg::] message:: | [dbPdu::] pdu::)]
[dbSig::]signal
```

示例代码如下：

```
on signal PowerTrain::Engine::ABSdata::CarSpeed
{/* 执行代码* /}
on signal ABSdata::CarSpeed
{/* 执行代码* /}
on signal Engine::ABSdata::CarSpeed
{/* 执行代码* /}
```

在指定信号时还可以使用逻辑运算符或(/)对多个信号进行触发，示例如下：

```
on signal(Engine::ABSdata::CarSpeed| Gateway::Gateway_2::EngSpeed)
{/* 执行代码* /}
```

2.4.2.3 on timer

在 CAPL 中，可以定义定时器并为其指定运行时间。一旦定时器计时结束，将触发相应的“on timer”事件，常用于一些需要等待或周期操作的逻辑处理。为了使用此事件，需要先定义一个 timer/msTimer 类型变量，然后通过调用 setTimer/setTimerCyclic 函数来启动定时器并设置其运行时间。此外，还可以通过调用 cancelTimer 函数来随时停止定时器。具体的函数使用说明可以参考帮助文档。

图 2-44 所示为 setTimer 函数描述。

Function Syntax

```
void setTimer(msTimer t, long duration); // form 1
void setTimer(timer t, long duration); // form 2
void setTimer(timer t, long durationSec, long durationNanoSec); // form 3
```

Method Syntax (Dynamic)

```
void msTimer::set(long);
```

Parameters

Timer or msTimer variable and an expression which specifies the duration of the timer.

Return Values

—

图 2-44　setTimer 函数描述

示例代码如下：

```
variables
{
  /*
  在 CAPL 中有两种 timer 类型变量，分别是以 s 为单位的 timer 和以 ms 为单位的 mstimer
  * /
  timer   myTimer;
  msTimer mymsTimer;
}
on key '1'
{
  setTimer(myTimer,1); //设置 mytimer 定时器 1s 后单次启动
  setTimerCyclic(mymsTimer,100);//设置 mymsTimer 定时器每 100ms 周期性启动
}
on timer myTimer
{
```

```
  /* 执行代码* /
}
on timer mymsTimer
{
  /* 执行代码* /
}
on key '2'
{
  //停止定时器
  cancelTimer(myTimer);
  cancelTimer(mymsTimer);
}
```

2.4.3 CAPL 常用函数

2.4.3.1 变量的使用

CAPL 支持丰富的变量类型，与 C 语言类似，在使用前需要先进行变量的声明和初始化。声明变量要指定变量的名称和类型，可以在 CAPL 浏览器的“Variable”选项中定义全局变量，也可以在事件或函数中定义局部变量。初始化变量即为变量赋予一个初始值，这可以在声明变量的同时进行，也可以在调用变量时进行。

CAPL 中默认创建的变量均属于静态变量，其初始化只在程序启动时执行，程序运行过程中不会再进行初始化操作。

在定义局部变量时可以在声明前使用关键字“stack”，在 stack 上创建的变量在运行过程中每次声明时都会重新初始化，该特性从 CANoe12.0 SP3 开始支持，使用示例参考如下：

```
on key 'a'
{
  stack long lStackLong = 10;
  long lLong = 11;

  write("1* * * * lStackLong is % d, lLong is % d",lStackLong,lLong);
  lStackLong = 20;
  lLong = 21;
  write("2* * * * lStackLong is % d, lLong is % d\n",lStackLong,lLong);
}
```

示例中，在连续两次按 a 键触发事件后，“Write”窗口的信息显示为：

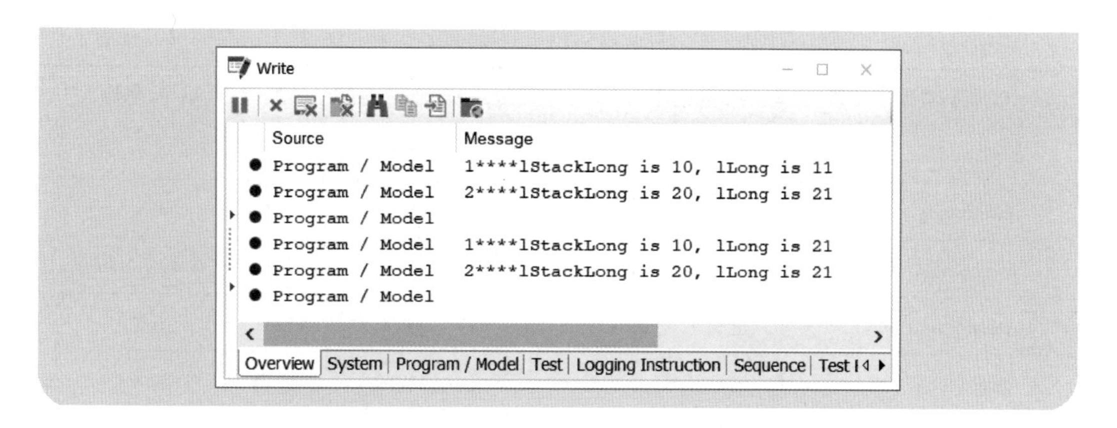

介绍具体的变量类型前，先了解 write 函数（图 2-45）的使用。该函数用于在“Write”窗口打印信息，类似于 C 语言中的 printf，多用于代码调试或信息展示。此外，“Write”窗口还会输出 CANoe 运行过程中的重要系统消息，如测量异常停止的错误及警告信息，这些信息对了解软件运行状态和排查问题是非常必要和有帮助的。

Function Syntax

```
void write(char format[], ...);
```

Parameters

Format string, variables or expressions

Return Values

—

图 2-45　write 函数描述

write 函数在 Windows 和 Linux 中常用的表达式如表 2-12 所示。

表 2-12　write 函数的表达式

CAPL 数据类型	描述	Windows 格式	Linux 格式
int	有符号显示	% d	% d
long	有符号显示	% ld	% d
Int64	有符号显示	% I64d 或 % lld	% ld 或 % lld
byte/word	无符号显示	% u	% u
dword	无符号显示	% lu	% u
qword	无符号显示	% I64u 或 % llu	% lu 或 % llu

（续表）

CAPL 数据类型	描述	Windows 格式	Linux 格式
byte/word/int	十六进制显示	% x	% x
dword/long	十六进制显示	% lx	% x
qword/int64	十六进制显示	% I64x 或 % llx	% lx 或 % llx
byte/word/int	十六进制显示(大写)	% X	% X
dword/long	十六进制显示(大写)	% lX	% X
qword/int64	十六进制显示(大写)	% I64X 或 % llX	% lX 或 % llX
byte/word/int	八进制显示	% o	% o
dword/long	八进制显示	% lo	% o
qword/int64	八进制显示	% I64o 或 % llo	% lo 或 % llo
float/double	浮点型显示	% g 或% f	% g 或% f
character	字符型显示	% c	% c
string	字符串显示	% s	% s
% - character	“% ”字符显示	% %	% %

CAPL 中支持的常规变量类型如表 2-13 所示。

表 2-13　CAPL 支持的常规变量

类型	关键字	长度
整数	Int	signed，16bit
	long	signed，32bit
	Int64	signed，64bit
	byte	unsigned，8bit
	word	unsigned，16bit
	dword	unsigned，32bit
	qword	unsigned，64bit
浮点型	float	64bit
	double	64bit
字符	char	8bit
枚举	enum	—
结构体	struct	—

示例代码如下：

```
variables
{
  int    gInt =  1;
  long   glong =  10;
  int64  gInt64 =  20;
  byte   gByte =  0x1;
  word   gWord =  0x2;
  dword  gDword =  0x3;
  qword  gQword =  0x4;

  float  gFloat =  10.0;
  double gDouble =  20.0;

  char   gChar =  'a';

  enum   gColors {Red,Green,Blue};

  struct gData {
    int  type;
    char name[50];
    long length;
  };
}
```

CAPL 对数组的支持与 C 语言类似，定义数组需要声明其数据类型、数组名和数组长度，支持一维数组和二维数组。示例代码如下：

```
variables
{
  //数组定义：< 数据类型> < 数组名> [数组长度]
  int   gIntArray[5]  =  {1,2,3,4,5};          //一维数组
  int   gMatrix[2][2] =  {{11,12},{21,22}};  //二维数组
  byte gByteArray[3] =  {0x1,0x2,0x3};
  char gCharArray[10] =  "Vector"; //字符数组即字符串
}
```

```
on key 'c'
{
  write("Length of gIntArray is % d",elcount(gIntArray));
  write("Length of gCharArray is % d",elcount(gCharArray));
  write("Byte% d in gByteArray is 0x% x",2,gByteArray[1]);
  write("gCharArray is % s",gCharArray);
  write("character% d in gCharArray is % c",1,gCharArray[0]);
}
```

“Write”窗口信息如图 2-46 所示。

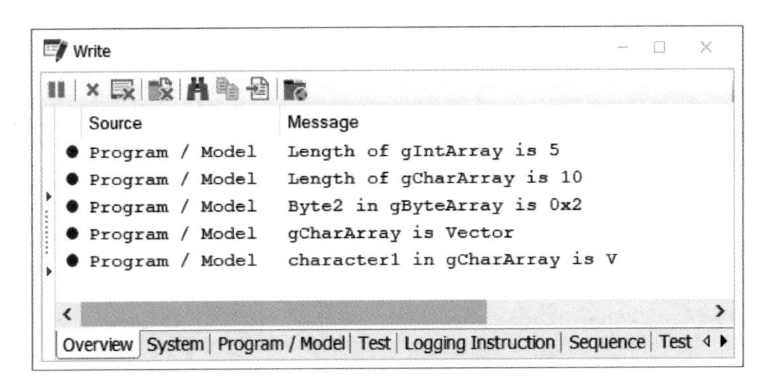

图 2-46 “Write”窗口（定义数组）

通过上述方式定义的数组，其长度在声明时就需要指定且固定。而在实际应用中为了节约资源，可以考虑定义长度可变的数组，根据具体使用动态确定数组长度。CAPL 可通过 Associative field（关联字段）实现这一需求，关联字段允许将值以键值对的形式进行储存和访问，每个键（Key）都是唯一的，并与一个值相关联，通过 Key 可以快速地查找、插入和删除对应的值，无需使用过多内存。

关联字段值的类型可以是简单数据类型、枚举类型和结构体类型，其支持的 Key 数据类型有 long、int64、float、double、enum 和 char[]。在声明时可以不指定关联字段的大小，其会根据 Key 数量的变化动态地增加和减少。此外，关联字段还可以作为函数参数使用，更详细的介绍请参考帮助文档。

示例代码如下：

```
variables
{
  int      gField1[long];        //将 long 类型的数值映射给 int 类型数值
  float    gField2[int64];
  char[10] gField3[char[]];
```

```
  int       gField4[float,100]; //声明时指定字段的大小,此处为 100 个元素
}
on key 'd'
{
  long i = 0;

  for(i= 0;i< 10;i++)
  {
    gField1[i] = i; //对关联字段进行赋值
  }
  for(long mykey : gField1) //遍历关联字段的所有 Key 值
  {
    write("Associative Field: gField1[% d] value is % d",mykey,gField1[mykey]);
  }
  if(gField1.containsKey(3)) //检查关联字段 gField1 是否含有某个 Key 值
  {
    write("Associative Field: gField1 contains the key: 3");
  }
  gField1.remove(3); //移除关联字段 gField1 的第三个元素
  write("Returns the number of elements in gField1 is: % d after remove key 3",gField1.
size());//返回关联字段 gField1 的元素个数
  gField1.clear();     //清空关联字段 gField1 的所有元素
}
```

"Write"窗口信息如图 2-47 所示。

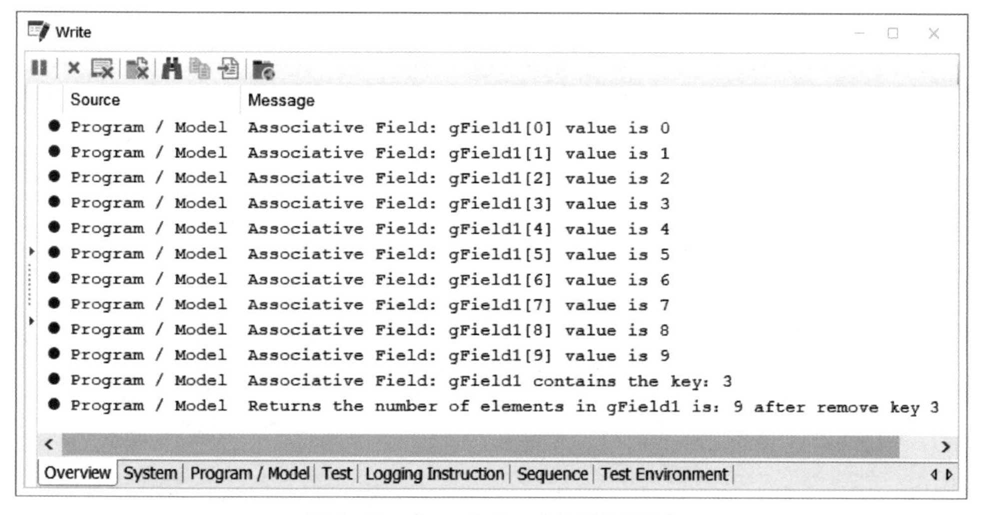

图 2-47 "Write"窗口(关联字段值)

除上述的常规变量类型外，CAPL 还支持一些特殊变量类型，如报文类型、定时器类型和系统变量类型等，常用的特殊变量类型见表 2-14。

表 2-14　CAPL 中常用的特殊变量类型

类型	关键字	备注
CAN 报文	message	—
数据库对象	dbMsg	引用数据库中报文对象
	dbPdu	引用数据库中 PDU 对象
	dbNode	引用数据库中节点对象
定时器	timer/mstimer	—
诊断报文	diagRequest	—
	diagResponse	—
系统变量	sysvarInt *	sysGetVariableInt，sysSetVariableInt
	sysvarFloat *	sysGetVariableFloat，sysSetVariableFloat
	sysvarString *	sysGetVariableString，sysSetVariableString
	sysvarIntArray *	sysGetVariableLongArray，sysSetVariableLongArray
	sysvarData *	sysGetVariableData，sysSetVariableData

2.4.3.2　流程控制

CAPL 脚本是由一个个事件程序块组成的，各程序块的执行顺序取决于事件的触发次序，但是在程序块内部，其代码还是逐行执行的，每行代码以分号结束。其中可以使用条件判断和循环语句，如 if{}、else{}、switch case、for、while 等，这些语句的使用方式和 C 语言中类似，可以在代码顺序执行过程中控制代码的执行流程。

示例代码如下：

```
on key 'a'
{
  int i= 0;

  if(i== 0){
    /* 执行代码* /
  }
  else{
    /* 执行代码* /
  }

  switch (i){
```

```
    case(1):
      /* 执行代码* /;
      break;
    case(2):
      /* 执行代码* /;
      break;
    default:
      /* 执行代码* /;
      break;
  }

  for(i= 0;i< 100;i ++ )
  {
    /* 执行代码* /;
  }

  while(i< 100)
  {
    /* 执行代码* /;
  }
  do
  {
    /* 执行代码* /;
  }while(i< 100);
}
```

2.4.3.3 信号和系统变量的访问与控制

CAPL 中的信号表示总线数据(如 CAN 报文)中包含的应用数据,其与报文的映射关系以及在报文中的布局都会在数据库中进行定义,因此,对信号的操作必须基于数据库。信号的读写有两种方式,一种是通过 CAPL 函数,如 getSignal/setSignal;另一种是在信号名称前加"$"符号。函数本身的使用很简单,可直接参考帮助文档,使用示例如下:

```
on key 'a'
{
  float lPower;
  float lSpeed;
```

```
  //访问信号值
  lPower = $ EngPower;
  lPower = $ EngPower.raw; //默认获取的是信号物理值,可通过 signal.raw 的方式访问原始值
  lSpeed = $ PowerTrain::Engine::ABSdata::CarSpeed;//
  lSpeed = getSignal(PowerTrain::Engine::EngineData::EngSpeed);

  //对信号赋值
  $ EngPower = 10.0;
  $ PowerTrain::Engine::ABSdata::CarSpeed = 100.0;
  setSignal(PowerTrain::Engine::ABSdata::CarSpeed,100.0);
}
```

对系统变量数值的操作与信号类似,也分函数和表达式读写两种方式,不同之处在于,不同类型的变量有其特定的函数进行读写操作。表达式方式使用"@"符号访问系统变量,但这种方式通常仅限于浮点型、整型以及数组或结构体中的元素。使用示例如下(更多的函数使用请参考帮助文档):

```
on key 'b'
{
  double lSpeed;
  long   lVar;
  long   lArray[5];
  char   lString[10]= "Vector";

  //访问系统变量值
  lSpeed = @ sysvar::VectorBook::VarSpeed;
  lVar = @ sysvarMember::VectorBook::VarArray[0];
  lSpeed = sysGetVariableFloat(sysvar::VectorBook::VarSpeed);
  sysGetVariableLongArray(sysvar::VectorBook::VarArray,lArray,elcount(lArray));
  sysGetVariableString(sysvar::VectorBook::VarString,lString,elcount(lString));

  //对系统变量赋值
  @ sysvar::VectorBook::VarSpeed = 100.0;
  @ sysvarMember::VectorBook::VarArray[0] = 10;
  sysSetVariableFloat(sysvar::VectorBook::VarSpeed,100.0);
  sysSetVariableLongArray(sysvar::VectorBook::VarArray,lArray,elcount(lArray));
  sysSetVariableString(sysvar::VectorBook::VarString,lString);
}
```

2.4.3.4 报文与 PDU 的发送

通过 CAPL 实现报文及 PDU 的发送，需要先定义报文及 PDU 变量，再分别通过函数 output 或 triggerPDU 将其发送到总线上，使用示例如下：

```
variables
{
  //声明报文及 PDU 变量
  message ABSdata msg1;          //声明数据中已有的报文，可以通过报文名称、ID 指定一条报文
  message 0x11    msg2;          //声明非数据库中的报文，可以通过报文 ID 定义一条报文
  pdu EngineData gPDU1;          //声明数据库中定义的 PDU
}

on key 'a'
{
  msg1.CarSpeed.phys =  100;     //通过定义的报文变量修改信号物理值
  msg1.GearLock      =  1;
  output(msg1);                  //通过 output 函数将报文发送到总线
}

on key 'b'
{
  msg2.dlc =  2;                 //定义自定义报文的 DLC 长度
  msg2.byte(0) =  0x11;          //通过 byte、word、dword、qword 的方式修改报文的数值
  msg2.byte(1) =  0x22;
  output(msg2);                  //通过 output 函数将报文发送到总线
}

on key 'c'
{
  gPDU1.EngSpeed =  1000;        //通过 PDU 访问信号值
  gPDU1.EngTemp =  50;
  triggerPDU(gPDU1);             //触发 PDU 的发送
}
```

2.4.3.5 帮助文档的使用

CAPL 提供的函数库非常丰富，其按照函数类型、总线类型及特定功能等对函数进行分

类，在每个类别中还会有更详细的划分，以方便快速查找相关函数，如图 2-48 所示。在 CAPL 编写或查看过程中，鼠标选择对应的 CAPL 函数并按 F1 键即可打开帮助文档并定位到选中的函数，方便用户理解并使用。

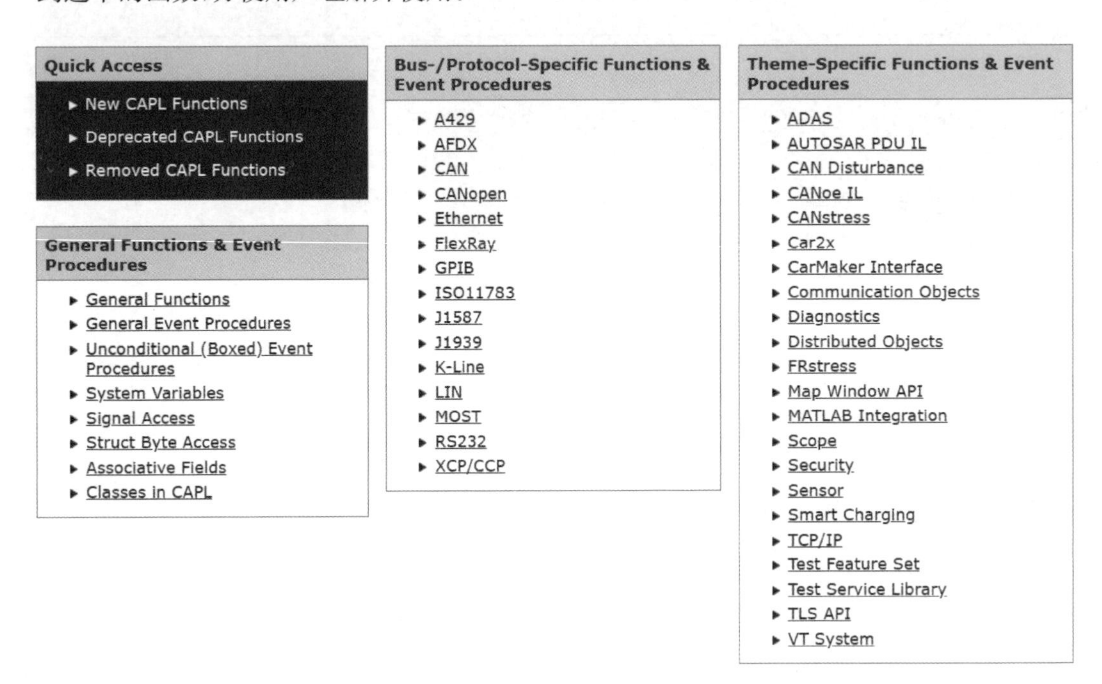

图 2-48　CAPL 函数帮助文档

2.4.4　CAPL 文件加密

在 CAPL 脚本开发完成后，即可选择编译或保存。实际应用中考虑到脚本的保密性，若不想对使用者直接展示完整的源代码，可以对脚本源码进行加密处理。

直接对.can 文件及.cin 文件加密是最简单直接的方式，在 CAPL 浏览页面打开需要加密的文件，选择 File → Save As Encrypted 即可加密(图 2-49)，保存后会生成同名文件，文件后缀为.canencr 或.cinencr，之后即可将加密后的文件代替源码文件提供给使用者，加密文件与源码实现的功能完全一致，但无法打开查看。

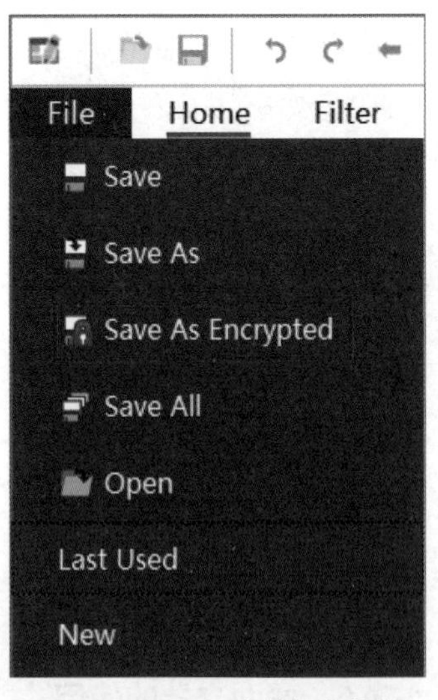

图 2-49　CAPL 文件加密保存

上述方式适合对单个.can 或.cin 文件进行手动加密，如果工程中包含了很多脚本文件，更快捷的方式是选择 File → Option → General → Create encrypted CAPL file saving 进行一键设置(图 2-50)。

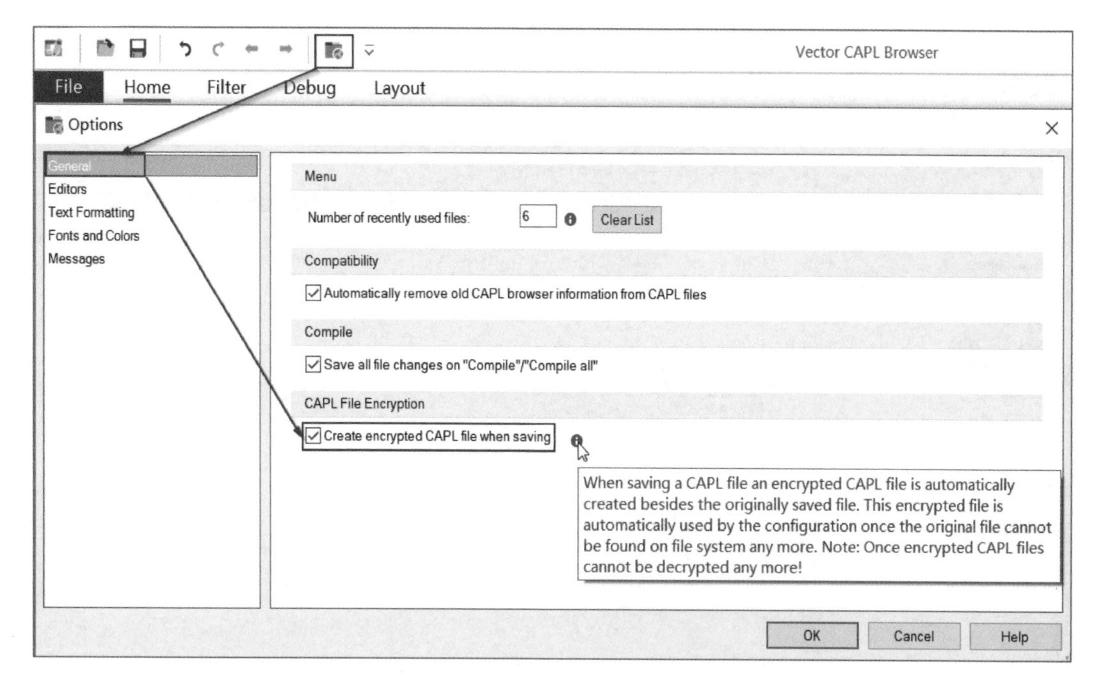

图 2-50　CAPL 文件批量加密配置

如果用户在 CI/CT 环境（如 Jenkins）下需要对 CAPL 脚本加密，CAPL 提供了控制台应用程序 CAPLBrowserCLI.exe，可以通过命令行对脚本加密，代码如图 2-51 所示。

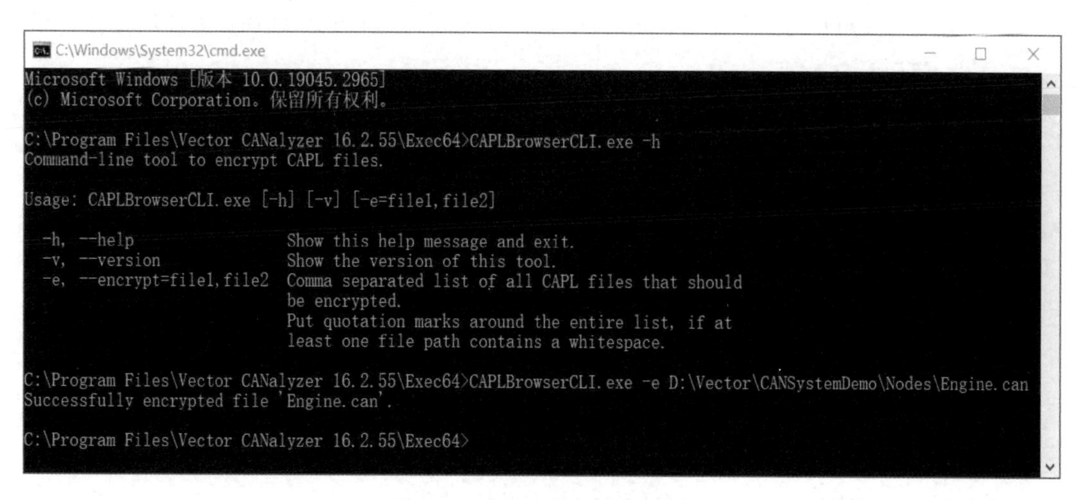

图 2-51　命令行加密 CAPL 文件

另外，还可以考虑将需要加密的内容封装成 CAPL DLL，在 CAPL Browser 中作为头文件使用，添加方式有以下两种。

（1）在“CANoe Option”界面配置，添加完后该 DLL 文件可以在工程中的所有 CAPL 文件中使用，如图 2-52 所示。

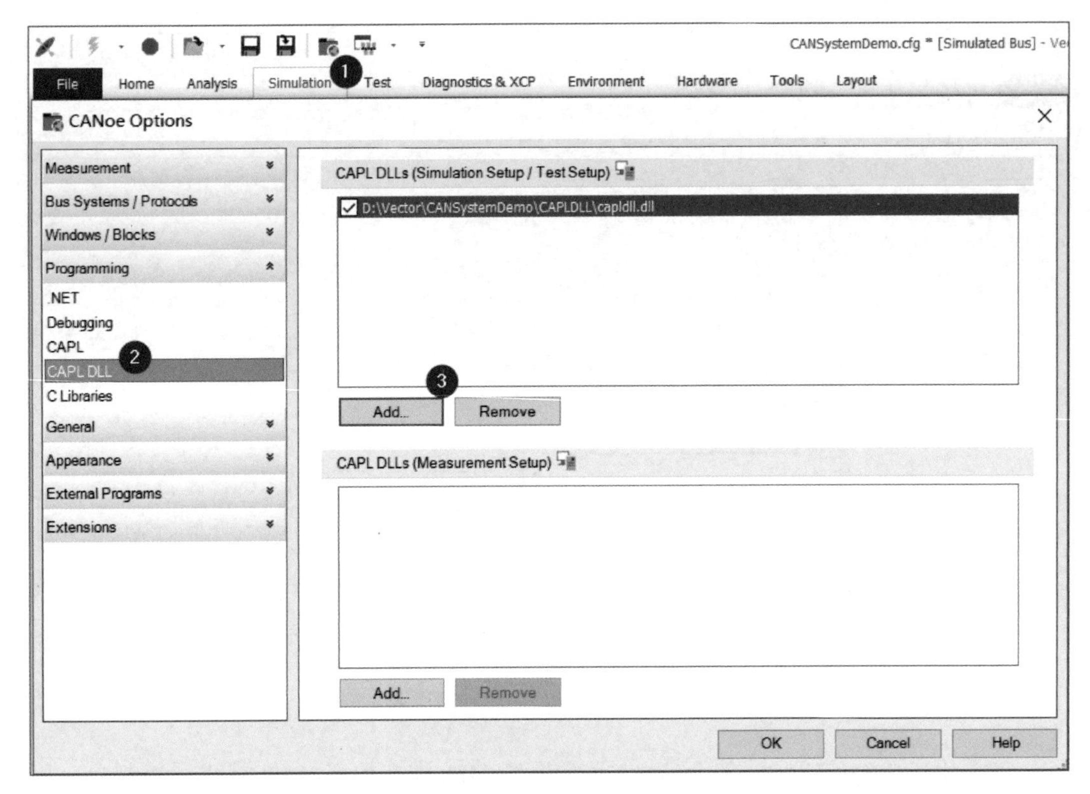

图 2-52　添加 CAPL DLL 文件

（2）在某个 CAPL 文件中通过# program library 配置，这种方式的 DLL 文件仅用于当前 CAPL 文件，代码示例如下：

```
includes
{
  # pragma library ("..\CAPLDLL\capldll.dll") //相对路径
  # pragma library ("D:\Vector\CANSystemDemo\CAPLDLL\capldll.dll")//绝对路径
}
```

关于 CAPL DLL 的封装在帮助文档中有详细的介绍，具体可以搜索关键字“CAPL DLL”查询，并且 CANoe 也自带了相关示例工程，参考路径：C:\Users\Public\Documents\Vector\CANoe\Sample Configurations 16.4.4\Programming\CAPLdll。

2.4.5　典型应用示例

2.4.5.1　CAN 网关实现

网关脚本通常用于实现不同 CAN 总线数据的路由。网关示意如图 2-53 所示，其会将 CAN1 和 CAN2 的数据相互转发。

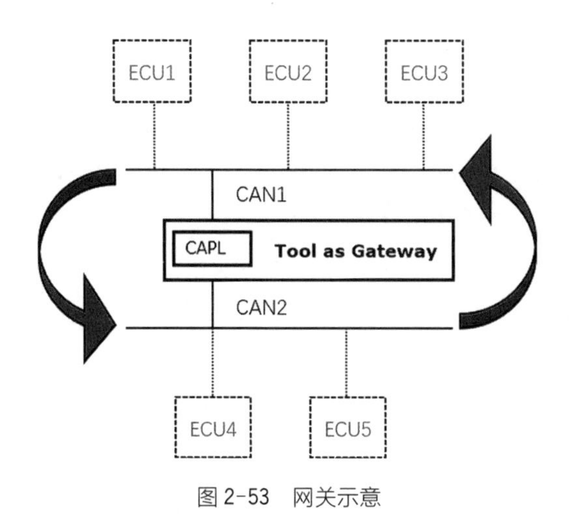

图 2-53　网关示意

示例代码如下：

```
on message CAN1.*
{
  message CAN2.*  msg2;     //定义一个属于 CAN2 上的报文变量

  if(this.dir ==  rx)       //重点，只对 CAN1 上收到的报文进行转发
  {
    msg2 =  this;           //将收到的 CAN1 报文赋值给定义在 CAN2 上的报文变量
    output(msg2);           //将报文发送到 CAN2
  }
}

on message CAN2.*
{
  message CAN1.*  msg1;     //定义一个属于 CAN1 上的报文变量

  if(this.dir ==  rx)       //重点，只对 CAN2 上收到的报文进行转发
  {
    msg1 =  this;           //将收到的 CAN2 报文赋值给定义在 CAN1 上的报文变量
    output(msg1);           //将报文发送到 CAN1
  }
}
```

除基于 CAN 报文的数据路由，在使用 ARXML 格式的数据库时，也可通过 CAPL 实现

PDU 数据的路由。

示例代码如下：

```
variables
{
  dword srcBusContext;
  dword dstBusContext;
}

on preStart
{
  //获取总线环境,即确定通道
  srcBusContext = GetBusNameContext("CAN_Powertrain");
  dstBusContext = GetBusNameContext("CAN_Second");
}

/*
long triggerPDU2(pdu PDUObject, dword DestBusContext, char[] DBName,char[] TXNode, char
[] PDUName, dword ShortHeaderID, dword LongHeaderID, dword Flags, dword PayloadLen)
PDUObject       : 发送的 PDU
DestBusContext  : PDU 将要被发送到的目标网络
DBName          : 数据库的名称,与 Simulation Setup 中一致
TXNode          : PDU 发送节点,可以设置空字符串
PDUName         : PDU 名称
ShortHeaderID   : PDU ID,0 表示没有配置
LongHeaderID    : PDU ID,0 表示没有配置
Flags           : 保留标志位,0 表示没有配置
PayloadLen      : PDU 的长度,单位 byte
* /
on PDU *
{
  //将所有 CAN1 上收到的 PDU 转发到 CAN2 上
  long result;

  if((this.MsgChannel ==  1) && (this.BusType ==  eCAN) && (this.dir ==  rx))
  {
```

```
    result = TriggerPDU2(this, dstBusContext, "CANdb1", "", this.Name, this.ShortHeaderID, this.LongHeaderID, 0, this.PduLength);
    if(result != 0)
    {
      Write("Return value of TriggerPDU2: %d", result);
    }
  }
}

on pdu msgchannel1.CAN_Powertrain::EngineData
{
  pdu msgchannel2.CAN_Second::EngineData gwPDU;

  if((this.MsgChannel == 1) && (this.BusType == eCAN) && (this.dir == rx))
  {
    //修改信号数值再进行数据转发
    memcpy(gwPDU.Payload, this.Payload, this.PduLength);
    gwPDU.EngSpeed = 100;
    TriggerPDU(gwPDU);
  }
}

on PDU msgchannel1.CAN_Powertrain::Ignition_Info
{
  //该 PDU 不会进行转发
}
```

2.4.5.2 文件的读写

在脚本设计过程中，经常需要 CAPL 对文件进行一些读写操作，比如，需要通过 CAPL 读取文件的内容作为仿真或测试的输入，或需要通过 CAPL 将参数写入指定文件。在 CAPL 预定义的函数中包含了一系列针对文件操作的函数，如表 2-15 所示。

表 2-15 CAPL 支持的文件处理函数

函数	函数描述
fileClose	关闭指定文件
fileGetBinaryBlock	从指定文件以二进制格式读取字符

（续表）

函数	函数描述
fileGetString	从指定文件读取字符串，行尾包含换行符
fileGetStringSZ	从指定文件读取字符串，行尾不含换行符
filePutString	向指定文件写入字符串
fileRewind	将位置指针重置到文件开头
fileWriteBinaryBlock	向指定文件写入字节
getOfflineFileName	返回当前使用的离线源文件的完整路径
getNumOfflineFiles	返回配置的离线源文件的数量
getAbsFilePath	返回当前配置文件的完整绝对路径名
getProfileArray	从指定文件的指定部分读取给定变量值
getProfileFloat	
getProfileInt	
getProfileString	
getUserFilePath	返回用户文件的绝对路径
Open	打开指定文件用于读/写
openFileRead	打开指定文件进行读访问
openFileWrite	打开指定文件进行写访问
RegisterUserFile	动态注册用户文件
setFilePath	设置进行读/写访问的文件所在路径
setWritePath	设置进行写访问的文件所在路径
writeProfileFloat	向指定文件的指定部分写入变量值
writeProfileInt	
writeProfileString	

下面以常见的针对二进制或文本文件的读写为例，演示相关的使用。

（1）二进制文件读写示例代码如下：

```
variables
{
  dword gReadhandle,gWritehandle;
  long   gBinRead;
  long   gRandomValue;
  byte   gReadBuffer[500],gWriteBuffer[100];
}
```

```
on key 'a'
{
//打开文件进行读访问,1 表示模式为二进制
  gReadhandle =  openFileRead("myBinaryfile.bin",1);
  if (gReadhandle ==  0)
  {
    write ("File 'myBinaryfile.bin' was not opened for read access.");
    return;
  }

//读取文件中的内容并保存至 gReadBuffer,返回值(即读到的字符数)不为 0 时重复读取
  gBinRead =  fileGetBinaryBlock(gReadBuffer, elcount(gReadBuffer), gReadhandle);
  while(gBinRead ! =  0)
  {
    write ("fileGetBinaryBlock() read items: +% d",gBinRead);
    gBinRead =  fileGetBinaryBlock(gReadBuffer, elcount(gReadBuffer), gReadhandle);
  }
  fileClose(gReadhandle);//关闭文件句柄
}

on key 'b'
{
  int i;
//打开文件进行写访问,3 表示模式为二进制,且不会覆盖文件中已有内容
  gWritehandle =  OpenFileWrite ("myData.bin",3);
  if (gWritehandle ==  0)
  {
    write ("File 'myData.bin' was not opened for write access.");
    return;
  }

  for(i= 0;i< 100;i ++ )
  {
    gWriteBuffer[i] =  i;
  }
//将数组 gWriteBuffer 中的内容写入文件
  fileWriteBinaryBlock (gWriteBuffer, elcount(gWriteBuffer),gWritehandle);
  fileClose (gWritehandle);//关闭文件句柄
}
```

（2）文本文件读写示例代码如下：

```
variables
{
dword gReadhandle, gWritehandle;
char gReadBuffer[20];
int row;
int i;
long gRandomValue;
char buffer[100];

}

on key 'c'
{
//打开文件进行读访问,0 表示模式为读取文本
gReadhandle =  openFileRead ("myCSVfile.csv", 0);
//逐行获取文件中的数据,直至最后一行
while(fileGetStringSZ (gReadBuffer, elcount(gReadBuffer), gReadhandle))
{
row++ ;
write("Row % d, data is: % s", row, gReadBuffer);
}
fileClose (gReadhandle); //关闭文件句柄
}

on key 'd'
{
//打开文件进行写访问,2 表示模式为写入文本且不会覆盖文件中已有内容
gWritehandle =  OpenFileWrite ("myData.txt",2);

for(i= 0;i< 100;i++ )
{
gRandomValue =  random (32767);
snprintf (buffer,elcount(buffer)," % d \\n",gRandomValue);
//将数组 buffer 中的内容写入文件
filePutString (buffer, elcount(buffer),gWritehandle);
}
```

（3）.ini 文件读写示例代码如下：

```
variables
{
  long res;
}

/*
long writeProfileInt(char section[], char entry[], long value, char filename[]);
section   : INI 文件中的 section 名称
Entry     : 需要访问的变量名称
value     : 要修改的变量值
filename  : INI 文件名称
* /
on sysvar myNamespace::write
{
  // 按下按钮时将变量值写入文件(松开时无动作)
  if(@ this ==  1)
    {
      res =  writeProfileInt("mySectionForValues","EntryForMyValue",@ myNamespace::
value,"myINIfile");

      if(res! = 0)
        {
          write("Value % d was successfully written to the file.",@ myNamespace::value);
        }
    }
}

/*
long getProfileInt(char section[], char entry[], long def, char filename[]);
Section   : INI 文件中的 section 名称
entry     : 需要访问的变量名称
def       : 访问错误时作为函数返回值
Filename  : INI 文件名称
* /
on sysvar myNamespace::read
{
  // 按下按钮时从文件中读取变量值(松开时无动作)
  if (@ this == 1)
```

```
  {
    @ myNamespace::value =  getProfileInt("mySectionForValues","EntryForMyValue",0,"
myINIfile");
    write("Value % d was successfully read from file",@ myNamespace::value);
  }
}
```

2.4.5.3 E2E 的仿真实现

端到端(End-to-End,简称 E2E)保护机制在总线数据传输和处理过程中起着非常重要的作用,越来越多的厂商开始集成 E2E 功能。接下来介绍 CANoe 是如何支持 E2E 仿真的。

CAPL 中集成了一些 E2E 相关的函数(表 2-16)用于 checksum 的计算,可以满足绝大多数用户的需求,当然用户也可以在 CAPL 中自行实现相关的 E2E 算法。

表 2-16 CAPL 支持的 E2E 函数

函数名	功能描述
ARE2ECalculateCRC	计算 E2E PDU 的 checksum 值及其 checksum 的长度
ARE2EGetDataIDs	获取 E2E PDU 的 Data ID
ARE2EGetProfileInfos	获取 E2E PDU 的 profile,如 PROFILE_22
Crc_CalculateCRC8	根据输入数据,基于 CRC8 计算 checksum 值,参考 AUTOSAR Profile 1
Crc_CalculateCRC8H2F	根据输入数据,基于 CRC8H2F 计算 checksum 值,参考 AUTOSAR Profile 2
Crc_CalculateCRC16	根据输入数据,基于 CRC16 计算 checksum 值,参考 AUTOSAR Profile 5/ Profile 6
Crc_CalculateCRC32	根据输入数据,基于 CRC32 计算 checksum 值,参考 IEEE-802.3 CRC32
Crc_CalculateCRC32P4	根据输入数据,基于 CRC32P4 计算 checksum 值,参考 AUTOSAR Profile 4
Crc_CalculateCRC64	根据输入数据,基于 CRC64 计算 checksum 值,参考 AUTOSAR Profile 7

在 CANoe 中搭建 CAN 残余总线仿真可以使用 DBC 格式和 ARXML 格式的数据库,两种格式使用的交互层 DLL 是不同的,相应地,在实现 E2E 仿真方面也略有差异。

1. 使用 DBC 格式数据库

使用 DBC 格式的数据库需要添加 CANoeILNLVector.dll 文件,该 DLL 中提供了回调函数 applILTxPending,IL 层发送的报文到达总线之前会先调用该回调函数,可以在回调函数中对将要发送的数据进行处理,如实现 E2E 功能或阻止报文的发送。

示例代码如下:

```
/*
函数参数含义:
aId : 报文的 ID
aDLC: 报文的 DLC,指示数据场的长度
data: 报文数据场内容,可以自定义修改
```

```
函数返回值：
0：报文的发送被阻止
1：报文的发送被允许
* /
dword applILTxPending (long aId, dword aDlc, byte data[])
{
  int i, j;
  byte xor;

  //通过 aId 判断特定的报文作特定的处理
  if(aId ==  0x0)
  {
    write("Message from applILTxPending callback: Frame ID '0x% X' is about to be send,
filling counter signal and calculating checksum % 2X % 2X % 2X % 2X % 2X % 2X % 2X % 2X ",
aId, data.byte(0), data.byte(1),
data.byte(2), data.byte(3), data.byte(4), data.byte(5), data.byte(6), data.byte(7) );
    data[6] =  i & 0x0F;
    i++;
    i =  i %  16;

    xor =  0x00;
    for(j =  0; j <  aDlc; ++j)
    {
      xor =  xor ^ data[j];     //简单的异或处理示例,具体可以根据实际需求或者 AUTOSAR
                                  Profile 定义实现
    }
    data[7] =  xor;
    write("Message from applILTxPending callback: Frame ID '0x% X' payload was modified,
counter signal and checksum added                % 2X % 2X % 2X % 2X % 2X % 2X % 2X % 2X ",
aId, data.byte(0), data.byte(1), data.byte(2), data.byte(3), data.byte(4), data.byte(5),
data.byte(6), data.byte(7) );
    return 1;     //允许报文的发送
  }

  if(aId ==  0x2)
  {
    return 0;     //阻止报文的发送
  }
  return 1;       //所有其他的报文直接转发不作处理
}
```

运行结果如图 2-54 所示。

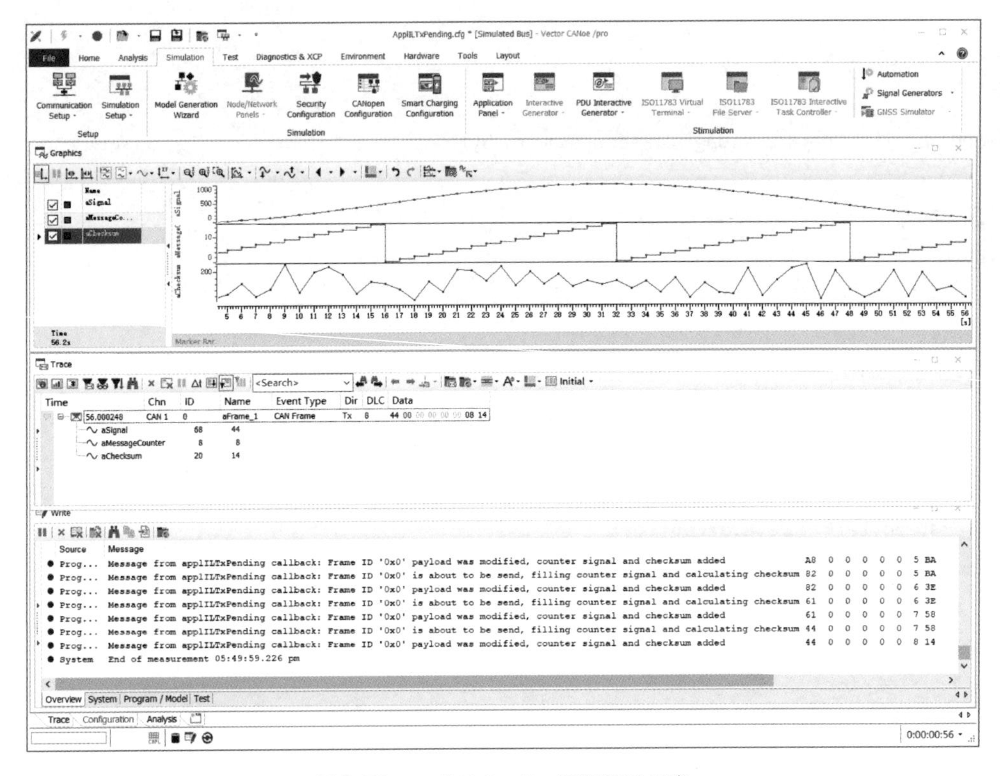

图 2-54　applILTxPending 运行结果示意

2. 使用 ARXML 格式数据库

如果 ARXML 格式数据库中定义了 E2E 属性，在 CANoe 中仿真时添加 AsrPDUIL2.dll 后会自动根据数据库的定义计算 E2E 数值并发送到总线。如果数据库中未定义 E2E 属性或需要进行额外的故障注入，则也可以借助 applPDUILTxPending 去实现。

示例代码如下：

```
/*
函数参数含义：
busContext：总线环境
shortID   ：PDU 短 ID
longID    ：PDU 长 ID
name      ：PDU 名称
aPDULength：PDU 长度
data      ：PDU 数据内容，可以自定义修改
函数返回值：
0：PDU 的发送被阻止
1：PDU 的发送被允许
* /
```

```
dword applPDUILTxPending (dword busContext, dword shortID, dword longID, char name[],
dword & aPayloadLength, byte data[])
{
  int i, j;
  byte xor;
  byte disturbanceValue = 0x11;;
  long res;

  //通过 PDU 的名称判定特定的 PDU 做特定的处理
  if(strncmp(name, "aPDU_1", elcount(name)) == 0)
  {
    write("Message from applPDUILTxPending callback: PDU '% s' is about to be sent,
filling counter signal and calculating checksum:   % 2X % 2X % 2X % 2X % 2X % 2X % 2X % 2X
", name, data.byte(0), data.byte(1), data.byte(2), data.byte(3), data.byte(4), data.byte
(5), data.byte(6), data.byte(7));
    data[6] = i & 0x0F;
    i++;
    i = i % 16;

    xor = 0x00;
    for(j = 0; j < aPayloadLength - 1; ++j)
    {
      xor = xor ^ data[j];   //简单的异或处理示例,具体可以根据实际需求或者 AUTOSAR
                                     Profile 定义实现
    }
    data[7] = xor;
    write("Message from applPDUILTxPending callback: PDU '% s' payload was modified,
counter signal and checksum added:             % 2X % 2X % 2X % 2X % 2X % 2X % 2X % 2X ",
name, data.byte(0), data.byte(1), data.byte(2), data.byte(3), data.byte(4), data.byte
(5), data.byte(6), data.byte(7));
  }
  /*
  如果数据库有定义 E2E 属性,其 checksum 的计算会在该函数后进行,即意味着在该回调函数中计算
  的 checksum 值会被覆盖
  如果此时需要对 checksum 值进行故障注入,可以使用函数
  ARILFaultInjectionDisturbChecksum 设置自定义的 checksum 值而不会被覆盖
  * /
  if(strncmp(name, "aPDU_2", elcount(name)) == 0)
  {
    data[6] = i & 0x0F;
```

```
    i++;
    i = i % 16;
    res = ARILFaultInjectionDisturbChecksum("aPDU_2", "aPDU_2_SignalGroup", 0, 0, -1,
disturbanceValue);
  }
  return 1;
}
```

运行结果如图 2-55 所示。

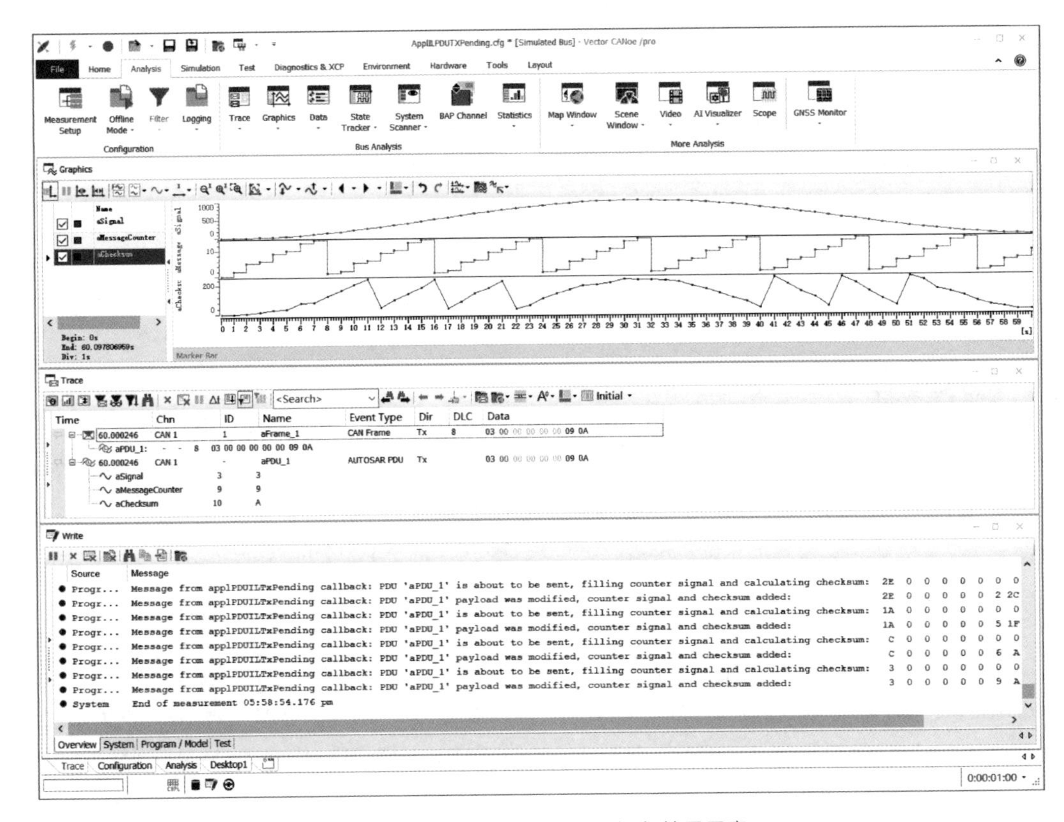

图 2-55　applPDUILTxPending 运行结果示意

2.5　仿真进阶

2.5.1　基于 MGW 仿真

2.5.1.1　概述

CANoe 除了提供手动配置仿真工程功能外，还提供了可视化配置窗口 MGW（Model

Generation Wizard)，引导用户完成残余总线仿真环境的配置和仿真工程的自动化生成。标准的 MGW 支持 CAN、FlexRay 和 Ethernet 网络，可以配置生成具有节点仿真、交互层和网络管理仿真功能以及带有面板控件的 CANoe 工程。此外，Vector 还可以为 OEM 的私有规范量身定制开发 OEM Add-on，可以定制 OEM 专用的发送模型，包括报文的发送方式、E2E 仿真、故障注入函数等，还可实现某些特殊的网络管理、传输层协议，从而基于 OEM 数据库及 MGW 一键生成仿真工程。在 CANoe 的帮助文档中搜索关键字“Overview — Modeling Libraries”即可查阅所有的 OEM Add-on 信息(图 2-56)。

OEM	Bus	IL (/Test)	NM	TP
BMW	CAN	AUTOSAR PDU IL	BMW OSEK NM AUTOSAR NM 3.3.0	OSEK TP
	FlexRay	BMW IL AUTOSAR PDU IL	AUTOSAR NM 3.2.0	BMW TP AUTOSAR FR TP
	Ethernet	AUTOSAR PDU IL Some IP IL	AUTOSAR UDP NM	—
Claas	CAN	Claas IL	—	—
Daihatsu	CAN	Daihatsu IL	Daihatsu OSEK NM	—
FAW	CAN	—	FAW NM	—
Fiat-Chrysler (FCA), PSA, Stellantis	CAN	Fiat IL AUTOSAR PDU IL	Fiat NM Class B Fiat NM Class C Fiat AUTOSAR NM	OSEK TP
FMC: Ford Motor Company(Ford)	CAN	Ford IL	Ford OSEK NM Ford NM	OSEK TP
GM: General Motors Corporation	CAN	GM IL AUTOSAR PDU IL	GMLAN NM IVLAN NM AUTOSAR NM 3.3.0	OSEK TP
	Ethernet	GM FSA IL	—	—
GWM	CAN	GWM IL AUTOSAR PDU IL	GWM OSEK NM GWM AUTOSAR NM	—
JLR	CAN	JLR IL AUTOSAR PDU IL	JLR NM 3.3.0 OSEK NM	OSEK TP
	FlexRay	JLR IL AUTOSAR PDU IL	AUTOSAR NM 3.2.0	AUTOSAR FR TP ISO FR TP
Mazda	CAN	Mazda IL	AUTOSAR NM 3.3.0	—
Mercedes-Benz	CAN	Daimler IL (IL + Test) AUTOSAR PDU IL	Daimler OSEK NM AUTOSAR NM 3.3.0	OSEK TP
	FlexRay	Daimler IL (IL + Test)	AUTOSAR NM 3.2.0	ISO FR TP AUTOSAR FR TP
	Ethernet	AUTOSAR PDU IL Some IP IL	AUTOSAR UDP NM	—
McLaren	CAN	AUTOSAR PDU IL	McLaren OSEK NM AUTOSAR NM 3.3.0	—
	Ethernet	AUTOSAR PDU IL Some IP IL	AUTOSAR UDP NM	—
NIO	—	NIO IL	—	—
Renault	CAN	CANoe IL AUTOSAR PDU IL	Renault NM Modeling support in CANdb++ AUTOSAR NM 3.3.0	OSEK TP
	FlexRay	AUTOSAR PDU IL	AUTOSAR NM 3.2.0	AUTOSAR FR TP ISO FR TP
	Ethernet	AUTOSAR PDU IL Some IP IL	AUTOSAR UDP NM	—
SPA: Volvo Cars, Geely	CAN	SPA IL (IL + Test)	AUTOSAR NM 3.3.0	—
	FlexRay	SPA IL (IL + Test)	AUTOSAR NM 3.2.0	—
	Ethernet	SPA IL	AUTOSAR UDP NM	—
Subaru	CAN	Subaru IL	OSEK NM	OSEK TP
Suzuki	CAN	Suzuki IL	OSEK NM	OSEK TP
Toyota	CAN	Toyota IL	OSEK NM	OSEK TP
VAG: Volkswagen AG VW, Audi, Seat, Škoda, Bentley, Porsche	CAN	VAG IL (IL + Test) AUTOSAR PDU IL	VAG OSEK NM VAG NM High AUTOSAR NM 3.3.0	VAG TP 1.6, 2.0 BAP OSEK TP
	FlexRay	Audi IL (IL + Test) AUTOSAR PDU IL	AUTOSAR NM 3.2.0	Audi AUTOSAR TP
	Ethernet	AUTOSAR PDU IL Some IP IL	AUTOSAR NM 3.3.0	—
Volvo GTT	CAN	AUTOSAR IL AUTOSAR PDU IL	AUTOSAR NM 3.3.0	OSEK TP

图 2-56 查阅 OEM Add-on 示意

2.5.1.2 MGW 的配置

以标准的 MGW 为例介绍其配置方法，在 CANoe 主界面选择 Simulation → Model Generation Wizard 打开配置窗口(图 2-57)。

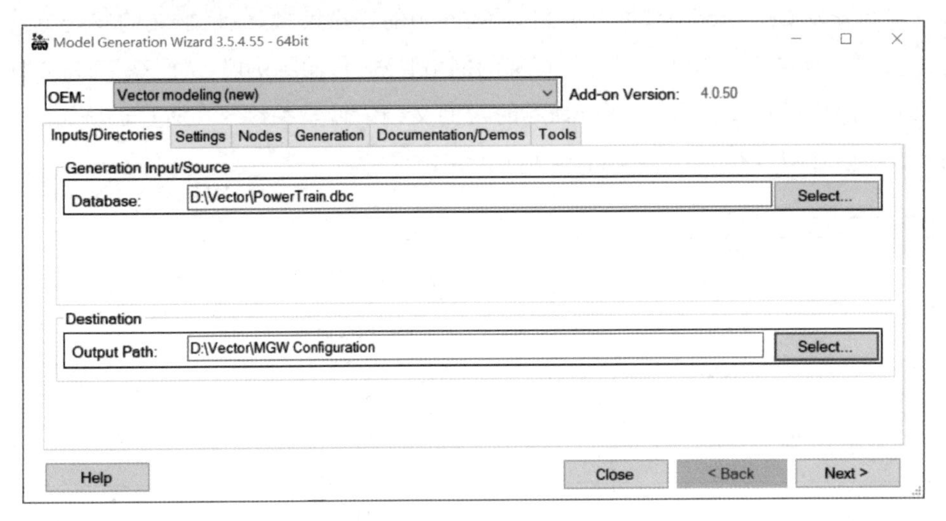

图 2-57 MGW 配置界面

首先需要在 OEM 列表选择需要使用的模型，如 CANoe 自带的 Vector modeling。如果安装了 OEM Add-on，此处还可以选择具体的 OEM 的定制模型。

生成工程前通常还需要对以下选项进行配置。

1. "Inputs/Directories"栏，配置输入文件及生成工程的路径

(1) Database：根据选择的模型加载数据库文件，不同总线、不同插件支持的数据库文件格式会有所不同。

(2) Output Path：配置模型生成工程的输出路径，建议新建空白文件夹用于存放生成的工程。

2. "Settings"栏(图 2-58)，配置模型生成相关参数

1) Generation Parameters：配置基本参数，通常使用默认配置即可。

(1) Panels：配置模型生成的面板选项。

- Modern：信号的编辑面板，在主面板会为每个节点配置 Tx 和 Rx 方向的信号加载按钮，也可包含报文的干扰配置选项。
- Node Panels：节点面板，用于控制节点的报文与信号发送。
- No Panels：勾选后不会生成任何面板。
- Simple Main Panel：仅生成主面板，不会生成报文和信号处理的子面板，此选项会覆盖"Modern"和"Node Panel"选项。
- PBRS Mode：根据所选节点，配置 PDU 及报文面板。

(2) Variant：配置使用的 NM 机制配，默认根据数据库中使用的 NM 定义自动选择。

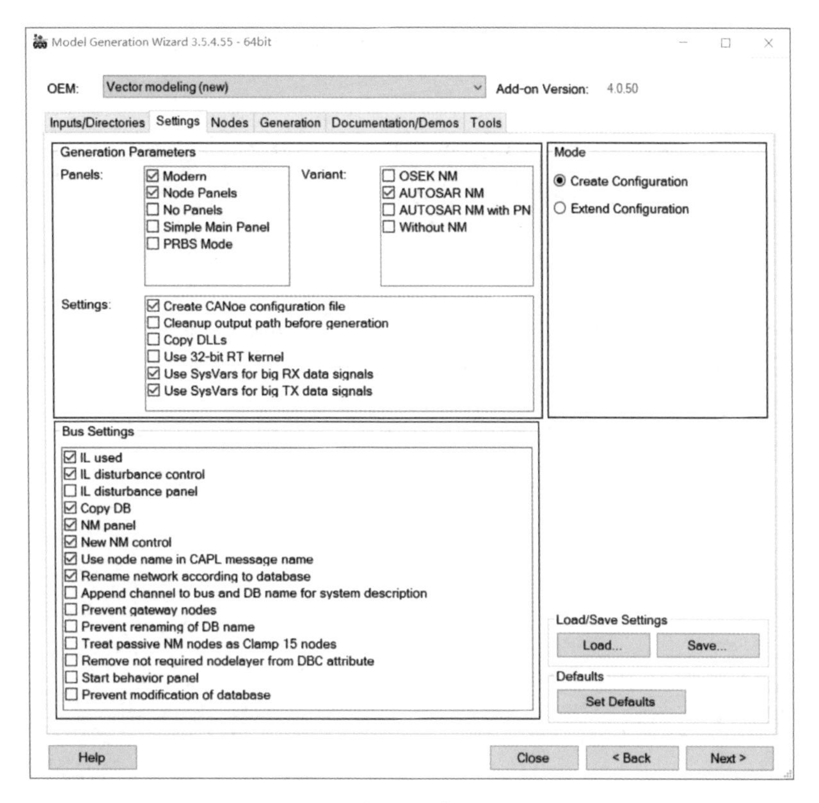

图 2-58 “Settings”栏参数配置

- OSEK NM：网络管理节点配置 OSEKNM01.dll 会默认使用 OSEK NM 机制。
- AUTOSAR NM：网络管理节点配置 AsrNM33.dll 会默认使用 AUTOSAR NM 机制。
- AUTOSAR NM with PN：网络管理节点配置 AsrNM33.dll 会默认使用 AUTOSAR NM 机制，如使用部分网络管理机制，则需要在 Input/Directions 列表下添加 VSDE（Vector System Description Extension）文件，该文件用于描述每个网络管理节点的 NM filter 和 PN。
- Without NM：数据库中未配置 NM 属性，不使用 NM 机制。

（3）Settings：主要配置 CANoe 工程生成以及是否拷贝 DLL 至生成路径，大多数情况按默认配置即可。

2）Bus Setting：主要配置与总线行为相关的选项，如 IL 层、NM 层、IL Disturbance 等配置，大多数情况按默认配置即可。

3）Mode：用于配置生成工程的模式。

（1）Create Configuration：生成一个新的仿真工程。

（2）Extended Configuration：在已生成的工程的基础上创建一个新的网络实现相关仿真。

确认完上述配置后即可生成工程，在“Generation”栏点击“Generate”按钮即可，如图 2-59 所示。

如果需要生成多通道仿真工程，可以在已生成工程的基础上基于同样的配置流程，选择 Extended Configuration 即可生成多网络工程。

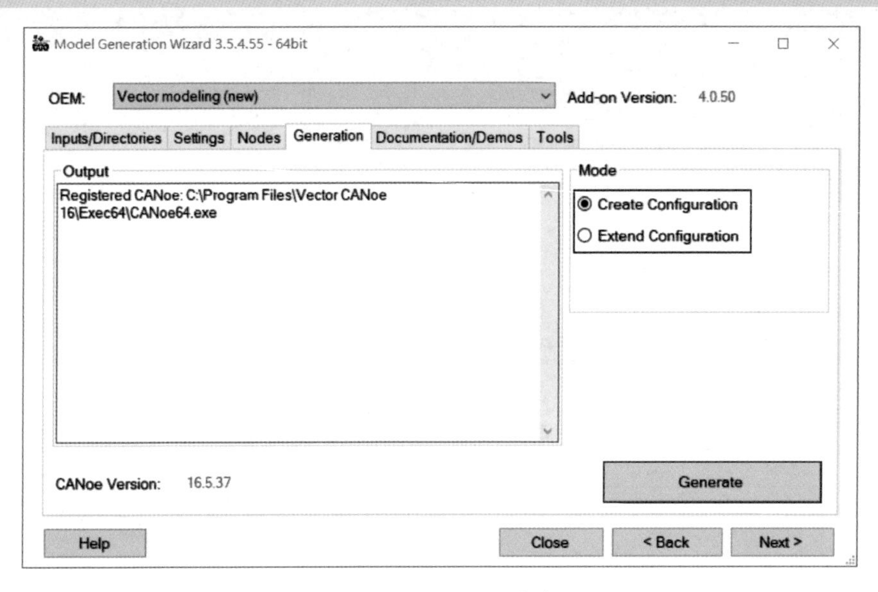

图 2-59　MGW 工程生成

基于 Vector Modeling 模型生成的工程如图 2-60 所示。

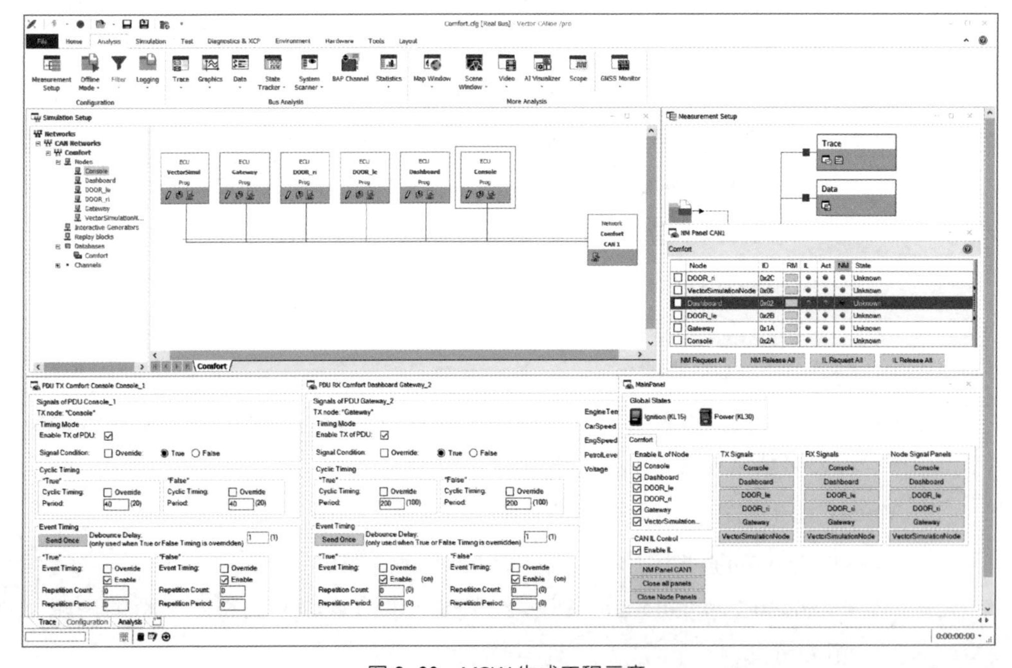

图 2-60　MGW 生成工程示意

2.5.1.3 MGW 使用常见问题

1. OEM Addon 的安装和使用

Vector 公司为 OEM 提供定制开发 OEM Addon 的服务，目前全球已有许多 OEM 厂商，包括一些国内的 OEM，如蔚来、长城等都与 Vector 合作定制了插件，相关信息可以参考 CANoe 帮助文档或咨询 Vector 公司。

由于不同 OEM 插件的释放规则存在差异，当用户在面向某 OEM 开展工程服务时，可以咨询 OEM 或 Vector support 确认是否有插件可供使用，以及请求释放插件安装包。插件的使用都是免费的，但不同插件对 CANoe 最低版本可能会有限制。（咨询邮箱：support@cn.vector.com。）

安装 OEM Addon 后，即可在 MGW 配置界面的 OEM 选项中选择具体的 OEM 模型，由于数据库中会涉及到 OEM 私有的属性配置，OEM 模型需要配合 OEM 释放的数据库一起使用，其他配置和使用与前文描述的标准模型一致。选定 OEM 模型后，点击 MGW 窗口左下方的"OEM Add-on Manual"按钮即可打开对应 OEM Add-on 的操作手册查看更多使用说明。

2. 使用 MGW 生成工程时报错

用户在使用 MGW 生成工程时，如果遇到如图 2-61 所示的错误，一般原因是计算机上安装了或曾经安装过多个 CANoe 版本，CANoe COM server 的注册可能发生错误。在使用 MGW 功能时，必须有一个且仅有一个 CANoe 版本可以被配置为 COM server。在安装多个 CANoe 版本时，每个版本都会将自己注册为一个 COM server，因此，可能会出现在 Windows 注册表中注册了多个版本，或在 Windows 注册表中存在旧的 CANoe 版本的情况。

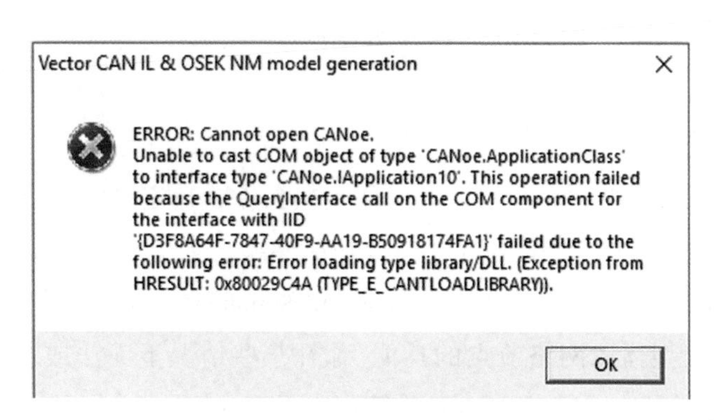

图 2-61 MGW 生成时报错信息弹窗

解决方法：

关闭所有的 CANoe，并以管理员权限执行以下操作。

从 CANoe 16.0 开始，可以通过 Vector Tool Manager 快捷注册和反注册 CANoe 版本。如果 CANoe 版本较低，也可以咨询 Vector Support 获取 Vector Tool Manager 安装包。安装完成后，可以通过 Vector Tool Manager 确认当前注册的 CANoe 版本，对需要使用的版本进行注册，并反注册其他版本(图 2-62)。

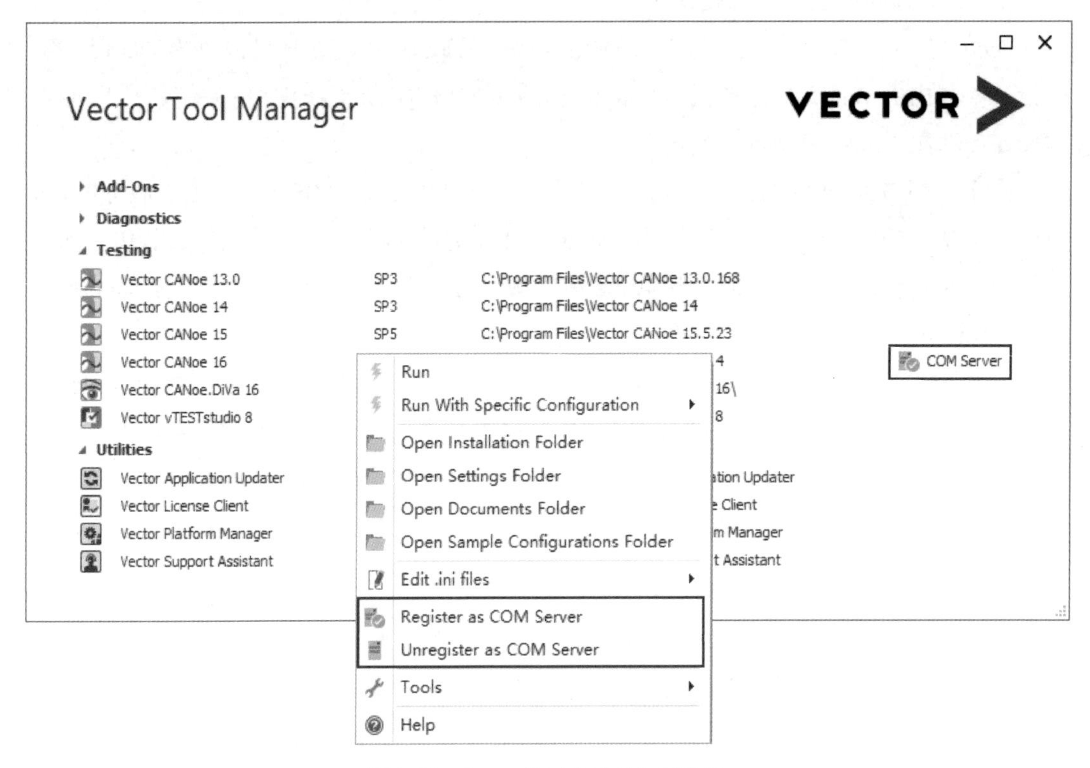

图 2-62　CANoe 版本的注册与反注册

2.5.2　基于 MATLAB/Simulink 模型仿真

2.5.2.1　基本概念

CANoe 作为开放的网络仿真工具，可以基于数据库或自定义快速创建网络仿真节点，并支持使用 CAPL、.NET 语言对网络节点进行功能建模。为了增强网络节点的建模能力，CANoe 提供了 MATLAB 接口插件，可利用 MATLAB/Simulink 强大的建模能力来扩展 CANoe 节点的功能，通过模型描述网络节点的功能，弥补某些情况下无法或难以单独使用 CAPL 仿真节点行为的问题。MATLAB/Simulink 模型仿真示意如图 2-63 所示。

一个仿真节点即是一个虚拟的 ECU，而一个虚拟 ECU 在 CANoe 中主要包含应用程序及中间件，应用程序可以基于 CAPL 构建，也可以导入 MATLAB/Simulink 模型，中间件对于每个节点都是相同的，主要指交互层（IL）、网络管理服务（NM）、诊断服务和传输协议（TP），涉及各类型报文/信号的控制。

安装好 CANoe 后，在其安装路径下会包含 MATLAB 集成包的安装文件，以管理员权限安装插件后即可在 Simulink 的模型库中查看 CANoe 相关的模块(图 2-64)。

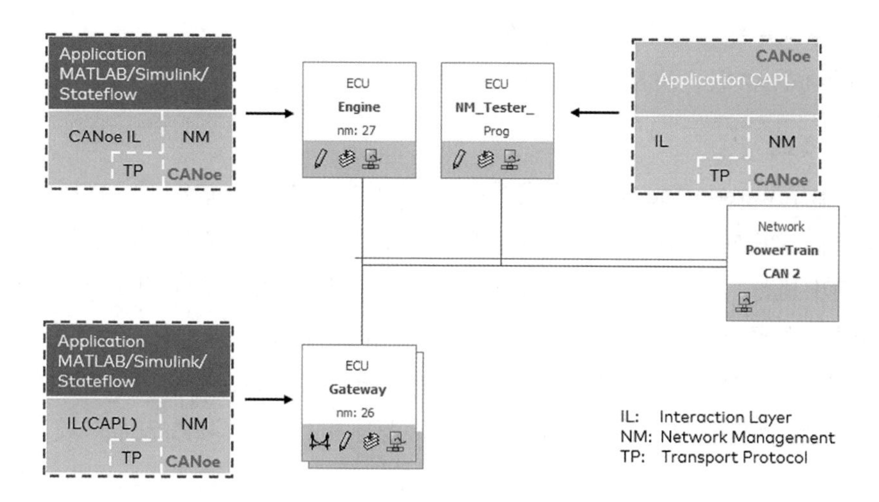

图 2-63　MATLAB/Simulink 模型仿真示意

插件路径：{CANoe 安装路径}\Installer Additional Components\Matlab。

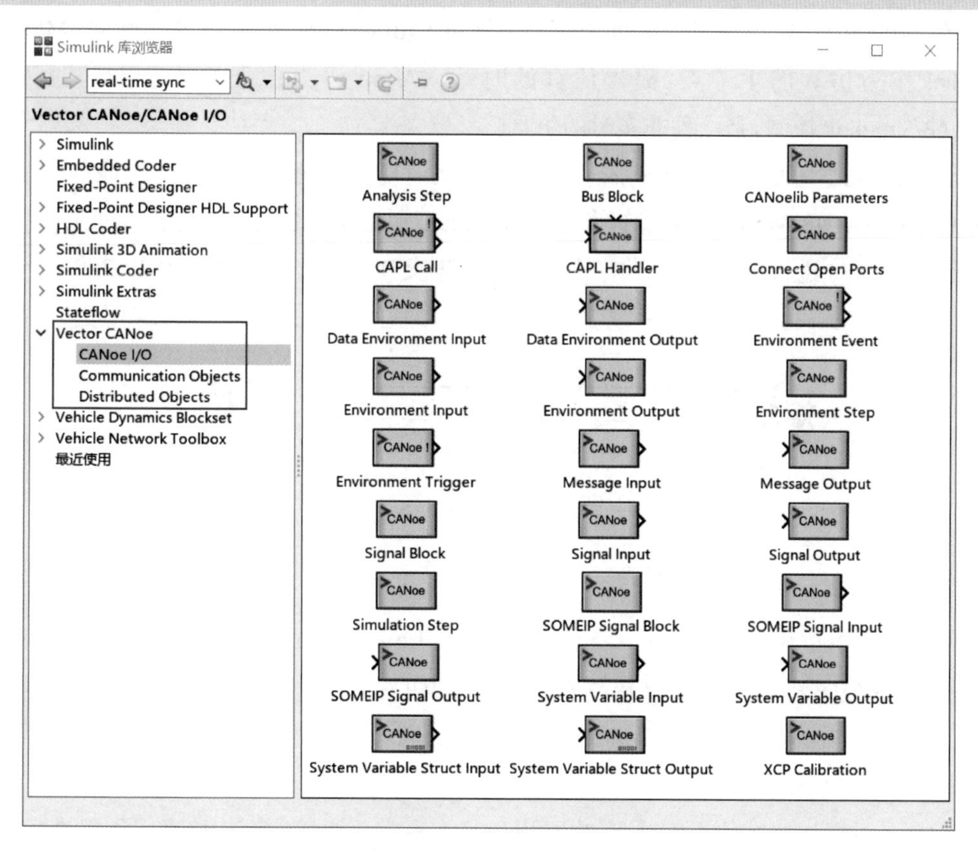

图 2-64　Vector CANoe 模块

2.5.2.2 CANoe/MATLAB 联合仿真模式介绍

CANoe/MATLAB 联合仿真支持如下三种模式。

1. HIL 模式

在 HIL（Hardware-In-The-Loop）模式下，可以基于 MATLAB/Simulink 进行 ECU 建模并编译生成 DLL 文件，将 MATLAB/Simulink 模型文件、编译文件添加到 CANoe 中，整个仿真在 CANoe 环境中执行。该模式的实时性最好，CANoe 可以在真实总线模式下工作，模拟多个 ECU，使用真实的硬件（CAN、LIN、FlexRay、I/O）进行测试和验证。

如果需要在实时环境下运行 MATLAB/Simulink 模型和残余总线仿真，或包括模型在内的 CANoe 工程需要在脱机模式下执行，并且无需连接到 MATLAB/Simulink，建议使用 HIL 模式。

HIL 模式下 MATLAB/Simulink 模型的编译需要安装对应的编译器，支持的编译器可在帮助文档搜索“Introduction（MATLAB Integration）”查看。

2. Offline 模式

在 Offline（离线）模式下，仿真是运行在 MATLAB/Simulink 环境中的。此时，MATLAB/Simulink 作为仿真的主节点，提供仿真的时基，CANoe 作为仿真的从节点，其运行由 MATLAB/Simulink 控制，是一种非实时的仿真。

Offline 模式一般用于早期开发阶段，与其他实时仿真环境相比可以更快地进行模拟。可以使用 MATLAB/Simulink 环境进行调试，CANoe 和 MATLAB/Simulink 之间的通信通过 Microsoft® COM 进行配置，基于共享内存进行数据交互。该模式示意见图 2-65。

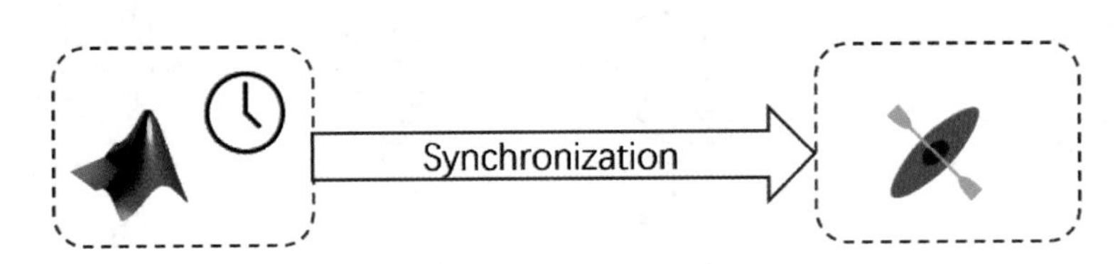

图 2-65 离线模式示意

3. Synchronized 模式

在 Synchronized（同步）模式下，仿真是运行在 MATLAB/Simulink 环境中的，但与 Offline 模式不同，MATLAB/Simulink 的时基是从 CANoe 获取的，可以认为这是一种接近实时的仿真环境。为了使用该模式，MATLAB/Simulink 必须比实时更快地计算模型，而为了保证仿真性能，建议使用多核处理器。

CANoe 可以运行在仿真模式下，也可以运行在真实总线模式下连接真实硬件进行测试和验证，但其运行由 MATLAB/Simulink 控制。CANoe 和 MATLAB/Simulink 之间的通信通过

Microsoft® COM 进行配置，基于共享内存进行数据交互。示意见图 2-66。

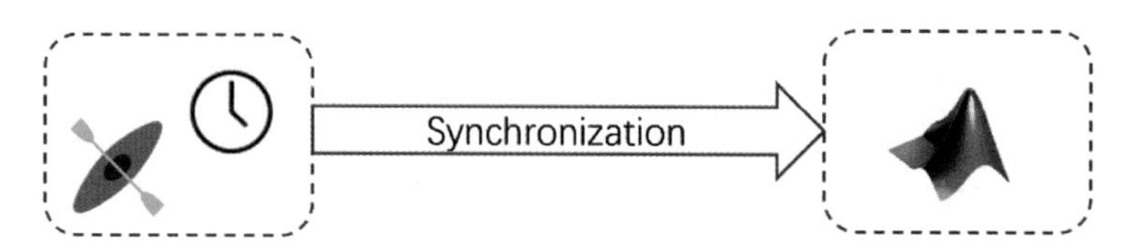

图 2-66　同步模式示意

2.5.2.3　CANoe/MATLAB 联合仿真使用配置

1. Offline 及 Synchronized 模式

这两种模式配置比较简单，需要注意的是须在 Simulink 模型中添加 Simulation Step 模块，配置其具体的工作模式，并通过 Simulink 的运行和停止控制 CANoe 的开始和停止（图 2-67）。

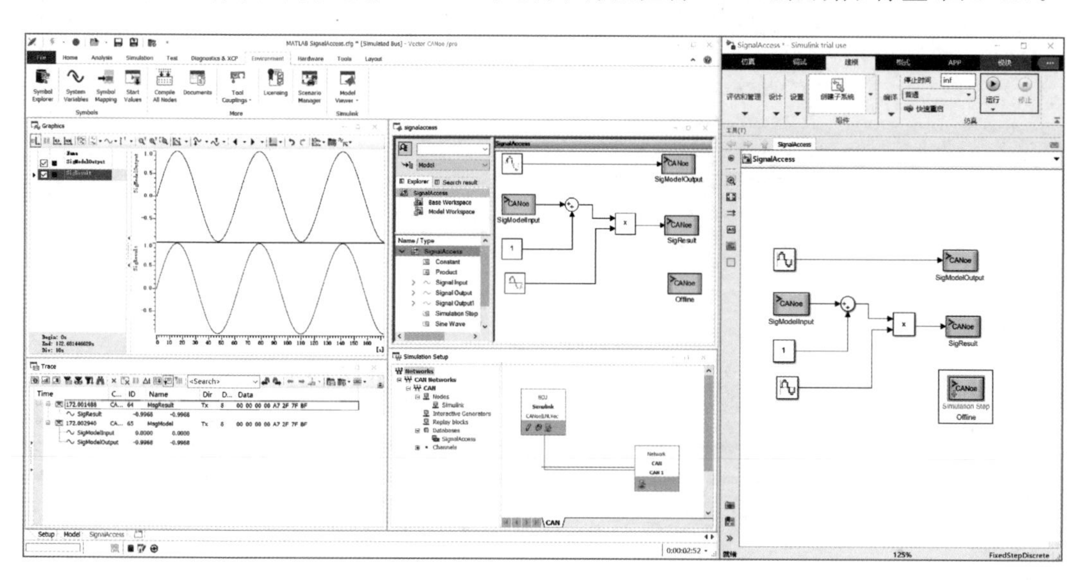

图 2-67　Offline 及 Synchronized 模式配置示意

2. HIL 模式

该模式涉及模型的编译和 CANoe 端的配置，使用起来相对复杂，具体的配置过程可以参考如下步骤。

（1）打开模型设置窗口（图 2-68）。

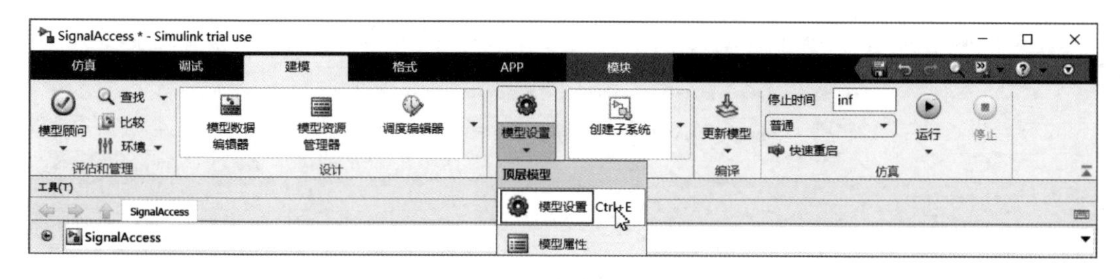

图 2-68　打开模型配置界面

（2）设置求解器参数，类型为定步长，求解器可以根据实际需要选择（图 2-69）。

图 2-69　配置求解器

（3）配置代码生成参数，根据配置的编译器选择对应的目标文件 cn.tlc 或 cn_mingw.tlc（图 2-70）。

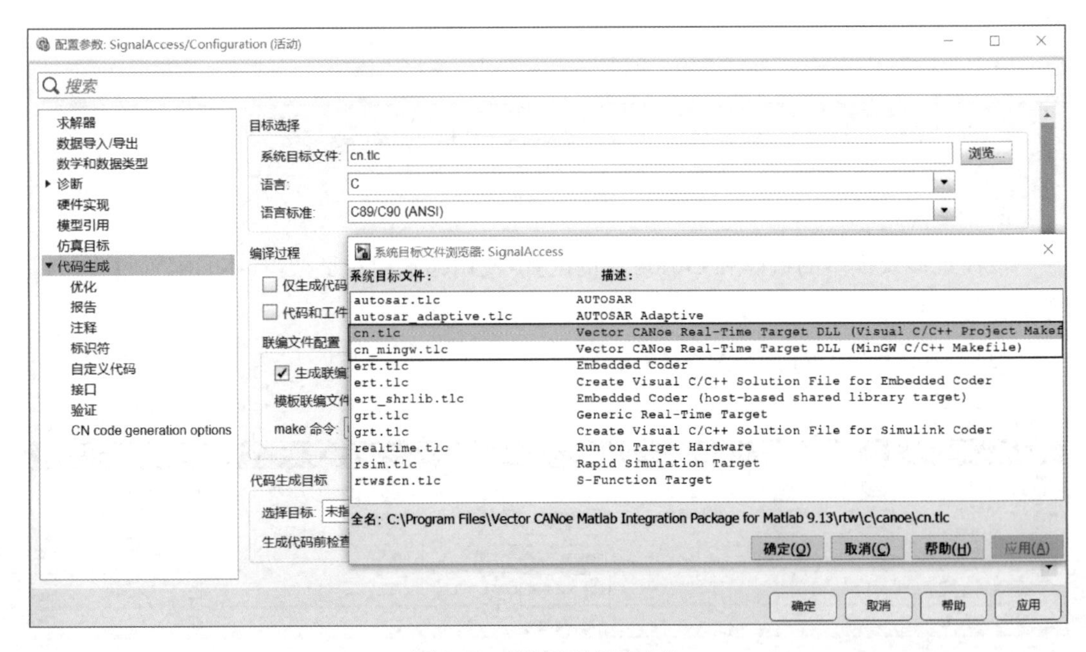

图 2-70　配置系统目标文件

可在 MATLAB 主窗口输入“mex -setup”，按提示选择所需的编译器(图 2-71)。

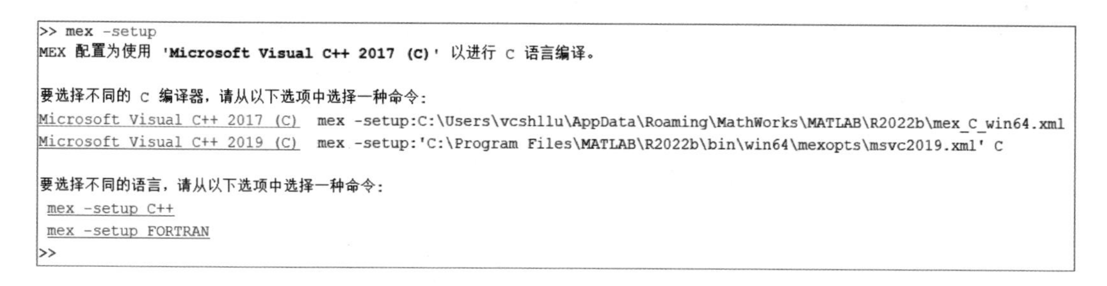

图 2-71　MATLAB 编译器选择

选择完成后可进行编译，即可生成对应模型文件的.vmodule 文件。如果编译失败，可以先确认 MATLAB 版本与 CANoe 是否匹配、编译器版本与 CANoe 是否匹配等，版本兼容信息可在 CANoe 在线帮助文档中查询。若无法排查问题，可以咨询 Vector 获取技术支持。

(4) 在 Simulation Setup 的 Network Node 中，右击打开其配置界面，在“Components”栏加载第(3)步中生成的 .vmodule 文件(图 2-72)。

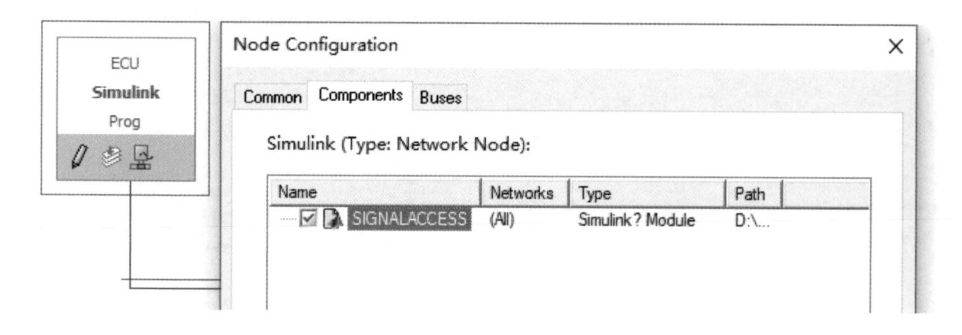

图 2-72　添加 Simulink 模型

上述配置完成后运行 CANoe，节点中绑定的 Simulink 模型也会运行。同时，可选择 Environment→Model Viewer 直接查看模型文件(图 2-73)。

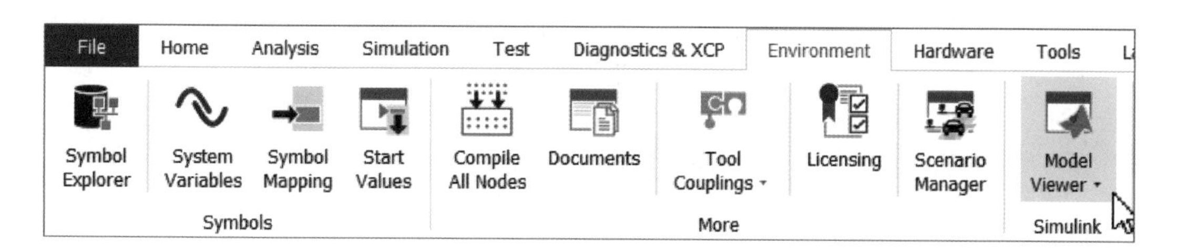

图 2-73　查看 Simulink 模型文件

本章部分示例工程请扫描封底二维码下载。

第 3 章　CANoe 分析功能

■ 3.1 概述

分析功能是 CANoe 中的一项重要功能，可以用于显示、分析、记录和离线回放数据（包括总线数据、变量和诊断参数等）。CANoe 中的分析基于从数据源（在线采集/离线文件）到分析窗口或记录文件的数据流，如图 3-1 所示。整个过程可以根据需求对数据进行处理，数据可以在“Measurement Setup”窗口的分析窗口中以多种形式显示。

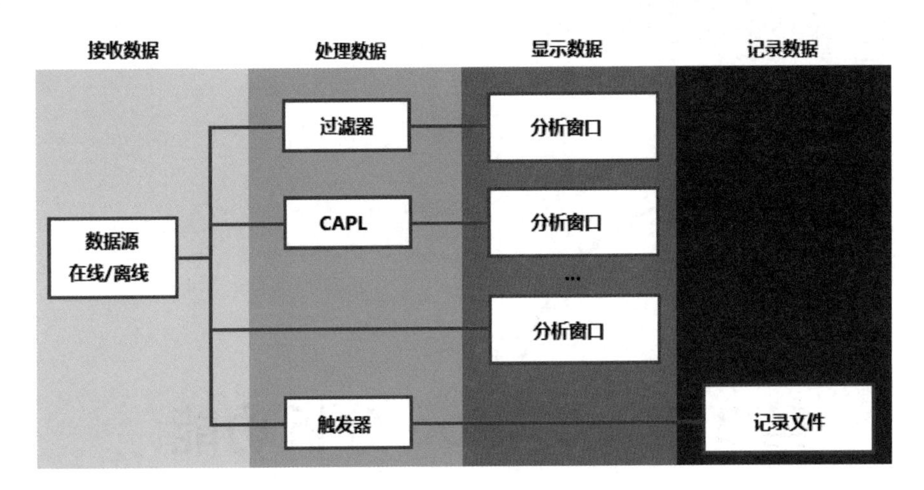

图 3-1　CANoe 数据流概览

1. 接收数据

CANoe 支持在线、离线分析，因此数据源可以是在线或离线数据源。

（1）在线数据源一般指仿真窗口中传递过来的数据以及通过连接真实硬件（例如 VN1630A）采集到的真实总线数据。

（2）离线数据源一般指一个或多个包含记录数据的文件。

2. 处理数据

在分析过程中，为了更清晰地显示需要观测的数据，可以使用过滤器来指定允许哪些数据通过，过滤的对象涵盖从单个信号到整个总线通道的多种选择，用户可以选择在 CANoe 运行过程中直接过滤或在运行结束后再激活过滤器。

对于数据的处理也可以通过 CAPL 编程辅助实现，可自定义过滤行为、执行各种数学运算等，例如计算某两个信号的差值。

3. 显示数据

CANoe 提供多种形式的分析窗口，用于显示总线、报文、信号等事件或数据，支持 CAN、CAN FD、LIN、FlexRay、Ethernet 等多种总线类型的数据显示。

为了更好地解析总线数据，通常需要添加对应的数据库文件，以便用符号化的语言显示对应ID的报文以及报文中的数据。数据值也可以根据需求显示为原始值或具有实际含义的物理值（例如km/h）。

对应不同的需求，数据的显示方式也是多样的，例如：

- 顺序显示运行过程中出现的所有数据。
- 显示总线状态相关的统计数据。
- 直接显示信号的数值。
- 以图表的方式显示信号的数值。
- 以图表的方式显示某些数据位的数值。

对于高层协议的解析（例如传输层、诊断、J1939等），CANoe也集成了标准的协议，可根据相关标准进行特定的数据解析。以传输层为例，CANoe会单独显示每一个数据段中的数据并标识其对应的传输层解析（例如连续帧），传输的全部数据也会在末尾完整显示。

4. 记录数据

为便于在运行之后再次分析相关数据，CANoe可将数据以记录文件的形式保存下来，作为离线回放的数据源。

通常情况下，数据记录可以通过“Measurement Setup”窗口中的“Logging”模块记录，添加触发器可以减少记录的数据量，从而更方便快捷地获取实际所需数据。

在某些分析窗口中，数据也可以直接导出或保存成为记录文件。

3.2 常用总线分析窗口

3.2.1 跟踪

1. 跟踪窗口配置介绍

跟踪（Trace）窗口主要用于记录工程运行过程中总线上出现的数据。从真实总线上接收到的报文、仿真窗口中模拟的报文或通过离线文件回放的报文都会以文本的形式显示在“Trace”窗口中。除了报文数据以外，“Trace”窗口中还可以显示如下内容：

- 错误事件。
- 系统和环境变量。
- 传输层打包报文。
- 诊断服务。
- 自定义文本。

为便于对数据进行在线和离线分析，“Trace”窗口中提供如下功能：

- 显示和过滤。
- 根据文本、条件或格式查找。
- 根据列的内容排序。
- 导入/导出记录文件。

可以选择 Analysis → Trace 新建或打开“Trace”窗口，如图 3-2 所示。

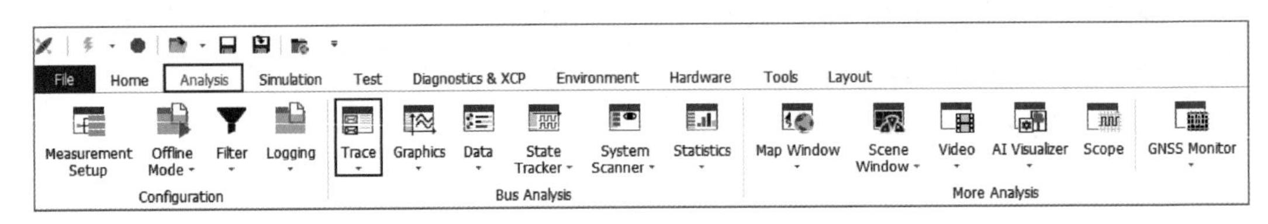

图 3-2　新建或打开 “Trace” 窗口

在“Trace”窗口的工具栏中，提供如表 3-1 所示的按钮，分别对应相关功能。更多信息可以在“Trace”窗口中按 F1 键打开帮助文档查看。

表 3-1　Trace 工具栏说明

按钮图标	名称	功能
	Detail view	所选对象的详细信息显示
	Statistics view	所选(多个)对象的统计信息显示
	Difference view	所选(两个)对象的差分信息显示
	Predefined filter	预定义过滤器
	Analysis filter	分析过滤器
	Sequence filter	序列过滤器
	Search	搜索功能
	Clear Trace window content	清除窗口内容
	Clear faded events	清除长时间未更新而变灰的内容
	Pause/resume update	暂停/恢复数据更新
Δt	Toggle time mode	切换时间戳显示模式(绝对/相对)
	Toggle display mode	切换报文显示模式 ● 激活：按时间顺序显示所有报文 ● 不激活：固定报文位置显示
	Activate/deactivate analysis filter	激活/不激活分析过滤器
	Search	直接填写字符串进行搜索

（续表）

按钮图标	名称	功能
	Find up	向上搜索
	Find down	向下搜索
	Navigates to previous navigation	跳转到上一个导航时间点
	Navigates to next navigation	跳转到下一个导航时间点
	Go to marker	跳转到某个标记点
	Trace configuration	Trace 窗口配置
	Global Trace configuration	Trace 窗口的全局配置
	Opens a second view for the Trace Output Window	添加额外显示区域
	Change font size	调整字体
	Trace explorer position	Trace explorer 位置调整
	Column layout	列布局

2. 实例介绍

下面结合一个示例工程简单介绍“Trace”窗口的一些常用功能。

示例工程可选择 File → Sample Configuration 打开，其所处分类为 CAN-General，名称为 System Configuration（CAN），如图 3-3 所示。

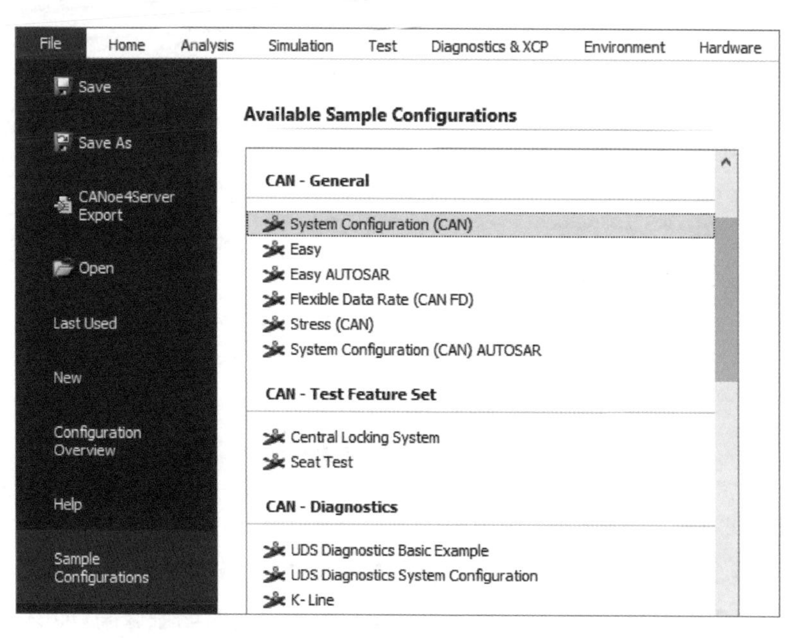

图 3-3　示例集

打开工程后，单击主菜单中的 （“Start”按钮）运行工程，即可看到名为“Trace PowerTrain”的跟踪窗口开始显示总线上的 CAN 报文数据，如图 3-4 所示。

Trace PowerTrain

Time	Chn	ID	Name	Event Type	Dir	DLC	Da...	Data
2742.280134	CAN 2	67	Ignition_Info	CAN Frame	Tx	2	2	01 00
2742.250236	CAN 2	64	EngineData	CAN Frame	Tx	8	8	22 14 44 25 88 02 08 07
2742.250468	CAN 2	66	EngineDataIEEE	CAN Frame	Tx	8	8	4A 0C A1 45 00 00 22 44
2742.250672	CAN 2	C9	ABSdata	CAN Frame	Tx	6	6	37 00 00 00 72 28
2742.250790	CAN 2	3FC	GearBoxInfo	CAN Frame	Tx	1	1	02

图 3-4　“Trace” 窗口显示数据

1）显示模式切换

默认情况下，“Toggle display mode”按钮是未激活的，此时窗口中的所有报文会根据 ID、通道等进行区分并按照在总线上出现的先后顺序固定在某一行显示，有数据更新时将直接在该行更新时间戳以及数据等内容。

在对数据进行分析时，用户通常更希望看到整个运行过程中的所有数据。此时，可点击“Toggle display mode”按钮将其激活，即可切换为时间顺序模式，此时所有报文会按照时间戳顺序依次排列在窗口中。拖动右侧滚动滑块即可查看所有报文，如图 3-5 所示。

Trace PowerTrain

Time	Chn	ID	Name	Event Type	Dir	DLC	Data length	Data
79.501122	CAN 2	1A0		CAN Frame	Tx	4	4	00 00 00 24
79.501238	CAN 2	3FC	GearBoxInfo	CAN Frame	Tx	1	1	05
79.501582	CAN 2	111		CAN Frame	Tx	8	8	56 2B 00 C5 03 2D 78 00
79.501816	CAN 2	111		CAN Frame	Tx	8	8	56 29 00 C5 03 2D 78 00
79.501950	CAN 2	1A1		CAN Frame	Tx	2	2	00 00
79.502070	CAN 2	1F0		CAN Frame	Tx	1	1	00
79.502186	CAN 2	1F1		CAN Frame	Tx	1	1	02
79.520134	CAN 2	67	Ignition_Info	CAN Frame	Tx	2	2	01 00
79.520344	CAN 2	1A0		CAN Frame	Tx	4	4	00 00 00 24
79.530240	CAN 2	1F0		CAN Frame	Tx	1	1	00
79.530358	CAN 2	1F1		CAN Frame	Tx	1	1	03
79.540134	CAN 2	67	Ignition_Info	CAN Frame	Tx	2	2	01 00
79.540344	CAN 2	1A0		CAN Frame	Tx	4	4	00 00 00 24
79.549994	CAN 2	41A		CAN Frame	Tx	4	4	1B 12 01 FF
79.550234	CAN 2	64	EngineData	CAN Frame	Tx	8	8	96 03 44 2D E1 00 EE 02
79.550470	CAN 2	66	EngineDataIEEE	CAN Frame	Tx	8	8	F2 87 65 44 00 00 61 43
79.550672	CAN 2	C9	ABSdata	CAN Frame	Tx	6	6	27 00 00 00 17 00
79.550788	CAN 2	3FC	GearBoxInfo	CAN Frame	Tx	1	1	05
79.551018	CAN 2	111		CAN Frame	Tx	8	8	56 29 00 96 03 2D 78 00
79.551716	CAN 2	111		CAN Frame	Tx	8	8	56 27 00 96 03 2D 78 00
79.560134	CAN 2	67	Ignition_Info	CAN Frame	Tx	2	2	01 00
79.560344	CAN 2	1A0		CAN Frame	Tx	4	4	00 00 00 24
79.560546	CAN 2	1F0		CAN Frame	Tx	1	1	00
79.560664	CAN 2	1F1		CAN Frame	Tx	1	1	03
79.580134	CAN 2	67	Ignition_Info	CAN Frame	Tx	2	2	01 00
79.580344	CAN 2	1A0		CAN Frame	Tx	4	4	00 00 00 24
79.590240	CAN 2	1F0		CAN Frame	Tx	1	1	00

图 3-5　Toggle display mode 激活后显示数据

2）查看历史数据

当数据量较多时，拖动滚动滑块并不能查看全部数据，此时在窗口左侧会出现一个橙色的滑块，将鼠标放在橙色滑块上会显示当前窗口能看到的时间戳区间，如图 3-6 所示。

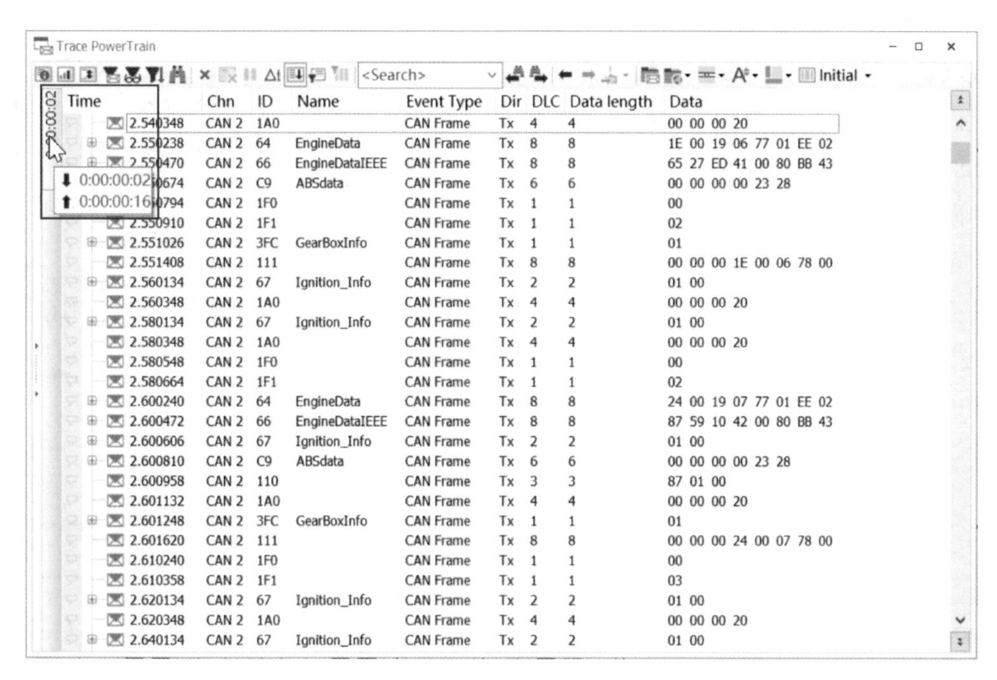

图 3-6　时间戳区间

拖动该滑块，可跳转到当前窗口未显示的其他时间戳位置。在橙色滑块上单击右键，会弹出窗口，可供输入具体时间戳以便跳转到对应位置，如图 3-7 所示。

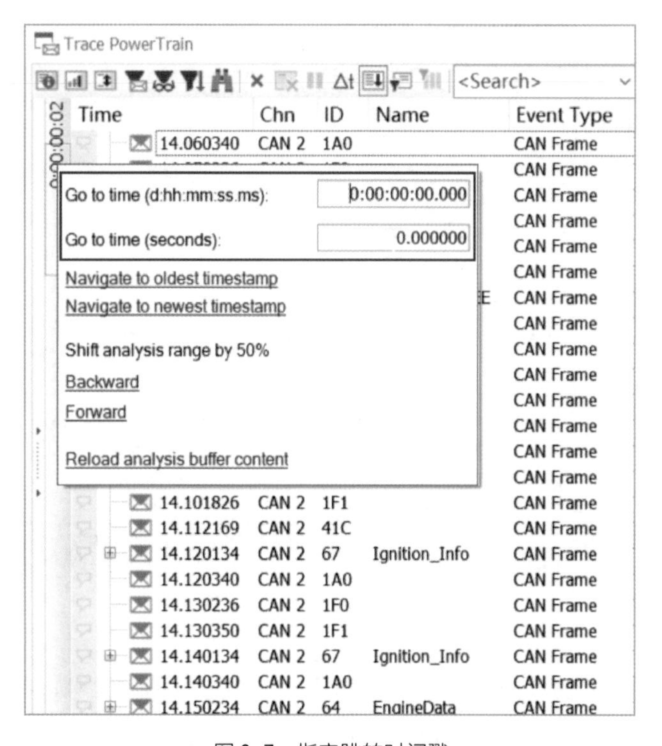

图 3-7　指定跳转时间戳

为了保证性能，CANoe 默认只在“Trace”窗口的可见区域显示较少数量的报文。如果需要看到更多报文，可以通过重新配置 Data History 来实现。选择 Global Trace Configuration → Data History 即可进入配置界面，如图 3-8 所示。

在配置窗口中，可以配置分析窗口的数据存储等相关选项，如图 3-9 所示。CANoe 将“Trace”“Test Trace”和“Graphic”窗口中的测量数据都保存在全局缓存区中，通过配置 Swap File 可以将数据保存至硬盘。

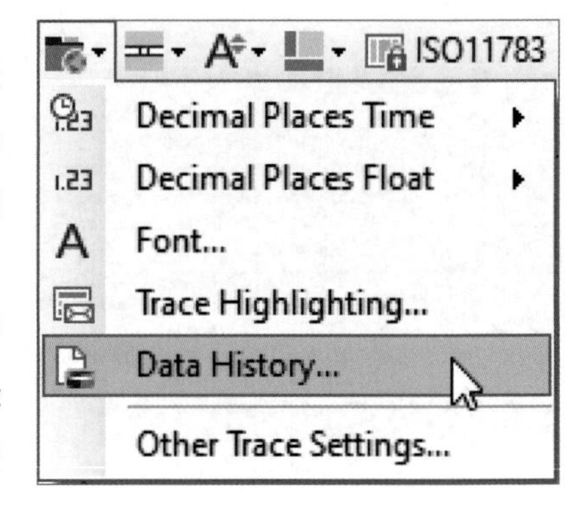

图 3-8　设置报文显示数量

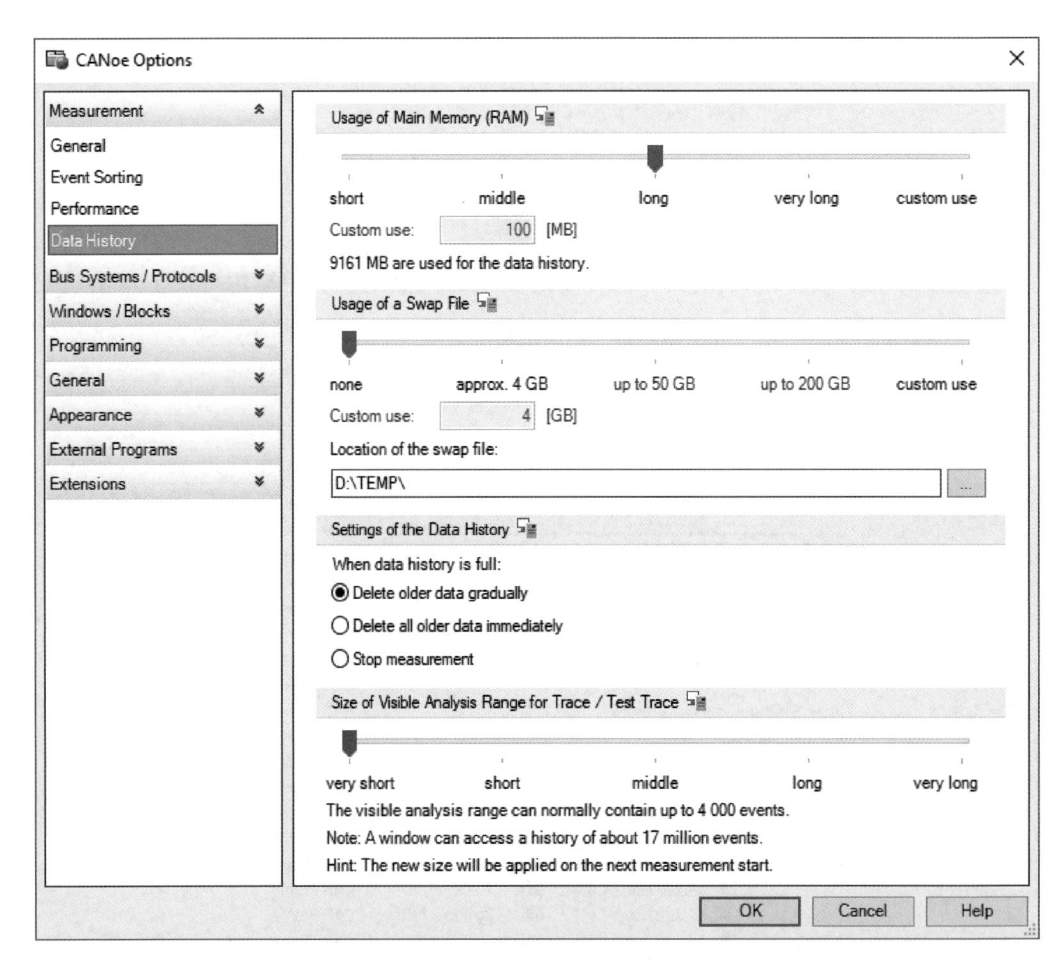

图 3-9　数据显示设置

如果需要在“Trace”窗口的分析区域中显示更多数量的报文，可以拖动“Size of Visible Analysis Range for Trace/Test Trace”选项区域下的滑块进行调整。

更多信息可以在激活该配置窗口时按 F1 键打开帮助文档查看。

3）过滤器的使用

在“Trace”窗口中有四种不同的过滤器可供使用，包括工具栏中的 Predefined filter、Analysis filter 和 Sequence filter，以及窗口区域每一列右上角的 Column filter（列过滤器）。

（1）Predefined filter 是系统预定义的一些过滤器，包括对于总线事件、变量、诊断事件、传输层事件等内容的过滤，如图 3-10 所示。通过单击事件前的按钮，可以切换对该事件的三种处理方式：显示事件，隐藏事件但存储在缓存中，不显示且不在缓存中存储事件。

（2）Analysis filter 是用户自定义的过滤器或过滤器组，如图 3-11 所示。Analysis filter 仅影响“Trace”窗口中显示的数据，并不会将其从数据流中删除。在分析过滤器中可以通过添加 Filter Group 以及在 Filter Group 中添加 Pass filter 和 Stop filter 来实现期望的过滤组合，勾选相应的选项即可激活对应的过滤器或过滤器组。过滤器中的事件可以通过点击右键添加，也可以直接从右侧数据区域通过拖放的方式添加。

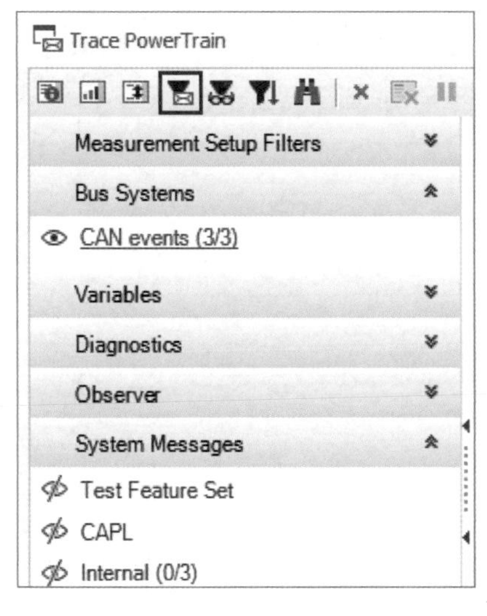

图 3-10　预定义过滤器

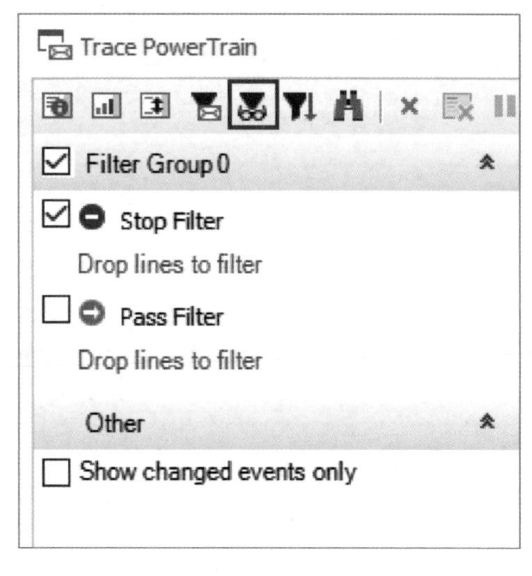

图 3-11　分析过滤器

图 3-12 中，从右侧数据区域将名为 ABSdata、ID 为 C9 的报文拖放到左侧的 Pass filter 中并激活该过滤器，右侧将只会显示过滤器允许通过的 ABSdata 这一条报文。

（3）Sequence filter 是序列过滤器（图 3-13），支持用户自定义连续事件并进行过滤，过滤器中的事件可以通过单击右键添加，也可以直接从右侧分析区域通过拖放的方式添加。其同样可以设置为 Pass Filter 和 Stop Filter 两种模式。激活 Pass Filter 选项后，只有符合过滤器设置的序列的数据才会显示在右侧的分析区域。

（4）与前三种过滤器不同，Column Filter 的按钮位置不固定，将鼠标移至图 3-12 右侧分析区域任意列标题时，都可以在该列标题的右上角看到一个小漏斗状的图标按钮，它

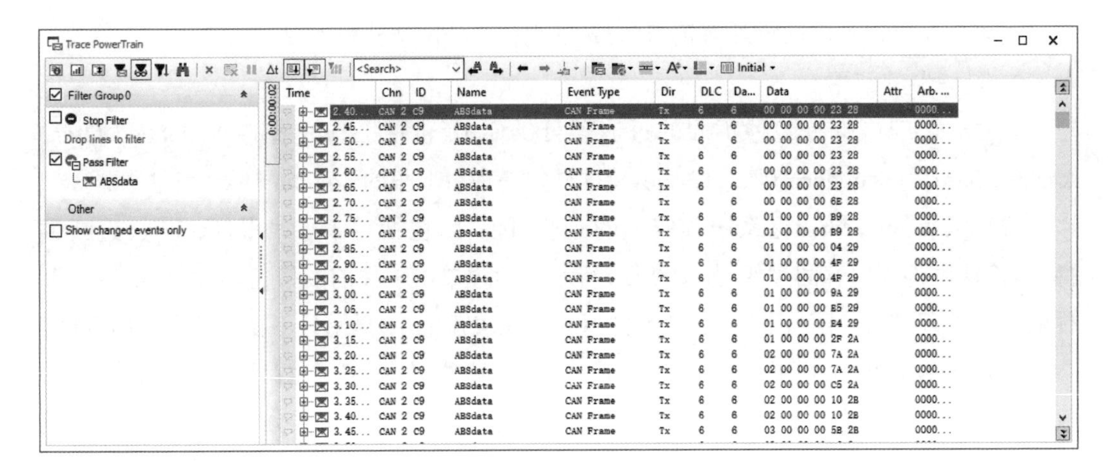

图 3-12　分析过滤器配置及显示结果

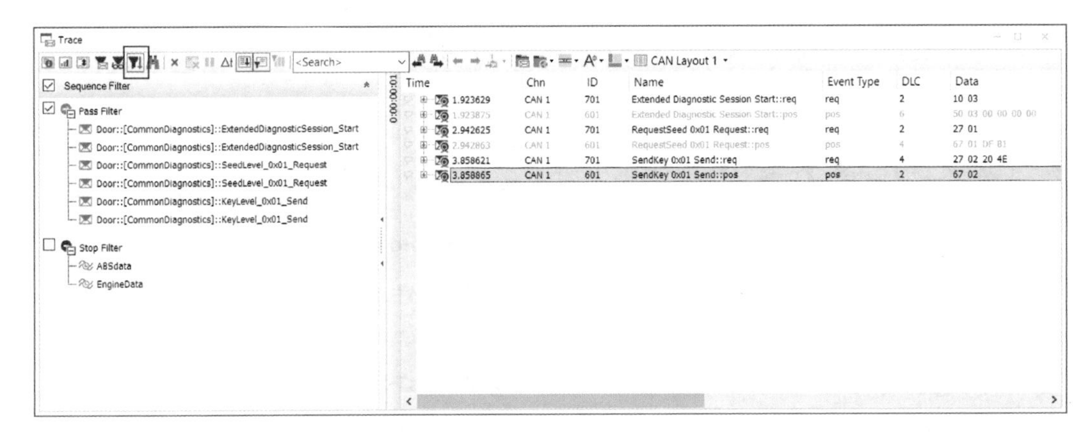

图 3-13　序列过滤器

就是该列对应的 Column Filter。

单击该按钮即可显示该列所有内容，可以对其项目进行过滤。如单击“DLC”列中的过滤器，再勾选“8”就可以筛选所有 DLC 值为 8 的报文，如图 3-14 所示。

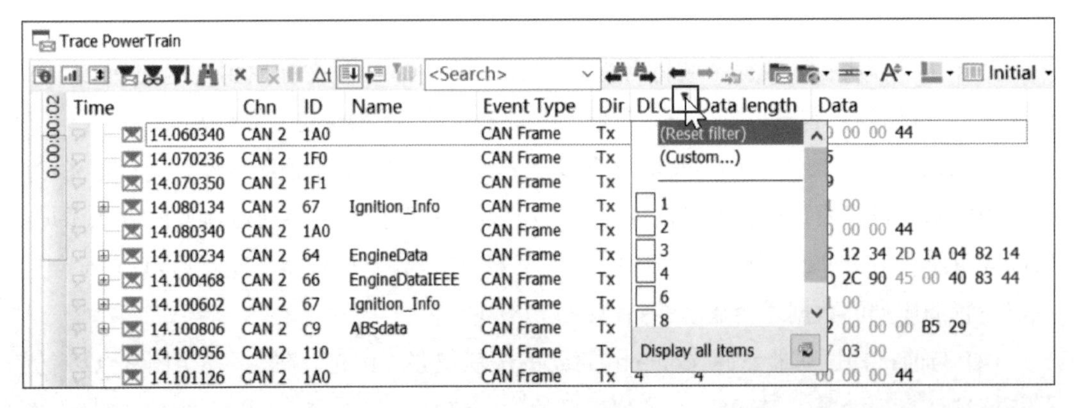

图 3-14　DLC 列过滤

另外,也可以点击“Column Filter”对话框中的“Custom ...”选项自定义更复杂的过滤条件。由于每一列都会有列过滤器,可以通过列过滤器过滤的对象就并不仅仅局限于“某个 ID 的报文”。通过选择合适的列,可以将过滤条件扩展为“所有 DLC 为 8 的报文”“所有由节点 A 发出的报文”等,从而能灵活、便捷地通过过滤让“Trace”窗口中显示用户实际需要看到的数据。如图 3-15所示,在“ID”列对应的 Custom 配置窗口中,将 Relation 配置为 is not equal,Value 配置为 0x64。

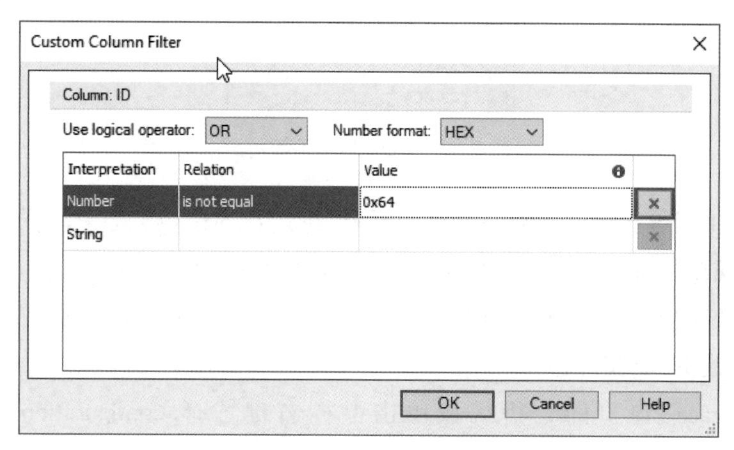

图 3-15　自定义过滤条件

图 3-14 和图 3-15 的配置最终组合过滤的结果就是：在“Trace”窗口中显示所有 DLC 等于 8 且 ID 不等于 0x64 的报文。一旦配置了 Column filter,该列右上方的小漏斗就会变成橙色,如图 3-16所示。

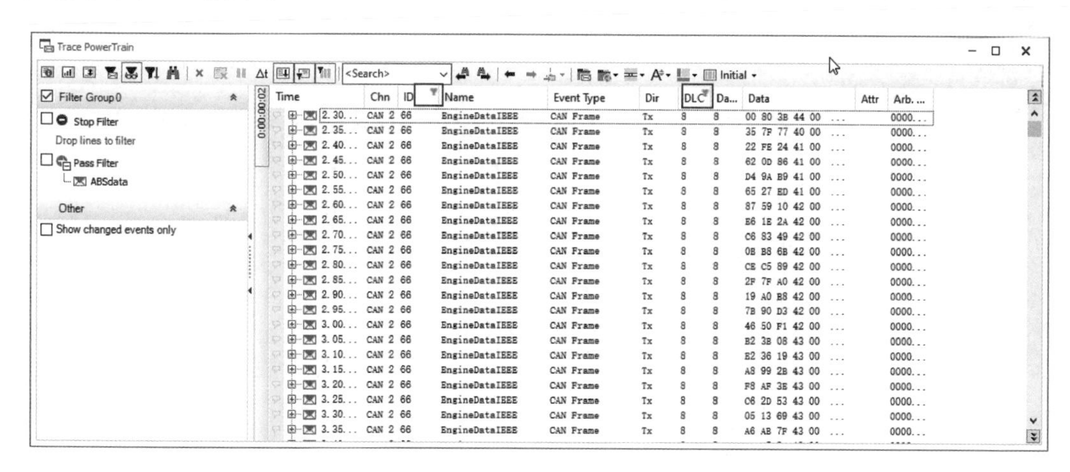

图 3-16　列过滤组合显示结果

4）列配置与布局的使用

在“Trace”窗口工具栏最右侧会显示当前使用的列配置模板,示例中默认为“Initial”,在下拉菜单中可以选择使用其他的列模板,如图 3-17 所示。

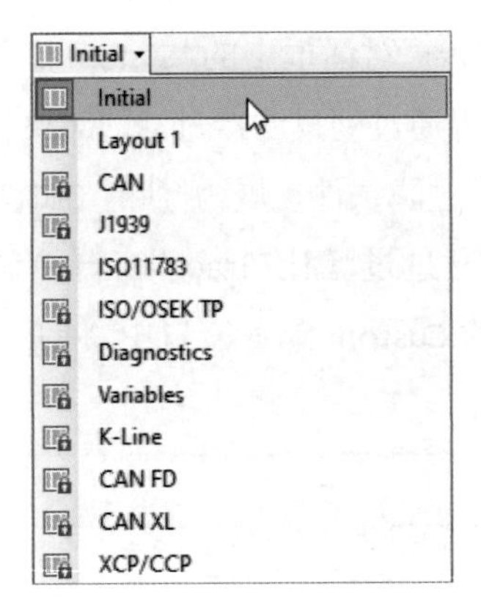

图 3-17　Trace 显示元素列表

当所创建工程包含的总线网络不相同时，可供选择的模板也会有差异。选择不同的模板，对应出现在"Trace"窗口中的列也会不同，可分别对应不同的需求。

标记为锁定的模板都是无法修改的，如果这些模板无法显示期望看到的信息，也可以创建自定义的模板，步骤如下。

（1）在"Trace"窗口的分析区域单击鼠标右键选择 Configuration ，打开"Trace Configuration"窗口。

（2）选择"Column Layouts"选项，可以查看所有可用的列模板，包括用户自定义的模板和预定义的模板。单击某一模板，可以在右侧"Details"选项区域中查看该模板包含哪些列（图 3-18）。

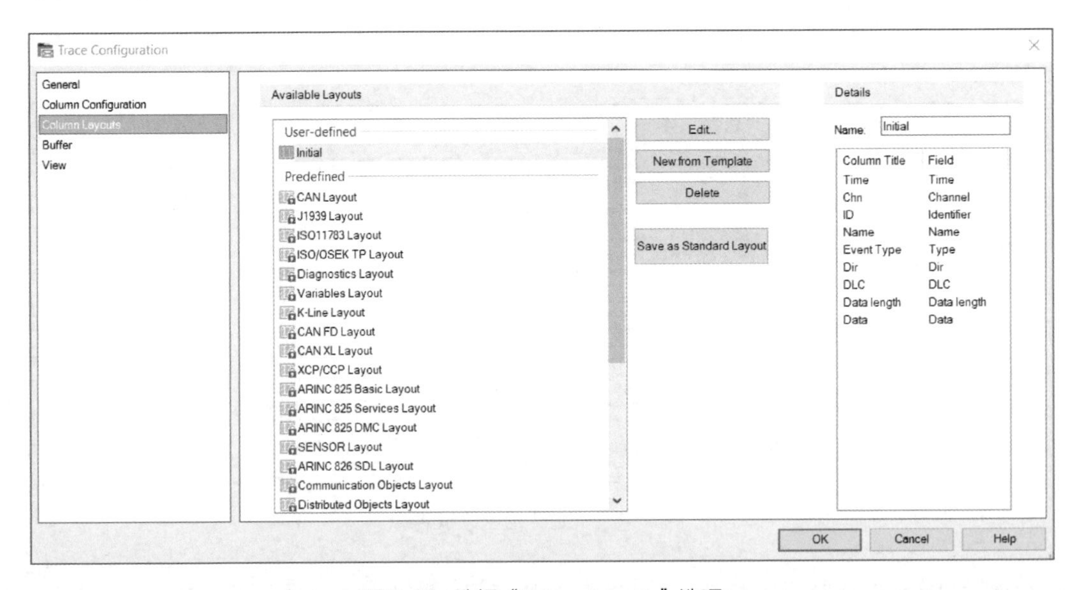

图 3-18　选择"Column Layouts"选项

（3）选择用户自定义的列模板，单击 Edit 选项，即会跳转到"Column Configuration"选项区域(图 3-19),可以对该模板进行配置。如希望新建,可以单击“New from Template”选项创建新模板。

(4) 单击“Source” 选项下拉框,可以选择所需要添加列的所属源。

(5) 左侧窗口中选中某一列后,通过向右的箭头将其添加到“Displayed fields”选项区域中,右侧窗口选中某列后也可通过向左的箭头将其移除。

(6) 右侧窗口中选中某列后,可通过向上箭头或向下箭头移动其所处位置。

(7) 编辑完成后单击“OK”按钮即可保存。

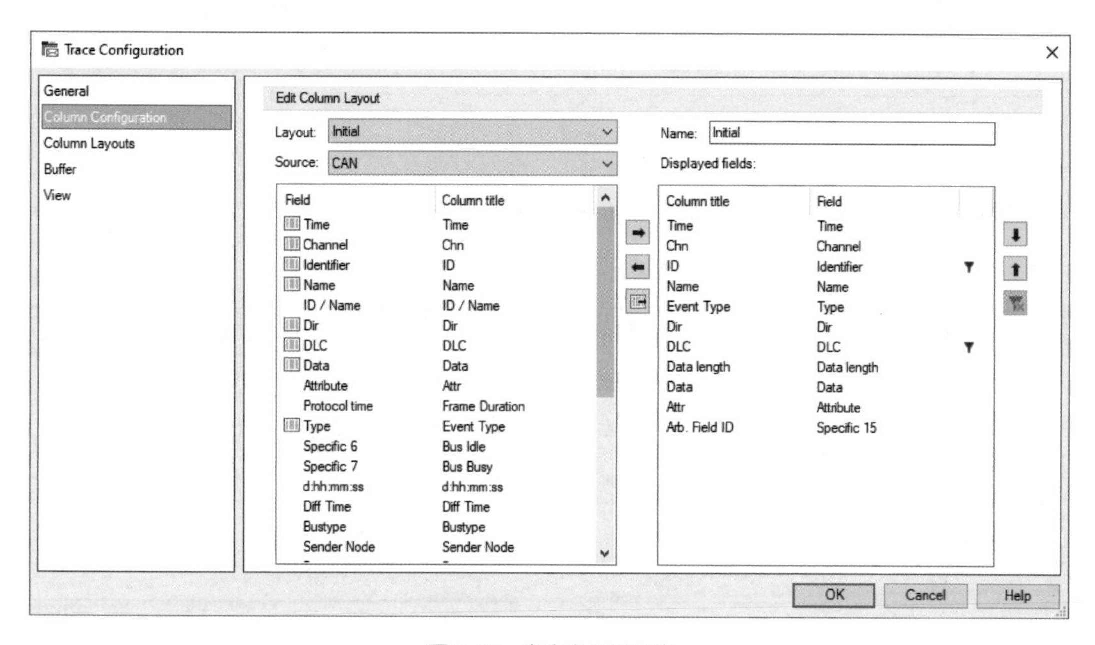

图 3-19　自定义显示元素

图 3-20 中,通过上述步骤在目标“Initial”中添加“Sender Node”列后,在“Trace PowerTrain”窗口中即可看到对应报文的发送节点。

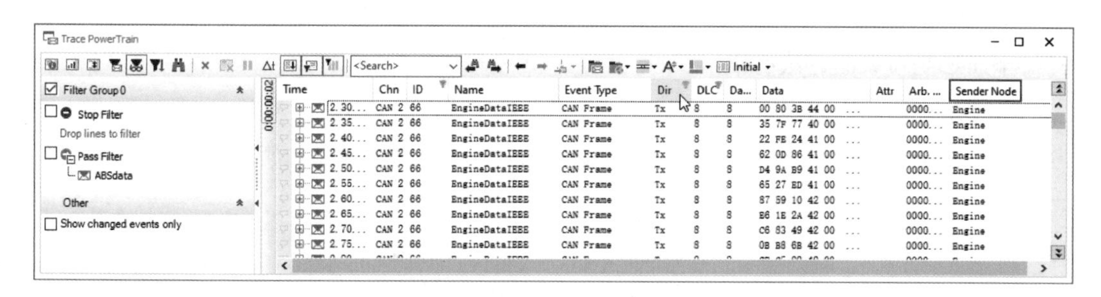

图 3-20　显示结果

3.2.2　数据

数据(Data)窗口主要用于显示信号值、变量值等,默认以物理值、原始值和进度条的形式显示。

在添加了合适的数据库的情况下，可以显示各种总线（CAN、LIN、FlexRay、Ethernet 等）上的信号以及诊断相关参数。同时，对于数据库中定义的报文，均有自动生成的计数器、周期等可作为变量添加到数据窗口中，显示相关数值以便观察。

数据窗口可以选择 Analysis → Data 新建或打开，如图 3-21 所示。

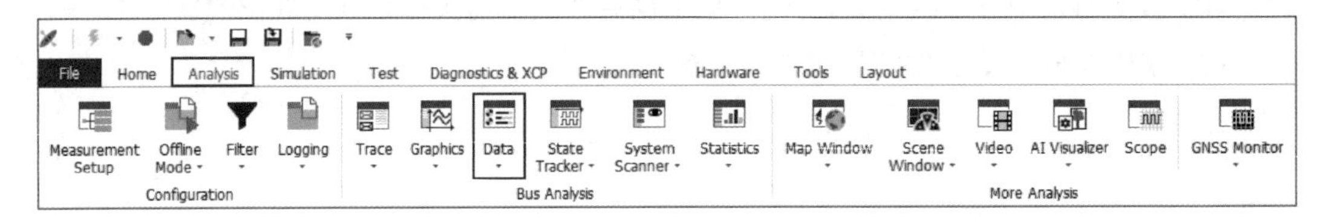

图 3-21 新建或打开数据窗口

数据窗口中的工具栏相对简单，如表 3-2 所示。

表 3-2 数据窗口工具栏

图标	名称	功能
✕	Deletes all received symbol values	清除 Data 窗口的数据
▌▌	Pause/Resume Data Window Update	暂停/恢复 Data 窗口数据更新
A	Sets text color for marked rows	配置(选中的行)文字颜色
	Logging Configuration	配置信号记录
●	Start/Stop Logging	开始/停止信号记录

1. 添加观测对象

与“Trace”窗口默认显示总线数据不同，在“Data”窗口中，默认是没有任何数据显示的，需要观测的对象必须手动添加，这一点与之后要介绍的图形（Graphics）窗口以及状态跟踪器（State Tracker）窗口是一样的。

添加观测对象的方法有以下三种。

1）通过 Symbol Selection 添加

如需通过 Symbol Selection 添加，在“Data”窗口中单击右键即可，如图 3-22 所示。

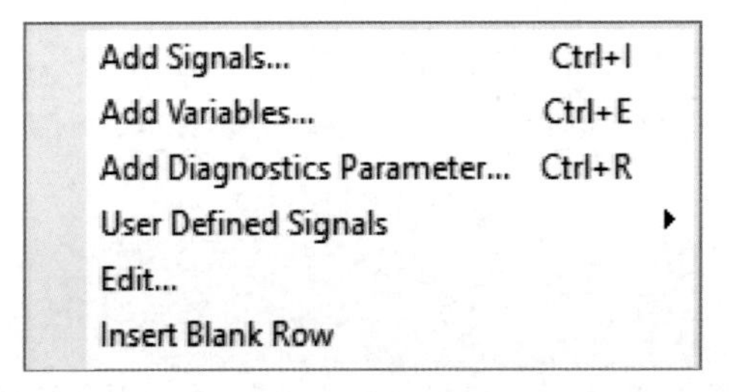

图 3-22 添加对象

添加时有多个选项，需要根据实际需求选择对应的选项，具体如下。

（1）Add Signals：用于添加通信数据库（DBC、LDF、FIBEX、ARXML 等）中定义的信号，包括报文周期、报文计数等。

（2）Add Variables：用于添加系统变量。

（3）Add Diagnostic Parameter：用于添加诊断描述文件（CDD、ODX 等）中定义的参数。

（4）User Defined Signals：针对 CAN 总线，没有数据库的情况下可自定义某个 ID 的报文中的某些字节或位作为一个自定义信号显示，同时可配置 Factor 和 Offset 以便计算物理值。

（5）Insert Blank Row：添加空白行，可用于辅助分组。

选择选项（1）～（3）时，均会打开“Symbol Selection”窗口。图 3-23 所示为选择“Add Signals”时显示的“Symbol Selection”窗口。

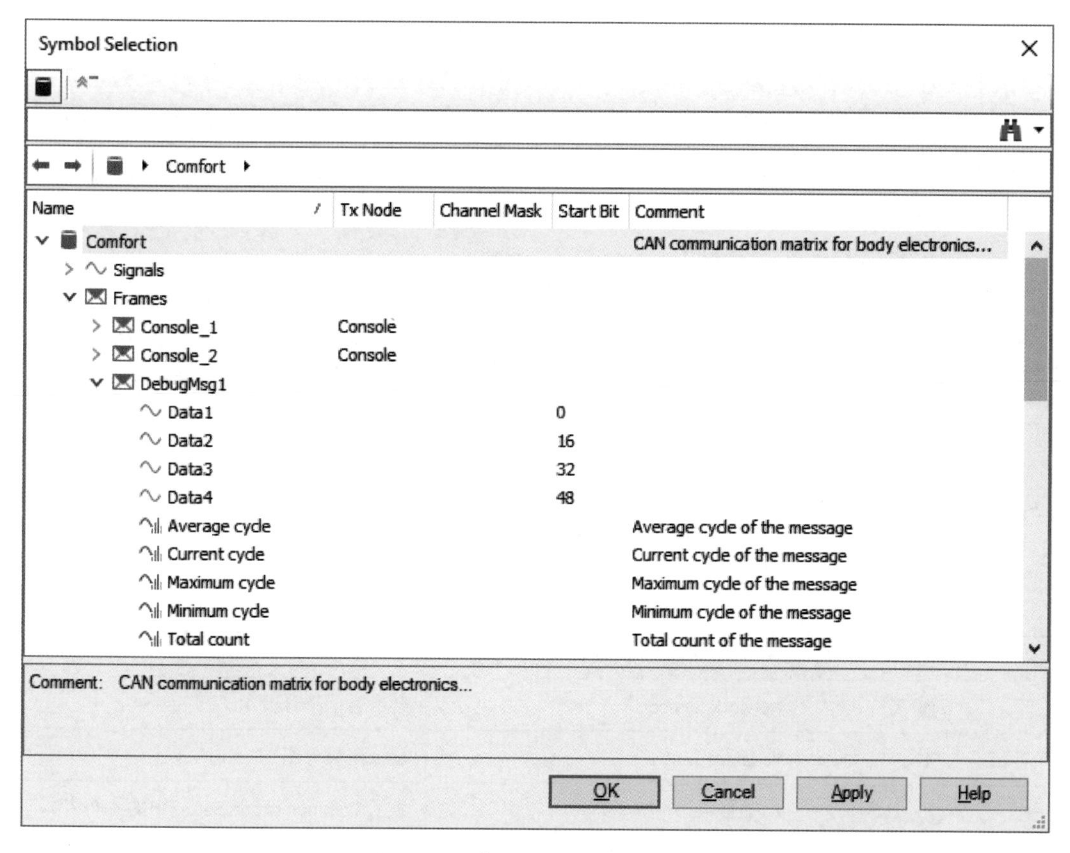

图 3-23　“Symbol Selection”窗口

该窗口会显示各类信号、变量、参数（统称 Symbols），同时，也提供查找功能以便快速搜索想要添加的信号。选中某个信号之后，单击“OK”或“Apply”按钮即可将其添加到“Data”窗口中。

2）从 Symbol Explorer 中通过拖放方式添加

选择 Environment → Symbol Explorer 即可打开“Symbol Explorer”窗口，如图 3-24 所示。

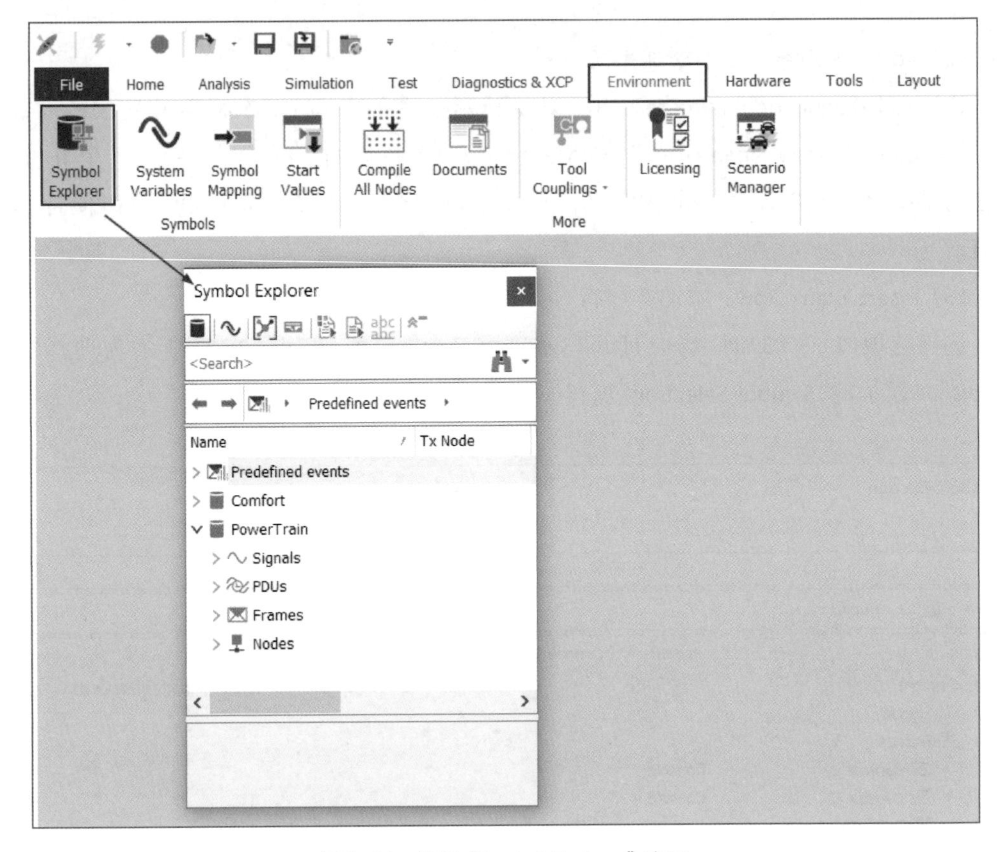

图 3-24 打开“Symbol Explorer”窗口

“Symbol Explorer”窗口相当于多个 Symbol Selection 的合集，可直接通过工具栏切换显示信号、变量、诊断服务等，具体按钮对应功能见表 3-3。

表 3-3 Symbol Explorer 窗口工具栏

按钮图标	名称	功能
	Network Symbols	显示通信符号分组
	Variables	显示变量分组
	Participant	显示 Communication Setup 中的参与者
	Application Layer Objects	显示应用层的对象
	Diagnostics Classes	显示诊断分类
	Diagnostics Services	显示诊断服务
abc abc	Show Qualifier	显示诊断服务的短名称

打开“Symbol Explorer”窗口，找到需要添加的对象后，直接将其从“Symbol Explorer”窗口拖放至目标分析窗口，即可在分析窗口中添加这一观测对象。

3）从其他分析窗口中通过拖放方式添加

操作与从 Symbol Explorer 拖放信号类似，从某一分析窗口也可直接拖动观测对象至另一分析窗口中，以便使用多种不同的方式观测同一对象。

2. 实例介绍

下面结合 3. 2. 1 小节使用的示例工程 System Configuration（CAN）来介绍“Data”窗口相关功能。

打开示例工程的“Data”窗口，可以看到该工程中的“Data”窗口已经添加了一些信号作为观测对象，默认显示的列信息较少，可以在列名上单击右键，勾选希望在“Data”窗口中看到的列，如图 3-25 所示。在此次运行中将会勾选所有可勾选的列。

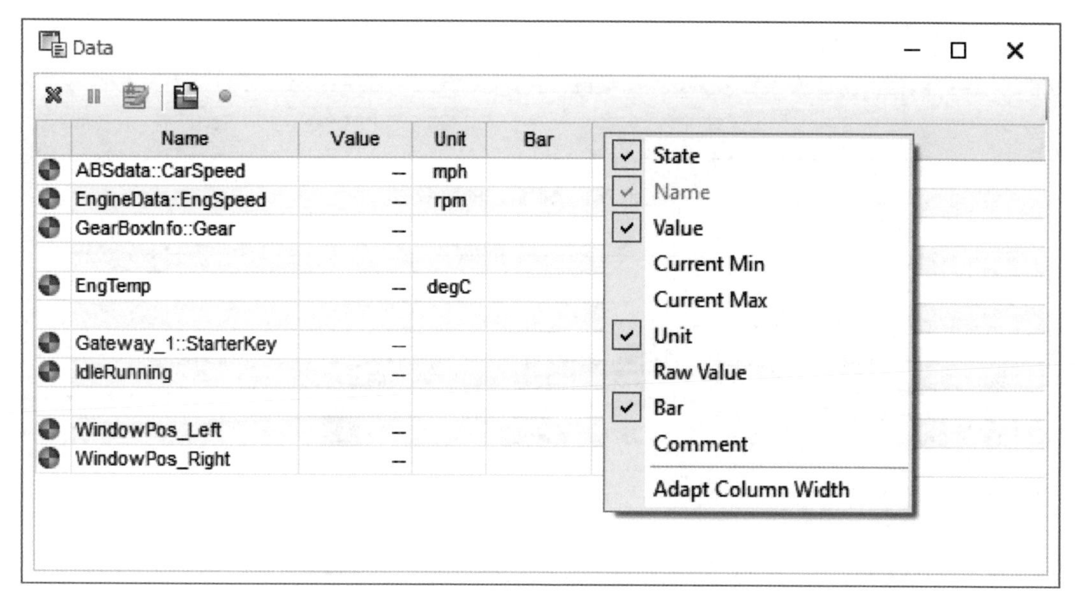

图 3-25　添加显示元素

在此基础上可以根据实际需求再添加一些其他对象。单击右键选择“Add Signals”选项，可以打开对应的“Symbol Selection”窗口。

如图 3-26 所示，选择数据库 PowerTrain →Frames → ABSdata，展开后选中其下方的 Current cycle，然后点击“Apply”或者“Ok”按钮，即可将其添加到“Data”窗口的观测区域中。

添加完成后，运行 CANoe 工程，即可通过添加的对象“ABSdata：：CUR”来观测报文“ABSdata”的周期情况，“Current Min”列和“Current Max”列将会显示运行过程中报文周期的最小值和最大值。其他各行也会显示对应信号的数值情况。结果显示如图 3-27 所示。

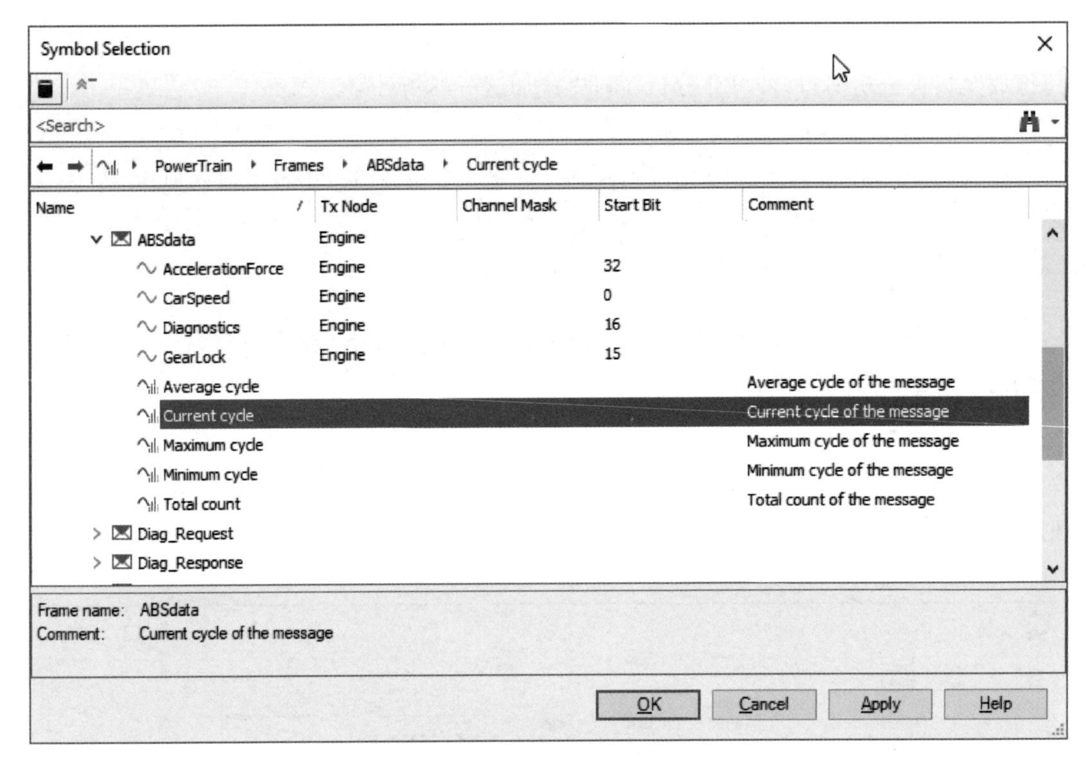

图 3-26　选择添加的数据

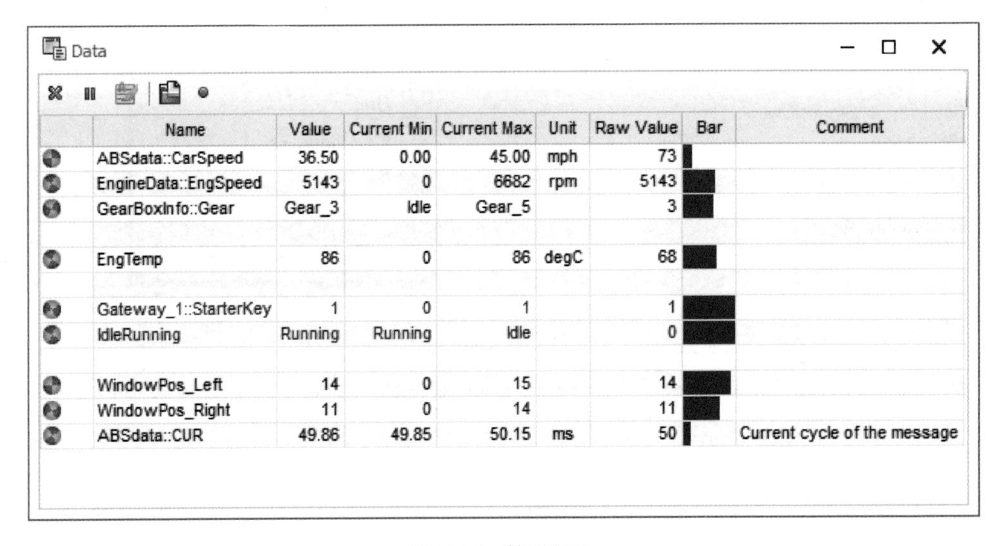

图 3-27　结果显示

3.2.3　图形

1. 图形窗口配置

与数据窗口一样，图形（Graphics）窗口同样是用于观测符号（信号、变量、诊断参数等）

的。图形窗口将符号的数值以曲形形式显示在 XY 坐标轴中，默认 X 轴为时间，便于我们观察信号值随时间的变化。通过配置也可以将某个符号作为 X 轴，用于观测某些符号的相关性。图形窗口提供多种功能来突出显示或隐藏曲线及其测量点。

在测量分析时，可以使用缩放和滚动功能来调整观测区域，可使用单个测量光标或差分测量光标来读取曲线上的测量点数值。信号列表中也提供了多种不同的列来根据需求显示测量点的数值。

图形窗口可以通过选择 Analysis → Graphics 新建或打开，如图 3-28 所示。

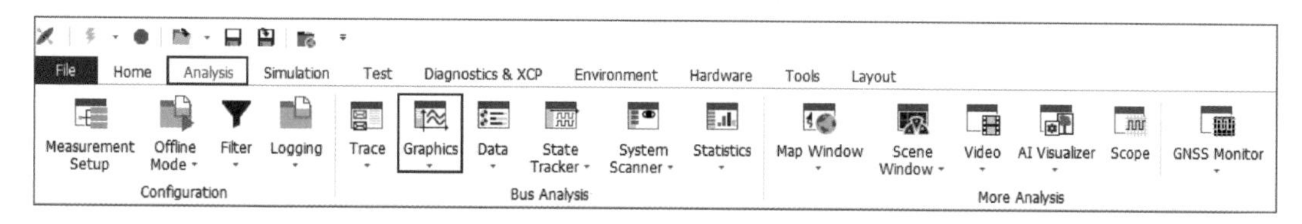

图 3-28　新建或打开“Graphics”窗口

图形窗口工具栏按钮如表 3-4 所示。

表 3-4　图形窗口工具栏

按钮图标	名称	功能
	Show legend	显示图例
	Pauses and resumes Graphics Window update	暂停或恢复图形窗口更新
	Switch measurement cursors	测量光标
	Switch difference cursors	差分测量光标
	Shows the marked graphs bold	以粗体显示选中的曲线
	Displays all graphs	显示所有的曲线
	Grays the unmarked graphs	未选中的曲线灰色
	Shows only marked graphs；all others are hidden	仅仅显示选中的曲线
	Single graph mode	单一曲线使能模式
	All graphs mode	所有曲线使能模式
	Adjust time axis	调整时间轴
	Adjust Y axes	调整 Y 轴
	Adjust all directions	调整所有方向
	Zoom out（depends on the selected scaling mode）	缩小

(续表)

按钮图标	名称	功能
	Zoom in (depends on the selected scaling mode)	放大
	Activate/deactivate the mouse functions for zooming, scrolling, and moving in the Graphics Window (Drag Zoom mode).	通过鼠标滚轮的方式放大或缩小
	Fits all graphs (XY directions)	使所有图形在 XY 轴方向最大化
	Move graph down	曲线下移
	Move graph left	曲线左移
	Move graph up	曲线上移
	Move graph right	曲线右移
	Scroll left	X 轴左移
	Scroll down	Y 轴下移
	Scroll to the oldest measurement value	曲线右移至开始时
	Scroll right	X 轴右移
	Scroll up	Y 轴上移
	Scroll to the newest measurement value	曲线左移至结束时
	Set position of the legend view	设置图例显示
	Undo	撤消操作
	Redo	恢复操作
	Show all graphs in separate views	所有图形在独立坐标轴显示
	Opens the Graphic Configuration dialog	打开图形配置
	Further settings for the Graphics Window	更多的图形配置选项

在使用图形窗口之前,可以先对图形窗口进行相关的配置,通过点击图形窗口菜单栏中的按钮打开图形配置界面。也可以单击右键选择需要配置的功能进行设置。配置选项如下。

(1) Symbols/Axes:根据需求勾选不同的对象,并配置其颜色、名称、Y 轴数值范围等,选择对象后,对应的信号或变量会显示在图形窗口中,如图 3-29 所示。

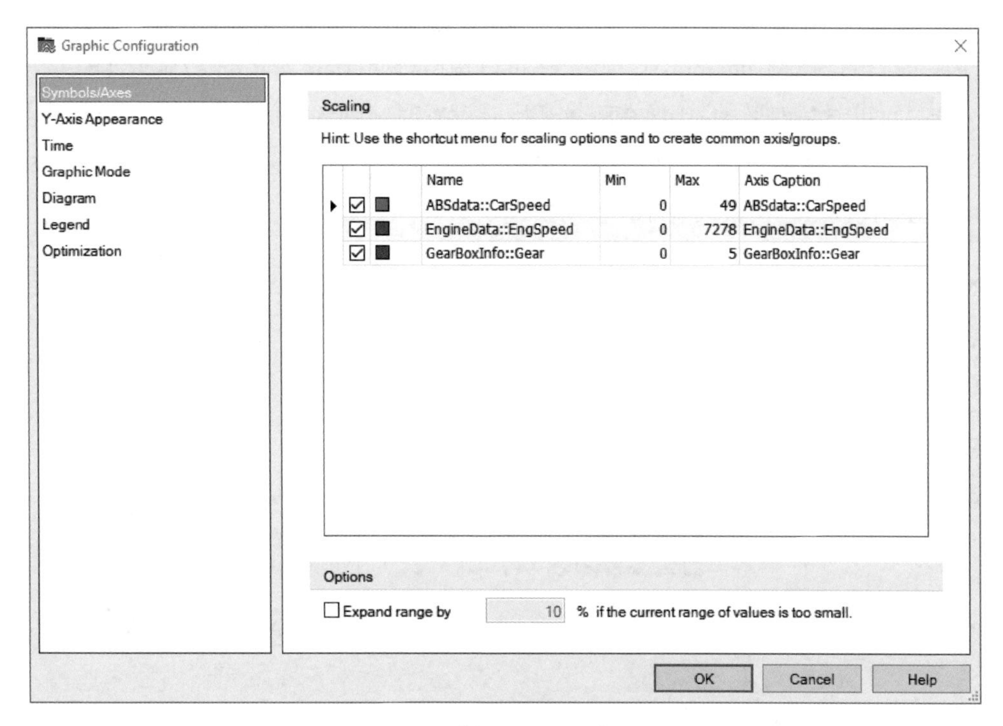

图 3-29　“Symbols/Axes”选项

（2）Y-Axis Appearance：根据需要选择不同的 Y 轴视图，如图 3-30 所示。

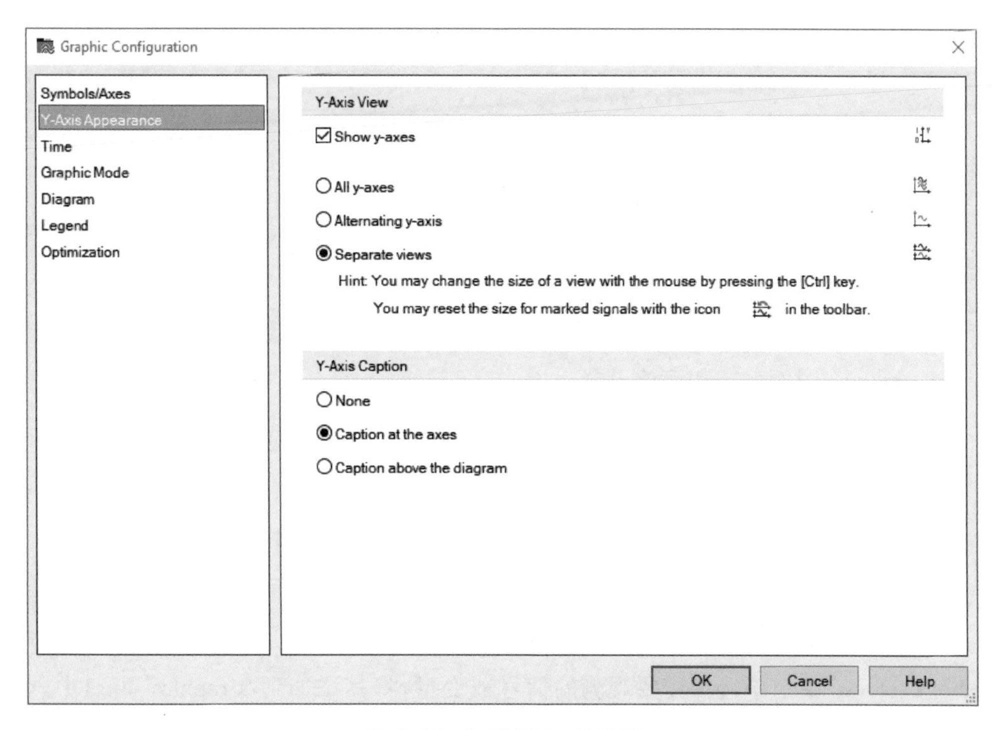

图 3-30　图形窗口 Y 轴配置

（3）Time：如图 3-31 所示，在“Display mode”选项中，可以选择以秒（s）为单位进行测量计时，也可以选择“d：hh：mm：ss”模式，还可以按照日期（Date and time）显示计时。

同时，可以设置时间轴，比如在测量开始时设置时间轴的时间范围是 0～60 s，或测量停止时使得图形在时间轴上显示最大化。也可以设置图形显示时的滚动模式（Scroll Mode），比如连续滚动模式或跳跃式移动模式。

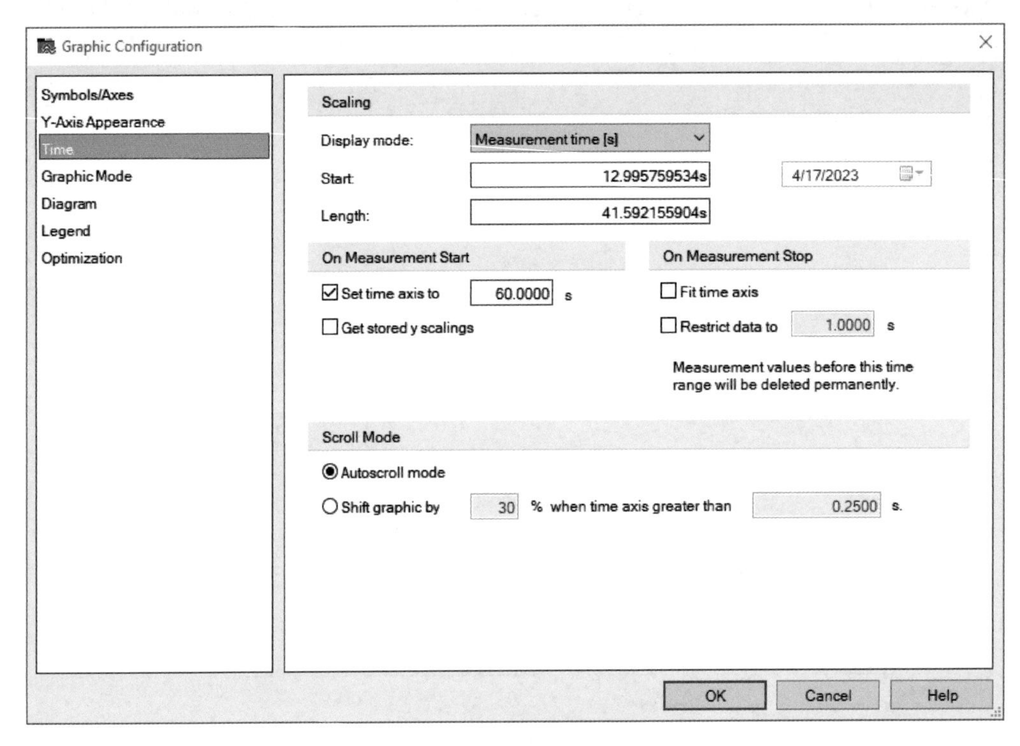

图 3-31　图形窗口时间配置

（4）Graphic Mode：有两种模式，一种是以时间轴显示图形，另一种以某个变量作为 X 轴显示图形。

（5）Diagram：可以对显示方式、颜色、字体进行设置，这里不再赘述，可以参考帮助文档。

（6）Legend：图例名字和字体设置。

（7）Optimization：设置不同的显示精度以及根据工程的需要设置图形窗口的更新频率。

2. 实例介绍

打开“Graphics”窗口，在窗口中的任意位置单击右键添加需要观测的信号、变量、诊断参数或其他自定义的信号，如图 3-32 所示。

也可以通过菜单打开 Environment → Symbol Explorer，再通过鼠标拖放的方式从“Symbol Explorer”窗口中选择需要观测的信号或变量，将其添加到“Graphics”窗口中，如图 3-33 所示。

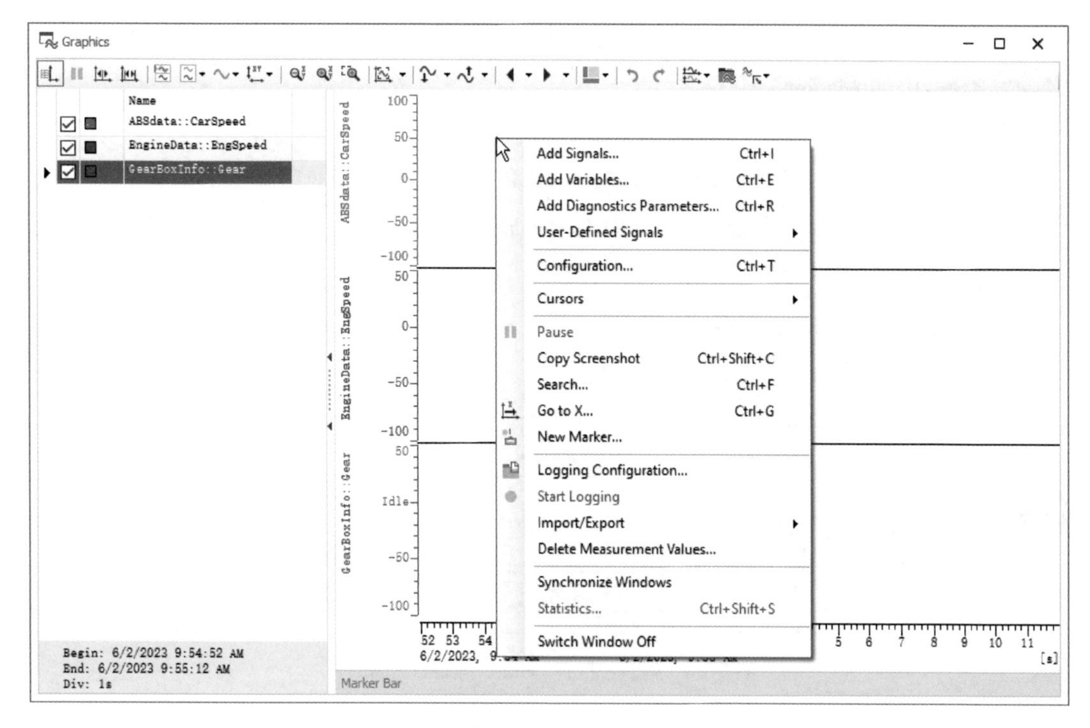

图 3-32　添加数据

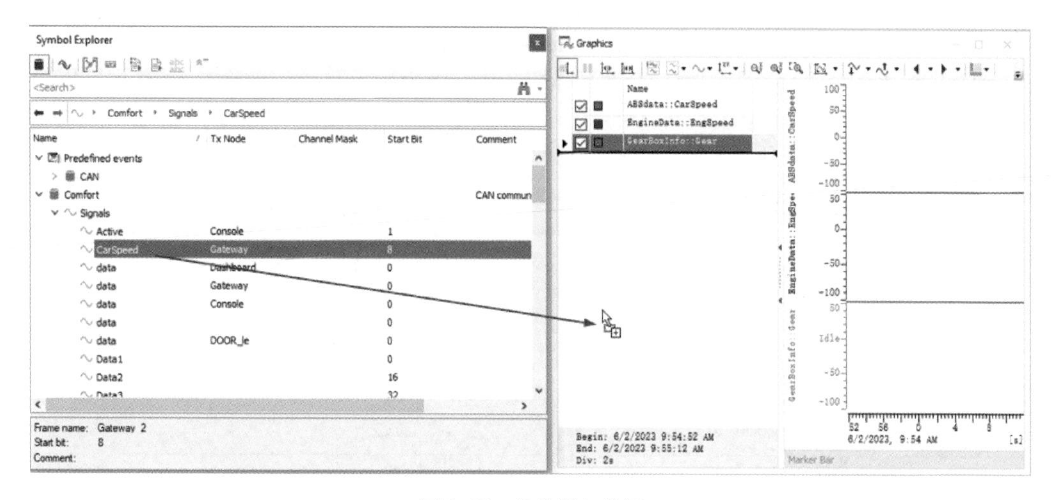

图 3-33　拖放添加数据

一旦添加好需要观测的参数或变量，就可以按照上面菜单的操作说明对轴或曲线进行相关的设置。

3.2.4　状态跟踪器

1. 状态跟踪器配置介绍

状态跟踪器(State Tracker)相比前面介绍的几个分析窗口在观测数据的状态及状态转

换方面更加直观，支持用颜色高亮显示观测对象的不同数值区间，并可以对数值变化自定义触发条件，添加 Marker。

典型应用场景如下。

(1) 通过分析状态、信号和状态转换的时间顺序对系统进行故障排除和监控。

(2) 多种数据的联合分析，如 ECU 内部通信状态(变量、端口、BSW 和 SWC 状态)、总线信号、ECU I/O。

(3) 监控 AUTOSAR Runables 的状态。

(4) 二进制信号和数字 I/O 的简单分析。

选择 Analysis → State Tracker 可以打开或新建“State Tracker”窗口，如图 3-34 所示。

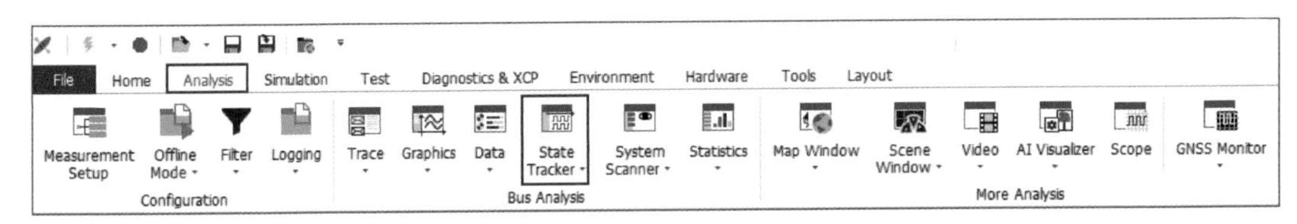

图 3-34　新建或打开“State Tracker”窗口

State Tracker 的工具栏名称及功能说明如表 3-5 所示。

表 3-5　State Tracker 工具栏

图标	名称	功能
	Show/hide the trigger configuration	显示或隐藏触发设置功能
	Search	信号或变量多时，可以进行查找
	Toggle paused mode	窗口暂停，触发失效
	Cursor	测量光标
	Diff Cursor	差分测量光标
	Zoom in	放大
	Zoom out	缩小
	Drag zoom	拖动放大某部分
	Undo drag zoom	撤销拖动放大
	Redo drag zoom	恢复拖动放大
	Fit all X	显示 X 轴所有的数据
	Go to	指定想查看某个时间点的数据
	Go to beginning	查看开始时的数据

（续表）

图标	名称	功能
	Scroll to left	向左滚动
	Scroll to right	向右滚动
	Go to end	查看结束时的数据
	New marker	定义新的标记
	Display samplings	显示采样点的位置
	Show configuration dialog	显示配置对话框进行配置

2. **实例介绍**

根据实际项目需要，单击右键添加对象、变量、报文或网络。然后，对添加的参数设置触发条件。当设置的条件成立后，可以设置想要的动作，例如停止测量、暂停或不作处理。

如图 3-35 所示，可以看到信号 GearBoxInfo 设置的触发条件为数值等于 2 时，动作为暂停窗口的测量。运行 CANoe 软件后，当信号 GearBoxInfo 数值等于 2 时，“State Tracker”窗口测量停止，触发时间为“t= 6.8009s”。这个功能可以让用户非常便捷地捕捉并查看信号的特定状态，如临界值、异常点等。

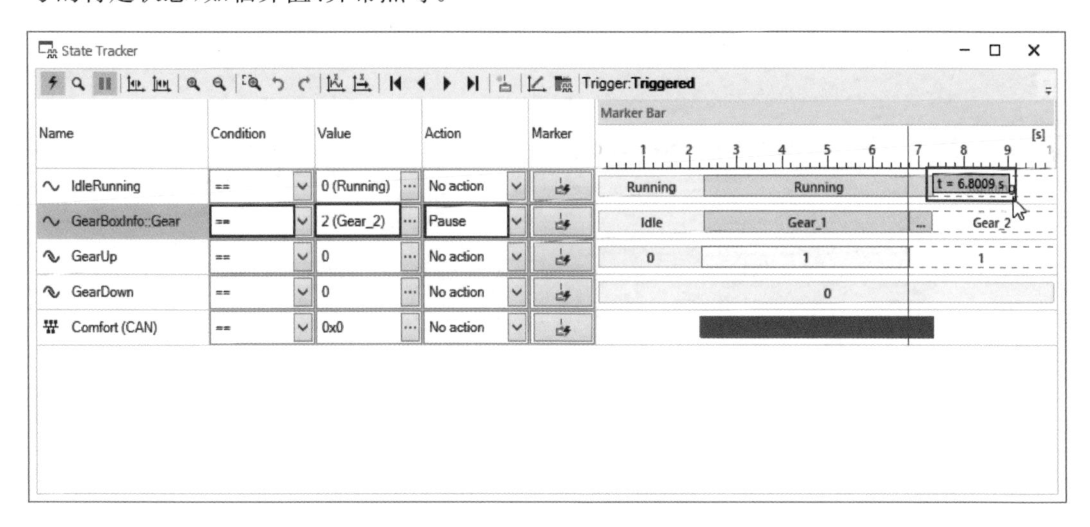

图 3-35　添加并设置触发条件

在测量时间较长或数据较多的情况下，为了方便地标记和追踪某个参数的变化，可以通过 Marker 进行标记。“State Tracker”窗口中设置的 Marker 信号可以与“Graphics”窗口、“Trace”窗口进行同步，通过各分析窗口中同步的 Marker 多角度、多维度地追踪和分析参数的变化。如图 3-36所示，“Graphics”窗口与“State Tracker”窗口中 Gear 的值为 Gear_2 的标记会同步显示。

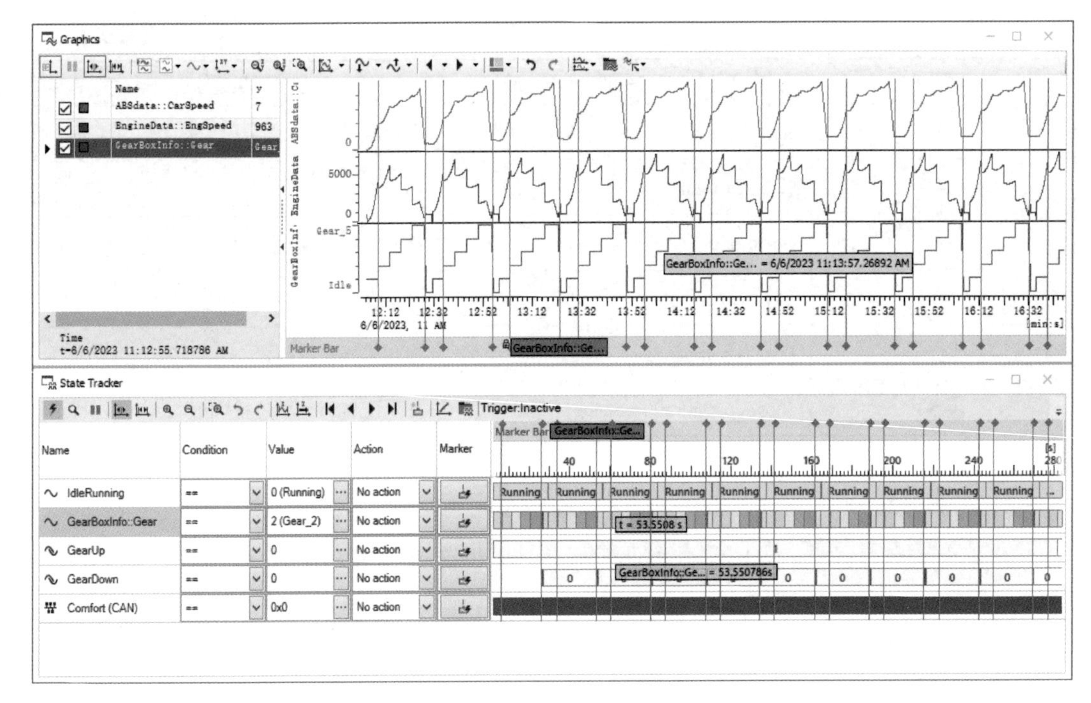

图 3-36　不同窗口进行同步

如果想看某个信号值的持续时间，可以用差分测量光标的功能，如图 3-37 所示。通过差分光标测量可以看到信号 Gear 的值为 Gear_3 的持续时间为 4.7000 s。

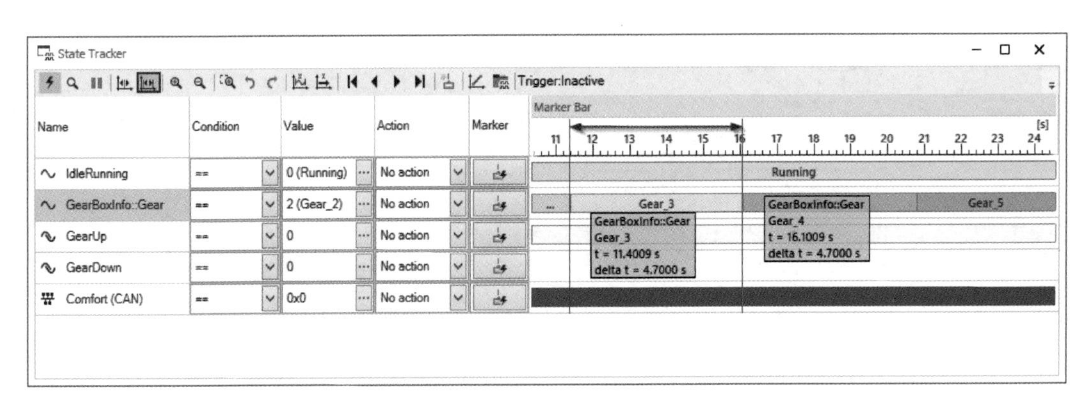

图 3-37　差分光标测量结果显示

3.2.5　统计

1. 统计窗口配置介绍

统计（Statistics）窗口显示 CANoe 运行期间总线活动的相关统计信息，比如总线负载率、每个节点的负载情况以及峰值负载、平均负载等。这些信息对于负责网络设计的工程师有极高的参考价值。

选择 Analysis → Statistics 可以新建或打开统计窗口，如图 3-38 所示。

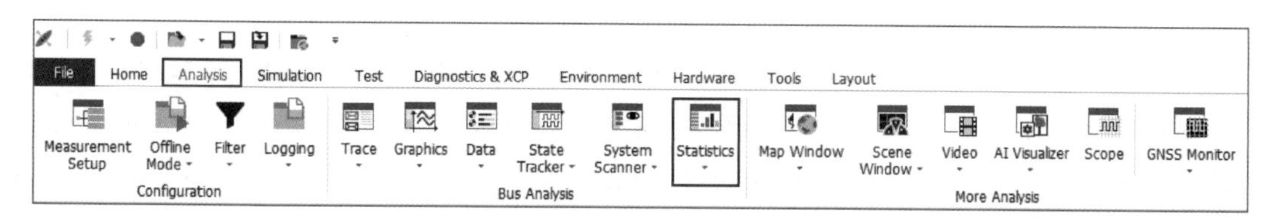

图 3-38　新建或打开“Statistics”窗口

“Statistics”功能有以下三种类型的窗口供选择。

（1）总线统计窗口：主要用于总线上主要特性的统计，如负载、峰值负载等。

（2）CAN 统计窗口：除了总线上的统计之外，增加了诸如 Burst time、延迟时间等统计功能。

（3）帧直方图窗口：主要用于统计总线上帧的频率及错误帧频率。

2. 实例介绍

仍然以示例工程 System Configuration（CAN）为例，当打开 CAN 统计窗口时，显示数据见图 3-39。

CAN 1 Statistics

CAN channel: CAN 1 - Comfort（CAN 1 - Comfort / CAN 2 - PowerTrain / CAN all）

Statistic	…rrent /…	Min	Max	Avg
Busload	…50	0.00	2.84	2.28
Ga…	…76	0.00	1.10	0.67
DOOR_ri	0.41	0.00	0.42	0.38
DOOR_le	0.42	0.00	0.42	0.39
Dashboard	0.00	0.00	0.00	0.00
Console	0.90	0.00	0.91	0.85
NM_Tester	0.00	0.00	0.00	0.00
Unknown sender	0.00	0.00	0.00	0.00
Unknown events	0.00	0.00	0.00	0.00
Std. Data [total]	5426	n/a	n/a	n/a
Errorframes [fr/s]	0	0	0	0
Transceiver Errors	0	n/a	n/a	n/a
Ext. Data [fr/s]	0	0	0	0
Bursts [total]	1397	n/a	n/a	n/a
Std. Remote [fr/s]	0	0	0	0
Ext. Remote [total]	0	n/a	n/a	n/a
Burst Time [ms]	0.684	0.230	0.932	0.405
Errorframes [total]	0	n/a	n/a	n/a
Std. Data [fr/s]	160	0	174	146
Ext. Data [total]	0	n/a	n/a	n/a
Min. Send Dist. [ms]	0.000	n/a	n/a	n/a
Std. Remote [total]	0	n/a	n/a	n/a

图 3-39　统计窗口显示

通过该窗口，可以根据需要选择某个 CAN 总线通道上的数据进行统计分析，也可以选择所有总线通道上的数据进行分析。

若选择 CAN 1-Comfort 总线，其统计的元素为图 3-39 左列的数据，包括负载统计（Busload）、标准帧统计（Std. Data）、错误帧统计（Errorframes [fr/s]）、拥堵时间（Burst Time [ms]）等相关的数据信息。在负载统计中，可以统计每个节点对总线负载的贡献，可以帮助工程师验证总线设计的负载率。同时，对错误帧的统计能够有效帮助工程师了解总线上出现错误的数量和频率。

若选择所有通道上的数据进行统计，则可以对不同通道上的负载或出现的错误帧进行分析。该功能能够有效地提高工程师的工作效率，省去了复杂的负载计算等。

除此之外，统计窗口中还可以根据需要添加帧频率分析窗口（"Frame Histogram"窗口），如图 3-40 所示。该窗口可以分析每个总线上的所有报文的发送频率及错误帧情况。

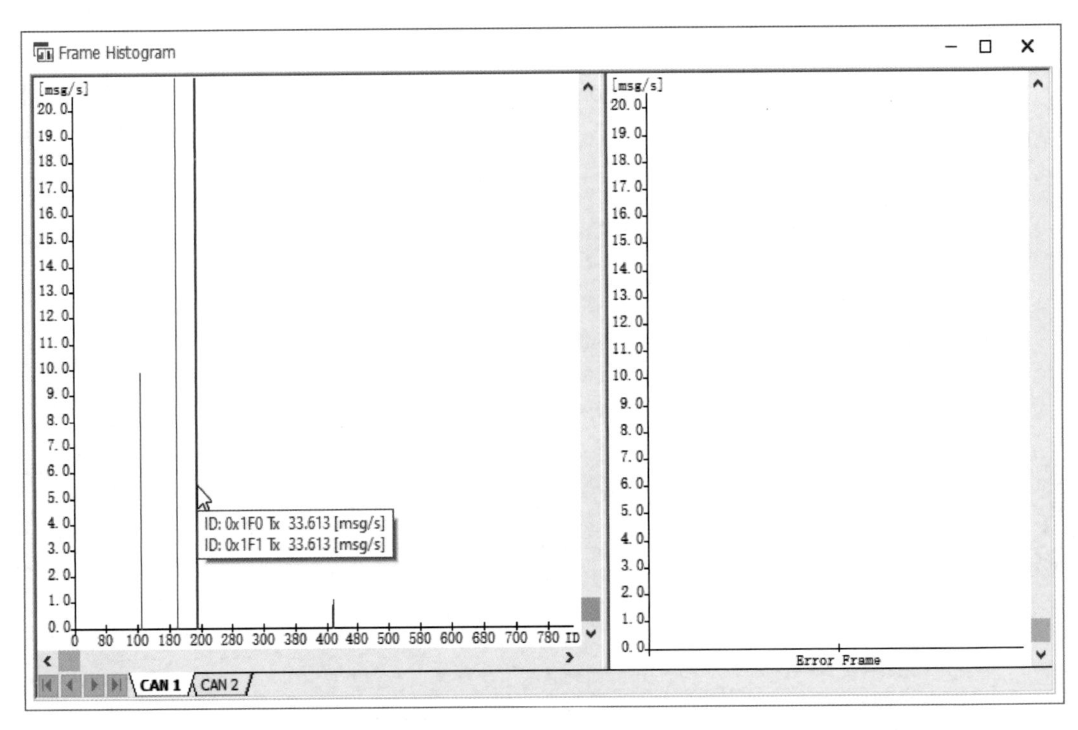

图 3-40　帧频率分析窗口显示

3.3　其他分析窗口

3.3.1　地图

使用地图窗口，用户可以加载地图并在地图上显示和评估来自 GNSS 接收器的相关参数信息，如卫星个数、位置信息及速度等。此外，用户可以通过 CAPL 或.NET 接口自行在地图上指定位置绘制期望显示的对象。

可以选择 Analysis → Map Window 打开或新建地图窗口，如图 3-41 所示。

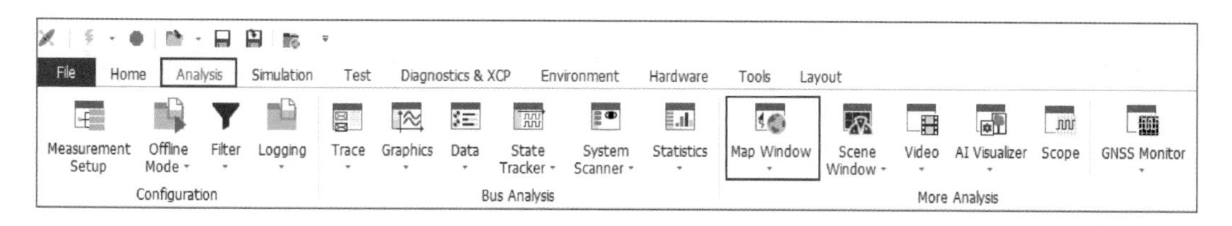

图 3-41　新建或打开“Map Window”窗口

对应不同的 CANoe 插件，地图窗口会有不同的扩展功能。如果使用 Option Car2x，可以在地图上显示 Car2x 网络中接收到的 ITS（Intelligent Transport Systems）对象的位置及相关事件，如图 3-42所示；如果使用 Option J1939 或 Option ISO11783，可以显示和评估来自 J1939 或 NMEA 参数组的位置信息。

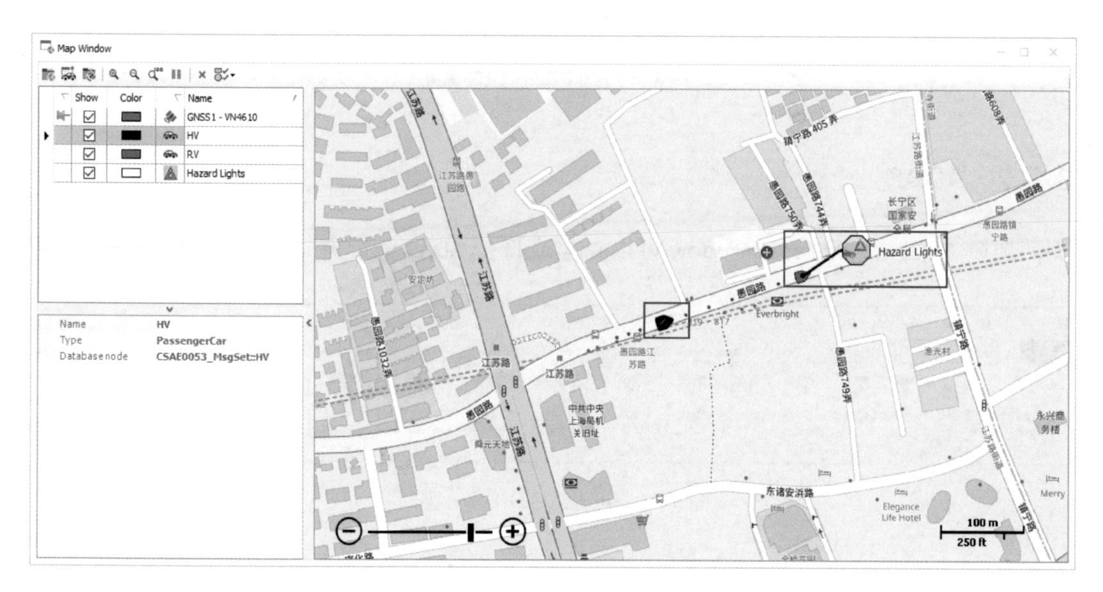

图 3-42　地图窗口显示

单击“Map Window”窗口中的 （“Global Map Window Configuration ”按钮）可以对地图进行相关的配置，例如，可以选择不同地图供应商（Provider）的在线地图，也可以选择使用离线地图或是加载图片（Image）显示静态地图，如图 3-43 所示。

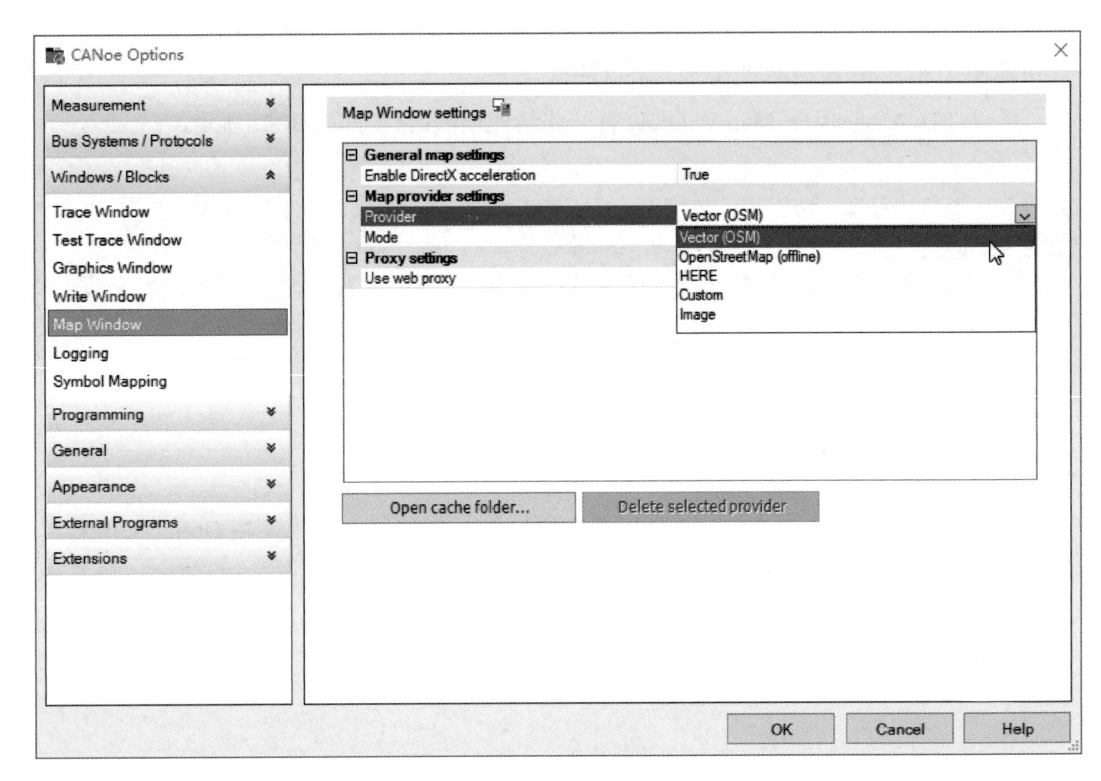

图 3-43　地图窗口配置界面

3.3.2　ADAS

选择 Analysis → Scene Window 可以新建或打开 ADAS 场景窗口，如图 3-44 所示。

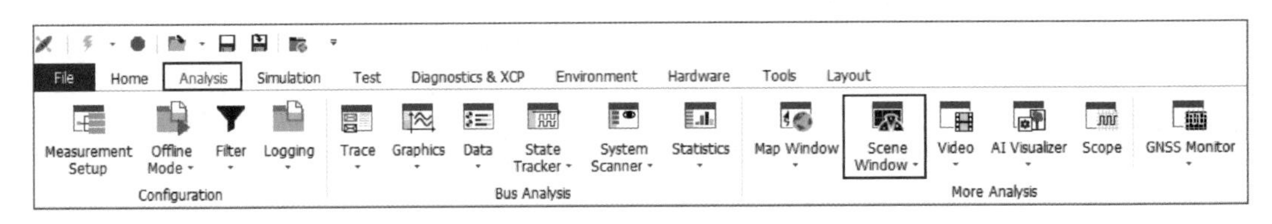

图 3-44　新建或打开 Scene 窗口

场景(Scene)窗口可以对符合 ASAM OSI 规范的 ADAS 对象实现可视化分析，对象在 CANoe 中通过 vCDL(Vector Communication Description Language)定义，数据来源可以是 CANoe，也可以是第三方工具。场景窗口可以实现传感器(Sensor)、感知目标(Detected Objects)及真值(Ground Truth)数据显示，支持显示目标类别、数量、距离和尺寸等信息。

只有加载了 ADAS 相关的传感器对象时，该窗口才有效。

运行 CANoe 后，该窗口中的传感器（如雷达、摄像头等）的相关参数将显示在“Sence”窗口中，显示如图 3-45 所示。根据需要可以切换场景中的不同视角，例如在场景窗口单击右键选择 Views → Driver，就可以切换到驾驶员的视角。

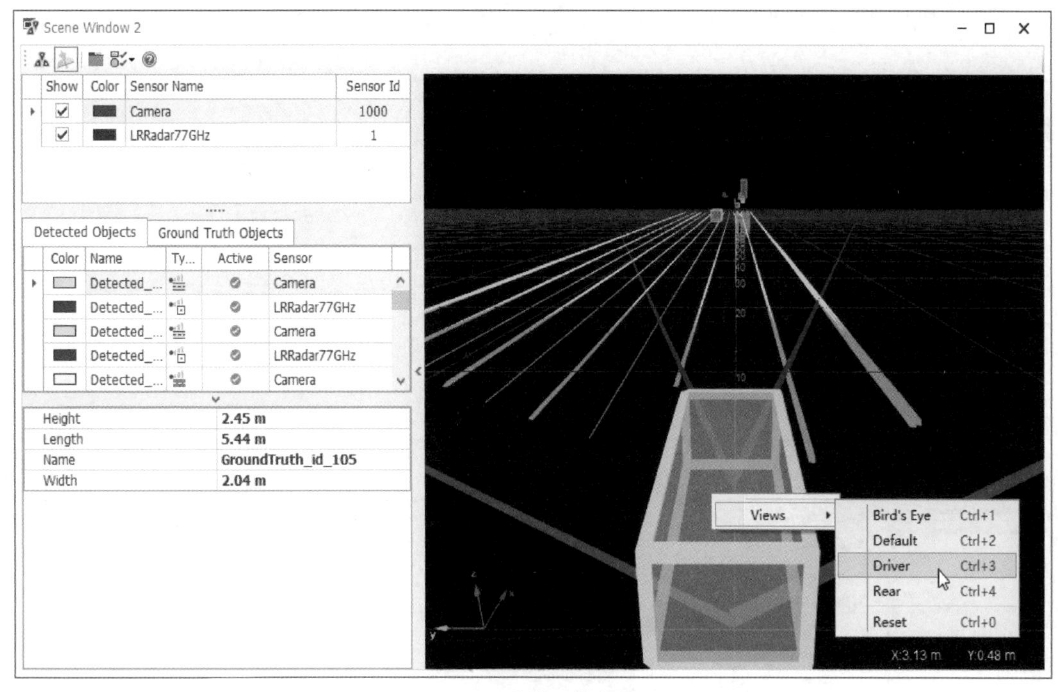

图 3-45　传感器显示结果

3.3.3　AI

选择 Analysis → AI Visualizer 可以打开或新建 AI 窗口，如图 3-46 所示。

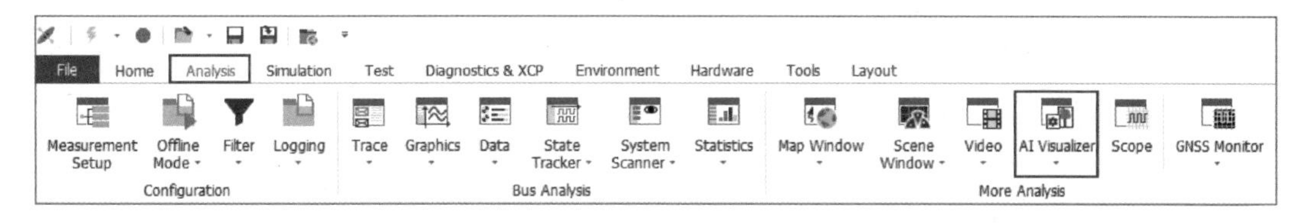

图 3-46　新建或打开 AI 窗口

该窗口可以显示 AI 组件与 CANoe 交互的图片以及数据，并对此进行相关的测试。由于目前 AI 窗口的使用需求较少，此处不作过多介绍。如果需要更深入的了解，可以参考帮助文档。

3.3.4　视频

视频（Video）窗口可以记录并回放视频文件，目前支持的数据格式有 AVI、MPG、MPEG、

WMV 和 MP4。该窗口可以与其他的分析窗口进行时间同步，便于有效地查找问题。如在进行路试的时候，某些工况或路况条件下总线上偶发一些问题，通过视频窗口可以记录问题发生时的路况或车内驾驶员的操作行为，为后续解决偶发问题提供可靠的依据。

选择 Analysis → Video 可以新建或打开视频窗口并进行配置，如图 3-47 所示。

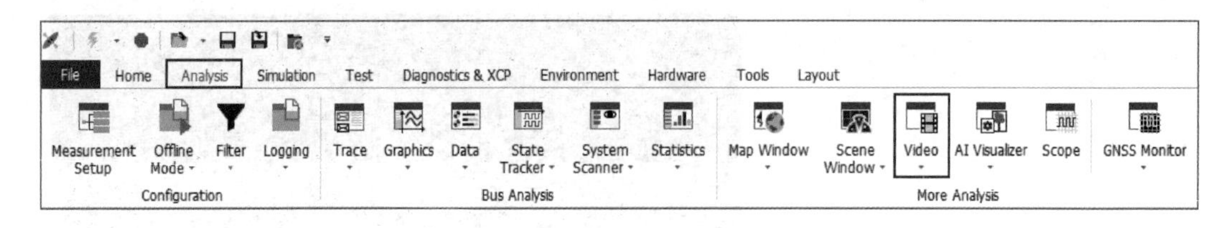

图 3-47　新建或打开视频窗口

视频窗口配置界面如图 3-48 所示。

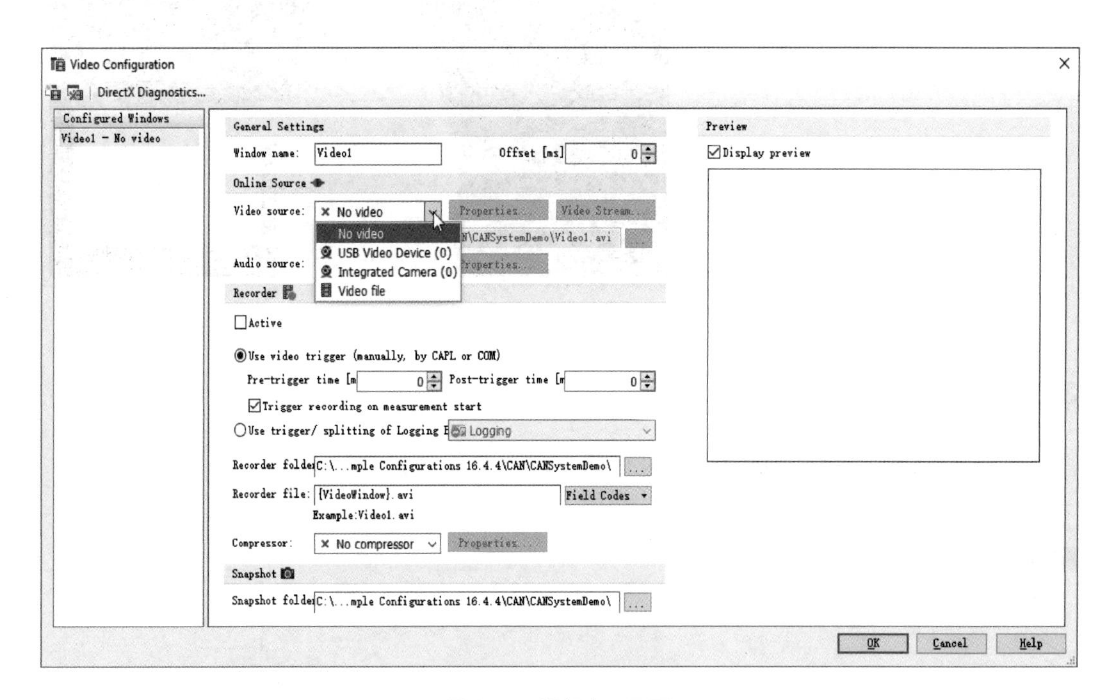

图 3-48　视频窗口配置

视频源可以选择在线的摄像头，也可以选择视频文件。同时，也可以对视频源的属性进行设置，如视频的亮度、对比度、饱和度等。声源同样可以根据计算机的配置进行选择。

一旦勾选了图 3-48 中的“Active”复选框，当 CANoe 运行时就可以记录视频。用户可以按照需要对触发模式进行配置，可以手动，可以编程，也可以与 logging 模块的设置保持同步，当“logging”模块中配置的触发条件满足时，记录总线行为的同时也会触发视频的记录。在离线回放时，视频数据可与总线数据同步回放。

3.3.5 示波器

示波器(Scope)窗口主要用来监控或测试 CAN、LIN、FlexRay 物理电平，比如 CAN_H、CAN_L 和差分电压等相关参数；并且支持眼图功能，用于物理电平信号质量的分析。目前，CANoe16 支持的 Scope 硬件型号见表 3-6，每个 Scope 硬件都支持 CAN/CANFD、LIN、FlexRay、I/O 信号的测量，区别主要在于通道数量的不同。根据实际应用的需要，可以连接多个示波器硬件，并通过一个“Scope”窗口管理和配置所有的硬件，满足多总线环境的数据分析和自动化测试。

示波器窗口还可以和其他设备联合使用进行自动化测试，比如，配合 CAN/CANFD 干扰仪 VH6501 进行 CAN 总线的物理层测试，如信号跳变沿时间、位时间等测试。

表 3-6 Scope 类型列表及参数

设备名称	Scope 通道数量	Scope 总线通道数量	最小采样间隔	最大采样率	每个通道支持的最大缓存	适用 CANoe 最低版本
6403E-034	4+ext.Trigger 16 MSO	2×CAN 或 2×FlexRay 或 4×LIN 或 4×I/O	400ps (1×CAN/FlexRay) 200 ps (1xI/O)	5 GS/s	1 GS	15
6824E-034	8+ext.Trigger 16 MSO	4×CAN 或 4×FlexRay 或 8×LIN 或 8×I/O	400ps (1×CAN/FlexRay) 200ps (1xI/O)	5 GS/s	4 GS	15
5444D-034	4+ext.Trigger	2×CAN 或 2×FlexRay 或 4×LIN 或 4×I/O	4 ns (1×CAN/FlexRay)	500 MS/s	256 MS	11.0 SP3

使用示波器相关功能需要 CANoe Option Scope。

选择 Analysis → Scope 可以打开示波器配置界面，见图 3-49。

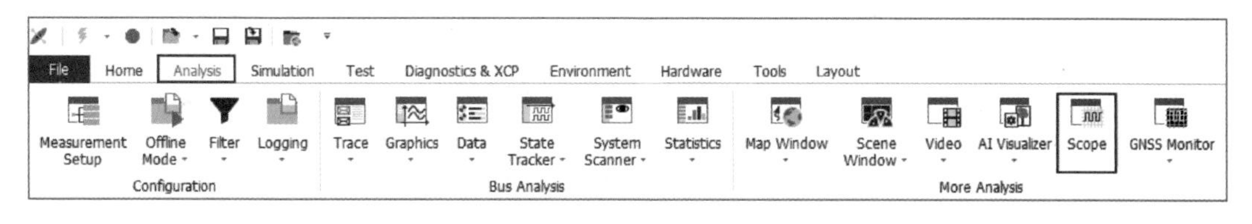

图 3-49 新建或打开“Scope”窗口

“Scope”窗口如图 3-50 所示。在“Devices and Triggers”选项区域中右键单击“New scope”选项选择需要添加的 Scope 硬件。选择添加好的硬件，通过双击或右键单击选择下拉框中的“Configuration”选项可以对硬件的通道及其他参数进行配置，配置界面如图 3-51 所示。

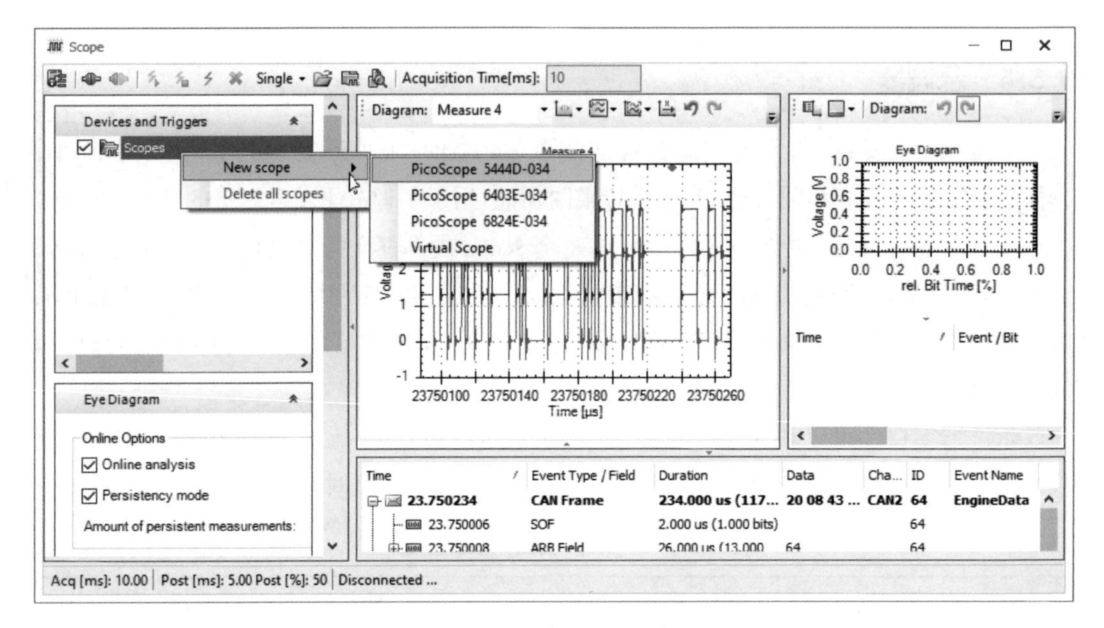

图 3-50　添加 Scope 设备

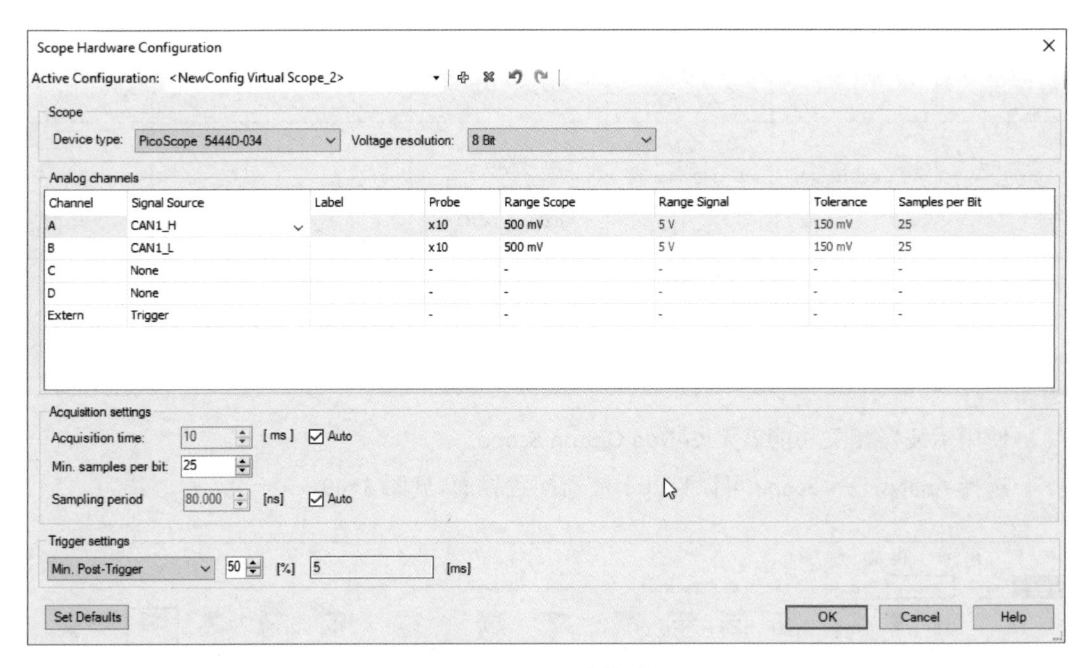

图 3-51　Scope 参数配置

配置好硬件通道和相关参数后，就可以添加触发条件（Add trigger condition），对于 CAN 总线，既可选择报文（CAN Frame ...）也可选择错误帧（CAN Any Error Type），如图 3-52 所示。

选择报文触发条件时，既可以配置单个报文触发（Single），也可以配置任意 ID 范围的报文进行触发（Range）。配置单个报文时也可以点击“…”按钮打开“Symbol Selection”窗口以选择数据库中的报文。例如，选择数据库中的 EngineData，其 ID 为 0x64，如图 3-53 所示。

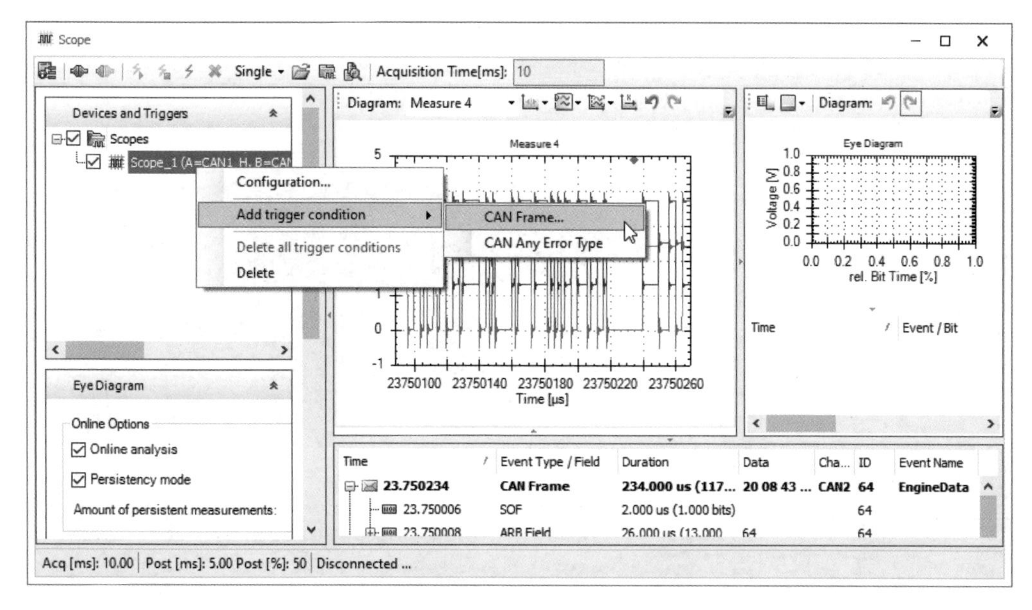

图 3-52　添加触发条件

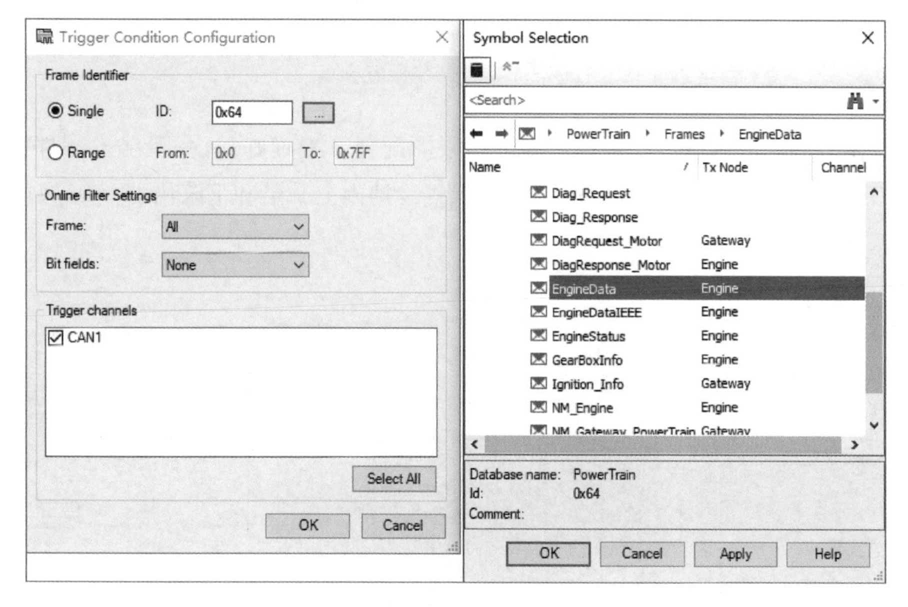

图 3-53　定义触发条件

运行 CANoe 后，一旦总线上出现 ID 为 0x64 的报文（EngineData）就会触发示波器进行总线电平捕捉，“Measurements”窗口会显示捕捉到的报文列表，选中具体的某条报文会在“Diagram”窗口展示 CAN_H、CAN_L、CAN_Diff 的电平信号，窗口下面还可以查看完整的帧格式信息，鼠标双击帧格式的某部分可以在“Diagram”窗口平铺显示该区域。例如，想分析仲裁场的电平，只需要双击 ARB Field 就可以展示这部分的电平信息，其中橙色位表示的是填充位，如图 3-54 所示。

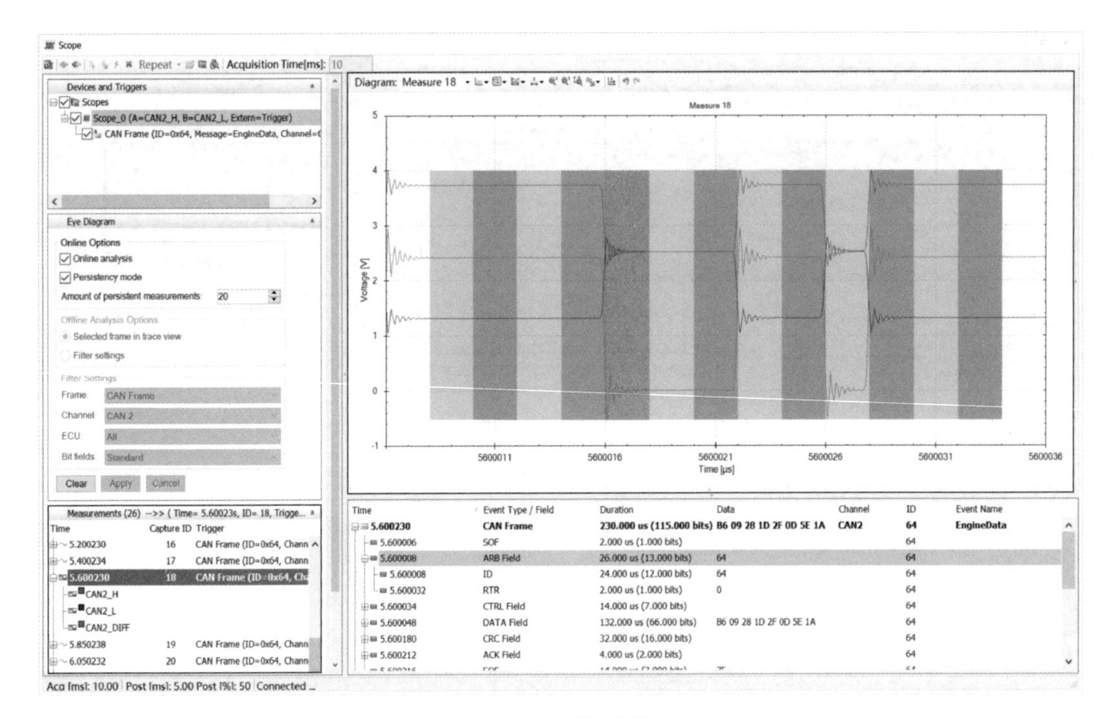

图 3-54　电平结果显示

在“Eye Diagram”区域可以根据需要进行眼图配置。配置好后，一旦触发事件被激活，眼图窗口就会显示对应帧及其眼图信息，可以查看帧内上升沿和下降沿时间等，如图 3-55 所示红框处。

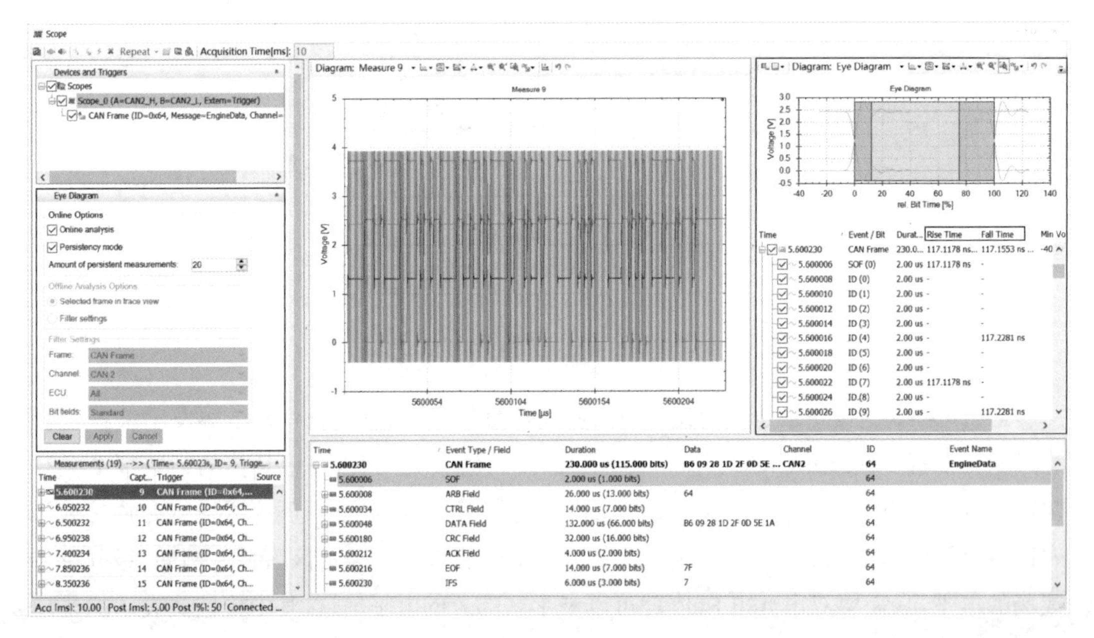

图 3-55　眼图

■ 3.4 常用配置

3.4.1 离线模式

离线模式(Offline Mode)主要用于加载离线文件以便进行回放。支持加载各种总线报文记录文件,如* .blf、* .asc、* .pcap 等,也支持加载音视频文件,如* .avi、* .mp4 等。

选择图 3-56 中的 Analysis → Offline Mode 可以打开配置窗口,对需要离线回放的文件进行加载和配置,在“Offline Mode”窗口通过左上角的添加按钮可以选择添加单个文件或整个文件夹,如图 3-57 所示。

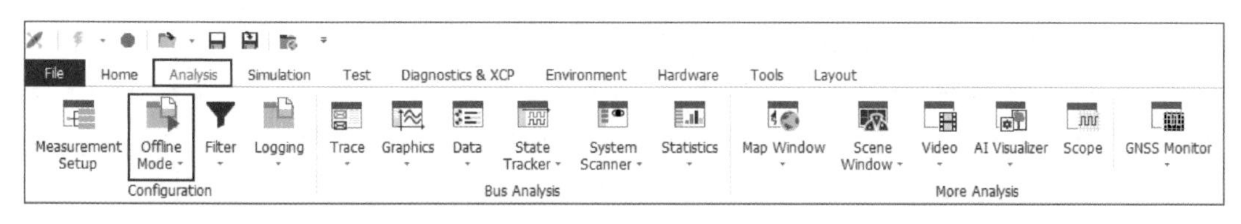

图 3-56 打开离线模式

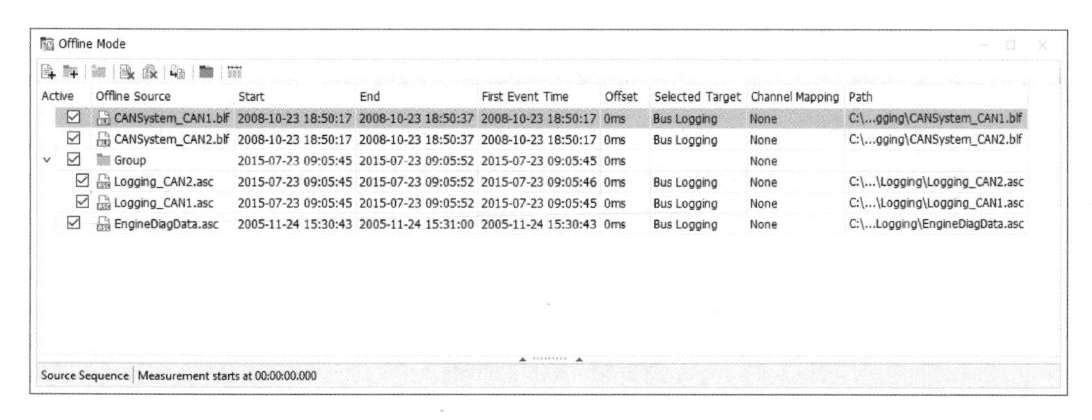

图 3-57 添加记录文件

离线模式的工具栏说明如表 3-7 所示。

表 3-7 离线模式工具栏

按钮图标	名称	功能
	Add Offline Source	添加源文件
	Add Offline Sources from Directory	从一个文件夹里添加所有的源文件
	Create New Group	创建新组
	Remove Offline Source	删除源文件

（续表）

按钮图标	名称	功能
	Remove All Offline Sources	删除所有的源文件
	Replace All Offline Sources	替换所有的源文件
	Configure Offline Mode	设置离线模式
	Best Fit All Columns	显示所有列内容全部

离线模式下，用户可以对记录的数据进行回放及分析；针对不同的回放需求，可以在设置窗口进行相关的设置，如图 3-58 所示。

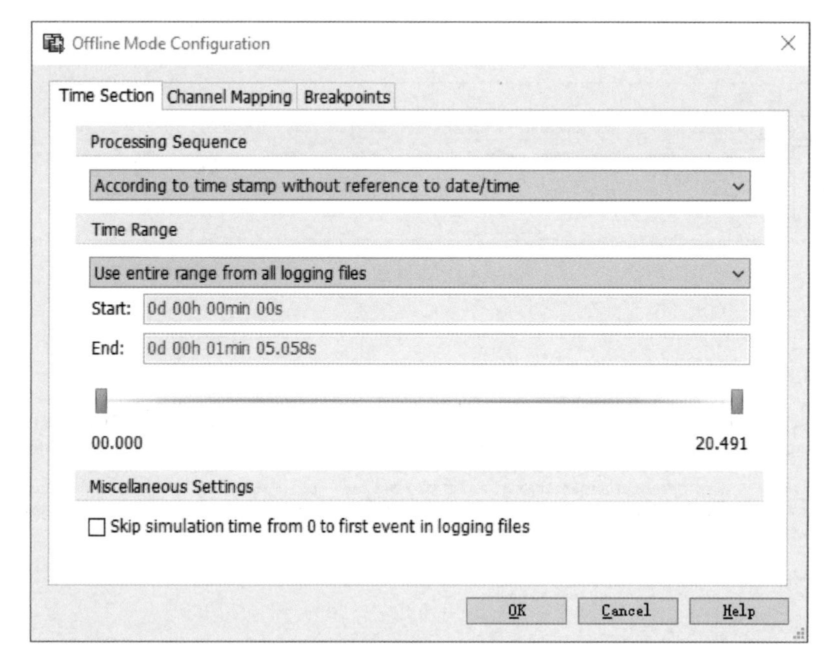

图 3-58　离线模式配置

1. Time Section

（1）处理序列：

- 根据源文件记录的事件时戳进行回放。
- 根据源文件的记录日期以及记录的事件时戳进行回放。
- 根据源文件添加顺序进行回放。

（2）时间范围：

- 对所有记录文件的整个范围进行回放。
- 以秒为单位选择某个时间段进行回放。

　该模式下可以对 Start 时间和 End 时间进行输入和修改。

- 以天、小时、分和秒为单位选择某个时间段进行回放。

  该模式下同样可以对 Start 时间和 End 时间进行输入和修改。

- 以日期和时间为单位选择某个时间段进行回放。

  该模式下同样可以对 Start 时间和 End 时间进行输入和修改，根据文件的大小还可以选择年/月/日。

2. Channel Mapping

实际应用中，可以根据需要在回放时将某个通道的数据映射到另一个通道。比如，源文件中有 10 路通道的数据，回放时只配置了 2 路通道，这个时候就需要把源文件中 10 个通道上的数据按照需求映射到 2 个目标通道上进行回放，如图 3-59 所示。

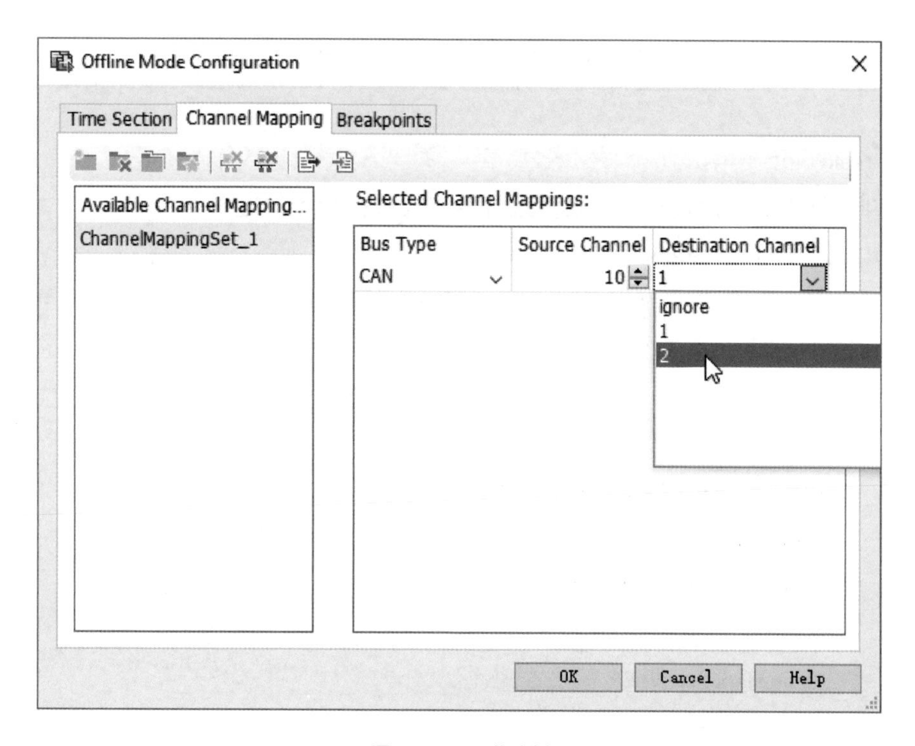

图 3-59　通道映射

通道映射工具栏见表 3-8。

表 3-8　映射通道工具栏

按钮图标	名称	功能
	Add New Set	添加新的通道映射集合
	Remove Set	删除通道映射集合

（续表）

按钮图标	名称	功能
	Duplicate Set	复制通道映射集合
	Set as Default	通道映射集合设为默认
	Remove Mapping	删除映射配置
	Remove All Mappings	删除所有的映射配置
	Import Mappings	导入映射配置
	Export Mappings	导出映射配置

3. BreakPoints

回放时，可以通过设置时间或其他条件的方式进行断点设置。

（1）Break at Time Stamp

例如，设置 20 s 作为回放的断点，意味着源文件回放到 20 s 时就会暂停，再次单击 CANoe 的回放按钮 才会继续回放，如图 3-60 所示。

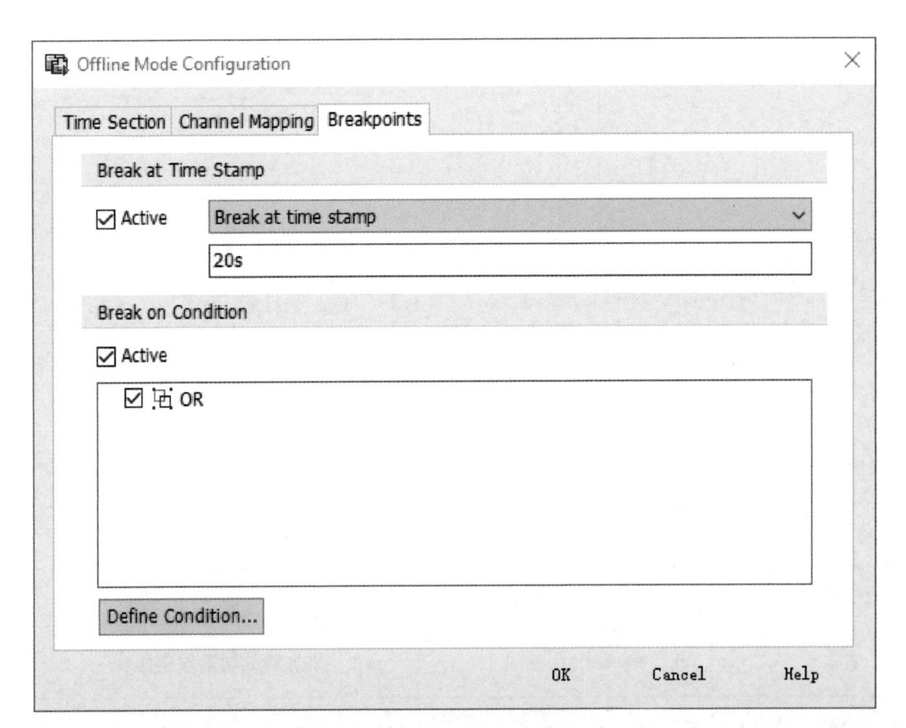

图 3-60　断点时间设置

（2）Break on Condition

可以通过设置各种条件的逻辑组合用于触发断点。选择“Define Condition”按钮会出现如图 3-61 所示对话框，然后，通过“New Condition”按钮进行条件设置。

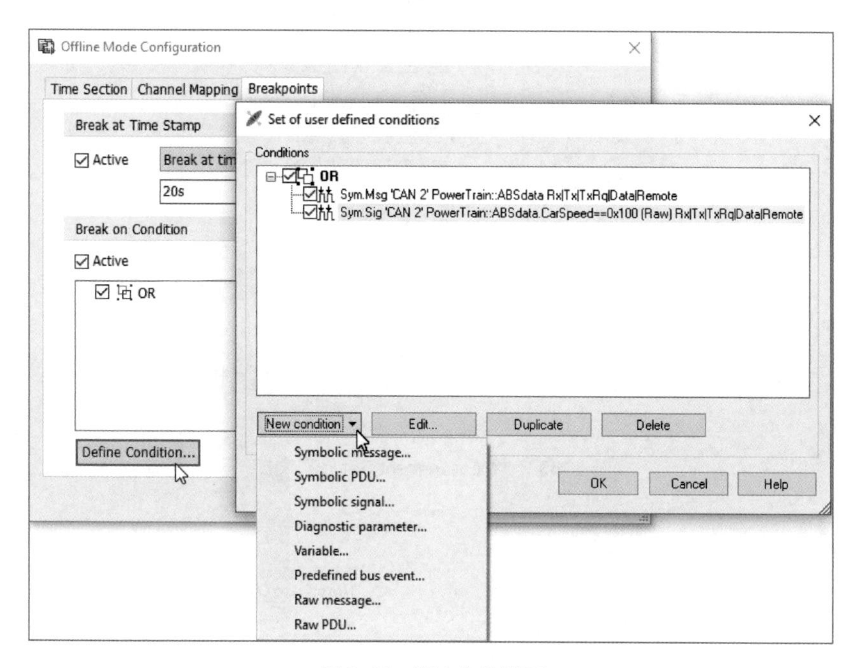

图 3-61　断点条件设置

3.4.2　数据记录

记录（Logging）模块主要用来记录数据，可以在仿真分析和测试时记录整个过程的相关数据，也可以在路试时记录所需要的数据，方便后续进行问题分析。选择 Analysis→Logging 可以打开已配置的记录模块或插入新的记录模块，如图 3-62 所示。

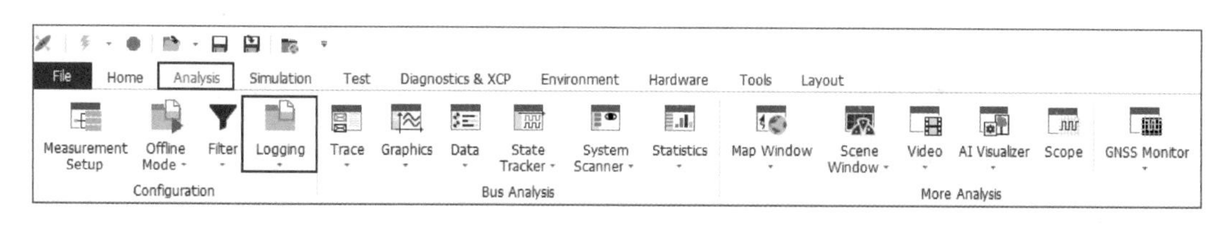

图 3-62　新建或打开 Logging 模块

“Measurement Setup”窗口也可以查看、添加和配置记录模块。默认情况下有一个未使能的记录模块，根据需要还可以选中“logging”框体，右键选择 Insert Logging Block 添加多个记录模块，如图 3-63 所示。鼠标双击“logging”前面的■（蓝色方块）可以使能或不使能对应分支上的记录模块。对于已使能的记录模块，鼠标双击“Logging”框体即可对其进行配置，如图 3-64 所示。

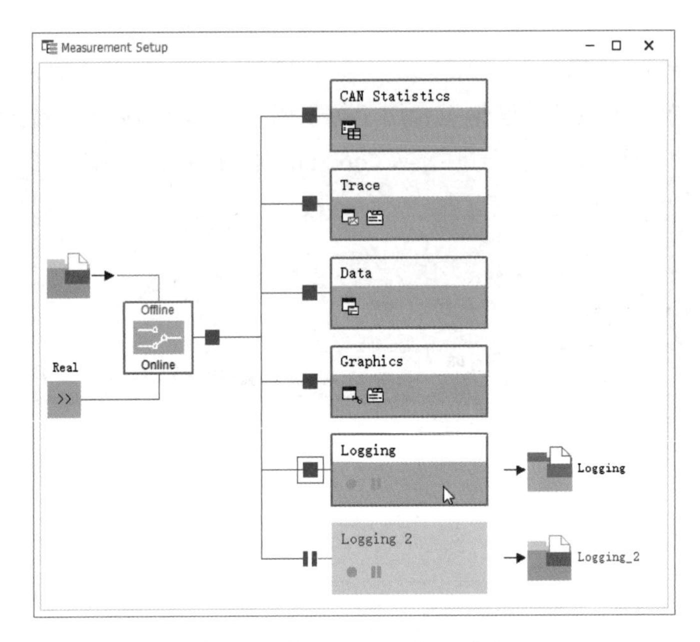

图 3-63 “Measurement Setup ”窗口

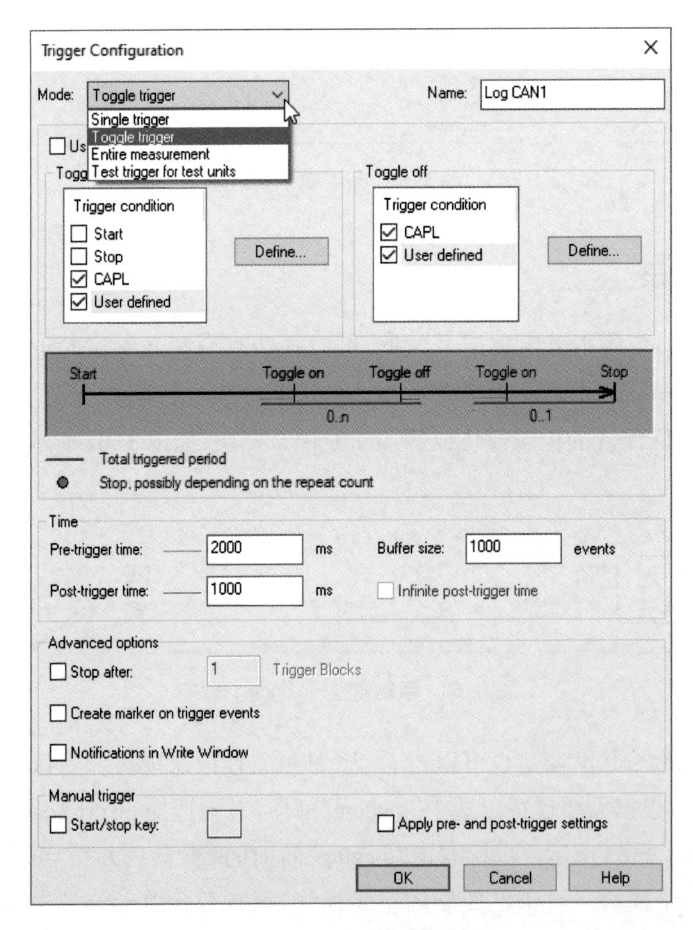

图 3-64 记录模块配置

1. Mode

为满足用户的个性化配置，支持多种记录触发模式。

（1）Single trigger：单一触发记录。

（2）Toggle trigger：多次组合触发记录。

（3）Entire measurement：完整记录所有数据。

（4）Test trigger for test units：面向 test units 的触发，如针对每条 test case 触发记录。

2. Trigger Condition

（1）Start：当 CANoe 运行开始时触发记录。

（2）Stop：当 CANoe 停止运行时触发记录。

（3）CAPL：基于 CAPL 代码触发记录。

（4）User defined：用户自定义触发记录的条件，条件可以是某个事件或某些事件的组合，比如可以设置某些报文、PDU 或错误帧出现时触发记录，也可以判断信号或变量的值符合某一条件后触发记录。

一般情况下，建议用户使用 Entire measurement 方式进行记录，方便后续出现问题时有完整的数据用于分析。如果用户只需要对自己关注的数据进行记录，可以选用其他的记录模式。

3.4.3 测量配置窗口

测量配置（Measurement Setup）窗口是分析功能的主要配置窗口，包含有数据源，基本功能模块以及分析窗口。在该窗口中可以进行数据源的切换，比如选择数据来源是真实总线（Online）或者是记录文件（Offline）。也可以对分析窗口进行增删以及过滤等配置。可以选择 Analysis → Measurement Setup 打开该模块，如图 3-65 所示。

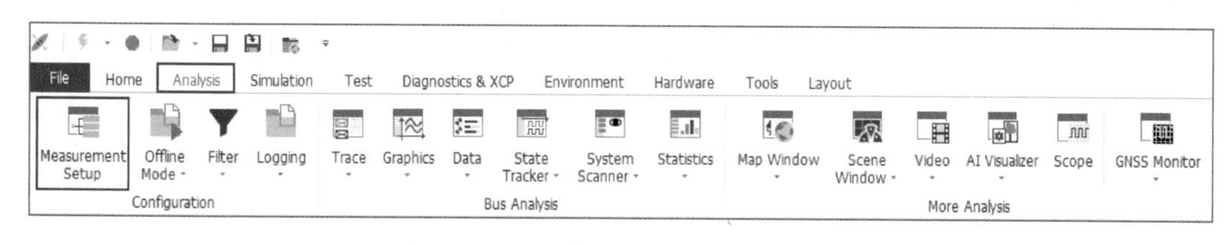

图 3-65 打开 “Measurement Setup” 窗口

“Measurement Setup”窗口打开后，默认为总览界面，如图 3-66 所示。每个分析窗口可以根据具体的需要自行添加。例如，在作分析的时候，如果希望添加多个“Trace”窗口用于显示不同的数据，那么可以用鼠标右键单击“Trace”框体选择 Insert Trace Window → CAN Settings，则“Trace2”窗口就会出现在默认的“Trace”窗口下面。以此类推，可以通过相同的方式添加其他窗口。

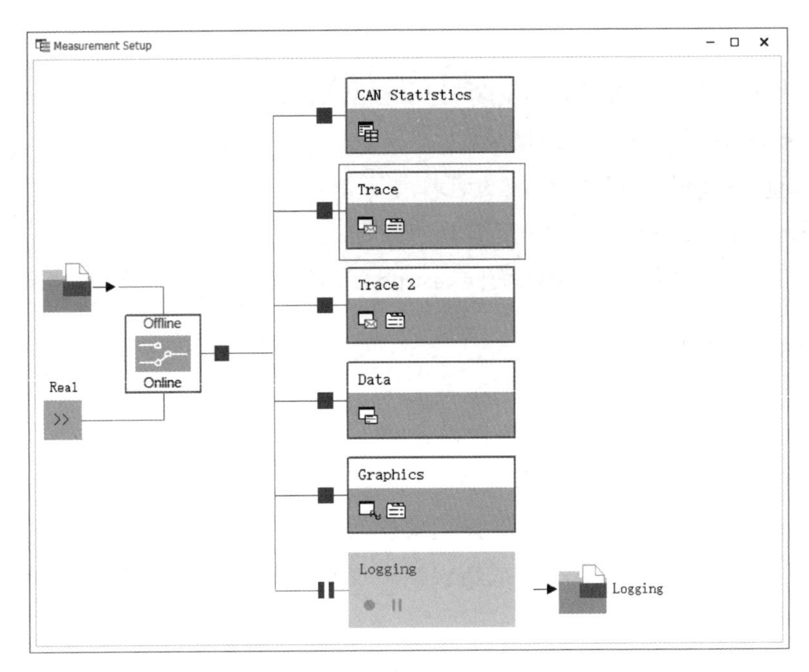

图 3-66 “Measurement Setup” 窗口总览

3.4.4 过滤器设置

在仿真或测试时，如果只想关注自己想要的数据，过滤器就显得非常重要，除了在某些分析窗口中可自行配置过滤外，在“Measurement Setup”窗口中也可以为每条分支添加过滤器，过滤掉不关注的数据，只显示重要的数据。主菜单栏中的过滤器图标对应的是事件过滤器，在添加事件过滤器后才会激活该图标(图 3-67)。

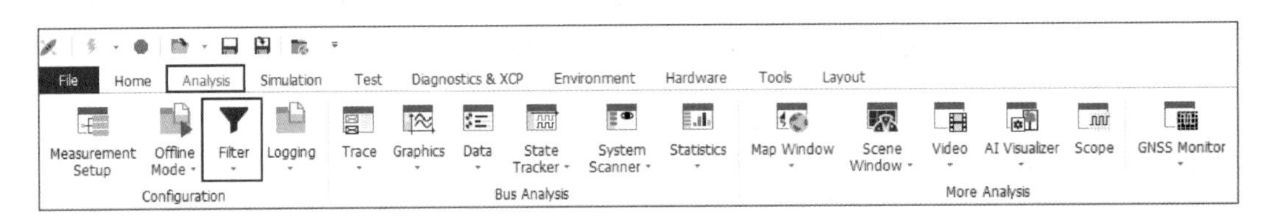

图 3-67 打开 “Filter” 窗口

过滤器可以在“Measurement Setup”窗口的某些模块中根据项目的需要设置。比如，若要在图 3-68 中的“State Tracker”模块前添加过滤器功能，只需要右键单击“State Tracker”前面的蓝色方块就能看到可以添加的过滤器，包括编程过滤、通道过滤、事件过滤以及变量过滤。同理，可以根据需要以相同的方法在每个窗口模块前添加过滤器模块，并进行相关的设置。

选择通道过滤(Insert Channel Filter)后，就会添加通道过滤模块，如图 3-69 所示。双

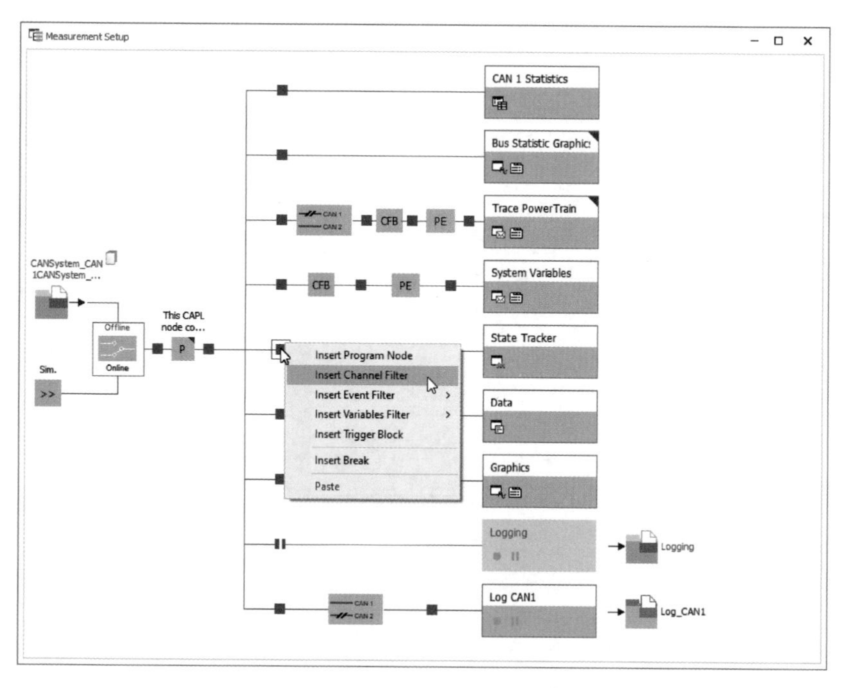

图 3-68　添加过滤器

击该通道过滤模块，可以进行相关的配置，如设置某个通道为通过（Pass）、某个通道为阻断（Block）。Pass 意味着该通道上的所有事件均可通过；Block 则表示该通道上的所有事件均被过滤，不会在“State Tracker”窗口中观测到该通道上的数据。

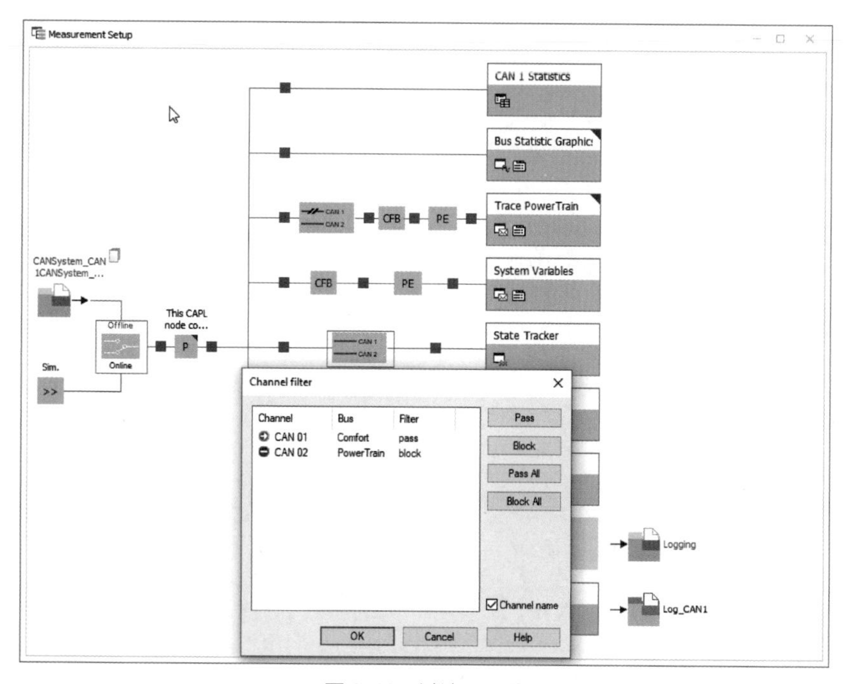

图 3-69　过滤器配置

第4章　CANoe 测试功能

■ 4.1 概述

测试功能是 CANoe 的核心功能之一，可通过 Test Modules（测试模块）和 Test Units（测试单元）两大组件来实现自动化测试。

在 Test Modules 中可使用 CAPL 语言编写测试脚本，其中集成了测试功能集（Test Feature Set，TFS）和测试服务库（Test Service Library，TSL）用于覆盖各类测试，也支持通过 XML 和.NET 编写测试脚本。Test Units 基于 vTESTstudio 软件开发，除了同样支持 CAPL 和.NET 编写测试脚本外，还可使用状态机、序列图、表格法和 Python 等方式；同时，支持需求追踪，可进行更全面和便捷的测试设计及管理。无论使用 Test Modules 还是 Test Units，均可生成测试报告以便查看并分析测试结果。

对于 HIL（Hardware-in-the-Loop）测试（图 4-1），Vector 提供 VN、VT System、VH6501、PicoScope 等硬件用于总线访问、电源控制、I/O 读写、故障注入等，CANoe 支持通过总线、I/O、标定、诊断等方式访问被测对象。同时，提供多种接口与第三方软件或设备交互；针对部分应用领域，如充电测试、以太网测试，或某些 OEM 特定的测试规范，还提供现成的测试包，覆盖 HIL 测试中从物理层到应用层的多种不同测试需求。

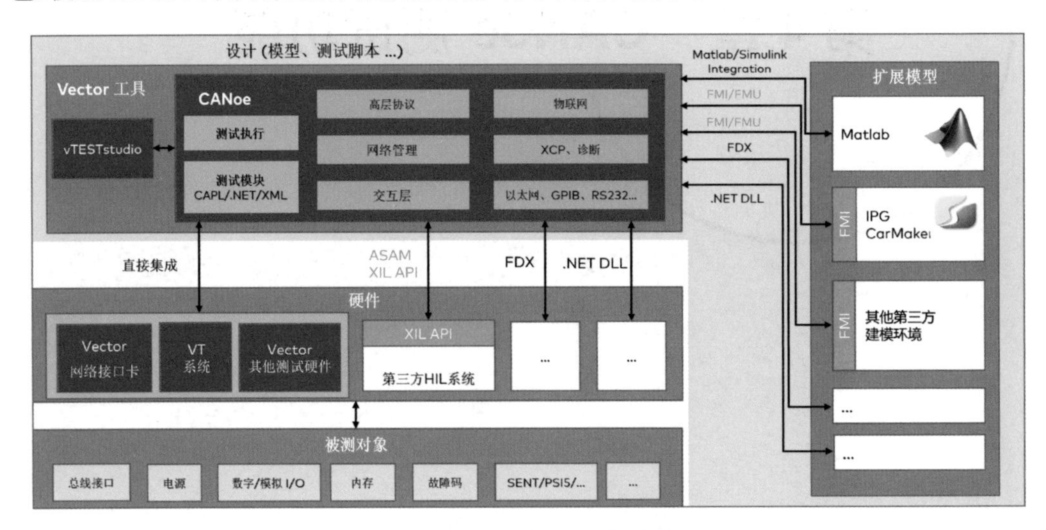

图 4-1　CANoe 的 HIL 测试功能

除此之外，CANoe 还支持 SIL（Software-in-the-Loop）测试（图 4-2）。基于虚拟化工具 vVIRTUALtarget 实现 AUTOSAR 软件系统的虚拟化，在 CANoe 中加载虚拟 ECU 进行测试。也可以通过 vCDL（Vector Communication Description Language）定义与 DUT（Device Under Test）的应用软件交互所需接口，使用 CANoe 自带的 SAB（Sil-Adapter-Builder），基于 vCDL 自动生成 SIL Adapter，或者直接通过开源软件库 SIL Kit，与部署在个人 PC、虚拟机或云端的虚拟化执行环境（可基于 Windows 或 Linux）中的软件系统交互。测试脚本的编写同样可通过测试模块或 vTESTstudio 软件，用于测试软件组件、软件子系统或整个软件系统。

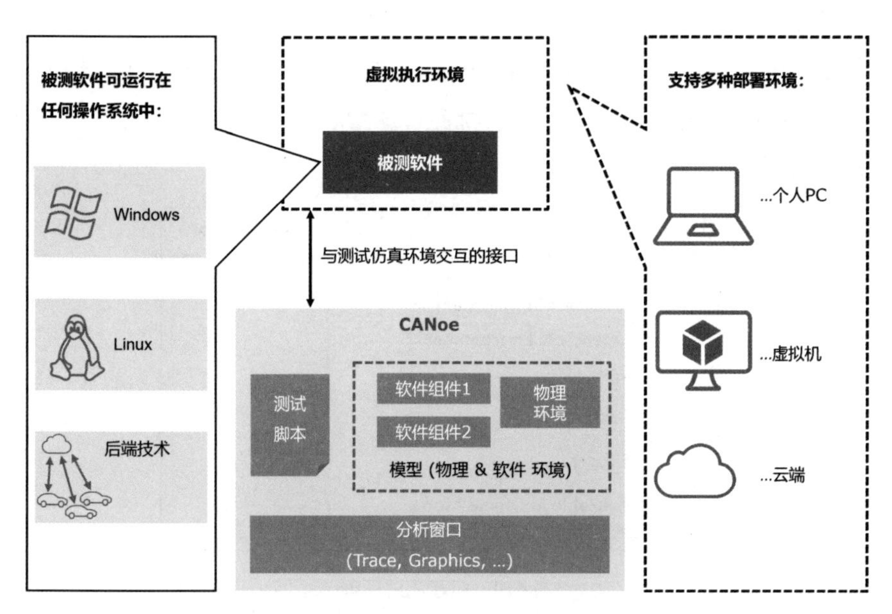

图 4-2　CANoe 的 SIL 测试功能

本章主要介绍 CANoe 的测试模块和基于 CAPL 的测试脚本编写，并结合部分 Vector 硬件介绍几个常用的测试案例。

4.2　Test Modules

Test Modules 是 CANoe 中内置的测试模块，基于该模块可以进行完整的测试脚本编写。根据使用的编程语言不同，共有 CAPL Test Module、.NET Test Module 以及 XML Test Module 三种形式可供选择。在带有 CANoe Option LIN 的情况下，Test Modules 还额外提供通过 CAPL 和 XML 实现的现成的从节点一致性测试模块。测试模块可以访问 CANoe 中配置的仿真环境，包括所有的总线网络、I/O 通道或 VT System 生成的用于控制或显示的系统变量以及其他通过接口连接的外部工具等。

Test Modules 位于 CANoe 主界面的 Test 功能区中，如图 4-3 所示。单击该区域的“Test Setup”功能按钮即可打开“Test Setup for Test Modules”窗口。

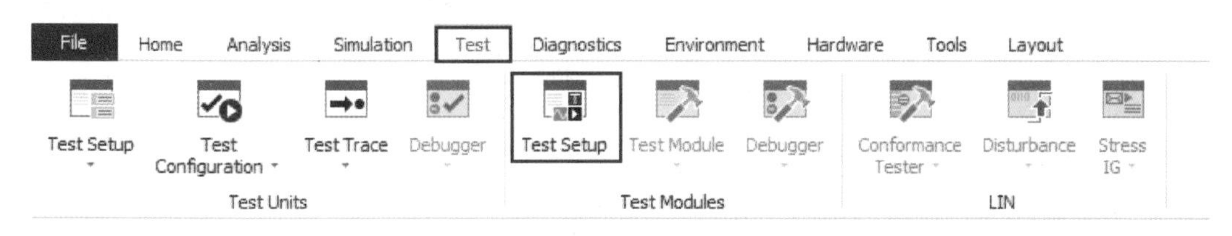

图 4-3　打开 Test Modules 配置窗口

4.2.1 测试环境配置

在 CANoe 中，只有一个“Test Setup for Test Modules”窗口，可以在其中添加多个测试环境（Test Environment）。在该窗口中单击右键即可新建测试环境，如图 4-4 所示。每一个测试环境都可独立存储为一个.tse 文件。

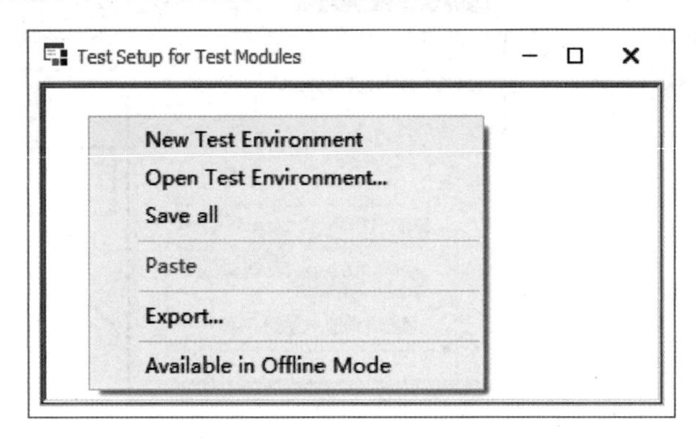

图 4-4 新建测试环境

新建测试环境后，在标题上单击右键即可选择添加测试模块或其他模块，如图 4-5 所示。

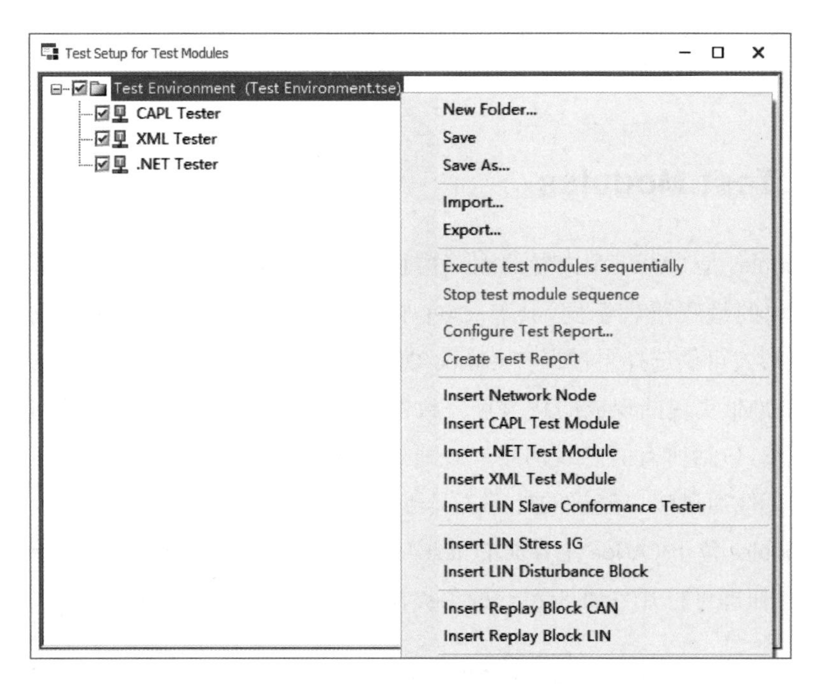

图 4-5 添加 Test Module

可添加模块说明如下。

（1）New Folder：新的文件夹，用于层级结构管理。

（2）Network Node：网络节点，用于仿真功能，与 Simulation Setup 中添加的 Network

Node 类似。

（3）CAPL Test Module：使用 CAPL 语言编程实现的测试模块。

（4）.NET Test Module：基于.NET（如 C# ）编程实现的测试模块。

（5）XML Test Module：使用 XML 语言编程实现的测试模块。

（6）LIN Slave Conformance Tester：需 Option LIN。加载 LDF 数据库并简单配置后，该模块可自动生成符合 LIN 从节点一致性测试规范的完整测试脚本。

（7）LIN Stress IG：需 Option LIN。用于发送带有指定错误类型的 LIN 报文模块。

（8）LIN Disturbance Block：需 Option LIN。用于干扰 LIN 总线报文指定位置的模块。

（9）Replay Block：用于在线回放记录文件的模块，与 Simulation Setup 中添加的 Replay Block 类似。

- Network Node 和 Replay Block 在第 2 章已有详细介绍，此处不再赘述。
- 与 LIN 有关的三个模块需要购买 Option LIN 才可使用 ，且均是用于某些特定场景，本书不作详细介绍，如果有兴趣可以参考帮助文档中的说明。

CAPL、.NET 和 XML Test Module 均为通用的测试模块，适用于所有总线类型的各种测试场景，区别仅仅是所使用的编程语言有所不同。CAPL 是 CANoe 自带的编程语言，从功能上来说最为全面，第 2 章中已经介绍过其在仿真时的用法，其实 CAPL 还提供大量的内置函数适用于不同的测试需求，本章的介绍也将围绕 CAPL 进行。这里仅介绍 CAPL Test Module 的详细配置，.NET 测试模块与 XML 测试模块的配置过程类似，具体细节可通过帮助文档查阅。

所有的测试环境和测试模块都会以树形结构显示在“Test Setup for Test Modules”窗口中，如图 4-6 所示。可通过勾选模块前的复选框或单击鼠标右键选择菜单中的“Block Active”以配置对应模块是否激活。每个模块均可通过单击鼠标右键选择菜单中的

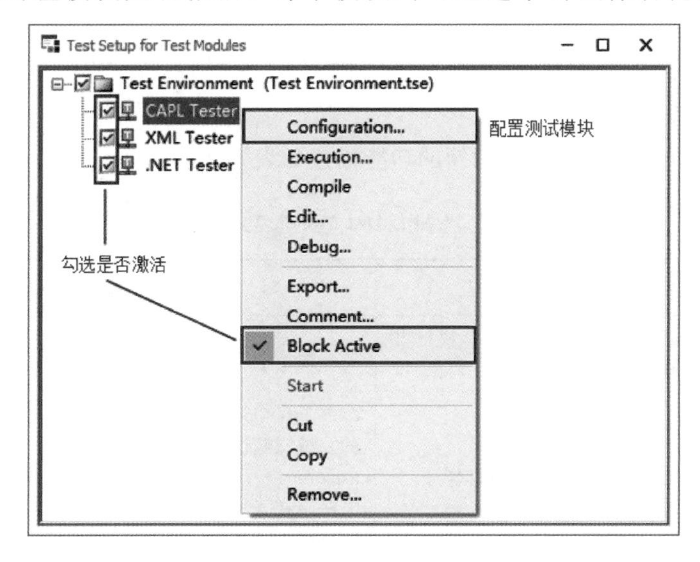

图 4-6 配置 Test Modules

"Configuration ..."选项进行进一步配置，或双击打开对应的窗口后再查看和配置。

4.2.2 CAPL Test Module 概览

添加 CAPL Test Module 后，界面如图 4-7 所示。

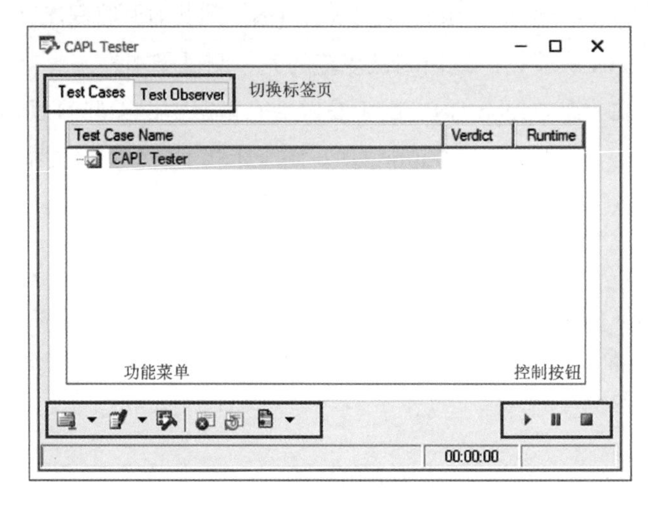

图 4-7 添加 CAPL Test Module 界面

（1）切换标签页

可切换显示"Test Cases"标签页或"Test Observer"标签页。

- Test Cases：在运行过程中显示当前模块中的 Test Cases（测试用例）名称及其执行情况和结果。
- Test Observer：在运行过程中显示具体测试过程的一些动作以及状态。

（2）控制按钮

控制测试模块运行、暂停、停止的按钮，CANoe 工程未运行时不可点击。

（3）功能菜单

窗口左下方的功能菜单中各按钮的功能描述如表 4-1 所示。

表 4-1 CAPL Test Module 功能菜单

按钮图标	名称	功能	备注
	Testnode Configuration	配置测试模块的相关功能	测试模块的配置将在 4.2.3 小节中详细介绍
	Edit Test Module	编辑测试脚本	CAPL Test Module 中的测试脚本都是通过.can 文件编写的。编辑测试脚本需要先添加.can 文件，再通过 CAPL Explorer 进行测试脚本的编写或修改。添加.can 文件的方法会在 4.2.3 小节中介绍。具体如何使用 CAPL 编写测试脚本会在 4.4 节介绍

（续表）

按钮图标	名称	功能	备注
	Debug	打开 Debug（调试）窗口，用于启动和配置调试功能	可在脚本中设置断点，在程序运行过程中根据需求逐步执行代码，从而观测每一步执行时相关变量的数值，达到调试代码的目的。具体如何使用调试功能会在4.5节介绍
	Testcases with result “Failed”	仅显示结果为 Failed（失败）的用例	测试执行完毕后，可通过该按钮筛选所有结果为失败的 Case。在 XML/.NET Test Module 中，使用该按钮筛选后，可以快速勾选失败的 Case 用于下一次执行
	Reset verdicts	重置判定结果	测试执行完毕后，可通过该按钮重置所有 Case 的判定结果。实际在每次重新运行 Test Module 时，都会默认重置1次
	Open Test Report	打开 Test Report（测试报告）	测试执行完毕后，详细的执行步骤、结果等都会记录在测试报告中，通过该按钮即可打开本次测试执行对应的测试报告。该按钮平时是灰色不可点击状态（），仅在测试报告可访问时亮起

4.2.3 CAPL Test Module 配置

单击“Testnode Configuration”按钮将打开“CAPL Test Module Configuration”窗口。如果单击该按钮右侧的下拉按钮，还有“Options ...”选项可供选择，如图 4-8 所示。

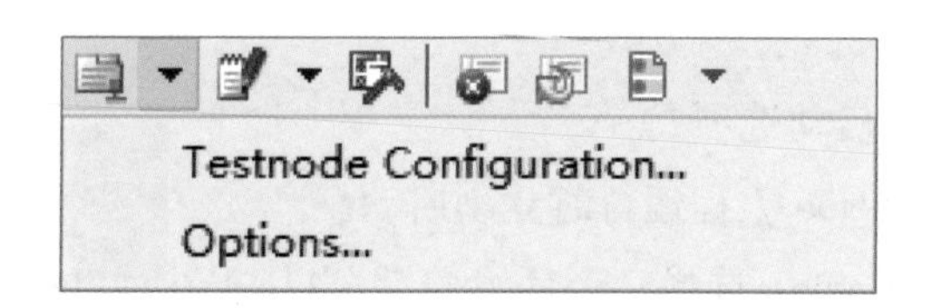

图 4-8 测试节点配置

“CAPL Test Module Configuration”窗口中是一些较常用的配置，其显示内容会因所选测试报告格式不同而略有差异，测试报告格式配置方法可参考 4.6.1 小节。

使用 Test Report Viewer 格式时，CAPL Test Module Configuration 中包含“Common”“Test Report”“Components”以及“Buses”4 个标签页，分别可对通用配置、测试报告、测试组件和所属总线通道进行配置。测试报告配置为 XML/HTML 格式时，还会包含一个额外的“Test Report Filter”标签页，用于配置测试报告中需要过滤的内容。

4.2.3.1 Common

该标签页可配置一些通用选项，如图 4-9 所示。

（1）Module name：测试模块名称。

（2）State：测试模块状态选项。

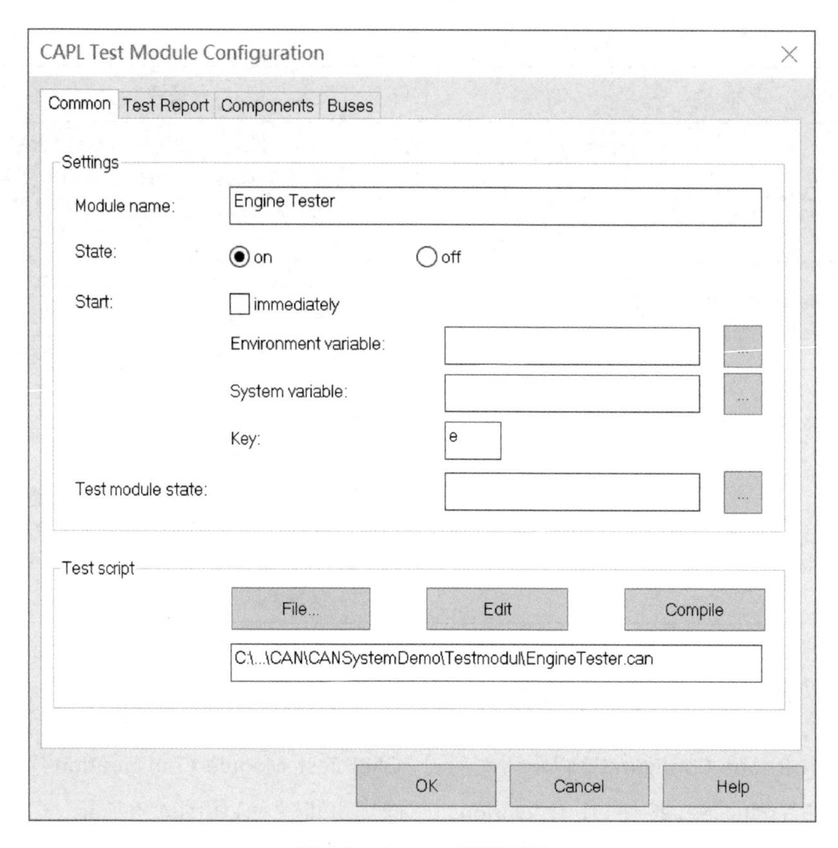

图 4-9　Common 配置界面

(3) Start：测试模块启动选项。

- Immediately：CANoe 工程运行时立刻启动。
- Environment variable：选择一个环境变量，当其非 0 时启动。
- System variable：选择一个系统变量，当其非 0 时启动。
- Key：定义一个键盘上的按键，按下时启动。

(4) Test Module State：选择一个系统变量与测试模块状态对应，以便在分析窗口观测。

(5) Test script：选择该模块需要使用的脚本文件(CAPL Test Module 中为.can 文件)。

4.2.3.2　Test Report

该标签页可配置测试报告的相关内容，在选择不同的测试报告格式(Test Report Viewer 格式和 XML/HTML 格式)时界面会略有差异，“Test Report”标签页如图 4-10 所示。

(1) Test Report。

- Enable test report generation：是否生成测试报告，默认勾选。
- Increment file name of test report automatically：在报告名称中自动添加序号，每次生成的报告名称后缀自动加 1，避免文件覆盖。

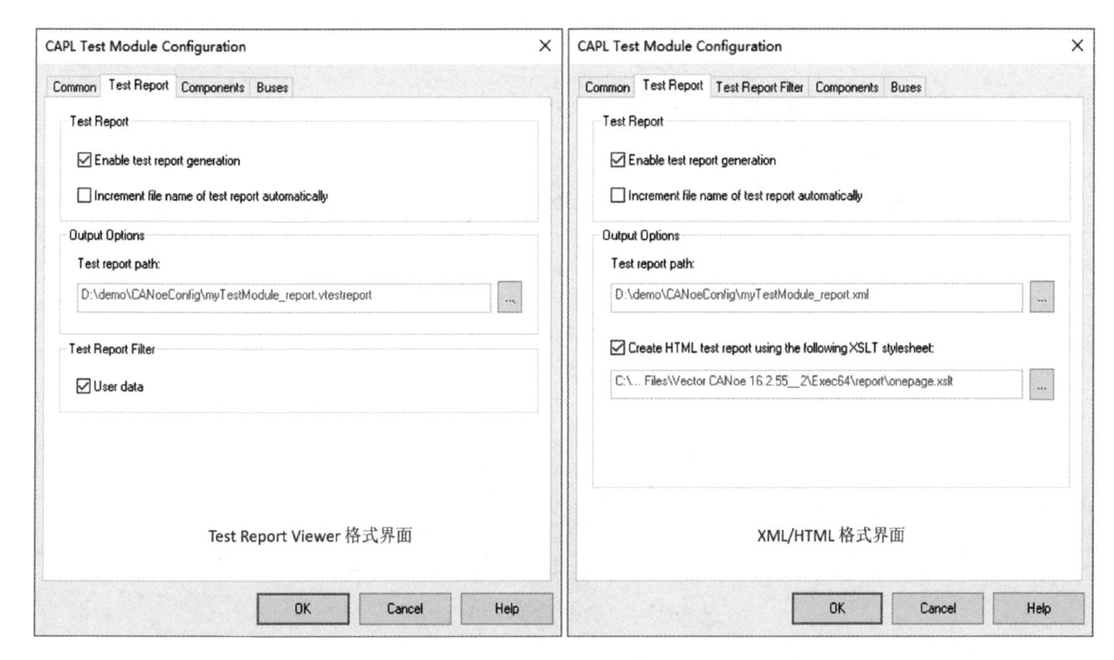

图 4-10 “Test Report”标签页

（2）Output Options。

- Test report path：选择测试报告的存储路径。
- Create HTML test report using the following XSLT stylesheet：XML/HTML 格式特有，将 XML 格式的测试报告通过选择的模板转换为 HTML 格式。

（3）Test Report Filter：Test Report Viewer 格式特有。

- User data：表示是否需要在报告中显示测试者的个人信息。其他更为细节的信息过滤可在 Test Report Viewer 格式中自行筛选。

4.2.3.3 Components

该标签页可以通过各种类型的组件扩展测试模块的功能(图 4-11)。根据测试模块的类型(XML、.NET 或 CAPL)，用户可以添加不同的组件。

（1）Node Layer DLL：指 CANoe 自带的各种 DLL 库，例如支持 CAN TP(Transport Layer，传输层)相关功能的 osek_tp.dll 等。

（2）自定义测试库。

- CAPL 测试库(可用于 XML 和 .NET 测试模块)。
- .NET 测试库(可用于 XML 和 .NET 测试模块)。.Net 测试库编译所需的引用项(Reference)也可在此添加。

在图 4-11 中可以看到所选模块的名称(Name)、可用的总线(Networks)、模块类型(Type)以及模块文件的存放路径(Path)。

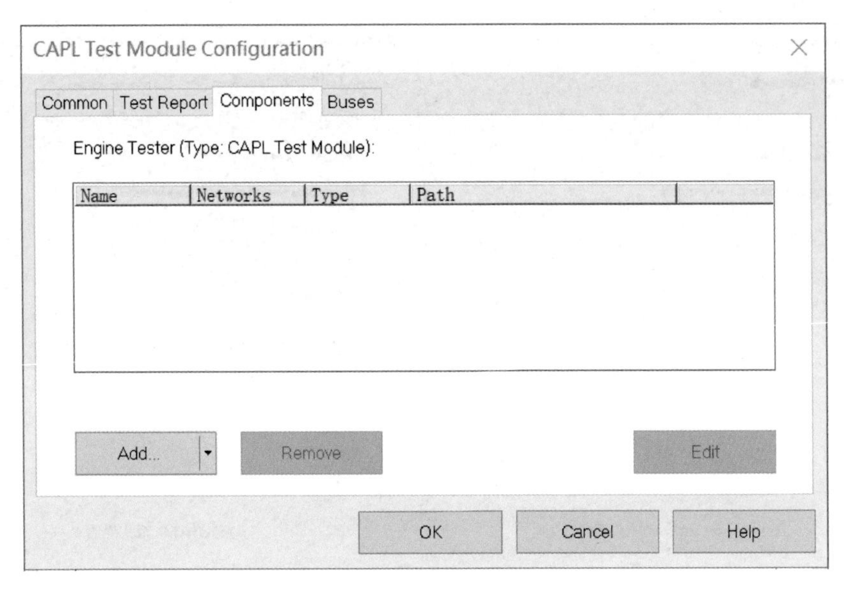

图 4-11 "Components"标签页

4.2.3.4 Buses

工程中所有可用的总线通道均会在该标签页显示，可通过">>"和"<<"按钮配置测试模块所使用的通道(图 4-12)。

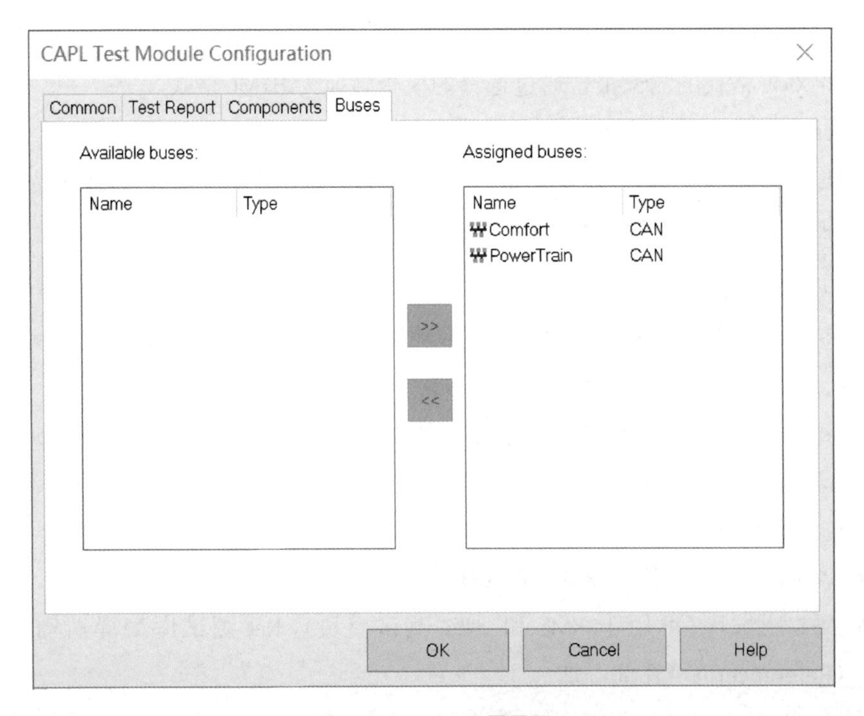

图 4-12 Buses 配置界面

4.2.3.5 Test Report Filter

测试报告格式配置为 XML/HTML 时，“CAPL Test Module Configuration”窗口会增加“Test Report Filter”标签页，用于配置生成的 XML/HTML 格式报告中需要过滤的内容，如图 4-13 所示。

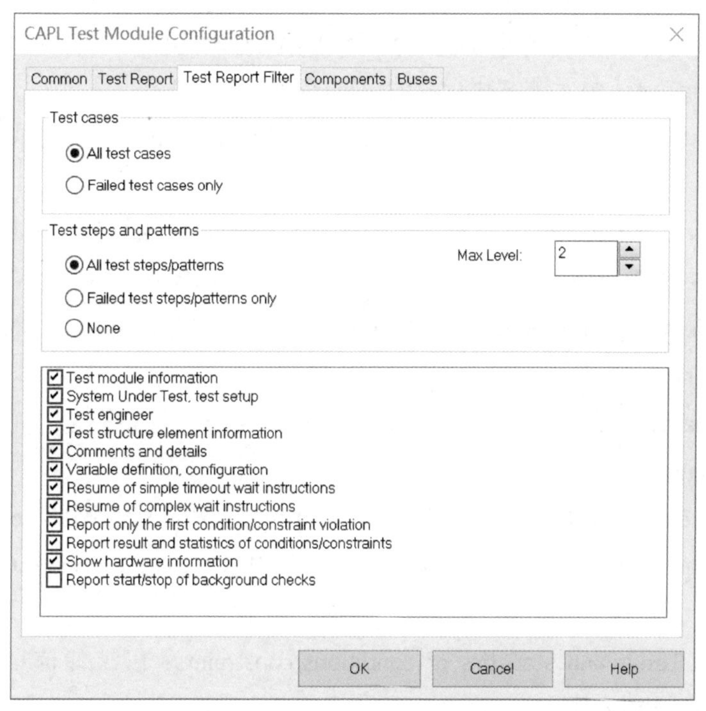

图 4-13 “Test Report Filter”标签页

（1）Test cases：可选择报告中需要显示的测试用例类型。

- All test cases：所有测试用例均会完整显示。
- Failed test cases only：测试结果不为 Failed 的测试用例仅在 Overview 中显示。

（2）Test steps and patterns：可选择报告中要显示的 Test Steps（测试步骤）类型。

- All test steps/patterns：所有的 Functions（函数）和测试步骤均会完整显示。
- Failed test steps/patterns only：测试结果为 Failed 的函数中，结果不为 Pass（通过）的测试步骤才会显示。
- None：所有的测试步骤均不显示。
- Max Level：可选择需要显示的测试步骤的最高等级，仅对 CAPL/.NET 编写的测试模块生效。

- 以 CAPL 为例，testStep()、testStepFail()、testStepPass()函数均可设置测试步骤的等级(level)。越重要的测试步骤需设置越小的等级。不做任何设置时，通过这些函数添加的测试步骤默认等级均为 0。
- 当 Max Level 选项中设置的数值小于 2 时，系统自动添加的部分信息也会受影响。

（3）其他过滤选项。

- Test module information：显示通用信息，例如 Description、Misc Info、Extended Info 及 Test Module 文件相关信息。
- System Under Test，test setup：显示 SUT（System Under Test，被测系统）及 Test Setup 的相关属性，例如 Database、Diagnostic Description 以及 Nodelayer Module。
- Test engineer：显示测试执行者的信息（Window 用户名）。
- Test structure element information：显示 Test Group（测试组）和测试用例中的通用信息。
- Comments and details：显示 Comments（注释）和额外的详细信息，例如信号值的激励。
- Variable definition，configuration：显示变量定义和配置信息。
- Resume of simple timeout wait instructions：显示简单的超时等待信息，例如 testWaitForTimeout。
- Resume of complex wait instructions：显示复杂的等待信息，例如 testWaitForMessage。
- Report only the first condition/constraint violation：仅显示被监测的 Condition(条件）或 Constraint（约束）的第一次 Violation（冲突）的详情，其他均以 Statistics（统计信息）形式列出。
- Report result and statistics of conditions/constraints：以统计信息形式显示 Test Service Library 中的检测对象。
- Show hardware information：显示硬件相关信息，例如 VT System、VN 接口卡。
- Report start/stop of background checks：显示背景检测的开始/停止的时戳。

4.3 Test Units

Test Units 对应使用 vTESTstudio 软件进行测试用例编写的测试单元。在 vTESTstudio 软件中编写的测试脚本编译时会以测试单元为单位生成.vtuexe 文件，然后在 CANoe 的 Test Units 中添加并执行。使用 vTESTstudio 编写测试脚本时，同样可以访问 CANoe 工程中配置的仿真环境，包括所有的总线网络、I/O 通道或 VT System 生成的用于控制、显示的系统变量，以及其他通过接口连接的外部工具等。

本书不对 vTESTstudio 的使用进行详细介绍。

Test Units 位于 CANoe 主界面中 Test 功能区中，如图 4-14 所示。单击该区域的“Test Setup”选项即可打开“Test Setup for Test Units”窗口。

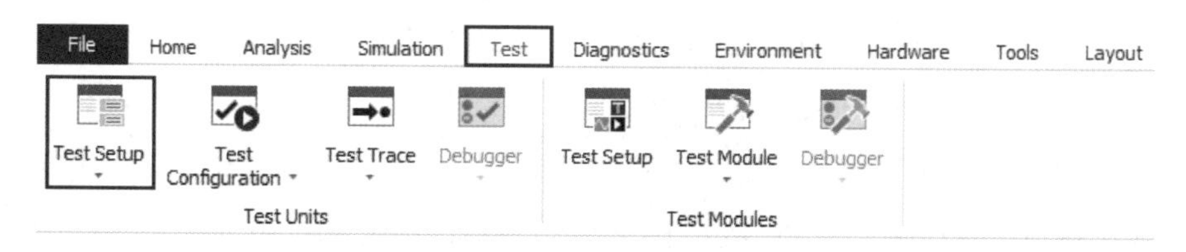

图 4-14 打开 Test Units 配置窗口

4.3.1 测试环境配置

与 Test Modules 类似，CANoe 中只有一个“Test Setup for Test Units”窗口，可在其中添加多个测试配置(Test Configuration)，如图 4-15 所示。Test Configuration 并不需要单独存储，而是直接保存在 CANoe 工程文件(.cfg)中。

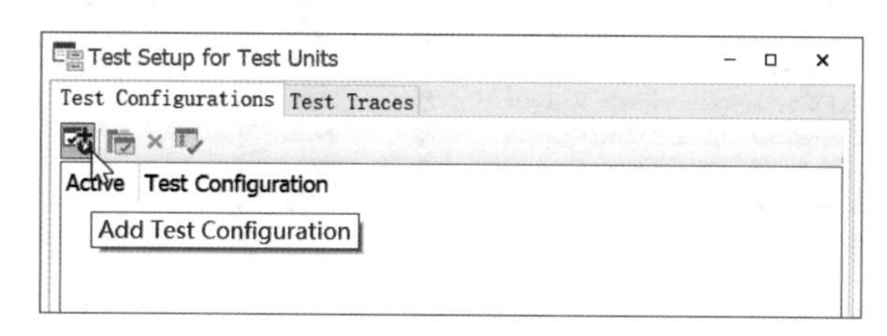

图 4-15 添加 Test Configuration

4.3.2 Test Configuration 概览

每个 Test Configuration 都有其独立的配置窗口，如图 4-16 所示。

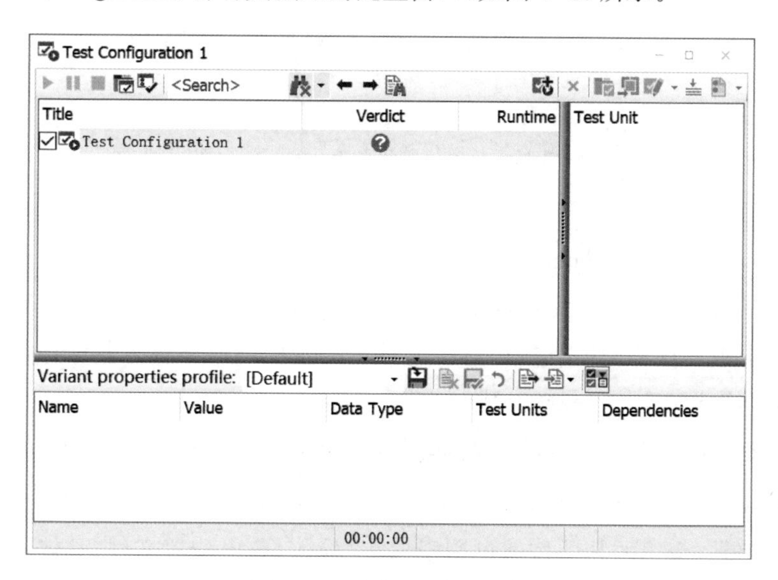

图 4-16 测试配置窗口(1)

窗口右侧的“Test Unit”区域可添加测试单元。在该区域中单击鼠标右键，或单击菜单栏中的图标，即可添加.vtuexe文件作为测试单元。测试单元可添加一个或多个，添加后如图4-17所示。窗口左侧区域会显示当前测试配置中所有测试单元里面包含的测试用例名称及其执行情况和结果。“Title”列以树形结构显示选中的测试单元中包含的测试用例名称，可通过勾选来决定需要执行哪些测试用例。“Verdict”列显示每条测试用例的执行结果。“Runtime”列显示运行时间。

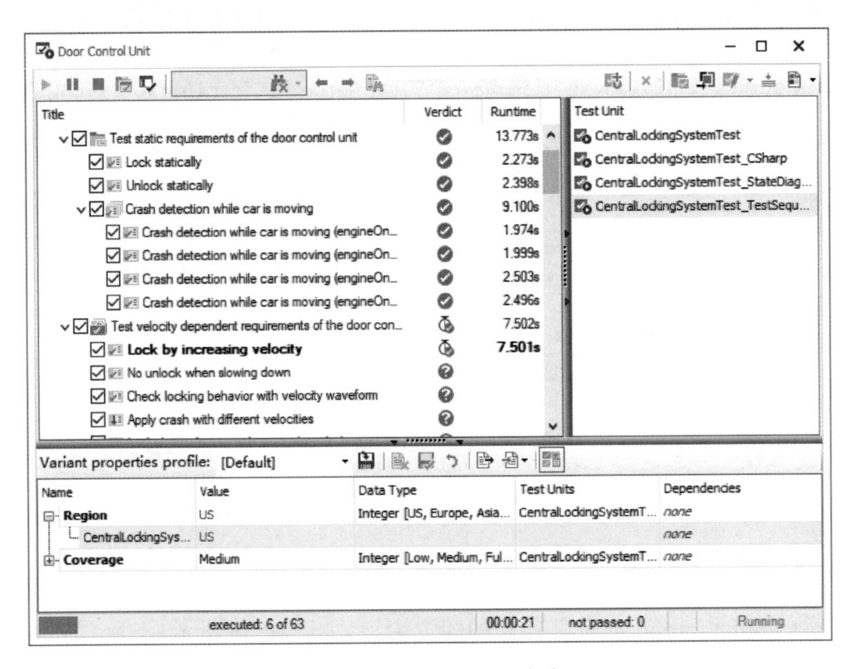

图4-17　测试配置窗口（2）

“Runtime”中显示的运行时间与模拟时间无关，而是实际的处理时间。

窗口下方的“Variant properties profile：[Default]”区域显示测试脚本中包含的所有Variant（变体）信息。Variant是用于对测试对象进行分类的，不同的Variant数值可对应不同的测试用例，或使用不同的参数值等。通过该配置项可以非常方便地切换同一类被测对象的不同变体，以扩展同一套测试脚本的适用范围。

直接在该区域配置各Variant对应的数值后，原本灰色的按钮会激活。单击激活后的“Apply Changes for all test units and save them in the current profile”按钮即可切换对应变体的测试用例。旁边的其他按钮可用于保存、导入、导出配置文件，具体可在帮助文档查看。

图4-17中上方菜单栏中的图标及对应含义如表4-2所示。

表 4-2　Test Configuration 菜单栏

按钮图标	名称	功能
	Start	开始执行测试
	Pause	暂停执行测试
	Stop	停止执行测试
	Configuration	配置 Test Configuration
	Debug	对测试模块进行调试[1]
<Search>	Search	搜索功能
	Find Previous	跳转到上一个搜索结果
	Find Next	跳转到下一个搜索结果
	Select All	勾选所有测试用例
	Add Test Unit	添加一个测试单元
	Remove Test Unit	删除选中的测试单元
	Configure Test Unit	配置测试单元
	Open Test Design	在 vTESTstudio 中打开测试脚本[2]
	Editable Files	可编辑的参数文件
	Compile Test Unit	编译测试单元
	Open Test Report	打开测试报告

注：1　目前仅通过 CAPL/.NET 语言编写的部分可使用 Debug 功能。
　　2　CANoe 安装包中会包含免费的 vTESTstudio Viewer 供查看测试脚本。如需创建或编辑，需要正式版的 vTESTstudio License。

4.3.3　Test Configuration 配置

4.3.3.1　Start/Stop Event

“Start/Stop Event”选项用于配置 Test Configuration 开始/停止运行的时间，具体配置界面如图 4-18 所示。

（1）Start of Test Execution triggered by。

- Measurement start：CANoe 工程运行时立刻启动。
- Environment variable：选择一个环境变量，当其非 0 时启动。

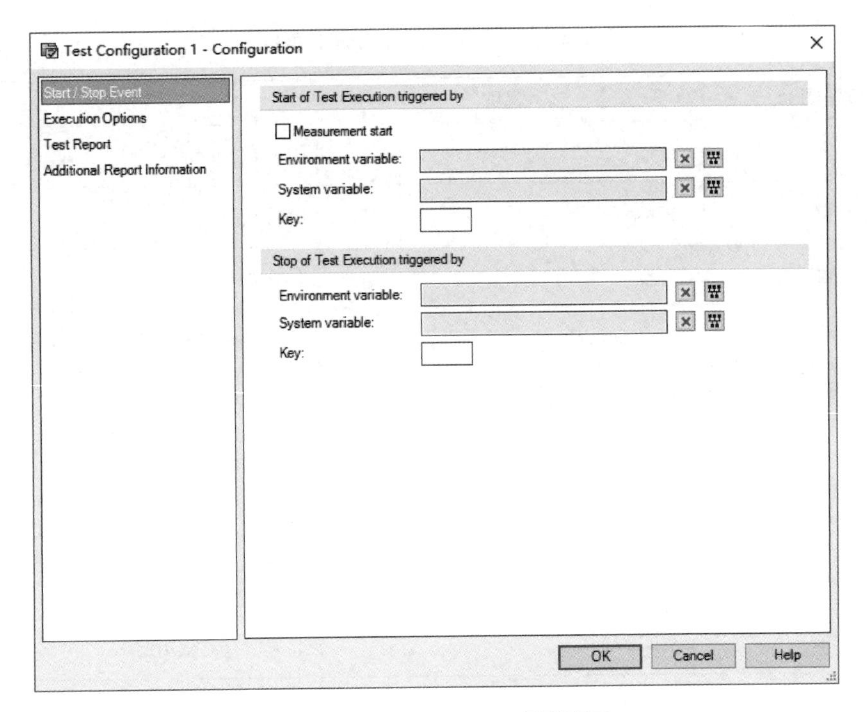

图 4-18　Test Configuration 配置窗口

- System variable：选择一个系统变量，当其非 0 时启动。
- Key：定义一个键盘上的按键，按下时启动。

（2）Stop of Test Execution triggered by。

- Environment variable：选择一个环境变量，当其非 0 时停止。
- System variable：选择一个系统变量，当其非 0 时停止。
- Key：定义一个键盘上的按键，按下时停止。

4.3.3.2　Execution Options

"Execution Options"选项用于配置 Test Configuraiton 执行过程中的一些配置项，如图 4-19所示。

（1）Multiple Execution。

- Execute test configuration multiple times：配置 Test Configuration 是否要重复执行多次；如果勾选该项，则提供输入参数配置其执行次数或执行时间，也可选择永久执行。

（2）Random Execution。

- Execute test tree elements in random order：配置是否需要随机打乱每个 test tree element[1]（测试树元素）中的 Test Case 的顺序；如果勾选该项，可针对多次执行的情况配置是否需要每次都重新打乱。

（3）Impact of Verdict of the Test Execution。

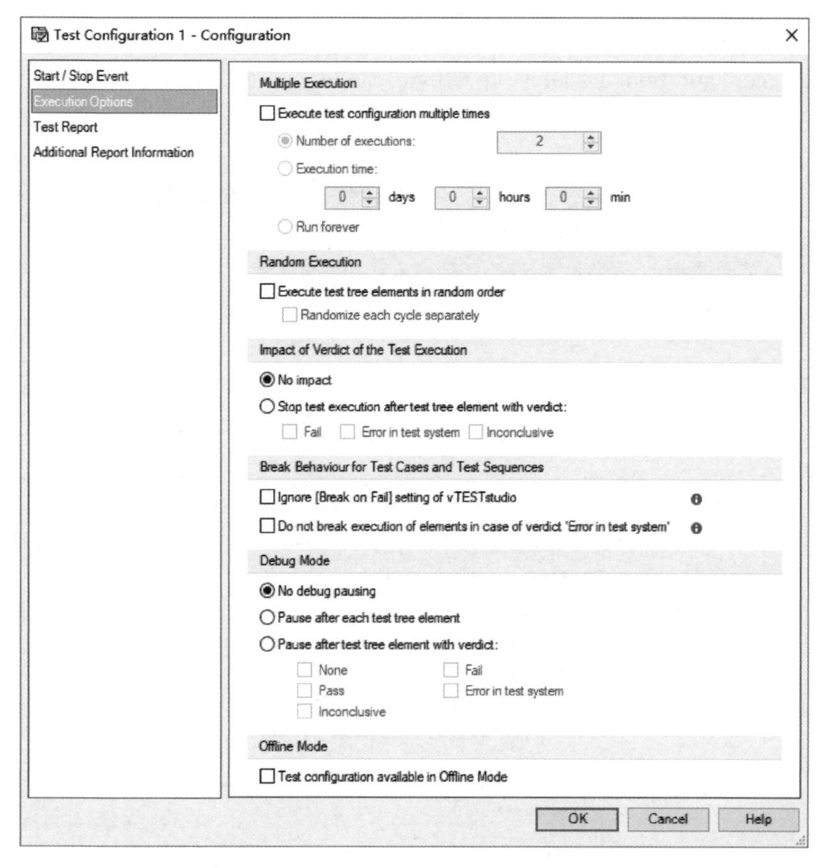

图 4-19 Execution Options 配置界面

- No Impact：测试判定对执行无影响，此为默认选项。
- Stop test execution after test tree element with verdict：当测试树元素出现某些特定的判定结果（Fail/Error in test system/Inconclusive）时将停止。

（4）Break Behaviour for Test Cases and Test Sequences。

- Ignore［Break on Fail］setting of vTESTstudio：是否忽略 vTESTstudio 中配置的"Break on Fail"行为，"Break on Fail"表示一旦某个测试步骤的判定条件为 Failed，就跳过 Test Case 中剩余的所有步骤，直接执行下一条 Test Case。
- Do not break execution of elements in case of verdict 'Error in test system'：是否在出现"Error in test system"时继续执行测试。

（5）Debug Mode。

- No debug pausing：调试时无额外的暂停，此为默认选项。
- Pause after each test tree element：调试时运行完每个 test tree element 后暂停。
- Pause after test tree element with verdict：调试时，在 test tree element 出现特定判定结果（None/Pass/Inconclusive/Fail/Error in test system）后暂停。

(6) Offline Mode[2]。

- Test configuration available in Offline Mode：是否要在离线模式下运行 Test Configuration。

1 Test Tree Element：一个 Test Tree Element 指一个 Test Units、Test Groups、Test Cases 列表或 Test Sequences(测试序列)列表。

2 Offline Mode：该模式运行时，仅针对记录文件中回放的某些内容进行观测、检查(如 cycle time)，所有激励均不可用，执行时会自动忽略。

4.3.3.3 Test Report

"Test Report"选项用于配置测试报告的路径、名称等，如图 4-20 所示。

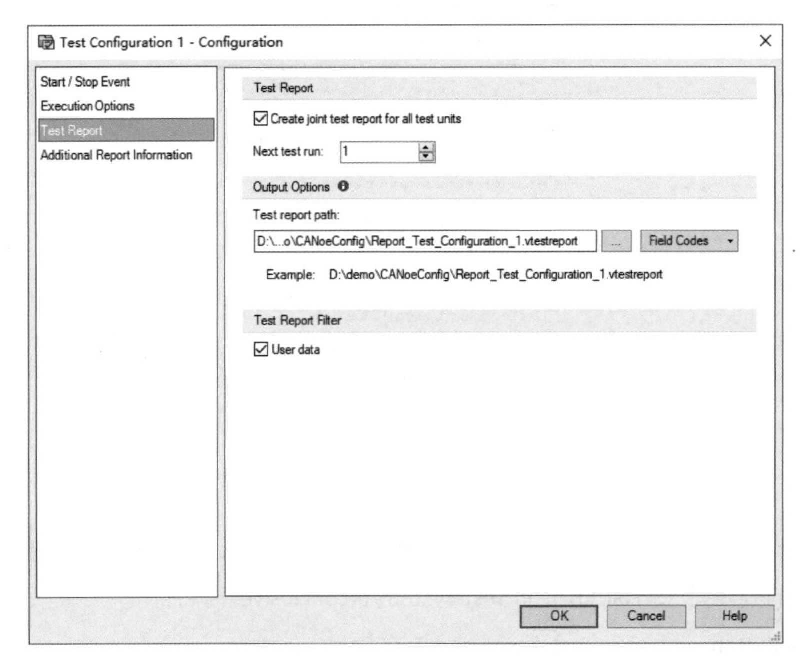

图 4-20　Test Report 配置界面

(1) Test Report。

- Create joint test report for all test units：是否要为每个测试单元单独生成测试报告。
- Next test run：使用"{TestRun}"宏命令自动命名时，下一个 TestRun(测试运行)的数值。

(2) Output Options。

- Test report path：配置生成的测试报告名称及存放路径。名称中可添加多个宏命令用于自动命名。宏命令的定义见表 4-3。
- Create HTML test report using the following XSLT stylesheet：XML/HTML 格式特有，将 XML 格式的测试报告通过选择的模板转换为 HTML 格式。

（3）Test Report Filter：Test Report View 格式特有。

- User data：表示是否需要在报告中显示测试者的个人信息。其他具体的信息过滤可在 Test Report Viewer 中自行筛选。

表 4-3　测试报告名称中的字段

名称	宏命令	功能
User Name	{Username}	Windows 操作系统登录用户名
Computer Name	{Computername}	计算机名
Local System Time	{LocalTime[| Format]}	当前系统时间
Configuration Name	{ConfigName}	CANoe 的工程名称
Measurement Index	{MeasurementIndex}	CANoe 工程每次运行后自动加 1
Measurement Start	{MeasurementStart[| Format]}	CANoe 工程开始运行的时间
Program Version	{Version}	CANoe 的版本
Duration	{TestDuration}	测试执行的时间，格式：hh-mm-ss
Test Execution	{TestRun[| Length]}	测试每次执行后自动加 1
Test Cycle	{TestCycle[| Length]}	执行的测试循环（test cycle）数
Test Start/ Test Stop	{TestStart | [Format]} {TestStop | [Format]}	测试开始/停止的时间
Verdict	{Verdict}	最终的测试判定
Variant Property	{varprop::variant[| Length]}	Variant 属性值

4.3.3.4　Test Report Filter

在 XML/HTML 格式下，测试配置界面会增加一个“Test Report Filter”选项，用于配置生成的报告中需要过滤的内容，如图 4-21 所示。

（1）Test Cases：可选择报告中要显示的测试用例类型。

- All test cases：所有测试用例均会完整显示。
- Only test cases with verdict：仅显示测试结果为指定判定结果的测试用例。

（2）Test Steps and Commands：可选择报告中要显示的测试报告和 Commands（指令）类型。

- All test steps/commands：所有的测试步骤或指令均会完整显示。
- None：不显示任何测试步骤或指令。
- Only test steps with verdict：仅显示测试结果为指定判定结果的测试步骤。
- Max Level：可选择需要显示的测试步骤的最高等级，仅对 CAPL/.NET 编写的测试模块生效。

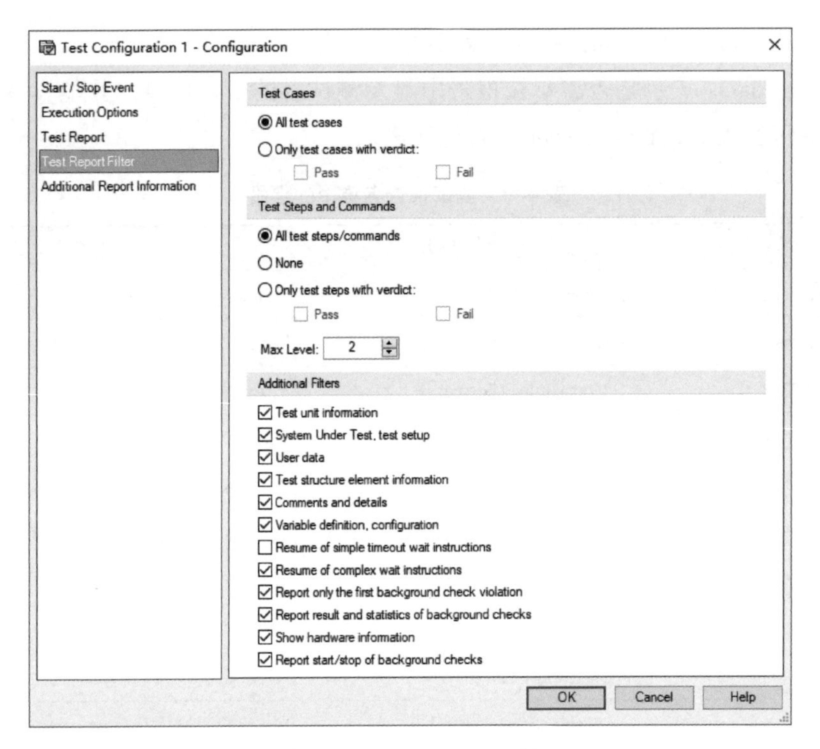

图 4-21　Test Report Filter 配置界面

- 以 CAPL 为例，testStep()、testStepFail()、testStepPass()函数均可设置 step 的等级。越重要的 step 须设置越小的 level。不做任何设置时，通过这些函数添加的 step 默认 level 均为 0。
- 当设置的数值小于 2 时，系统自动添加的部分信息也会受影响。

（3）Additional Filters。

- Test unit information：显示通用信息，例如 Description、Misc Info、Extended Info 以及 Test Module 文件的相关信息。
- System Under Test，test setup：显示 SUT 及 Test Setup 的相关属性，例如 Database、Diagnostic Description 以及 Nodelayer Module。
- User data：显示测试执行者的信息（Windows 用户名）。
- Test structure element information：显示测试组和测试用例中的通用信息。
- Comments and details：显示 comments 和额外的详细信息，例如信号值的激励。
- Variable definition，configuration：显示变量定义和配置信息。
- Resume of simple timeout wait instructions：显示简单的超时等待，例如 Test Table 中的 Wait 命令。
- Resume of complex wait instructions：显示复杂的等待，例如 testWaitForMessage()。

- Report only the first background check violation：背景检测中设置的条件/约束的第一次冲突的详情，其他均以统计信息列出。
- Report result and statistics of background check：以统计信息形式显示背景检测的检测对象的相关信息。
- Show hardware information：显示硬件相关信息，例如 VT System、VN 接口卡。
- Report start/stop of background checks：显示背景检测的开始/停止的时戳。

4.3.3.5 Additional Report Information

"Additional Report Information"选项用于配置需要显示在报告中的额外信息，如图 4-22 所示。

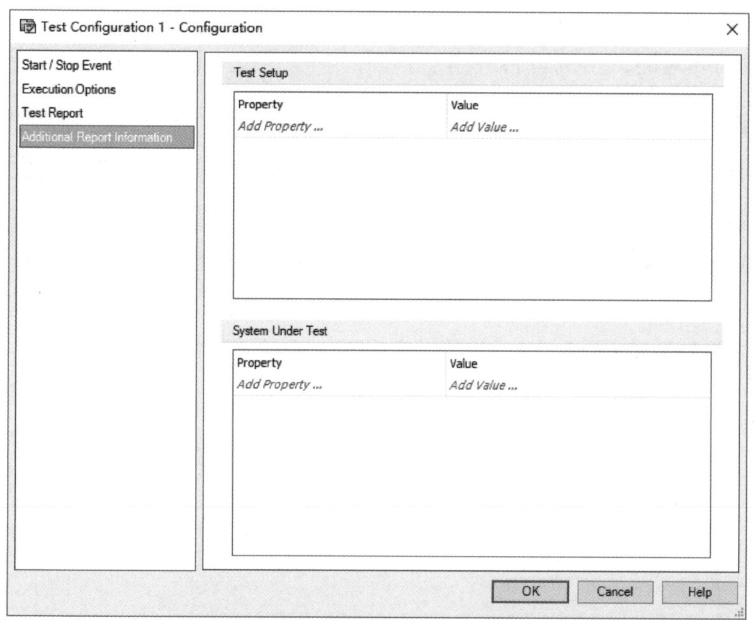

图 4-22 Additional Report Information 配置界面

（1）Test Setup：可添加名称和数值，会在报告中的"Test Setup"区域显示。

（2）System Under Test：可添加名称和数值，会在报告中的"System Under Test"区域显示。

4.4 基于 CAPL 的测试脚本编写

在 2.4 节中已经介绍过 CAPL 语言的基本知识以及将其用于仿真节点的具体方法及示例。本节将重点介绍如何在 CAPL Test Module 测试模块中使用 CAPL 编写测试脚本。

与仿真不同，在测试中，为了保证测试过程的可控性，CAPL 脚本的运行不再是只基于事件触发，更多是在 MainTest()中依托于 Functions、Test Functions、Test Cases 的调用和控制结构的逻辑顺序执行。

4.4.1 测试模块的结构和层级

在 CAPL Test Module 中，层级结构的划分通常可以参考图 4-23。

所有的 CAPL Test Module 都需要包含且只能有一个 MainTest() 函数作为程序的入口控制测试执行。MainTest()中的所有代码会在该测试模块运行后顺序执行。最简单的情况是 MainTest()仅调用要执行的测试用例。当然，也可以直接在其中添加测试步骤和自定义函数（Functions/Test Functions），或是通过 Test Group 对测试用例进行分组。

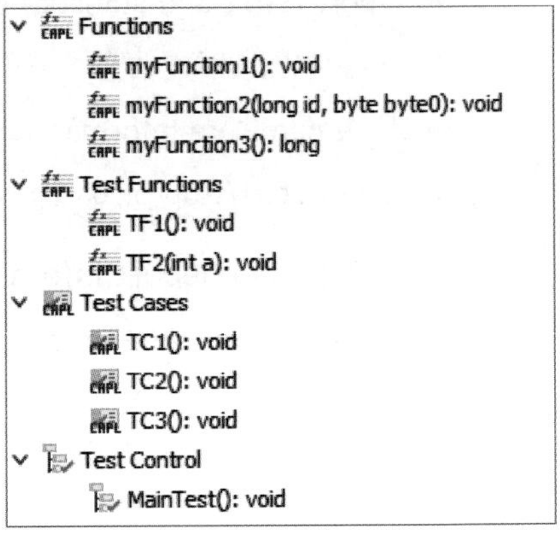

- Functions
  - myFunction1(): void
  - myFunction2(long id, byte byte0): void
  - myFunction3(): long
- Test Functions
  - TF1(): void
  - TF2(int a): void
- Test Cases
  - TC1(): void
  - TC2(): void
  - TC3(): void
- Test Control
  - MainTest(): void

图 4-23 CAPL Test Module 层级结构

4.4.1.1 测试分组

测试分组（Test Group）主要通过函数 testGroupBegin 和 testGroupEnd 实现，两个函数具体的语法、参数描述、返回值描述如下。

（1）testGroupBegin：表示测试分组开始，在参数中可以指定测试组的编号、名称以及描述信息（图 4-24）。

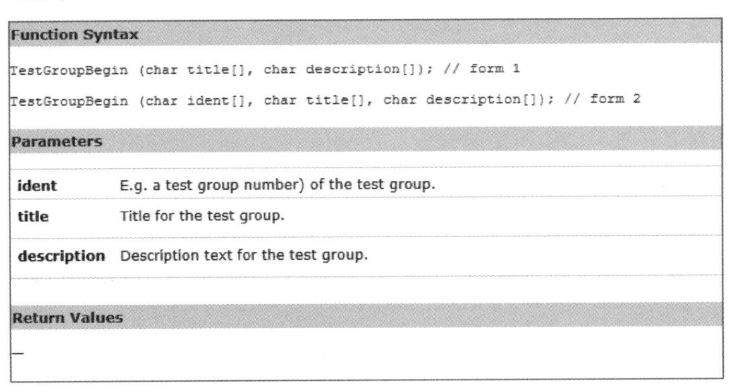

Function Syntax

```
TestGroupBegin (char title[], char description[]); // form 1
TestGroupBegin (char ident[], char title[], char description[]); // form 2
```

Parameters

ident	E.g. a test group number) of the test group.
title	Title for the test group.
description	Description text for the test group.

Return Values

—

图 4-24 testGroupBegin 函数介绍

（2）testGroupEnd：表示测试分组结束，不需要指定参数（图 4-25）。需要与 testGroupBegin 配合使用，用于结束最近一次调用的 testGroupBegin 所启用的测试组。

Function Syntax

```
TestGroupEnd ();
```

Parameters

—

Return Values

—

图 4-25 testGroupEnd 函数介绍

Test Group 可以嵌套使用，示例代码如下：

```
void MainTest ()
{
  //测试组 TG1 开始
  testGroupBegin("TG1","This is test group 1");
  TC1(); // TG1 中包含的测试用例 TC1
  testGroupEnd(); //测试组 TG1 结束

  //测试组 TG2 开始
  testGroupBegin("TG2","This is test group 2");
  testGroupBegin("TG2-1","This is test group 2-1"); //嵌套测试组 TG2-1
  TC2(); //测试组 TG2-1 中的测试用例 TC2
  testGroupEnd(); //测试组 TG2-1 结束
  testGroupBegin("TG2-2","This is test group 2-2"); //嵌套测试组 TG2-2
  TC3(); //测试组 TG2-2 中的测试用例 TC3
  testGroupEnd(); //测试组 TG2-2 结束
  testGroupEnd(); //测试组 TG2 结束
}
```

运行时，Test Module 中对应显示的分组层级结构如图 4-26 所示。

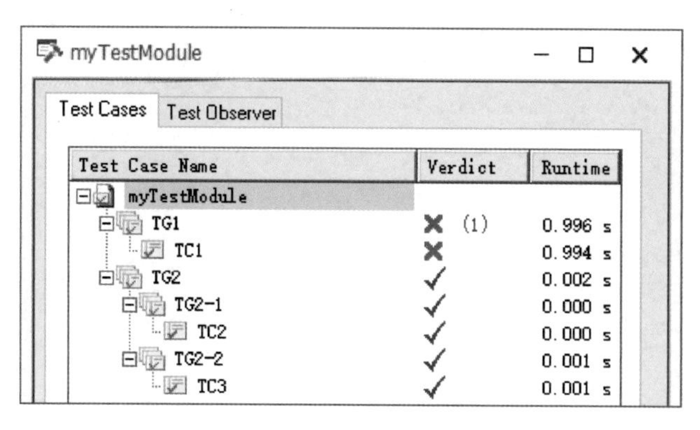

图 4-26　Test Group 分组层级结构

4.4.1.2　测试用例

测试用例是执行测试的基本单元，在 CAPL 中可通过关键字 testcase 定义一个测试用例，用于描述某个测试项应执行的一系列具体操作步骤。示例代码如下：

```
//使用关键字 testcase 定义一条测试用例
testcase TC1()
{
//具体测试步骤
}
//使用关键字 testcase 定义一条测试用例,调用时需提供参数 a
testcase TC2(int a)
{
//具体测试步骤
}
```

4.4.1.3 自定义函数

测试用例中某些需要复用的功能也可以自行封装成 Function 或 Test Function。定义 Function 和 Test Function 的示例代码如下：

```
//不包含形参的 Test Function
testfunction TF1()
{
  //具体测试步骤
}

//包含形参的 Test Function
testfunction TF2(int a)
{
  //具体测试步骤
}

//不包含形参,返回值为空的 Function
void myFunction1()
{
  //具体测试步骤
}

//包含形参,返回值为空的 Function
void myFunction2(long id, byte byte0)
{
```

```
  //具体测试步骤
}

//不包含形参,返回值为 long 的 Function
long myFunction3()
{
  //具体测试步骤
  return 1;
}
```

二者的对比如下。

(1) Function 和 Test Function 均可被其他的 Test Case、Test Function 和 Function 调用,或在 MainTest 中直接调用。

(2) Function 和 Test Function 均可添加形参,形参的数量和数据类型可根据实际需求设定。

(3) Function 需要自己定义返回值类型,例如 void、int、long。但是 Test Function 直接通过关键字"testfunction"定义,不需要指定返回值类型,其返回值只能是空。

(4) 在测试报告中,Test Function 会作为独立的模块显示,而 Function 只会直接显示其中的测试步骤。

4.4.1.4 测试步骤

测试步骤表示测试过程中每一步的动作或结果,可使用自定义函数,也可使用 CANoe 提供的现成函数。CAPL 中的某些函数只能在 Simulation 中使用,或只能在 Test 中使用,也有二者皆可用的,具体可在各函数对应的帮助文档的"Availability"处查看。

图 4-27 所示是一个只能在 CANoe 的测试模块中使用的函数描述。

Availability		
	CANalyzer	CANoe
Since Version	—	5.0
Restricted To	—	—
CANalyzer Measurement Setup (Transmit Branch)	—	N/A
CANoe Measurement Setup / CANalyzer Analysis Branch	—	—
CANoe Simulation Setup	N/A	—
CANoe Communication Setup	N/A	—
CANoe Test Setup for Test Modules	N/A	✓
CANoe Test Setup for Test Units	N/A	✓
32-Bit	—	✓
64-Bit	—	✓

图 4-27　函数的 Availability

4.4.2 常用测试函数

如 4.4.1 小节所述，测试用例的编写其实就是根据测试步骤使用对应的函数来实现所需功能。本节将具体介绍一些常用函数的用法。

4.4.2.1 测试步骤系列函数

部分测试函数执行后会自动在测试报告中添加相关信息，但并不是所有的函数都会在测试报告中体现当前所执行的测试步骤。因此，手动添加测试步骤的描述以提高测试报告的可读性是很有必要的。表 4-4 所示为常用的用于添加测试步骤的函数。

表 4-4 测试步骤系列函数

名称	描述
TestStep	在报告中添加测试步骤的描述，不影响测试结果
TestStepPass	在报告中添加测试步骤的描述，并指定测试结果为"Pass"
TestStepFail	在报告中添加测试步骤的描述，并指定测试结果为"Fail"
TestStepWarning	在报告中添加测试步骤的描述，并指定测试结果为"Warning"
TestStepInconclusive	在报告中添加测试步骤的描述，并指定测试结果为"Inconclusive"
TestStepErrorInTestSystem	在报告中添加测试步骤的描述，并指定测试结果为"ErrorInTestSystem"

这些函数的差异仅仅是输出不同的判定结果，使用方法都是类似的。下面以 TestStep 函数为例说明其用法。具体的语法、参数描述、返回值描述见图 4-28。

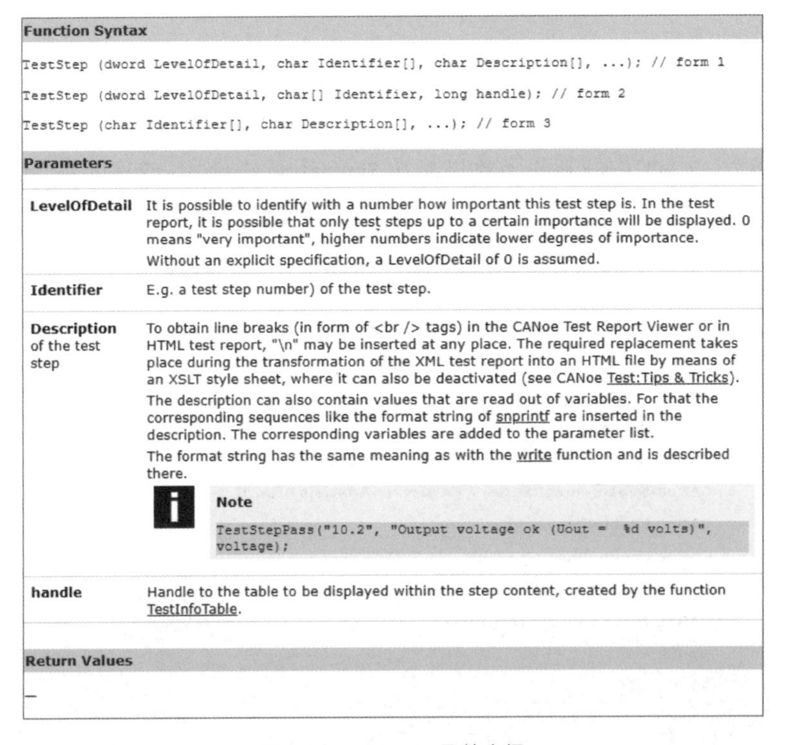

Function Syntax

```
TestStep (dword LevelOfDetail, char Identifier[], char Description[], ...); // form 1
TestStep (dword LevelOfDetail, char[] Identifier, long handle); // form 2
TestStep (char Identifier[], char Description[], ...); // form 3
```

Parameters

LevelOfDetail	It is possible to identify with a number how important this test step is. In the test report, it is possible that only test steps up to a certain importance will be displayed. 0 means "very important", higher numbers indicate lower degrees of importance. Without an explicit specification, a LevelOfDetail of 0 is assumed.
Identifier	E.g. a test step number) of the test step.
Description of the test step	To obtain line breaks (in form of tags) in the CANoe Test Report Viewer or in HTML test report, "\n" may be inserted at any place. The required replacement takes place during the transformation of the XML test report into an HTML file by means of an XSLT style sheet, where it can also be deactivated (see CANoe Test:Tips & Tricks). The description can also contain values that are read out of variables. For that the corresponding sequences like the format string of snprintf are inserted in the description. The corresponding variables are added to the parameter list. The format string has the same meaning as with the write function and is described there. **Note** `TestStepPass("10.2", "Output voltage ok (Uout = %d volts)", voltage);`
handle	Handle to the table to be displayed within the step content, created by the function TestInfoTable.

Return Values

—

图 4-28 TestStep 函数介绍

函数共有三种形式，对应需要使用如下不同的参数。

- LevelOfDetail：用于标识测试步骤的重要性，0 表示最重要，对应前文 4.2.3.5 和 4.3.3.4 小节提到的 Test Report Filter 中的 Max Level。使用 form 3 时表示使用默认值 0。
- Identifier：测试步骤的序号。
- Description：测试步骤的描述，可通过 Write 函数类似的语法插入变量数值。
- Handle：通过 TestInfoTable 函数插入的表格对应的句柄，表示在该位置插入自定义表格。

示例代码：

```
testStep("test step 1","Send message 0x% x with byte(0)= 0x% x",id,data[0]);
//省略发送报文相关代码
testStep("test step 2","Wait for message 0x02 in 1000ms");
//省略等待报文及判断相关代码
testStepFail("test step 3","No message 0x02 received in 1000ms");
```

上述代码执行后，生成的测试报告中，将显示如图 4-29 所示的描述语句。

Time Stamp	Test Step	Title	Verdict
0.000000	test step 1	Send message 0x1 with byte(0)=0x1	
0.000000	test step 2	Wait for message 0x02 in 1000ms	
0.000000	test step 3	No message 0x02 received in 1000ms	Fail

图 4-29　TestStep 测试报告示意

可以看到，testStepFail 函数会使 Verdict 显示为 Fail，这也会直接导致整个 Test Case 的判定结果为 Fail。因此，此类语句通常可在测试过程中判定实际结果是否与预期相符时使用，根据不同的判定条件选择合适的 testStep 系列函数，从而产生对应的结果。

4.4.2.2　测试报告函数

除了测试步骤系列函数外，测试报告还可以根据需求添加其他内容。例如在报告最开始的 Overview 中添加测试人员、被测对象的信息，动态修改测试用例名称，还可以在报告中添加某些时刻从 CANoe 的分析窗口中截取的图片。

1. TestReportAddEngineerInfo、TestReportAddSetupInfo 和 TestReportAddSUTInfo

这三个函数都用于在测试报告的 Overview 中添加额外信息。具体的语法、参数描述、返回值描述见图 4-30。

Function Syntax

```
TestReportAddEngineerInfo (char name[], char description[], ...);
TestReportAddSetupInfo (char name[], char description[], ...);
TestReportAddSUTInfo (char name[], char description[], ...);
```

Parameters

The format string has the same meaning as with the write function and is described there.

name	Information pair of name and description.
description	Information pair of name and description.

Return Values

—

图 4-30　TestReportAdd 函数介绍

参数 name 和 description 可分别对应自定义的描述信息。如有需要，这两个参数都可参考 2.4.3.1 小节中介绍的 Write 函数的格式添加一些变量信息。示例代码如下：

```
//在 System Under Test 中添加信息 Serial No.和 Manufactured
TestReportAddSUTInfo("Serial No.", "A012345BC");
TestReportAddSUTInfo("Manufactured", "2023-01-01");

//在 Tester 中添加信息 Test Engineer 和 Stuff No.
TestReportAddEngineerInfo("Test Engineer", "Zhang. San");
TestReportAddEngineerInfo("Stuff No.", "12345");

//在 Test Setup 中添加信息 Test file,名称使用宏命令自动获取
TestReportAddSetupInfo("Test file", "% FILE_NAME% ");
```

上述代码执行后在测试报告中的显示效果如图 4-31 所示。

2. TestCaseTitle

某些情况下，用户可能希望测试用例的名称不是固定的，而是可以根据需求作出调整。例如，对于某一项功能的测试，一系列测试用例可能仅仅是参数的数值不同，这种情况下用户可以仅创建一条带形参的测试用例，通过循环对其进行重复调用以便快速生成一系列的多条测试用例。此时，如果希望测试用例的名称有所区分，则可通过函数 TestCaseTitle 函数动态调整。

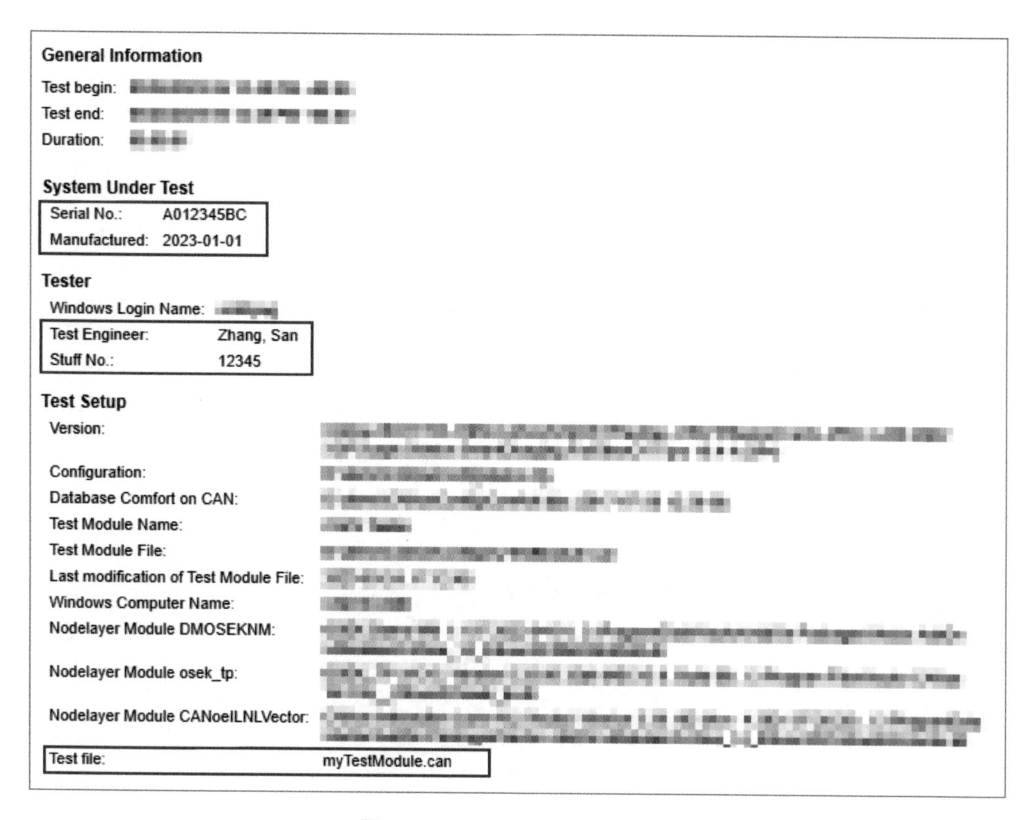

图 4-31　TestReportAdd 测试报告

注：图中对个人信息进行了遮挡。

具体的语法、参数描述、返回值描述见图 4-32。

Function Syntax

```
TestCaseTitle (char identifier[], char title[]);
```

Parameters

title	Title of the test case.
identifier	E.g. a test case number of the test case.

Return Values

—

图 4-32　TestCaseTitle 函数介绍

参数 title 就是测试用例在 Test Module 中运行时或最终在测试报告中显示的名称。参数 identifier 不会在运行过程中在 Test Module 中直接显示，而是在最终的测试报告中显示。

基于一个测试用例生成一系列不同名称测试用例的示例代码如下：

```
testcase TC4(int a)
{
  char title[20];

  //生成包含参数 a 数值的 test title
  snprintf(title,elcount(title),"demo test with a= % d",a);
  testCaseTitle("TC4",title);

//具体测试步骤
}
void MainTest ()
{
  int i;
  int a[5] =  {2,4,6,8,10};//a 可能用到的 5 个值

  //创建 5 条 test case,分别使用参数 a 的 5 个数值
  for(i= 0;i< 5;i ++ )
  {
    TC4(a[i]);
  }

//其他 test case
}
```

最终在测试报告中的显示效果如图 4-33 所示。

Time Stamp	Ident	Title	Verdict
1.256210	TC4	1. demo test with a=2	Pass
1.356210	TC4	2. demo test with a=4	Pass
1.456210	TC4	3. demo test with a=6	Pass
1.556210	TC4	4. demo test with a=8	Pass
1.656210	TC4	5. demo test with a=10	Pass

图 4-33　TestCaseTitle 测试报告示意

3. TestReportAddWindowCapture

涉及总线报文或信号的测试时,用户可能想在报告中添加跟踪窗口、“Scope”窗口等窗口的截图,这类需求可以通过 TestReportAddWindowCapture 函数实现。具体的语法、参数描述、返回值描述见图 4-34。

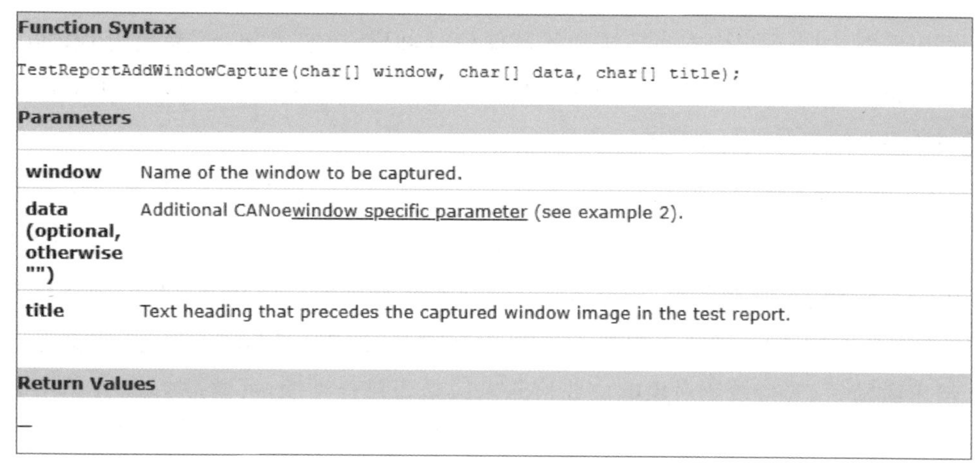
Function Syntax

TestReportAddWindowCapture(char[] window, char[] data, char[] title);

Parameters

window	Name of the window to be captured.
data (optional, otherwise "")	Additional CANoewindow specific parameter (see example 2).
title	Text heading that precedes the captured window image in the test report.

Return Values

—

图 4-34　TestReportAddWindowCapture 函数介绍

参数说明如下。

- window：截图的目标窗口名称，可以是分析窗口或自定义的面板。
- data：在不同的窗口中可以指定不同的参数，较常见的用法是在图形窗口中指定某个 signal（信号）。此参数为可选参数，如不指定，直接使用双引号即可。
- title：测试报告中显示的截图名称。

示例代码如下：

```
//截图的目标窗口名称：Graphics
//指定截取的信号：DOOR_ri::WN_Position
//报告中显示名称：signal value
testReportAddWindowCapture("Graphics","DOOR_ri::WN_Position","signal value");
```

测试报告中的显示效果如图 4-35 所示。

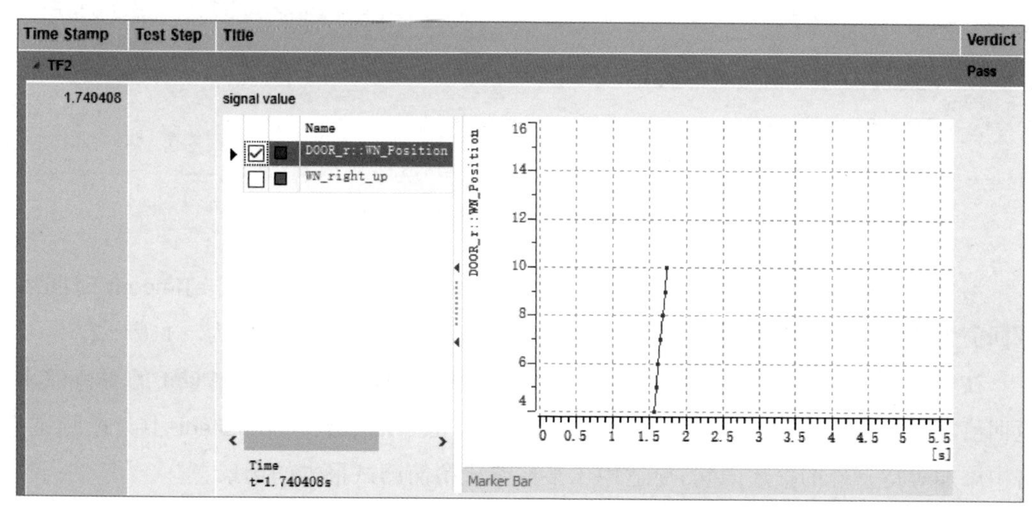

图 4-35　TestReportAddWindowCapture 测试报告示意

可以看到，图形窗口中本来还添加了其他信号，但是指定了“data”参数为 DOOR_ri::WN_Position 后，在截取图片时仅会选取目标信号而自动屏蔽其他信号，便于在报告中通过截图对所需要的信号进行观察或记录。

4.4.2.3 等待指令函数

最简单的测试可以由三个步骤组成：激励，等待，检测。

激励是被测对象给出特定响应所需要的前提条件，例如发送某个特定报文、某个特定值的总线信号或 I/O 信号。这些在 CAPL 编程中对应的实现方式参考 2.4 节，在此不再赘述。

给出激励后，等待被测对象响应并检测响应是否符合预期，可通过 2.4.2 小节中介绍的一些事件的方式来实现。但是在顺序执行的测试脚本中，通常有更适合的方法，即 Wait 系列函数。

根据等待的对象、类型等不同，可选择的 Wait 函数的种类非常多，建议通过帮助文档查看完整的列表。等待函数的使用逻辑都是类似的，下面介绍几个较为常用的函数。

1. TestWaitForTimeout 和 TestWaitForTimeoutSilent

这两个函数表示延时等待，作用就是在一段时间内不进行任何操作，直到设定的时间结束。具体的语法、参数描述、返回值描述见图 4-36。

Function Syntax

```
long TestWaitForTimeout(dword aTimeout);
long TestWaitForTimeoutSilent(int64 aTimeout);
```

Parameters

aTimeout	Maximum time that should be waited [ms]. (Transmission of 0: no timeout controlling. In this function this results in a hang up of the test module)

Return Values

-2	Resume due to constraint violation
-1	General error, for example, functionality is not available
0	Resume due to timeout

图 4-36　TestWaitForTimeout 函数介绍

参数 aTimeout 表示等待的时长，单位为 ms。函数成功等待完整的 aTimeout 时间后，返回值为 0；若有错误导致等待动作在 aTimeout 时间前结束，则返回值为 -1 或 -2。

在实际执行过程中，函数 TestWaitForTimeout 和 TestWaitForTimeoutSilent 的等待效果、返回值等都是完全相同的。二者唯一的区别在于，TestWaitForTimeoutSilent 不会在测试报告中添加等待事件的描述语句，更适用于某些希望精简测试报告的场景。

示例代码如下：

```
teststep("1","wait for 1000ms");//添加步骤描述
testWaitForTimeout(1000); //等待 1000ms

teststep("2","wait for another 1000ms");//添加步骤描述
testWaitForTimeoutSilent(1000); //等待 1000ms

teststep("3","other test steps");//添加步骤描述
    //其他测试步骤
```

报告中的显示效果如图 4-37 所示，每行的信息介绍如下。

Main Part			
Time Stamp	Test Step	Title	Verdict
0.790179	1	wait for 1000ms	
1.790179		Waited for 1000 ms.	
1.790179	2	wait for another 1000ms	
2.790179	3	other test steps	

图 4-37　TestWaitForTimeout 测试报告示意

第一行：由函数 teststep 添加的信息。

第二行：由函数 testWaitForTimeout 在等待时间结束后添加的信息。

第三行：由函数 teststep 添加的信息。

第四行：由函数 teststep 添加的信息。

testWaitForTimeoutSilent 并未在报告中添加任何等待信息，但是对比第三行和第四行的时间戳可以看出，第三行结束后已经等待了 1 000 ms。

2. TestWaitForMessage

该函数用于在一段指定的时间内等待某个特定的 Message(报文)出现。具体的语法、参数描述、返回值描述见图 4-38。

该函数有以下三种形式。

- 输入参数 1 为 dbMsg，即数据库中的报文名称；参数 2 为 aTimeout，即设定的等待时间。
- 输入参数 1 为 aMessage Id，即报文的 ID 数值；参数 2 为 aTimeout，即设定的等待时间。
- 输入参数仅包含 aTimeout，即设定的等待时间。

前两种形式都用于等待指定报文的场景，而第三种形式则用于等待任意报文的场景。

Function Syntax	
long TestWaitForMessage(dbMsg aMessage, dword aTimeout);	
long TestWaitForMessage(dword aMessageId, dword aTimeout);	
long TestWaitForMessage(dword aTimeout);	

Parameters	
aMessage	Message that should be awaited
aMessageId	Numeric ID of the message that should be awaited
aTimeout	Maximum time that should be waited [ms] (Transmission of 0: no timeout controlling)

Return Values	
-2	Resume due to constraint violation
-1	General error, for example, functionality is not available
0	Resume due to timeout
1	Resume due to event occurred

图 4-38　TestWaitForMessage 函数介绍

如果所等待的报文在 aTimeout 参数设定时间内出现，则表示等待成功，返回 1；如果所等待的报文没有在 aTimeout 设定时间内出现，则表示等待超时，返回 0；如果等待过程中产生其他错误，则返回 − 1 或 − 2。

示例代码如下：

```
long res;

  teststep("start", "Start to wait message 0x01");

  res =  testWaitForMessage(0x01,1000); //在 1000ms 内等待报文 0x01 出现
  if(res== 1) //返回 1,表示报文 0x01 在 1000ms 内出现
  {
    testStepPass("testWaitForMessage","message 0x01 is received");
  }
  else if(res== 0) //返回 0,表示超时
  {
    testStepFail("testWaitForMessage","message 0x01 is not received during 1000ms");
  }
  else //返回其他值,错误
  {
    testStepFail("testWaitForMessage","Error");
  }
```

报告中的显示效果如图 4-39 所示，每行的介绍信息如下。

Time Stamp	Test Step	Title	Verdict
TF1			Fail
1.221399	start	Start to wait message 0x01	
2.221399	Resume reason	Elapsed time=1000ms (max=1000ms)	
2.221399	testWaitForMessage	message 0x01 is not received during 1000ms	Fail

图 4-39　TestWaitForMessage 测试报告示意

第一行：由函数 testStep 添加的信息。

第二行：由函数 testWaitForMessage 在 aTimeout 参数设定时间内未等到目标报文后自动添加的信息。

第三行：函数 testWaitForMessage 返回 0 后由函数 testStepFail 添加的信息，判定为 Fail。

3. TestWaitForSignalMatch

该函数用于等待指定的某个信号或变量值在一定的时间内达到期望数值。具体的语法、参数描述、返回值描述见图 4-40。

Function Syntax

```
long TestWaitForSignalMatch (Signal aSignal, float aCompareValue, dword aTimeout); // form 1
long TestWaitForSignalMatch (dbEnvVar aEnvVar, float aCompareValue, dword aTimeout); // form 2
long TestWaitForSignalMatch (sysvar aSysVar, float aCompareValue, dword aTimeout); // form 3
long TestWaitForSignalMatch (sysvar aSysVar, int64 aCompareValue, dword aTimeout); // form 4
long TestWaitForSignalMatch (ServiceSignalNumber aSignal, float aCompareValue, dword aTimeout); // form 5
```

Parameters

Note

Use the **int64 parameters** for system variables of UInt64 and Int64 type to cover the whole value range. The int64 parameter is interpreted for system variables of UInt64 type as qword (uint64).

Parameter	Description
aSignal	Signal to be queried.
aEnvVar	Environment variable to be queried.
aSysVar	System variable to be queried. May also be a specific element of a variable of type struct or generic array. **Note** Not available for a single element of a double or integer array.
aCompareValue	Value which is compared to the signal value.
aTimeout	Maximum time that should be waited [ms].

Return Values

Value	Description
-1	General error
-2	Signal is not valid
0	Wait state is exited due to a timeout
1	Wait state is exited due to condition fulfillment

图 4-40　TestWaitForSignalMatch 函数介绍

该函数共有以下五种形式，都由共同的参数 aTimeout 来定义超时时间，不同的形式对应不同的等待对象类型和期望值类型。

（1）等待对象为数据库中的信号（aSignal），期望值类型为浮点型（aCompareValue）。

（2）等待对象为环境变量（aEnvVar），期望值类型为浮点型（aCompareValue）。

（3）等待对象为系统变量（aSysVar），期望值类型为浮点型（aCompareValue）。

（4）等待对象为系统变量（aSysVar），期望值类型为整型（aCompareValue）。

（5）等待对象为服务中的信号（aSignal），期望值类型为浮点型（aCompareValue）。

返回值描述如下。

- －1：一般错误。
- －2：无效的对象。
- 0：在 aTimeout 时间内，对象的数值未与比较值相等。
- 1：在 aTimeout 时间内，对象的数值与比较值相同。

示例代码如下：

```
long res;
testStep("setSignal","set signal WN_right_up to 1");
$ WN_right_up =  1; //设置信号 WN_right_up 值为 1

res =  testWaitForSignalMatch(DOOR_ri::WN_Position,10,3000);//等待信号 DOOR_ri::WN_Position 在 3000ms 内变为 10
if(res== 1) //返回 1,表示信号在 3000ms 内变为 10
{
  testStepPass("testWaitForSignalMatch","signal WN_Position reach 10 in 3000ms");
}
else if(res== 0) //返回 0,表示超时
{
  testStepFail("testWaitForSignalMatch","signal WN_Position reach 10 in 3000ms");
}
else //返回其他值,表示错误
{
  testStepFail("testWaitForSignalMatch","Other error");
}
```

报告中显示效果如图 4-41 所示，每一行的信息介绍如下。

第一行：由函数 testStep 添加的信息。

第二行：由函数 TestWaitForSignalMatch 满足条件后自动添加的信息。

Time Stamp	Test Step	Title	Verdict
TF2			Pass
0.742581	setSignal	set signal WN_right_up to 1	
1.050236	Resume reason	Resumed on signal 'Signal:CAN1/Comfort/DOOR_r/WN_Position' Elapsed time=307.656ms (max=3000ms)	
1.050236	testWaitForSignalMatch	signal WN_Position reach 10 in 3000ms	Pass

图 4-41　TestWaitForSignalMatch 测试报告示意

第三行：函数 TestWaitForSignalMatch 返回 1 后，由 testStepPass 函数添加的信息，判定为 Pass。

4. TestWaitForValueInput

该函数会弹出一个对话框，等待测试工程师输入一个数值。在某些测试中，完全依赖自动化实现可能会比较困难或成本太高，此时，可以考虑使用部分依赖测试工程师给出反馈的半自动化测试方式。具体的语法、参数描述、返回值描述见图 4-42。

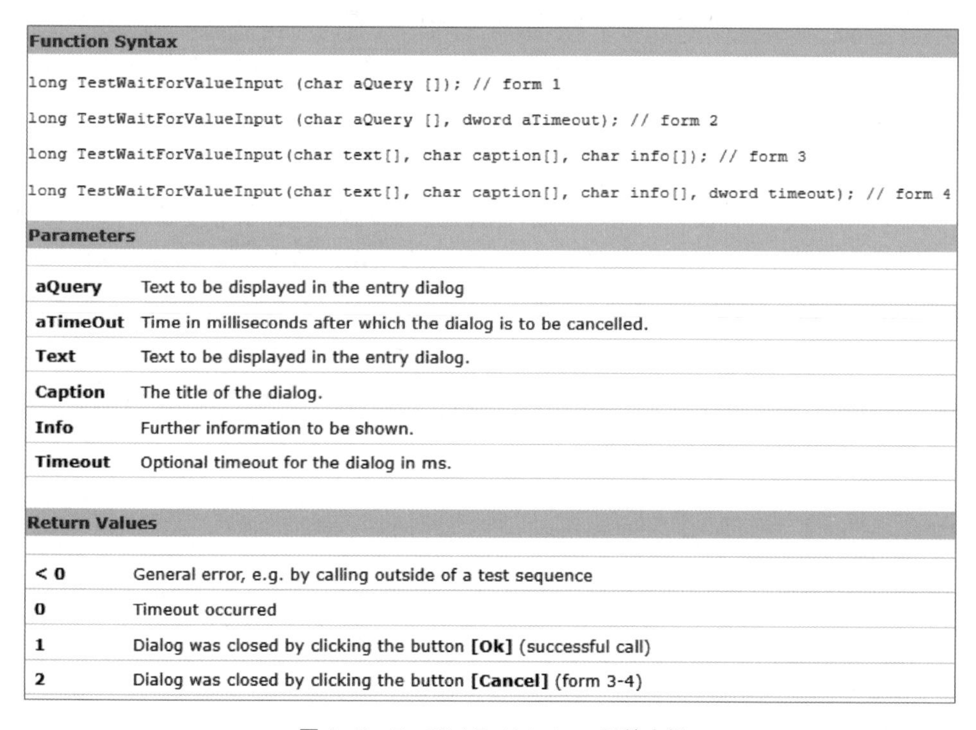

Function Syntax

```
long TestWaitForValueInput (char aQuery []); // form 1
long TestWaitForValueInput (char aQuery [], dword aTimeout); // form 2
long TestWaitForValueInput(char text[], char caption[], char info[]); // form 3
long TestWaitForValueInput(char text[], char caption[], char info[], dword timeout); // form 4
```

Parameters

aQuery	Text to be displayed in the entry dialog
aTimeOut	Time in milliseconds after which the dialog is to be cancelled.
Text	Text to be displayed in the entry dialog.
Caption	The title of the dialog.
Info	Further information to be shown.
Timeout	Optional timeout for the dialog in ms.

Return Values

< 0	General error, e.g. by calling outside of a test sequence
0	Timeout occurred
1	Dialog was closed by clicking the button **[Ok]** (successful call)
2	Dialog was closed by clicking the button **[Cancel]** (form 3-4)

图 4-42　TestWaitForValueInput 函数介绍

该函数有如下四种形式。

(1) 弹窗仅显示输入框和文字 aQuery，无超时时间。

(2) 弹窗仅显示输入框和文字 aQuery，有超时时间。

(3) 弹窗显示输入框、文字 Text、标题 Caption、额外信息 Info，有取消按钮，无超时时间。

(4) 弹窗显示输入框、文字 Text、标题 Caption、额外信息 Info，有取消按钮，有超时时间。

其中，形式(1)和形式(4)的对比见图 4-43。

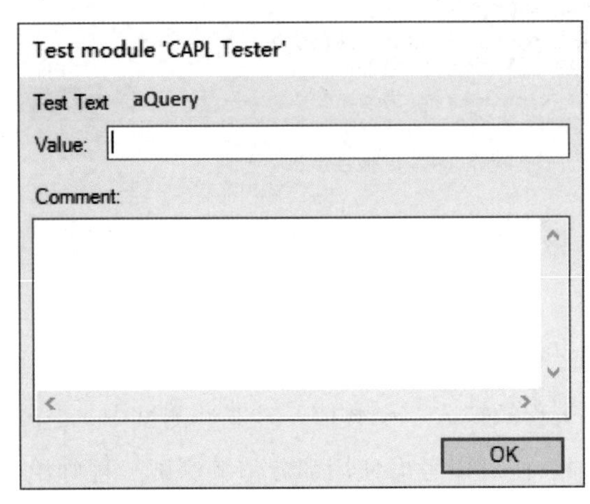

形式(1)

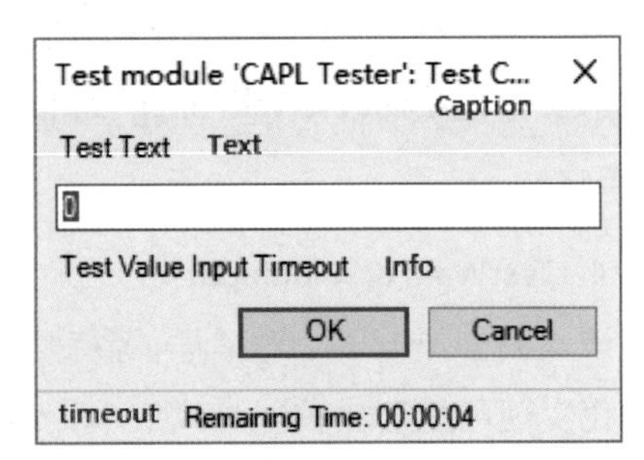

形式(4)

图 4-43 TestWaitForValueInput 函数弹窗对比

四种形式的返回值均可为：

- < 0，表示一般错误。
- 1，表示用户单击了"OK"按钮。

形式(2)和形式(4)有额外的超时参数，因此还可能返回 0，表示等待超时。形式(3)和形式(4)有额外的"Cancel"按钮，因此还可能返回 2，表示用户单击了"Cancel"按钮。以形式(4)为例，示例代码如下：

```
long res;
res =  TestWaitForValueInput("Test Text", "Test Caption", "Test Value Input Timeout", 
5000); //5000ms 内等待用户输入
if(res== 1) //返回 1,表示用户点击 OK
{
  testStepPass("TestWaitForValueInput","OK is pressed");
}
else if(res== 2) //返回 2,表示用户点击 Cancel
{
  testStepFail("TestWaitForValueInput","Cancel is pressed");
}
else if(res== 0) //返回 0,表示超时
{
  testStepFail("TestWaitForValueInput","No value input during 5000ms");
```

```
}
else //返回其他值，表示错误
{
  testStepFail("TestWaitForValueInput","General error");
}
```

报告中的显示效果如图 4-44 所示，每一行的信息介绍如下。

Time Stamp	Test Step	Title	Verdict
TF3			Pass
4.601262		Input Dialog **Dialog Information** Title: Test module 'CAPL Tester': Test Caption Message: Test Text Info: Test Value Input Timeout Buttons: OKCancel **User Interaction** Value: 3 Closed with: Ok	
4.601262	TestWaitForValueInput	OK is pressed	Pass

图 4-44　TestWaitForValueInput 测试报告示意

第一行：由函数 TestWaitForValueInput 自动添加的相关信息，包括弹窗中显示的信息(Dialog Information)以及用户在该窗口中的输入值和操作(User Interaction)。

第二行：函数 TestWaitForValueInput 返回 1 后，由 testStepPass 添加的信息，判定为 Pass。

如果在后续的测试过程中需要使用用户在弹窗中输入的值，可配合使用函数 TestGetValueInput 获取。具体的语法、参数描述、返回值描述见图 4-45。

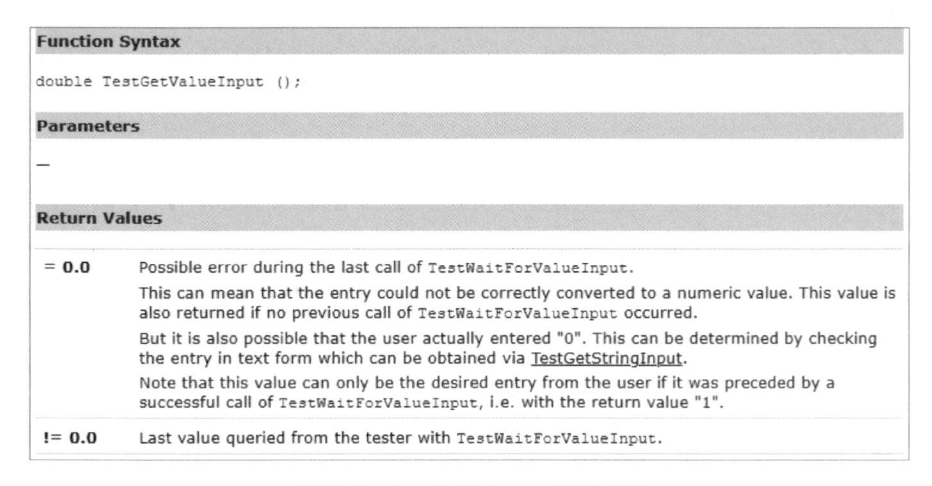

Function Syntax

`double TestGetValueInput ();`

Parameters

—

Return Values

= 0.0	Possible error during the last call of `TestWaitForValueInput`. This can mean that the entry could not be correctly converted to a numeric value. This value is also returned if no previous call of `TestWaitForValueInput` occurred. But it is also possible that the user actually entered "0". This can be determined by checking the entry in text form which can be obtained via TestGetStringInput. Note that this value can only be the desired entry from the user if it was preceded by a successful call of `TestWaitForValueInput`, i.e. with the return value "1".
!= 0.0	Last value queried from the tester with `TestWaitForValueInput`.

图 4-45　TestGetValueInput 函数介绍

TestGetValueInput 函数直接返回弹窗中的输入值。需要注意的是：如果返回值是 0，可能表示用户实际输入了“0”，也可能是由于使用该函数之前未使用 TestWaitForValueInput 函数获取用户输入值。因此，建议在确认 TestWaitForValueInput 返回 1 后再使用 TestGetValueInput。

示例代码如下：

```
long res;
float value;
res =  TestWaitForValueInput("Test Text", "Test Caption", "Test Value Input Timeout",
5000); //5000ms 内等待用户输入
if(res== 1)//返回 1,表示用户点击 OK
{
  testStepPass("TestWaitForValueInput","OK is pressed");
  value =  TestGetValueInput();//获取用户输入的数值
  testStep("TestWaitForValueInput","Input value is: % f",value);
}
```

4.4.3 测试中的背景检测

实际测试时，在顺序执行测试代码的过程中，可能还需要持续监测某些行为，例如检测过程中是否会有错误帧，这部分功能在 CAPL 中通过背景检测（Background Check）相关函数实现。

背景检测函数属于 CANoe 中的测试服务库（Test Service Library，TSL），可以在 CAPL/XML 测试模块和 vTESTstudio 测试单元中使用。在其他代码执行过程中，可创建对于报文周期、DLC、错误帧等的检测，并灵活控制相关检测的开始和停止，在检测过程中会持续监控是否有不符合条件的情况产生，并生成对应的测试结果，其执行情况也会自动记录在测试报告中，如图 4-46 所示。对于不符合条件的情况，还可以通过报告函数获取其详细信息。

4.4.3.1 背景检测过程介绍

背景检测首先需要通过检测函数指定期望检测的对象和限定条件，进而判断在测试过程中是否有不符合期望的情况产生。

背景检测函数通常以 ChkCreate 或 ChkStart 为前缀，其中 ChkCreat 系列函数仅用于创建一个检测，何时开始还需要通过控制函数 ChkControl_Start 来决定；而 ChkStart 系列函数则会在创建检测的同时开始检测。如果需要停止检测，则均需调用控制函数 ChkControl_Stop。

检测开始后，所有不符合期望的情况都会触发对应的事件，但如果需要在报告中自动报告 Failed 并记录这些事件，还需要使用函数 testAddCondition 或 testAddConstraint 添加

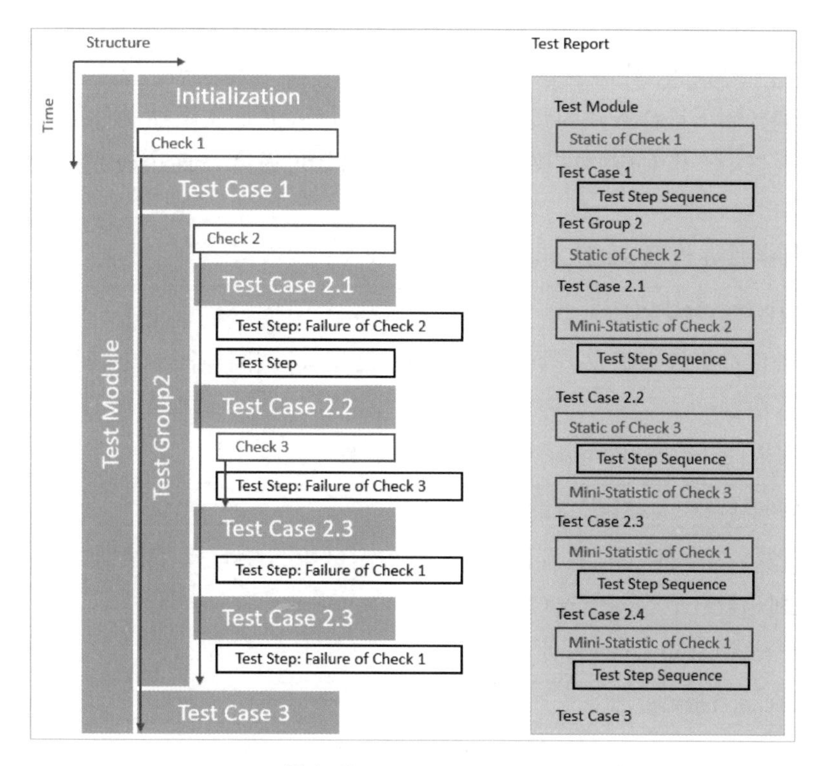

图 4-46　Background Check

条件或约束。

下面以图 4-47 为例说明背景检测过程中的一些情况。

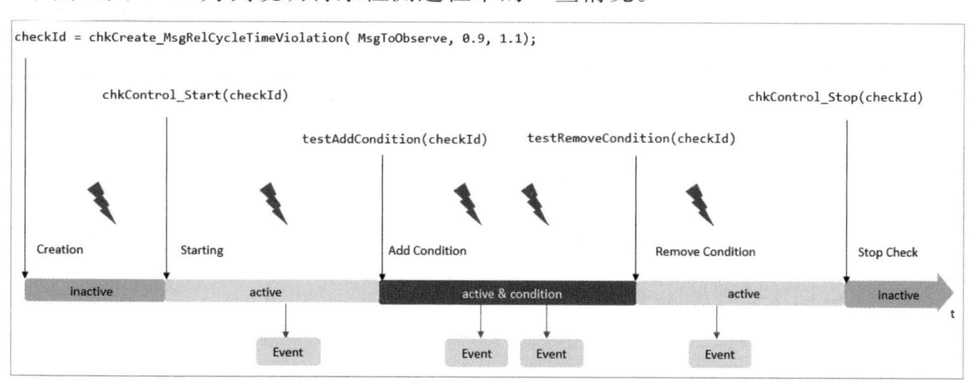

图 4-47　检测过程示例

（1）创建检测（Creation），代码如下：

```
checkID =  chkCreate_MsgRelCycleTimeViolation(MsgToObserver, 0.9, 1.1);
```

仅创建一个检测并返回句柄，在开始检测前即使有不符合条件的情况，也并不会触发冲突事件。

（2）开始检测（Starting），代码如下：

```
chkControl_Start(checkId);
```

从这一刻开始不符合条件的情况会触发冲突事件，但是在添加条件或约束前并不会自动在测试报告中产生对应的结果和记录。如有需要可通过 ChkQuery 系列函数来查询冲突事件。

（3）添加条件并检测(Add Condition)，代码如下：

```
testAddCondition(checkId);
```

不符合条件的事件会触发一条判定为“Fail”的记录，期间检测对象的相关行为都会自动记录在报告中。

（4）移除条件并检测(Remove Condition)，代码如下：

```
testRemoveCondition(checkId);
```

不符合条件的事件仅会触发冲突，不会在测试报告中自动记录，如有需要，可通过 ChkQuery 系列函数获取。与情况(2)类似。

（5）停止检测(Stop Check)，代码如下：

```
chkControl_Stop(checkId);
```

检测完全结束，不再检测任何相关事件。与情况(1)类似。

4.4.3.2 控制函数介绍

控制函数主要用于控制背景检测的开始、停止等，如表 4-5 所示。

表 4-5 控制函数

名称	描述
ChkControl_Start	开始或继续检测
ChkControl_Stop	停止检测，可通过 ChkControl_Start 重新开始
ChkControl_Reset	重置检测条件，即重新初始化检测的状态
ChkControl_Destroy	注销一个检测，无法继续访问

表 4-5 中的控制函数的用法都是类似的，下面以 ChkControl_Start 为例介绍，具体的语法、参数描述、返回值描述见图 4-48。

Function Syntax

```
long ChkControl_Start(dword aCheckId);
```

Method Syntax

```
check.Start();
```

Parameters

aCheckId	Must exist

Return Values

0	successful
< 0	error

图 4-48 ChkControl_Start 函数介绍

函数的参数“aCheckId”为使用 ChkCreate 系列函数创建检测后返回的句柄，必须存在有效的句柄，才可以使用控制函数。当函数调用成功时，返回 0，此时检测会正式开始；如果返回值小于 0，则表示有错误。具体的使用示例会在 4.4.3.4 小节中介绍。

4.4.3.3 条件和约束函数

条件和约束函数主要用于添加或移除条件和约束，便于在报告中自动显示与期望不符的事件，并在统计信息中显示详情，如表 4-6 所示。

表 4-6 条件和约束函数

名称	描述
TestAddCondition	添加一个事件或文本作为条件
TestAddConstraint	添加一个事件或文本作为约束
TestRemoveCondition	移除添加的事件或文本条件
TestRemoveConstraint	移除添加的事件或文本约束
TestCheckCondition	检测条件是否已经添加
TestCheckConstraint	检测约束是否已经添加

条件函数常用于检测被测系统，确保在测试过程中被测系统不会出现违反条件的情况，如果有则会导致测试结果为“Fail”。约束函数常用于检测测试环境或配置，以确保在整个测试过程中测试环境或配置不会出现阻碍测试正常执行的状态而导致不正确的测试结果。实际使用过程中，条件函数和约束函数在功能和判定结果上并无差异。

下面以 TestAddCondition 函数为例简单介绍函数的用法。具体的语法、参数描述、返回值描述见图 4-49。

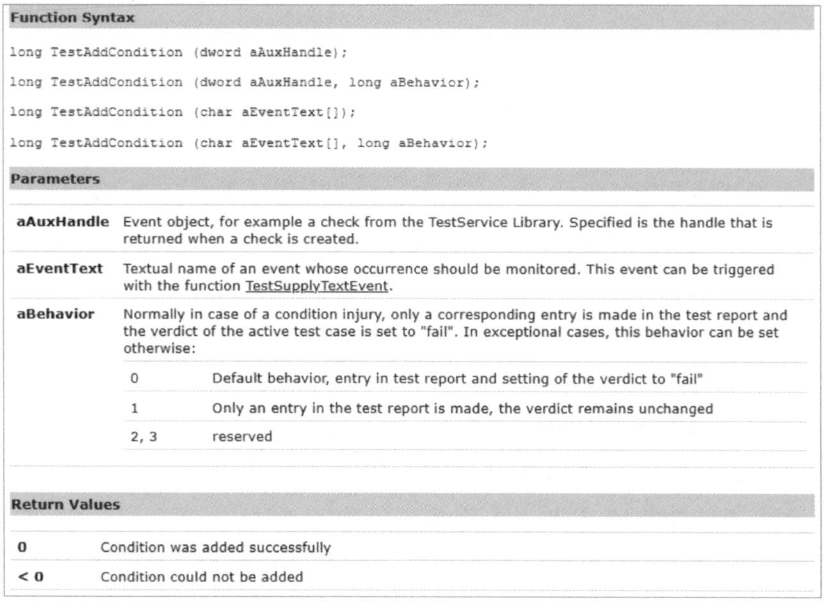

Function Syntax

```
long TestAddCondition (dword aAuxHandle);
long TestAddCondition (dword aAuxHandle, long aBehavior);
long TestAddCondition (char aEventText[]);
long TestAddCondition (char aEventText[], long aBehavior);
```

Parameters

aAuxHandle	Event object, for example a check from the TestService Library. Specified is the handle that is returned when a check is created.
aEventText	Textual name of an event whose occurrence should be monitored. This event can be triggered with the function TestSupplyTextEvent.
aBehavior	Normally in case of a condition injury, only a corresponding entry is made in the test report and the verdict of the active test case is set to "fail". In exceptional cases, this behavior can be set otherwise:

0	Default behavior, entry in test report and setting of the verdict to "fail"
1	Only an entry in the test report is made, the verdict remains unchanged
2, 3	reserved

Return Values

0	Condition was added successfully
< 0	Condition could not be added

图 4-49 TestAddCondition 函数介绍

参数说明如下。

- aAuxHandle：对应的是一个事件对象，例如通过 Test Service Library 中的背景检测函数创建检测后返回的句柄。
- aEventText：对应一个触发事件的文本名称，该事件通常通过函数 TestSupplyTextEvent 触发。
- aBehavior：对应条件冲突时的行为，0 表示测试报告中会添加相关信息，且判定结果设为“Fail”；1 表示仅在测试报告中添加相关信息，不会改变判定结果；2、3 为保留值。对于不包含该参数的函数形式，使用默认值 0。

当函数调用成功时，返回 0；如果返回值小于 0，则表示有错误。

与背景检测函数一起使用的示例会在 4.4.3.4 小节中介绍，这里介绍检测文本事件的用法，示例代码如下：

```
testcase TC9()
{
  testStep("textual event","add condition");
  TestAddCondition("ErrorFrameReceived"); //添加文本事件"ErrorFrameReceived"
  TestWaitForTimeout(1000); //等待 1000ms，期间会一直检测文本事件是否触发
  testStep("textual event","remove condition");
  TestRemoveCondition("ErrorFrameReceived"); //移除文本事件"ErrorFrameReceived"
}

//用于在收到错误帧时触发文本事件
on errorFrame
{
   TestSupplyTextEvent("ErrorFrameReceived"); //触发文本事件"ErrorFrameReceived"
}
```

上述代码直接使用 TestAddCondition 将文本事件“ErrorFrameReceived”作为检测对象，在 1 000 ms 的时间内持续检测事件是否触发。而文本事件的触发则是通过在“on errorFrame”中调用 TestSupplyTextEvent 来实现的。

使用上述代码可以实现类似函数 ChkCreate_ErrorFramesOccured 的错误帧检测的功能，但是只会在条件冲突时在报告中直接添加“Condition violation”信息，并根据所选 aBehavior 设置判定结果，不会有额外的统计信息显示在报告中。测试报告如图 4-50 所示。

Time Stamp	Test Step	Title	Verdict
0.000000	textual event	add condition	
0.100040	Condition violation	: TextEvent 'ErrorFrameReceived'	Fail
0.300040	Condition violation	: TextEvent 'ErrorFrameReceived'	Fail
0.500040	Condition violation	: TextEvent 'ErrorFrameReceived'	Fail
0.700040	Condition violation	: TextEvent 'ErrorFrameReceived'	Fail
0.900040	Condition violation	: TextEvent 'ErrorFrameReceived'	Fail
1.000000		Waited for 1000 ms.	
1.000000	textual event	remove condition	

图 4-50　TestAddCondition 测试报告示例

4.4.3.4　常用背景检测函数

前文已经介绍过，背景检测函数通常都有前缀 ChkCreate 或 ChkStart，背景检测函数的命名规则也相对统一，均以可能产生的冲突或错误命名，而不是根据假定一切正常的情况来命名。例如，对于周期检测，函数使用的名称为 ChkCreate_CycleTimeViolation 而非 ChkCreate_CycleTimeOK。

完整的检测函数列表可以通过帮助文档的 CAPL Functions → Test Service Library → Check Overview 进行查看。本节将介绍其中几个常用的函数。

1. 周期检测

周期检测函数可用于检测目标报文是否按照期望的周期在允许的偏差范围内发送，共有三种形式，如表 4-7 所示。

表 4-7　周期检测函数

名称	描述
ChkCreate_MsgAbsCycleTimeViolation/ ChkStart_MsgAbsCycleTimeViolation	创建/开始周期检测，对象为单条报文，上下限值采用周期绝对值，适用于 CAN、FlexRay、J1939、A429 和 Ethernet
ChkCreate_MsgRelCycleTimeViolation/ ChkStart_MsgRelCycleTimeViolation	创建/开始周期检测，对象为单条报文，上下限值采用数据库中定义的发送周期的相对值，适用于 CAN、FlexRay 和 J1939
ChkCreate_NodeMsgsRelCycleTimeViolation/ ChkStart_NodeMsgsRelCycleTimeViolation	创建/开始周期检测，对象为某节点发送的所有报文，上下限值采用数据库中定义的发送周期的相对值，适用于 CAN 和 FlexRay

ChkCreate 和 ChkStart 两个前缀的差异前面已经介绍过了。而表 4-7 中三种不同形式的主要区别在于检测对象、上下限值以及适用总线范围不同，使用方法都是类似的。

下面以 ChkCreate_MsgRelCycleTimeViolation 函数在 CAN 上的使用为例进行介绍。具体的语法、参数描述、返回值描述见图 4-51。

Function Syntax

```
dword ChkCreate_MsgRelCycleTimeViolation (dbMsg aObservedMessage, double aMinRelCycleTime, double aMaxRelCycleTime, Callback aCallback);

dword ChkCreate_MsgRelCycleTimeViolation(dword aMessageId, double aMinRelCycleTime, double aMaxRelCycleTime, char[] aCallback);

dword ChkCreate_MsgRelCycleTimeViolation(char[] aMessageName, double aMinRelCycleTime, double aMaxRelCycleTime, char[] aCallback);
```

Parameters

Parameter	Description
aObservedMessage	The observed message in symbolic form, e.g.: "MotorData", whose occurrence is to be monitored. Message must exist in database
aMinRelCycleTime	0: Limit is not checked 0 < x < 1: Limit is checked
aMaxRelCycleTime	0: Limit is not checked 1 < x < ∞: Limit is checked
aCallback	In simulation nodes this parameter has to be set. In test modules this parameter is optional.
aMessageId	The ID of the message whose cycle time is to be observed.
aMessageName	The Name of the message whose cycle time is to be observed.

Return Values

Value	Description
0	Check could not be created and must not be referenced
> 0	Check was created successfully and may be referenced using the returned (handle-) value

图 4-51　ChkCreate_MsgRelCycleTimeViolation 函数介绍

该函数检测时采用的是数据库中定义的发送周期的相对值，因此都是需要针对在数据库中定义为周期发送的报文来使用的。如果检测对象是数据库中未定义的报文，或数据库未将其定义为周期报文，则需要使用 ChkCreate_MsgAbsCycleTimeViolation 函数。

该函数可用于 CAN 总线的共有三种形式，适用其他总线的形式可在帮助文档中查看。三种形式使用的参数略有差异，具体如下。

- aObservedMessage：检测的报文在数据库中的名称。
- aMinRelCycleTime：相对周期下限。期望最小报文发送周期与数据库中定义的报文发送周期值的比值，有效范围(0,1)，等于 0 则表示不检测。
- aMaxRelCycleTime：相对周期上限。期望最大报文发送周期与数据库中定义的报文发送周期值的比值，有效范围(1,∞)，等于 0 则表示不检测。
- aCallback：出现冲突事件时触发的回调函数，在仿真节点中必须定义，在测试节点中为可选参数。
- aMessageId：检测的报文的 ID 数值。
- aMessageName：检测的报文在数据库中的名称，为字符串形式。

三种形式在进行检测时用法都是一样的，差异主要在于对目标报文的定义方式。其中，aObservedMessage 和 aMessageName 的主要区别在于，前者直接使用数据库中的报文名称，而后者需要传递一个字符串，在某些需要批量测试的情况下，以字符串的方式进行参数传递会更方便。例如，对于数据库中定义的报文 Console_1，ID 为 0x1A0，在使用时，三种方式的代码分别如下：

```
ChkCreate_MsgRelCycleTimeViolation (Console_1, 0.9, 1.1); //使用 aObservedMessage
ChkCreate_MsgRelCycleTimeViolation (0x1A0, 0.9, 1.1); //使用 aMessageId
ChkCreate_MsgRelCycleTimeViolation ("Console_1", 0.9, 1.1,""); //使用 aMessageName
```

当背景检测创建成功时，函数会返回一个大于 0 的数值，作为该检测对应的句柄。如果由于某些原因无法创建检测，则会返回 0，可能的原因包括：

- 周期参考值不在规定范围内；
- 检测的周期上限和下限同时为 0；
- 目标报文在数据库中未定义；
- 目标报文为非周期报文；
- 目标报文为周期报文，但是周期值为 0 或不可用；
- 触发时期望调用的回调函数不存在。

出现错误时，函数通常都会直接判定为 Fail，并在报告中自动添加相关信息，如图 4-52 所示，每一行的信息介绍如下。

Main Part

Time Stamp	Test Step	Title	Verdict
4.600219		Cycle Time Relative: Database information incomplete: Message id 291 (0x123) could not be found in DB for this node. Check Could not be created.	Fail
4.600219		Cycle Time Relative: Test Specification wrong: Check 1: CAPL function 'myCallback' not available or with wrong signature. Expected is void func(dword) or void func(TestCheck)	Fail
4.600219		Cycle Time Relative: Test Specification wrong: Max-relative cycle time has invalid value. Must be 1 or greater. Please correct the parameter.	Fail

图 4-52 ChkCreate_MsgRelCycleTimeViolation 报错信息示例

第一行：由于待测报文 ID 在数据库中未定义而报错。

第二行：由于回调函数未定义而报错。

第三行：由于相对周期的最大值小于 1 而报错。

正确定义函数并添加条件开始检测后，报告中会自动生成检测持续时间内的统计信息。对于周期检测，统计信息中包含如下内容。

- Runtime of the statistic：统计持续的时间。
- Number of failures：超出预期周期范围的报文数量(至少有 1 个时才会显示)。
- Number of samples：总共检测的周期报文数量。
- Message ID：待测报文 ID。
- Minimal measured cycle time：检测过程中目标报文的最小周期。
- Maximal measured cycle time：检测过程中目标报文的最大周期。

● Average cycle time：所有检测到的报文的周期平均值。

● Failure ratio（in %）：超出预期周期范围的报文占全部报文的比例。

在“Distribution of measured times”表中，还会给出检测到的报文周期（即相邻两条目标报文的间隔时间）在不同时间区间的分布情况。报文周期检测的示例代码如下：

```
//创建检测，对象为数据库中定义的报文 Console_1，检测范围为数据库中定义的周期值的 0.9 至 1.1 倍
checkId = ChkCreate_MsgRelCycleTimeViolation (Console_1, 0.9, 1.1);

testStep("message cycle time","create check");
testWaitForTimeout(100);
ChkControl_Start(checkId); //开始检测
testStep("message cycle time","start check");
testWaitForTimeout(100);
TestAddCondition(checkId); //添加条件
testStep("message cycle time","add condition");
testWaitForTimeout(1000);//等待 1000ms，期间会一直检测报文周期

TestRemoveCondition(checkId); //移除条件
testStep("message cycle time","remove condition");
ChkControl_Stop(checkId); //停止检测
testStep("message cycle time","stop check");
```

运行后的报告如图 4-53 所示，在添加条件后，如果有与期望周期不一致的情况，会在报告中自动添加“Condition violation”信息报告详情。图中上方的“Background Checks”区域会显示额外的统计信息：统计了 1 000 ms 内 ID 为 0x1A0 的报文的周期情况，周期最小值为 1.154 ms，最大值为 20.154 ms，共有 5 个周期时间不在期望的区间内。图中下方可以看到有 1 条报文周期为 18.8～19.2 ms，38 条报文周期为 19.6～20 ms，9 条报文周期为 20～20.4 ms，这 48 条报文的周期都是符合期望 18～22 ms 的，但还有 5 条报文周期小于等于 16 ms，故被认定为“Fail”。

2. 数据长度检测

数据长度检测函数用于检测总线上发送的报文的 DLC(Data Length Code，数据长度)是否与数据库中定义的报文的 DLC 值一致。可用于 CAN 和 FlexRay 总线，对应的函数有三种形式，如表 4-8 所示。

Background Checks

Cycle Time Relative — Fail

Statistic	
Runtime of the statistic	1000 ms
Number of failures	5
Number of samples	53
Message ID	416 (0x1A0)
Minimal measured cycle time	1.154 ms
Maximal measured cycle time	20.154 ms
Average cycle time	18.867924 ms
Failure ratio (in %)	9.61538

Distribution of measured times																					
<= 16 ms	16 ms - 16.4 ms	16.4 ms - 16.8 ms	16.8 ms - 17.2 ms	17.2 ms - 17.6 ms	17.6 ms - 18 ms	18 ms - 18.4 ms	18.4 ms - 18.8 ms	18.8 ms - 19.2 ms	19.2 ms - 19.6 ms	19.6 ms - 20 ms	20 ms - 20.4 ms	20.4 ms - 20.8 ms	20.8 ms - 21.2 ms	21.2 ms - 21.6 ms	21.6 ms - 22 ms	22 ms - 22.4 ms	22.4 ms - 22.8 ms	22.8 ms - 23.2 ms	23.2 ms - 23.6 ms	23.6 ms - 24 ms	> 24 ms
5	0	0	0	0	0	0	0	1	0	38	9	0	0	0	0	0	0	0	0	0	0

Main Part

Time Stamp	Test Step	Title	Verdict
0.000000	message cycle time	create check	
0.100000		Waited for 100 ms.	
0.100000		Cycle Time Relative: Check Start	
0.100000	message cycle time	start check	
0.200000		Waited for 100 ms.	
0.200000	message cycle time	add condition	
0.333174	Condition violation	Cycle Time Relative: Minimum cycle time violation for CAN message 'Console_1' ID = 416 (0x1A0) on bus CAN. Time = 13 ms	Fail
0.340174	Condition violation	Cycle Time Relative: Minimum cycle time violation for CAN message 'Console_1' ID = 416 (0x1A0) on bus CAN. Time = 7 ms	Fail
0.666174	Condition violation	Cycle Time Relative: Minimum cycle time violation for CAN message 'Console_1' ID = 416 (0x1A0) on bus CAN. Time = 6 ms	Fail
0.680174	Condition violation	Cycle Time Relative: Minimum cycle time violation for CAN message 'Console_1' ID = 416 (0x1A0) on bus CAN. Time = 14 ms	Fail
1.000328	Condition violation	Cycle Time Relative: Minimum cycle time violation for CAN message 'Console_1' ID = 416 (0x1A0) on bus CAN. Time = 1.154 ms	Fail
1.200000		Waited for 1000 ms.	
1.200000	message cycle time	remove condition	
1.200000		Cycle Time Relative: Check End	
1.200000	message cycle time	stop check	

图 4-53　ChkCreate_MsgRelCycleTimeViolation 测试报告示例

表 4-8 数据长度检测函数

名称	描述
ChkCreate_InconsistentDLC/ ChkStart_InconsistentDLC	创建/开始 DLC 检测,对象为单条报文
ChkCreate_InconsistentTxDLC/ ChkStart_InconsistentTxDLC	创建/开始 DLC 检测,对象为某个节点发送的所有报文
ChkCreate_InconsistentRxDLC/ ChkStart_InconsistentRxDLC	创建/开始 DLC 检测,对象为某个节点发送的所有报文

以上三种形式的主要区别在于检测对象不同,使用方法都是类似的。下面仅以 ChkCreate_InconsistentTxDLC 函数的使用为例进行介绍。具体的语法、参数描述、返回值描述见图 4-54。

Function Syntax

```
dword ChkCreate_InconsistentTxDLC(Node aNode, char [] aCallback);
```

Parameters

aNode	Must exist in the database.
aCallback	This parameter must be specified in simulation nodes; it is optional in test modules.

Return Values

0	Check could not be created and may not be referenced.
> 0	Check was created successfully and can be referenced with the help of the returned (Handle) value.

图 4-54 ChkCreate_InconsistentTxDLC 函数介绍

该函数的参数比较简单。

- aNode:数据库中定义的节点。
- aCallback:出现冲突事件时触发的回调函数,在仿真节点中必须定义,测试节点中可选。

数据库中会定义节点收发报文的通信矩阵,函数 ChkCreate_InconsistentTxDLC 就是以 aNode 节点发送的所有报文为检测对象。在开始检测至停止检测期间,如果有与数据库中定义的 DLC 不符的情况,则报告 Fail 并记录相关信息。

当检测创建成功时,函数会返回一个大于 0 的数值,作为该检测对应的句柄。如果由于某些原因无法创建检测,则会返回 0。可能的原因包括:

- 指定的节点在数据库中未定义;
- 触发时期望调用的回调函数不存在。

与报文周期检测函数类似,出现错误时,也会直接导致函数判定为 Fail 并在报告中自动添加相关信息。

正确定义函数并添加条件开始检测后，报告中会自动生成检测持续时间内的统计信息。对于 DLC 检测，统计信息中包含如下内容。

- Runtime of the statistic：统计持续的时间。
- Number of failures：DLC 不符合预期的报文数量（至少有 1 个时才会显示）。
- Number of samples：总共检测的报文数量。
- Failure ratio（in %）：DLC 不符合预期的报文占全部报文的比例（至少有 1 个时才会显示）。
- Messages with invalid DLC（failures/samples）：DLC 不符合预期的报文 ID，以及该报文对应的检测失败数量/检测的总数（同时检测多条报文时才会显示）。

示例代码如下：

```
checkId = ChkCreate_InconsistentTxDLC(Console); //检测节点 Console 发出的报文的 DLC

testStep("DLC","create check");
testWaitForTimeout(100);

ChkControl_Start(checkId); //开始检测
testStep("DLC","start check");
TestAddCondition(checkId); //添加条件
testStep("DLC","add condition");

testWaitForTimeout(1000);//等待 1000ms，期间会一直检测 Console 节点发出的报文的 DLC

TestRemoveCondition(checkId); //移除条件
testStep("DLC","remove condition");
ChkControl_Stop(checkId); //停止检测
testStep("DLC","stop check");
```

上述代码运行后的测试报告如图 4-55 所示。

从统计信息中可以看到：检测持续的 1 000 ms 时间内，节点 Console 共发出 53 条报文，其中有 1 条报文的 DLC 不符合预期。导致 Fail 的报文 ID 为 0x1A0，该报文共发送了 51 条，其中 1 条的 DLC 不符合预期。

图 4-55 下方的测试步骤详情中也可以看到“Condition violation”信息，即此时出现的 ID 为 0x1A0 的报文 DLC 为 3，而期望是 4。

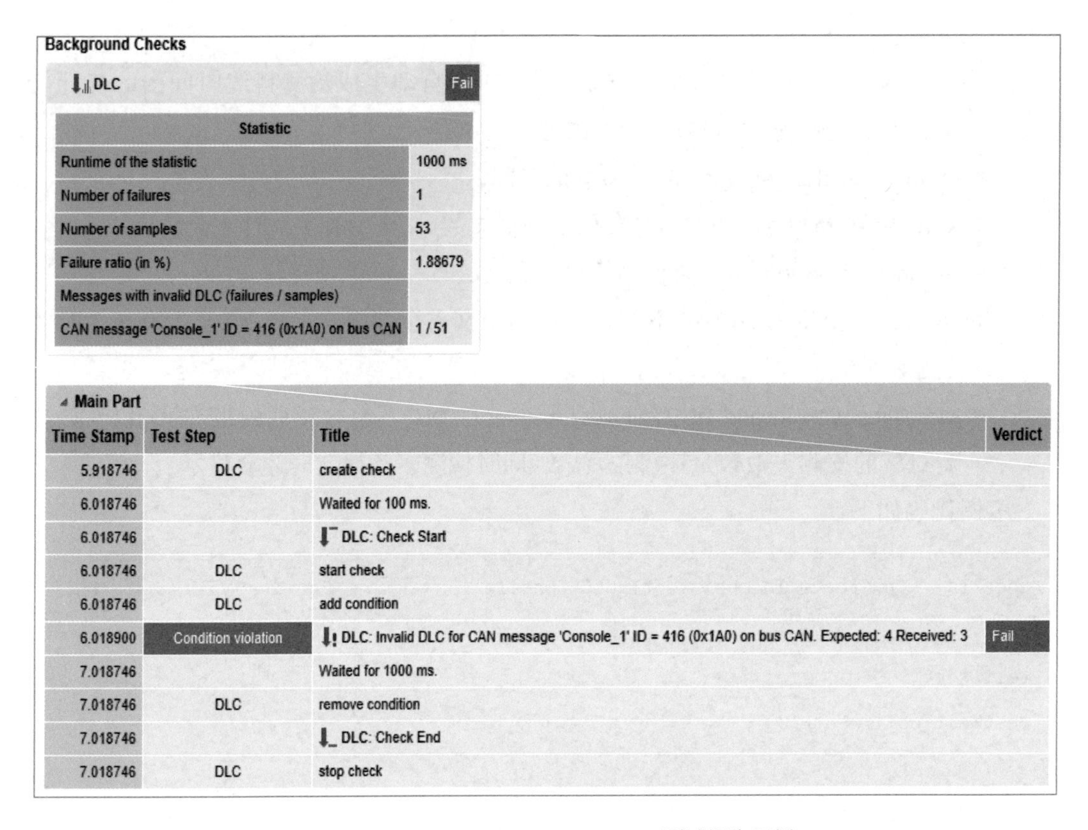

Background Checks

DLC Fail

Statistic	
Runtime of the statistic	1000 ms
Number of failures	1
Number of samples	53
Failure ratio (in %)	1.88679
Messages with invalid DLC (failures / samples)	
CAN message 'Console_1' ID = 416 (0x1A0) on bus CAN	1 / 51

Main Part

Time Stamp	Test Step	Title	Verdict
5.918746	DLC	create check	
6.018746		Waited for 100 ms.	
6.018746		DLC: Check Start	
6.018746	DLC	start check	
6.018746	DLC	add condition	
6.018900	Condition violation	DLC: Invalid DLC for CAN message 'Console_1' ID = 416 (0x1A0) on bus CAN. Expected: 4 Received: 3	Fail
7.018746		Waited for 1000 ms.	
7.018746	DLC	remove condition	
7.018746		DLC: Check End	
7.018746	DLC	stop check	

图 4-55 ChkCreate_InconsistentTxDLC 测试报告示例

3. 错误帧检测

错误帧检测函数用于检测总线上出现的错误帧数量是否在允许范围内，对应的函数为 ChkCreate_ErrorFramesOccured 和 ChkStart_ErrorFramesOccured。

下面以 ChkCreate_ErrorFramesOccured 函数为例说明错误帧检测函数的用法。具体的语法、参数描述、返回值描述见图 4-56。

该函数共有四种形式，不同形式使用的参数略有差异。

- MinCountOfErrorFrames：需要出现的错误帧数量的最小值，不带该参数的形式使用默认值 0。仅在 Timeout 不为 0 时检测。
- MaxCountOfErrorFrames：允许出现的错误帧数量的最大值，不带该参数的形式使用默认值 0。
- Timeout：检测持续的时间，结束后停止检测。默认单位为 ms，可由配置函数 ChkConfig_SetPrecision 配置为其他单位。设为 0 则表示由控制函数 ChkControl_Stop 控制其停止。
- CaplCallbackFunction：出现冲突事件时触发的回调函数，在仿真节点中必须定义，在测试节点中可选。

Function Syntax

```
dword ChkCreate_ErrorFramesOccured (long MinCountOfErrorFrames, long MaxCountOfErrorFrames,
dword Timeout, char CaplCallbackFunction[]);

dword ChkCreate_ErrorFramesOccured (long MinCountOfErrorFrames, long MaxCountOfErrorFrames,
dword Timeout);

dword ChkCreate_ErrorFramesOccured (char CaplCallbackFunction[]);

dword ChkCreate_ErrorFramesOccured ();
```

Parameters

MinCountOfErrorFrames	Minimum number of Error Frames that must be received. This parameter is set to 0 in signatures without parameter. Only check when 'Timeout != 0'
MaxCountOfErrorFrames	Maximum number of Error Frames that may occur. This parameter is set to 0 in signatures without parameter.
Timeout	The check is automatically stopped after this time. The check is no longer in progress. If the timeout is specified with zero, it behaves like all other checks. It runs until the ChkControl_Stop(id) function is called. Default unit [ms], if not changed with ChkConfig_SetPrecision.
CaplCallbackFunction	In simulation nodes this parameter has to be set. In test modules this parameter is optional.

Return Values

0	Check could not be created and must not be referenced
> 0	Check was created successfully and may be referenced using the returned (handle-) value.

图 4-56　ChkCreate_ErrorFramesOccured 函数介绍

在开始检测至停止检测期间，如果有与期望的错误帧数量不符的情况，则报告 Fail 并记录相关信息。当检测创建成功时，函数会返回一个大于 0 的数值，作为该检测对应的句柄。如果由于某些原因无法创建检测，则会返回 0。可能的原因包括：

- 参数 MinCountOfErrorFrames 大于 MaxCountOfErrorFrames；
- 触发时期望调用的回调函数不存在。

与周期检测函数类似，出现错误时，也会直接导致函数判定为“Fail”并在报告中自动添加相关信息。

正确定义函数并添加条件开始检测后，报告中会自动生成检测持续时间内的统计信息。对于错误帧检测，统计信息中包含下列内容。

- Runtime of the statistic：统计持续的时间。
- Number of failures：错误帧超出期望最大值的数量（至少有 1 个时才会显示）。
- Number of Error Frames：总共收到的错误帧数量（至少有 1 个时才会显示）。
- Rate in Error Frame/min：按比例计算每分钟错误帧的平均数（至少有 1 个时才会显示）。

示例代码如下：

```
    checkId =  ChkCreate_ErrorFramesOccured(0,1,1000); //检测错误帧数量,不允许超过 1,检测
时间 1000ms

    testStep("error frame","create check");
    testWaitForTimeout(100);

    ChkControl_Start(checkId); //开始检测
    testStep("error frame","start check");
    TestAddCondition(checkId); //添加条件
    testStep("error frame","add condition");

    testWaitForTimeout(2000);//等待 2000ms,其中前 1000ms 会检测出现的错误帧

    TestRemoveCondition(checkId); //移除条件
    testStep("error frame","remove condition");
```

与之前介绍的其他检测函数不同,函数 ChkCreate_ErrorFramesOccured 中直接指定了检测持续的时间为 1 000 ms,因此并不需要单独调用 ChkControl_Stop 函数来停止检测。即使后续通过 testWaitForTimeout 函数等待了 2 000 ms,实际检测持续的时间也只有 1 000 ms。

上述示例代码运行后的测试报告如图 4-57 所示。

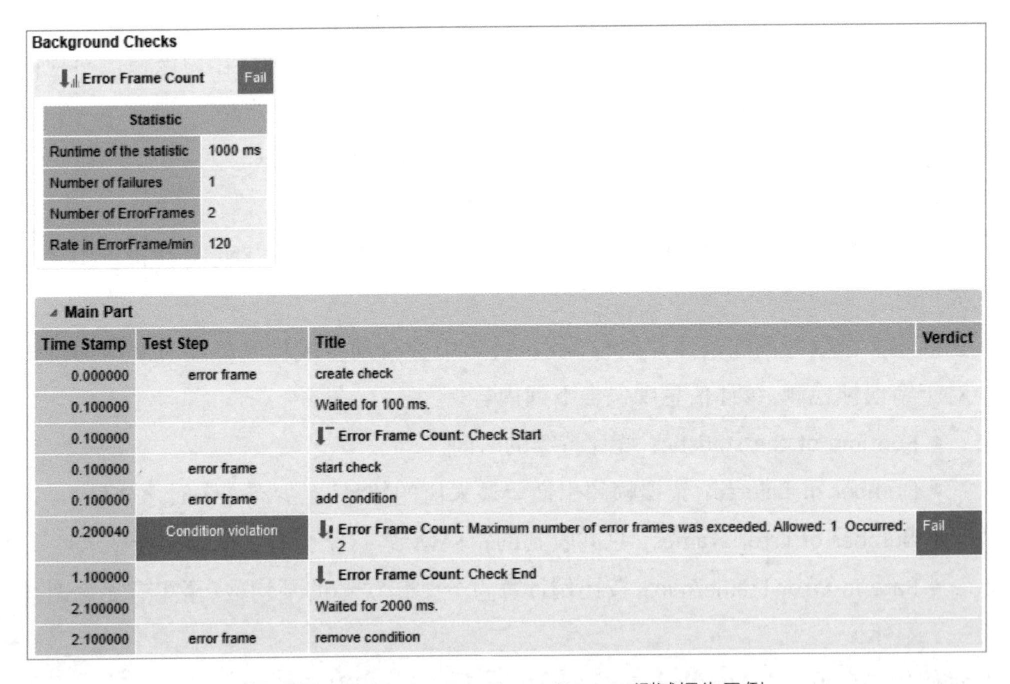

Background Checks

Error Frame Count — Fail

Statistic	
Runtime of the statistic	1000 ms
Number of failures	1
Number of ErrorFrames	2
Rate in ErrorFrame/min	120

Main Part

Time Stamp	Test Step	Title	Verdict
0.000000	error frame	create check	
0.100000		Waited for 100 ms.	
0.100000		Error Frame Count: Check Start	
0.100000	error frame	start check	
0.100000	error frame	add condition	
0.200040	Condition violation	Error Frame Count: Maximum number of error frames was exceeded. Allowed: 1 Occurred: 2	Fail
1.100000		Error Frame Count: Check End	
2.100000		Waited for 2000 ms.	
2.100000	error frame	remove condition	

图 4-57　ChkCreate_ErrorFramesOccured 测试报告示例

从统计信息中可以看到：检测持续的 1 000 ms 时间内，有 1 个与预期不符的错误帧，而出现的错误帧总数为 2 个，因此，按比例计算出在 1 min 的时间内出现的错误帧平均数为 120 个。

从图 4-57 下方的测试步骤详情中可以看到“Condition violation”信息，即此时出现了 1 个超出预期的错误帧，允许的错误帧数量为 1，实际出现了 2 个。

4.5 Debug 功能介绍

对于使用 CAPL/.NET 开发的测试脚本，CANoe 还提供 Debug(调试)功能来对代码进行调试。在测试模块中，Debug 功能在 Simulated Bus 和 Real Bus 模式下均可使用。

仿真节点中 CAPL/.NET 开发的脚本也可用使用调试功能，但仅可在 Simulated Bus 下使用。

在“CAPL Tester”窗口中点击图标(图 4-58)即可打开调试器(图 4-59)。

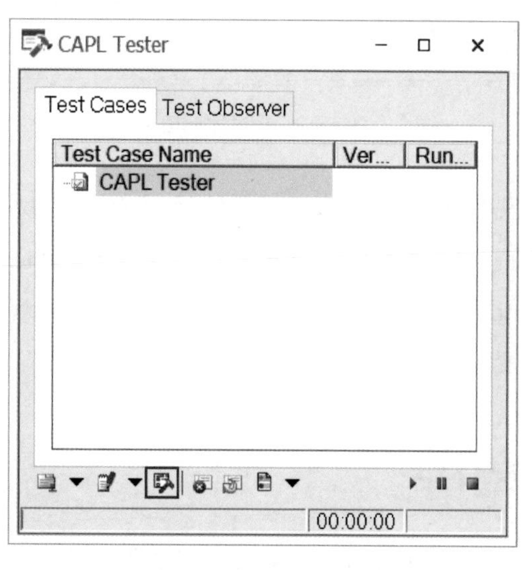

图 4-58　CAPL Test Module 中的 Debug 功能

如果需要激活 Debug 功能，需要先选择按钮将其激活。在代码区域，可以通过单击某一行左侧灰色区域，或对某一行单击鼠标右键插入断点(图 4-59 中橙色高亮区域)。

在测试模块运行过程中，工具栏中最左侧的三个按钮会激活。

：开始调试或继续调试直至下一个断点。

：单步调试，会进入子函数。

：单步调试，不会进入子函数，而是将其作为一个整体执行。

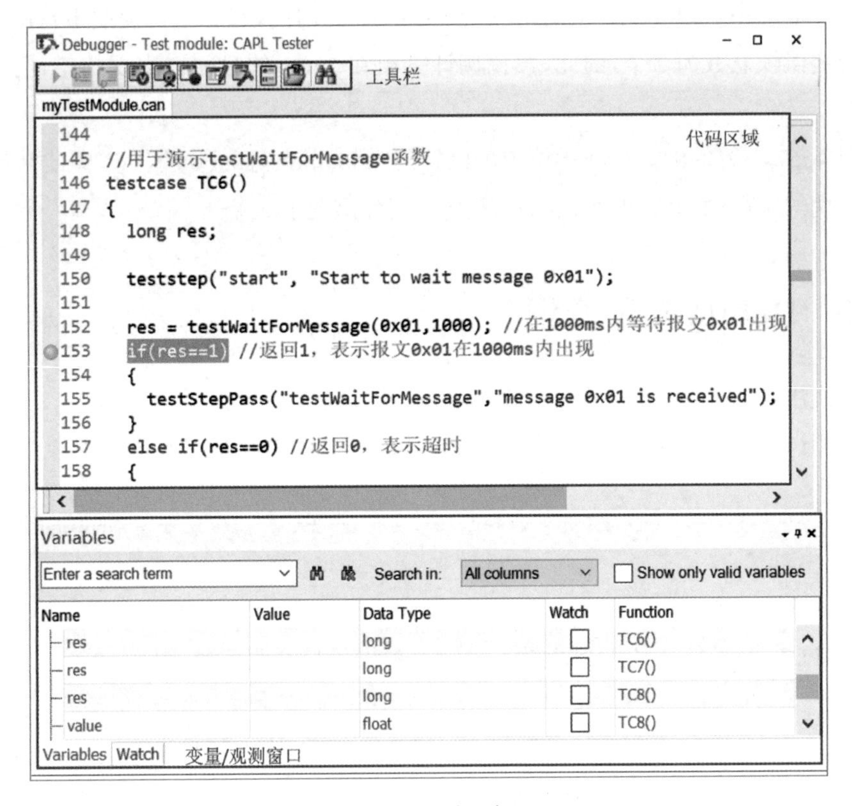

图 4-59　调试器窗口

调试过程中如需要观测变量，可单击工具栏的或按钮分别打开“Variables”标签页或“Watch”标签页，标签页会出现在调试器窗口的下方。“Variables”标签页会显示所有变量，勾选变量对应的“Watch”列的复选框，即可将其添加至“Watch”标签页。“Watch”标签页可以查看需要关注的变量。

■ 4.6　测试报告介绍

传统的测试报告是 XML/HTML 格式的，可通过浏览器查看。而新的测试报告则是 Test Report Viewer 格式的，通过自带的工具“Vector CANoe Test Report Viewer”查看。CANoe 中默认配置的测试报告格式为 Test Report Viewer，这也是推荐使用的格式。相较 XML/HTML 格式，它可以更灵活地进行信息的筛选过滤，提高报告分析的效率。

4.6.1　测试报告格式及配置

配置测试报告的文件格式需通过选择 File → Options → General → Test Feature Set → Reporting File Format 进行，如图 4-60 所示。

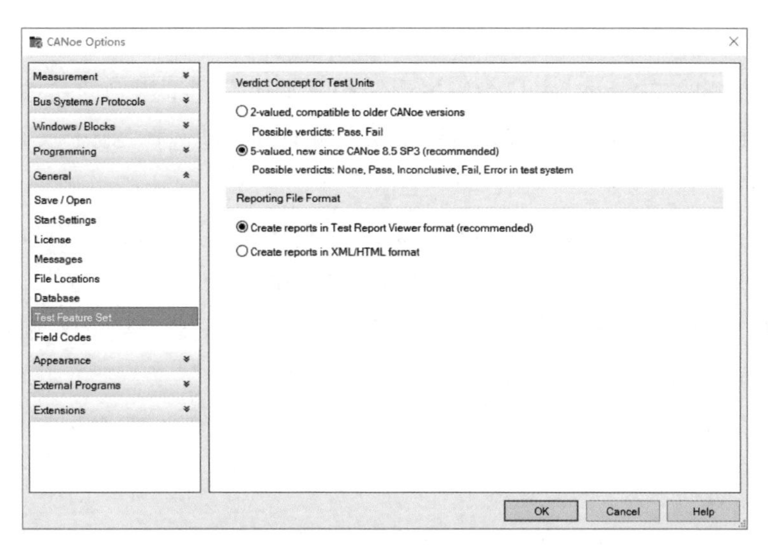

图 4-60　配置测试报告的文件格式

4.6.2　测试报告分析工具

选择的测试报告格式为 Test Report Viewer 时，会生成后缀为.vtestreport 的测试报告文件。双击生成的文件，或单击“Test Module”窗口的 按钮，即可通过“Vector CANoe Test Report Viewer”工具查看报告，如图 4-61 所示。

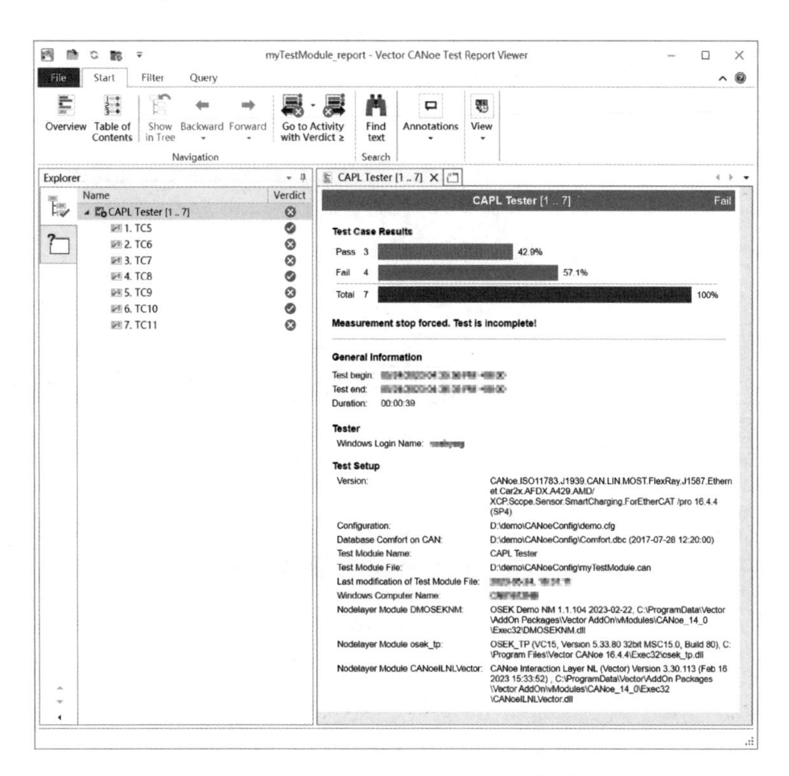

图 4-61　用 Test Report Viewer 工具查看报告

4.6.2.1 常用功能

图 4-61 左侧的“Explorer”窗口会以树形结构显示所有测试用例的名称及判定结果。选择 Start → Overview，右侧默认显示概览信息。可通过手动选择“Start”菜单下的功能切换显示内容。

- 如果选择 Start → Table of Contents，则会显示与左侧“Explorer”窗口类似的信息，即所有测试用例的名称及运行结果，如图 4-62 所示。
- 如果单独选择左侧树形结构中的某条测试用例，则右侧会显示该测试用例的具体执行步骤，如图 4-63 所示。

如有需要，右侧区域还可以通过添加 Tab 新增显示的标签页，每个标签页均可独立选择要显示的内容。

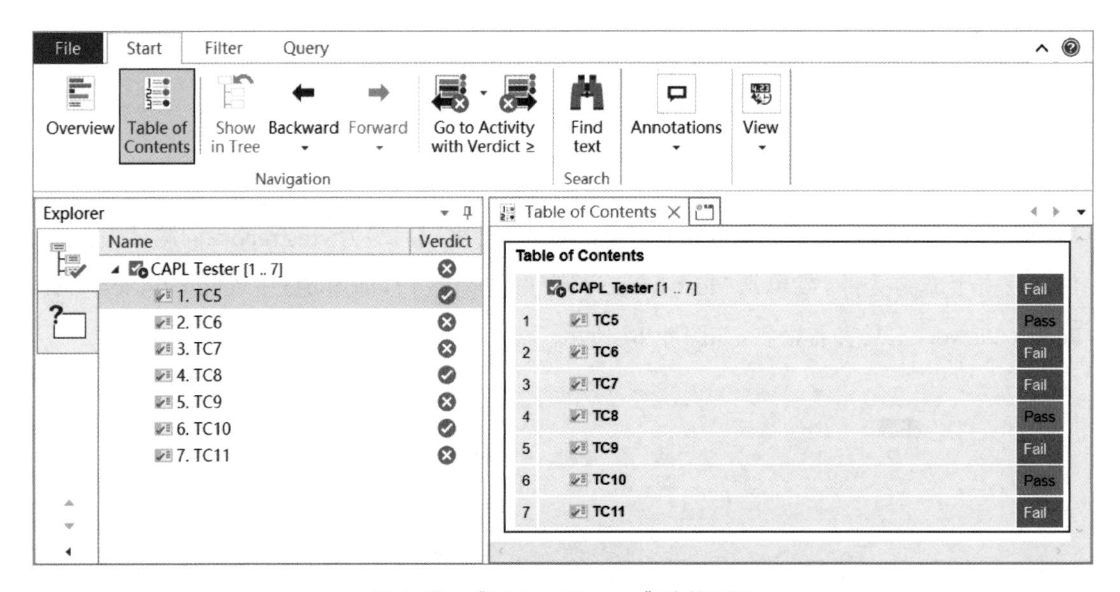

图 4-62 “Table of Contents”功能视图

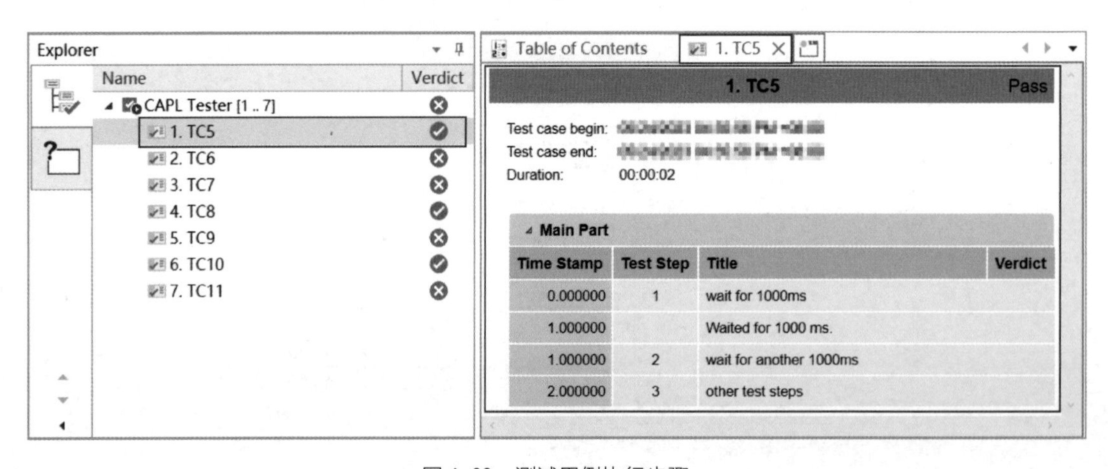

图 4-63 测试用例执行步骤

“Start”菜单栏中，主要包含以下功能区。

- Navigation：视图切换、前进和后退，并可以方便地跳转到上一个/下一个 Fail 的位置。
- Search：根据关键字查找内容。
- Annotations：在每个测试步骤的位置，均可通过鼠标悬停或单击鼠标右键，选择按钮添加注释。在 Annotations 中可以方便地查看所有注释以及跳转到上一个/下一个注释位置。
- View：可以根据判定结果折叠显示的内容，以及切换时戳的显示模式。

4.6.2.2 过滤功能

如果报告内容较多，希望能快速对其中的内容进行筛选，在 Vector CANoe Test Report Viewer 中也提供过滤功能，打开“Filter”菜单栏即可，如图 4-64 所示。

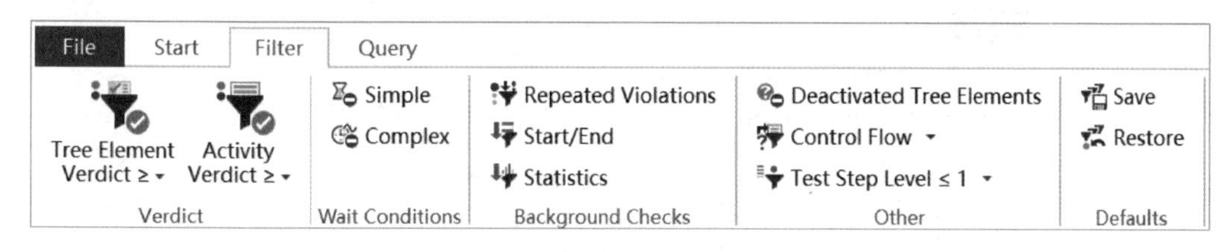

图 4-64 “Filter”菜单栏

过滤功能区包括以下几项。

- Verdict：根据测试用例或测试步骤的判定结果筛选显示。
- Wait Conditions：隐藏简单的等待步骤（如 timeout）或复杂的等待步骤（如 message/signal）。
- Background Checks：隐藏背景检测时自动生成的内容，如重复的冲突、起止信息、统计信息等。
- Others：其他过滤，例如隐藏测试树中未执行的用例、隐藏流程控制语句中的细节、按测试等级过滤等。
- Defaults：用于保存过滤配置，或恢复原样。

4.6.2.3 查询功能

在 Vector CANoe Test Report Viewer 中可以定义查询，对测试报告的全部数据进行有针对性的分析。不同于“Start”菜单栏中简单的关键字搜索，查询功能可以轻松地创建复杂和包含嵌套结构的查询。打开“Query”菜单栏即可使用该功能，如图 4-65 所示。

标准的查询功能包括以下两项。

- Test Cases by Verdict：将所有测试用例按执行结果分组。
- Trace Items by worst Test Case Verdict：将所有 Trace Item（追踪项）按其关联的测试用例中最差的执行结果分组。

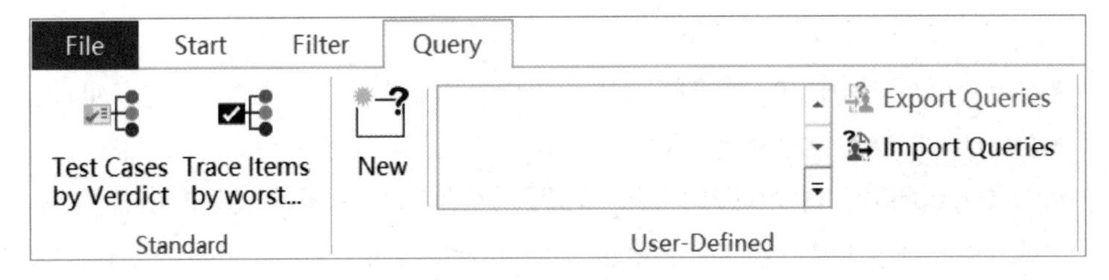

图 4-65 “Query”菜单栏

查询功能还提供用户自定义的功能，单击图 4-65 中的按钮即可新建查询，并在左侧的“Explorer”窗口中添加一页。同时，菜单栏将新增 Query → Search 菜单，如图 4-66 所示。

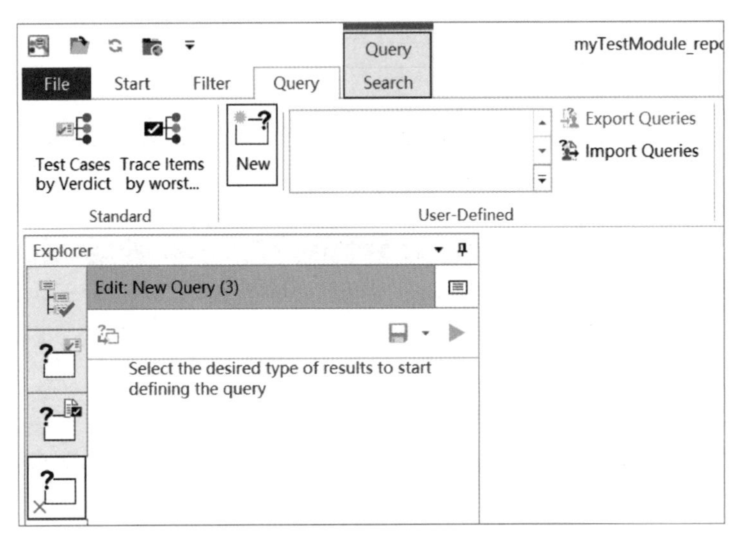

图 4-66 自定义查询功能

选择 Query → Search 即可编辑自定义查询，如图 4-67 所示。具体步骤如下。

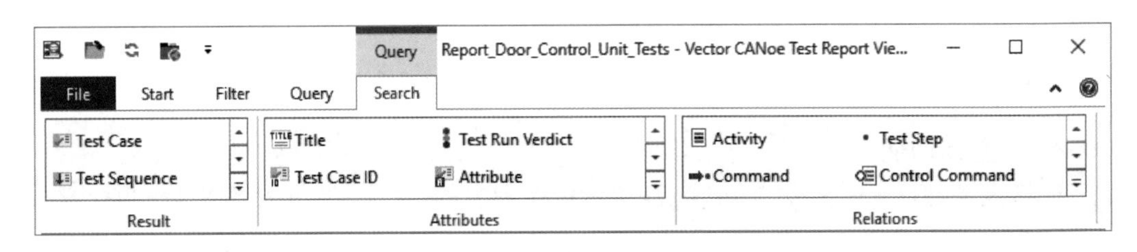

图 4-67 编辑自定义查询

（1）在“Result”功能区选择类型：定义哪些元素应该出现在结果列表中，例如，测试用例、追踪项等。选定一个类型后，“Explorer”窗口会出现表示这一类型的一个节点，确定类型后，可以通过“Attributes”和“Relations”功能区制定进一步的查询条件。

（2）在“Attributes”功能区选择属性：不同的类型会对应不同的属性，一个类型可以添加一个或多个期望的属性，每个属性都可以自行定义相关数值。

（3）在“Relations”功能区选择关系：不同类型会对应不同的关系，一个类型可以添加一个或多个关系，每个关系可选择存在或不存在。

例如，可以定义查询条件为符合“名称中包含 1”“名称中包含 5”“背景检测失败”三个条件之一的测试用例，定义好查询条件后，单击▶按钮即可执行，并显示查询结果，如图 4-68 所示。

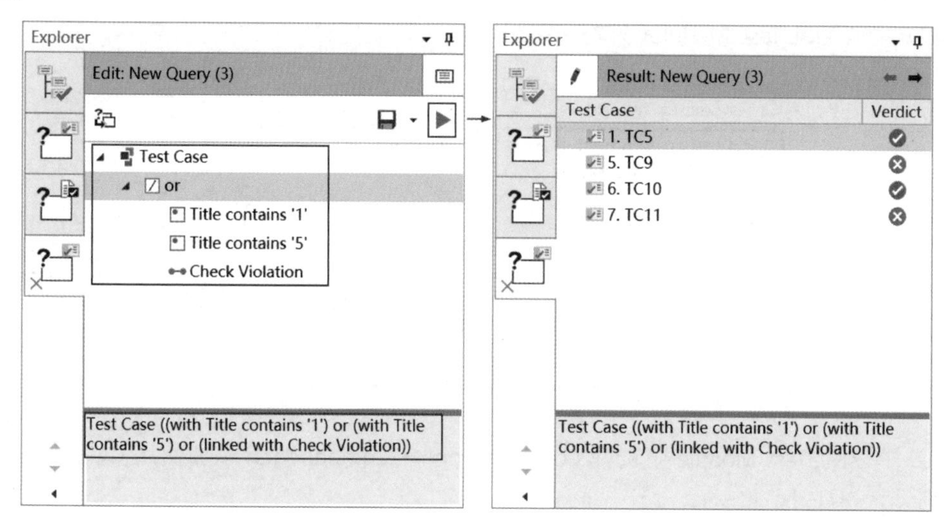

图 4-68　查询示例

4.6.2.4　导出功能

在 Vector CANoe Test Report Viewer 中可以将报告导出成.pdf 或.xml 格式，以便使用其他工具查看。选择 File → Export 进行导出，如图 4-69 所示。

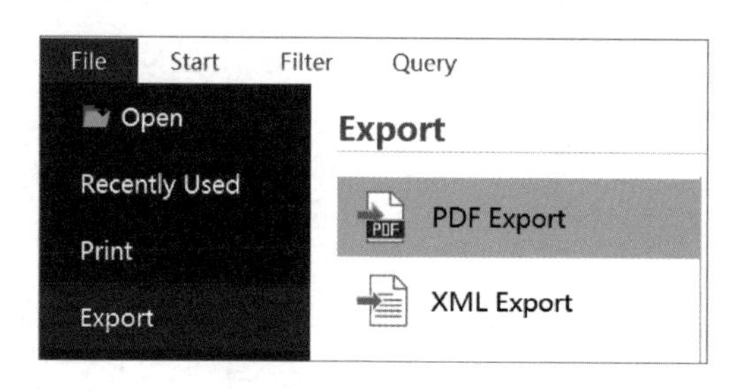

图 4-69　导出.pdf 或.xml 文件

■ 4.7　进阶技巧及示例

CANoe 除了自带的用于测试的函数外，还可以与 Vector 提供的其他软硬件联合使用来支持 HIL、SIL、MIL 等测试，以满足产品开发和验证的不同阶段的需求。

4.7.1 基于 XML Test Module 的测试结构组织

使用 CAPL Test Module 编写测试脚本时，无法在执行界面生成测试树方便灵活选择需要执行的测试用例。而使用 XML Test Module 或.NET Test Module 均可实现该功能。本小节将简单介绍在使用 CAPL 编写测试用例的情况下，如何使用 XML Test Module 来组织测试树结构的方法。

（1）添加 XML Test Module（图 4-70）。

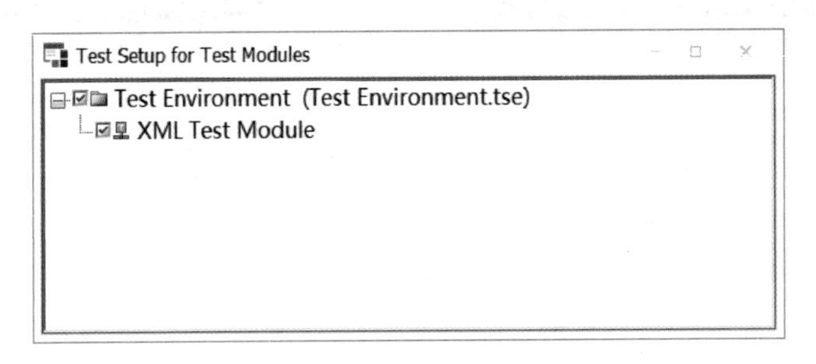

图 4-70　添加 XML Test Module

（2）在 XML Test Module 中选择 Configuration → Components，添加使用 CAPL 编写测试用例的.can 文件（图 4-71）。

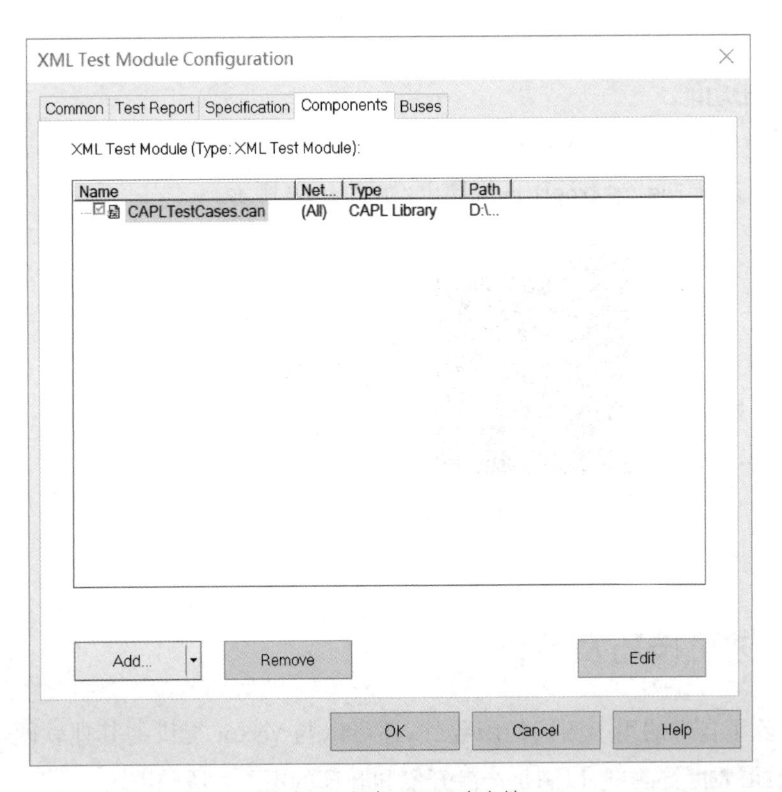

图 4-71　添加 CAPL 库文件

此处添加的.can文件中不能包含MainTest()。

本例中，.can文件包含图4-72所示的4条测试用例。

```
Test Cases
    myTestCase1(): void
    myTestCase2(int a): void
    myTestCase3(float b): void
    myTestCase4(char c[]): void
Test Control
```

图4-72　CAPL测试用例

（3）编辑XML文件。XML文件的结构描述可以在CANoe安装路径下的Exec32/testmodule.xsd中找到。用户可以根据此文件使用XML完整编写测试模块。其基本格式如图4-73所示。

```
<?xml version="1.0" encoding="iso-8859-1" standalone="yes"?>
<testmodule xmlns:xsi="http://www.w3.org/2001/XMLSchema-instance"
    xmlns="http://www.vector-informatik.de/CANoe/TestModule/1.15"
    xsi:schemaLocation="http://www.vector-informatik.de/CANoe/TestModule/1.15 testmodule.xsd"
    title="Test module title" version="Test module version">
  <description>Test module description (optional)</description>
  Declaration of the variants (optional)
  Information about the test engineer, test setup and SUT for the test report (optional)
  Global definitions (optional)
  Preparation (optional)
  Definition of constraints (optional)
  Definition of conditions (optional)
  List of test groups and test cases
  Finalization (optional)
</testmodule>
```

图4-73　XML文件基本格式

其中，大部分信息都是选填字段，必须要包含的内容是测试用例。这些测试用例可以直接在XML文件中编写，也可以直接从CAPL库文件中调用。例如，使用XML调用本例中添加的CAPL库中的测试用例的示例代码如下：

```
< ? xml version= "1.0" encoding= "iso - 8859 - 1" standalone= "yes"? >
< testmodule xmlns: xsi= "http://www.w3.org/2001/XMLSchema-instance"
            xmlns= "http://www.vector-informatik.de/CANoe/TestModule/1.8"
            xsi: schemaLocation= "http://www.vector-informatik.de/CANoe/TestModule/1.8
testmodule.xsd"
            title= "Start" version= "1.0">
  < testgroup title= "Group1">
```

```
    < capltestcase name= "myTestCase1" title= "case1.1"/>
    < capltestcase name= "myTestCase2" title= "case1.2">
      < caplparam name= "a" type= "int"> 100< /caplparam>
    < /capltestcase>
  < /testgroup>
  < testgroup title= "Group2">
    < capltestcase name= "myTestCase3" title= "case2.1">
      < caplparam name= "b" type= "float"> 3.0< /caplparam>
    < /capltestcase>
    < capltestcase name= "myTestCase4" title= "case2.2">
      < caplparam name= "c" type= "string"> "hello"< /caplparam>
    < /capltestcase>
  < /testgroup>
< /testmodule>
```

上述代码中对于测试用例的调用都是通过关键字“capltestcase”执行的，属性中“name”后的名称需与 CAPL 中定义的测试用例的名称一致，“title”则是将在测试树结构中显示的名称。如果有参数，则通过“caplparam”语句添加，参数的“name”及“type”都需要与 CAPL 中定义的一致。在 XML Test Module 中加载此 XML 文件，即可直接显示测试树结构，可通过勾选决定要执行哪些测试用例，如图 4-74 所示。

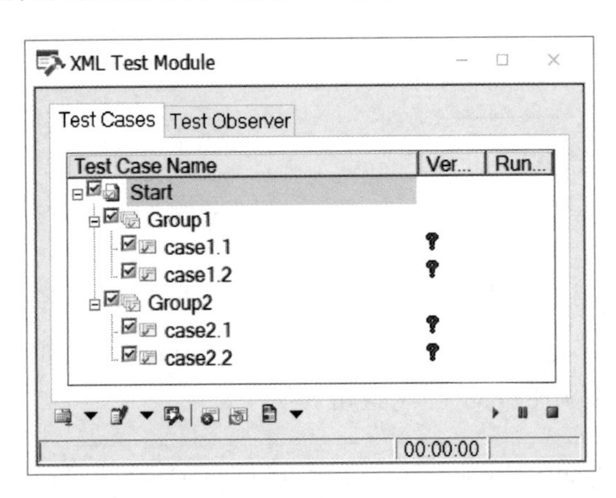

图 4-74　测试树结构

4.7.2　配合 VT7001A 实现首帧报文时间测试

首帧报文时间测试是总线一致性测试中网络管理相关部分常见的测试用例。该测试项可验证硬件唤醒时间、网络管理状态机跳转时间等信息，综合体现了硬件设计及底层协议栈的配置情况，反映了 DUT(Device Under Test，被测设备)在实际工作中从休眠、断电状态到能够正常工作状态的转换速度。

测试方法通常是记录上电的时间以及 ECU 发送的首帧报文出现的时间。对于报文出现的时间，在 CANoe 中直接提供对应的 CAPL 函数来获取，而上电的时间的获取则需要配合给 ECU 供电的电源来完成，这里使用到的是 VT7001A。

VT7001A 是 Vector 提供的用于测试的电源板卡，可通过 CANoe 中的图形化交互界面(GUI)或代码控制，可用于为 DUT 提供所需的电源输入，可控制 KL30、KL15 和 KL31 通断，并测量供电电压和电流。在使用时，整个系统的连接方式如图 4-75 所示。

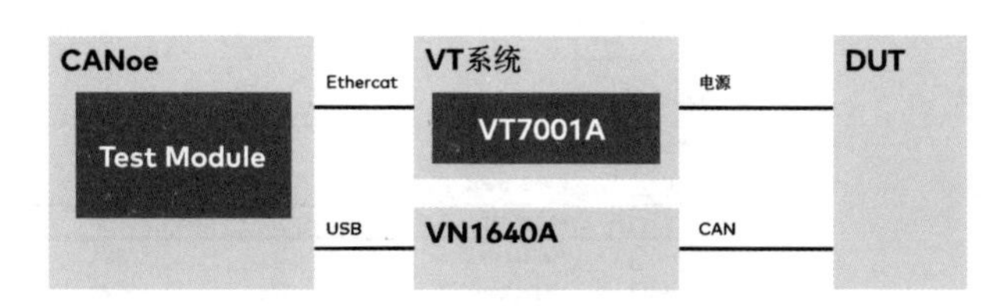

图 4-75　首帧报文时间测试系统

VT 系统中板卡的连接可通过选择 Hardware → VT System Configuration → Configuration → Adapt to Connected Modules 完成，选择所使用的网卡，并单击“Scan for modules”按钮，即可扫描到实际连接的 VT7001A 板卡。再单击“Auto Match”按钮，即可自动添加该 VT 板卡，如图 4-76 所示。

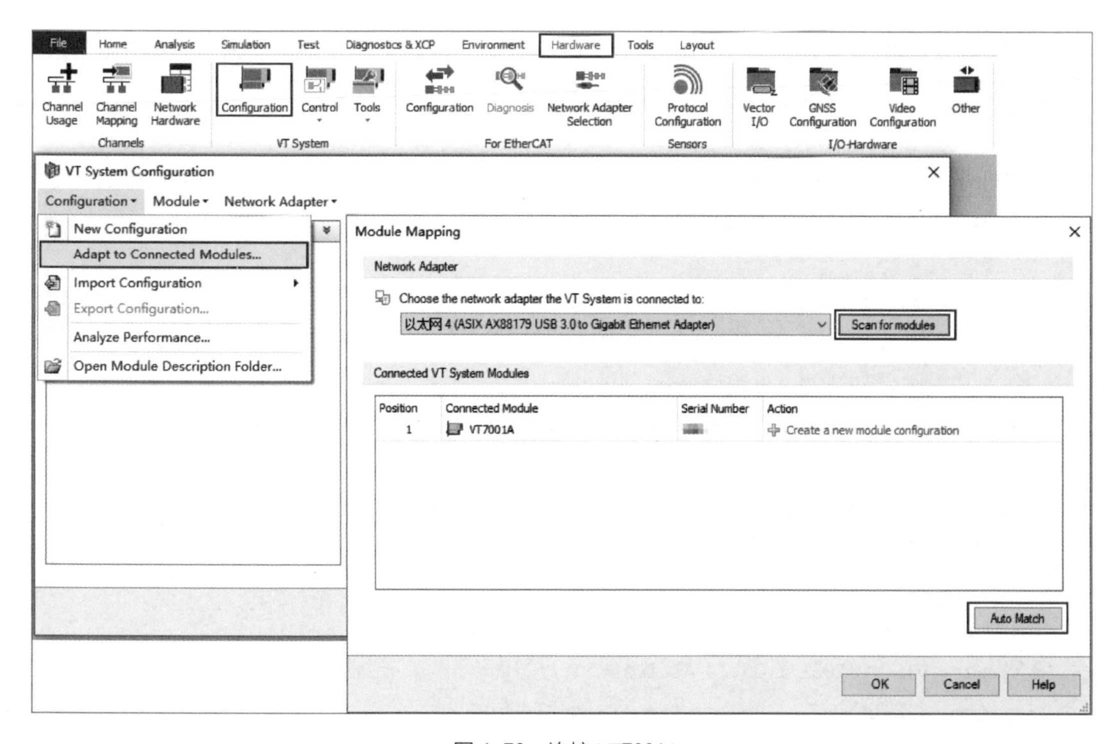

图 4-76　连接 VT7001A

依据前文提到的测试原理，测试一共有 2 个关键时间点，即电源成功上电的时刻和首帧报文出现的时刻。由于供电时继电器闭合到供电电压升至 12 V 有延迟，该部分延迟需要通过回读供电电压来消除。所以，在 VT7001A 板卡的配置中，需要勾选电压输出通道(此例中为 VT7001_1_Out1)中的变量 AvgVoltage，并将其“Integration Time”列和“Cycle Time”列设置为 1 ms，如图 4-77 所示。

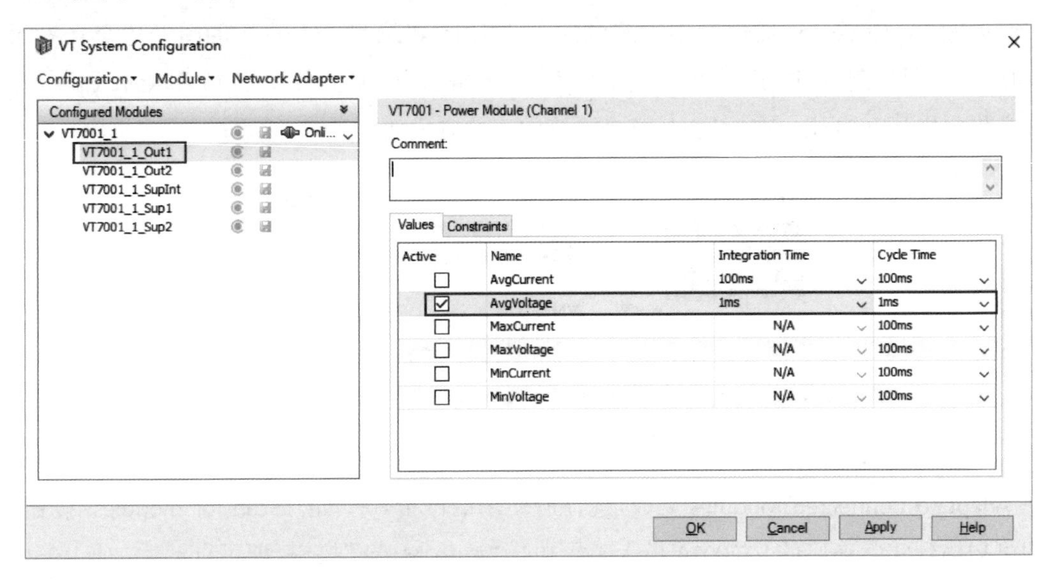

图 4-77　VT7001A 变量配置

VT7001A 的控制可以选择 Hardware → VT System Control 打开 GUI 界面，也可以完全通过 CAPL 编程实现。本例通过 CAPL 编程的方式来完成，示例代码下：

```
//expTime：期望的首帧报文时间，单位 ms
testcase msgInitTimeTest(int expTime)
{
  long res,msgInitTime;

  //设置 VT7001A 供电模式：SupInt(即内部供电)
  sysvar::VTS::VT7001_1.SetInterconnectionMode(eVTSInterconnectionModeSupInt);
  //设置 VT7001A 电压模式：Constant(即恒压)
  sysvar::VTS::VT7001_1_SupInt.SetRefVoltageMode(eVTSRefVoltageModeConstant);
  testStep("Initialization","Set the mode of VT7001A");

  testWaitForTimeout(100);
  @ sysvar::VTS::VT7001_1_Out1::Active = 1;//闭合输出电压的继电器
  testStep("Execution","Activate the output of VT7001A");
```

```
  testWaitForTimeout(100);
  @ sysvar::VTS::VT7001_1_SupInt::RefVoltage =  12.0;//设置输出电压值为 12V
  testStep("Execution","Set the output voltage of VT7001A");

  //等待回读的电压值> = 5V,该时间即为等待首帧报文的起始时间
  res =  testWaitForSignalInRange(sysvar::VTS::VT7001_1_Out1::AvgVoltage,5,12,100);
  if(res== 1)
  {
    testStep("Execution","Start wait for first message");
    res =  testWaitForMessage(5000); //开始等待总线上出现报文,等待时间 5S
    if(res== 1)
    {
      testStep("Execution","First message occurs");
      //获取上一次等待所用时间,即实际首帧报文时间,单位换算为 ms
      msgInitTime =  testGetLastWaitElapsedTimeNS()/1000000;
      if(msgInitTime< = expTime)
      {
        testStepPass("Validation"," % dms is within expectation",msgInitTime);
      }
      else
      {
        testStepFail("Validation"," % dms is longer than expectation",msgInitTime);
      }
    }
    else
    {
      testStepFail("Execution","No message received during 5s");
    }
  }
}
```

上述代码中,设置 VT7001A 输出电压为 12 V 后,当回读到的电压值超过 5 V 时,认为此时已成功给 DUT 上电。因此,将该时刻作为等待首帧报文的起始时间,之后开始等待首帧报文。

在等待报文时,主要用到函数 testWaitForMessage 和 testGetLastWaitElapsedTimeNS,前者已经介绍过了,后者是用于获取上一次等待的事件从开始等待到事件触发所经过的时间,此处指从开始等待首帧报文至首帧报文出现的时间,即本例所需要测试的首帧报文时间。获取到实际的首帧报文时间后,与期望值对比,即可得到测试结果,其报告如图 4-78

所示。

Time Stamp	Test Step	Title	Verdict
2.210495	Initialization	Set the mode of VT7001A	
2.310495		Waited for 100 ms.	
2.310495	Execution	Activate the output of VT7001A	
2.410495		Waited for 100 ms.	
2.410495	Execution	Set the output voltage of VT7001A	
2.413464	Resume reason	Resumed on sysvar 'AvgVoltage' occurred at 2.413215 Elapsed time=2.9691ms (max=100ms)	
2.413464	Execution	Start wait for first message	
2.865688	Resume reason	Resumed on message id=1 (0x1) Elapsed time=452.224ms (max=5000ms)	
2.865688	Execution	First message occurs	
2.865688	Validation	452ms is within expectation	Pass

Main Part

图 4-78　首帧报文时间测试报告示例

4.7.3　配合 VH6501 实现 CAN FD 采样点测试

采样点是接收节点判断信号逻辑电平的位置，对于 CAN/CAN FD 总线通信来说极其重要，尤其是在组网时，多个节点要尽量保持同一个采样点。若网络中节点采样点不一致，可能导致不同节点对同一个位的电平解读不同而报错，进而使整个网络出现故障。

采样点的位置不受 DUT 所处的收发状态影响，故针对采样点测试既可以干扰 DUT 发送的指定报文的某个位，也可以通过测试工具发送特定干扰报文去检测 DUT 的行为。本节示例采用后者。

测试原理是通过测试工具发送较高优先级的特定干扰报文，每次发送时，将干扰位置的位缩短一定长度，并将逻辑电平与之不同的后一位增长相同长度以保证整帧报文长度不变，直至后一位的电平覆盖至干扰位中 DUT 采样点所在位置，从而使 DUT 检测到错误并发送错误帧。当总线上出现错误帧的时候，通过此时干扰位剩余的长度与原本的位长度即可计算得出采样点。

由于 ISO 11898-1 中规定在逻辑电平由隐性到显性的跳变沿会进行重同步，采样点测试中干扰位置最好选择一帧“隐性位”→“显性位”→“隐性位”报文序列中的“显性位”。本节示例选取干扰报文的 CRC（Cyclic Redundancy Check，循环冗余校验）场中的“最佳干扰位”施加干扰。CAN FD 还涉及传输速率的切换，需要分别测试 CAN FD 报文仲裁场以及数据场的采样点，而 CRC 场本身位于数据段，为使得在 CRC 场也能测试 CAN FD 报文的仲裁场采样点，本节示例采用的方法是在测试仲裁场采样点时设置干扰报文的 BRS 位为 0，使其不切换波特率。

要对 CAN FD 进行采样点测试，需要使用到的核心硬件为 VH6501。VH6501 是 CAN/CAN FD 总线干扰仪以及网络接口卡，可以对总线的物理特性以及逻辑电平施加特定干扰，所有控制均由 CAPL 编程完成，可实现自动化测试。系统连接示意如图 4-79 所示。

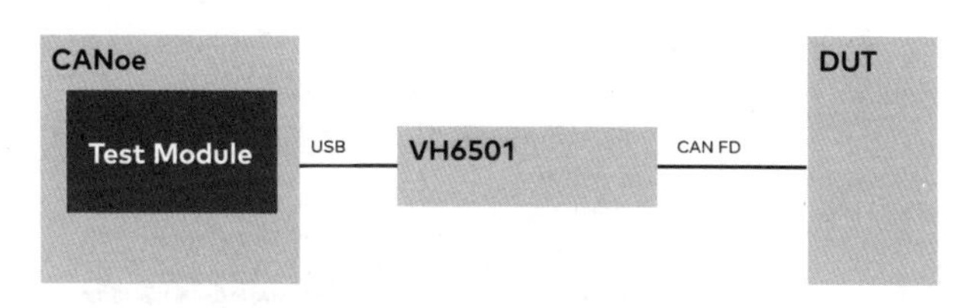

图 4-79 采样点测试系统

要激活 VH6501 的干扰功能，需要在硬件配置中通过勾选“CAN Distrubance Features”下的“Activate”激活干扰功能，如图 4-80 所示。

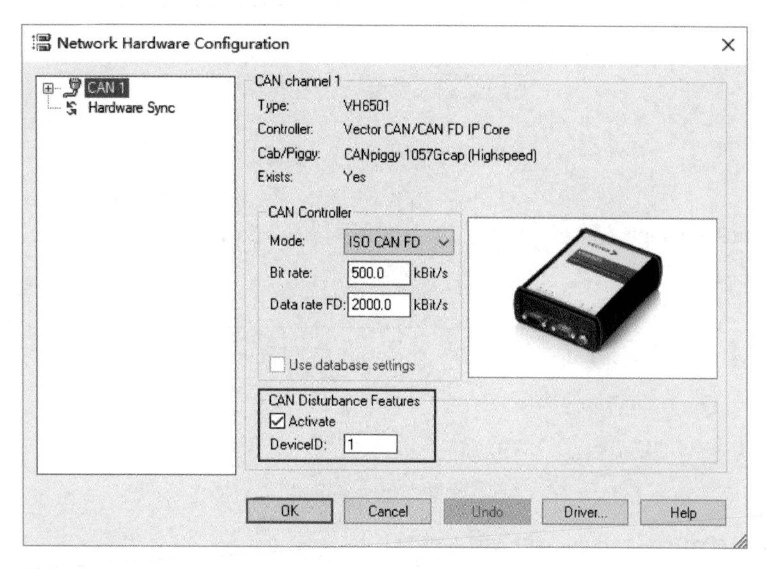

图 4-80 激活 VH6501 干扰功能

由于测试过程采用“从后往前”的干扰方式，在 CANoe 中需要设置 VH6501 的采样点位置接近 DUT，但比 DUT 靠前，以避免采样点偏差过大导致通信错误，或 VH6501 比 DUT 更早被干扰。VH6501 的采样点配置见图 4-81。

测试代码的核心是通过 VH6501 按照一定的步长逐步缩短和延长 1 个位的位长度（对于代码中的 segmentLength）。VH6501 采用的是 160 M 的时钟频率，对应每个 tick 的长度是 6.25 ns，单次可调整的位长度的最小值为 1 tick。segmentLength 也是用 tick 的数量来表示的，如果需要以 1 tick 为单位逐步调整干扰位及下一位的长度，直接对其 segmentLength 进行 + 1 tick 或 − 1 tick 操作即可。

在使用 VH6501 干扰时，可通过 canDisturbanceFrameSequence 函数定义发送的干扰报文序列。干扰报文序列中每个位的信息都可以单独获取和配置，其中就包括 segmentLength。因此，对于干扰报文序列中的干扰位置，直接通过“frmSequence.CRC.

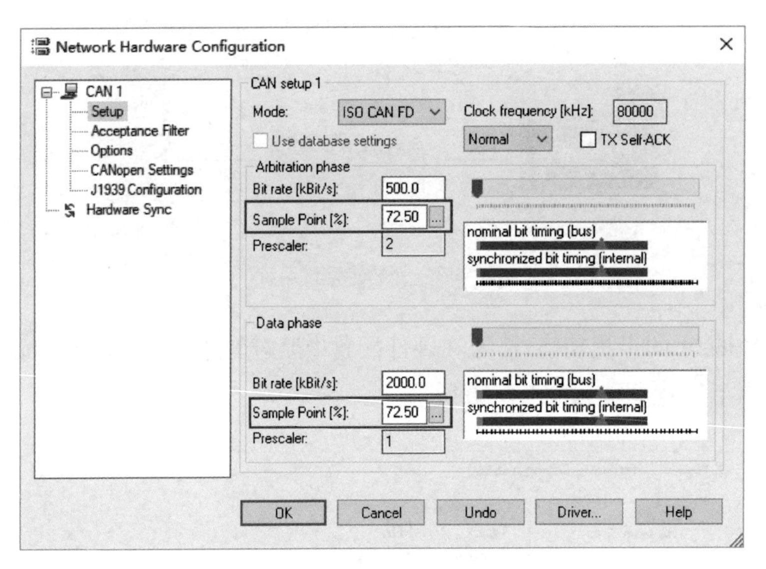

图 4-81　配置 VH6501 采样点

BitSequence[bitPos].segmentLength[0]”语句即可对位的长度进行读写。

示例代码如下：

```
//brs：表示是否开启为速率切换，以便分别测仲裁场和数据场的采样点
//      0-不切换速率，即测量仲裁场采样点
//      1-切换速率，即测量数据场采样点
//triggerId：用来触发干扰的报文 ID，需要使用 DUT 周期发送的报文
testcase SamplePoint(int brs, int triggerId)
{
  canDisturbanceFrameTrigger frmTrigger; //触发干扰条件：触发报文
  canDisturbanceFrameSequence frmSequence; //触发后发送序列：干扰报文
  message 0x00 testMsg; //特定干扰报文
  message *  triggerMsg; //触发干扰的报文
  long validityMask; //触发报文需匹配的条件掩码
  int bitPos;  //最佳干扰位所在位置
  long bitTicksAll; //最佳干扰位置原始 tick 数
  int shortenedTicks =  0; //干扰位置缩短的 tick 数
  long index; //辅助获取干扰触发状态
  int64 state; //干扰触发状态
  long flag= 1; //保持循环的标志位
```

```
  long handle; //检测错误帧出现的句柄
  float calSP; //计算得到的采样点

  testMsg.FDF =  1; //设置发送的干扰报文为 CAN FD 报文
  testMsg.BRS =  brs; //设置干扰报文的 BRS 位
  frmSequence.SetMessage(1,testMsg);//添加待发送的特定干扰报文
  testStep("Initialization","Set disturbance frame sequence with ID= 0x% x,BRS= % d",
testMsg.id, testMsg.BRS);

  //brs 为 0/1 时对应不同最佳干扰位
  if(brs== 0)  {    bitPos =  6;  }
  else if(brs== 1)  {    bitPos =  3;  }

  bitTicksAll =  frmSequence.CRC.BitSequence[bitPos].segmentLength[0];//最佳干扰位置原
始 tick 数

  triggerMsg.id =  triggerId;
  validityMask =  0;//0 表示任意 ID 为 triggerId 的报文均会触发
  frmTrigger.SetMessage(triggerMsg,1,validityMask);//配置触发报文
  testStep("Initialization","Set trigger frame as ID= 0x% x",triggerMsg.id);

   frmTrigger. TriggerFieldType  =  @  sysvar:: CanDisturbance:: Enums:: FieldType::
EndOfFrame; //配置触发位置为出发报文的 EOF
  frmTrigger.TriggerFieldOffset =  11; //触发位置偏移 11bit,即等待总线空闲以便发送干扰报
文
  testStep("Initialization","Set trigger field as EOF, offset as 11 ");

  canDisturbanceTriggerEnable(1, frmTrigger, frmSequence); //激活干扰触发,即当触发报文
出现且到达指定触发位置时,发送干扰报文序列
  testStep("Execution","Enable distrubance trigger");

  //用于检测总线上是否出现错误帧,不添加条件避免导致 Fail
  handle =  ChkStart_ErrorFramesOccured(0,0,0);
  testStep("Execution","Check whether error frame occurs");
```

```
while(flag)
{
  //检测干扰触发状态的变化,等待时间 5S
  testJoinSysVarEvent(sysvar::CANDisturbanceInterface1::Trigger::State);
  index =  testWaitForAnyJoinedEvent(5000);
  if(index >  0)
  {
    testGetWaitEventSysVarData(index,state);//获取触发变化的状态
  //当再次空闲,即已经触发完成
    if(state ==  sysvar::CANDisturbanceInterface1::Trigger::State::Idle)
    {
      shortenedTicks ++;
      //最佳干扰位置缩短 1tick,下一位增加 1tick,且确保下一位为隐性位
       frmSequence.CRC.BitSequence[bitPos].segmentLength[0] =  frmSequence.CRC.
BitSequence[bitPos].segmentLength[0] - 1;
      frmSequence.CRC.BitSequence[bitPos - 1].segmentLength[0] =  frmSequence.CRC.
BitSequence[bitPos - 1].segmentLength[0] + 1;
      frmSequence.CRC.BitSequence[bitPos - 1].segmentValue[0] =  'R';

      canDisturbanceTriggerEnable(1, frmTrigger, frmSequence);  //再次激活干扰触发

      if(ChkQuery_NumEvents(handle) >  0) //当总线上出现错误帧,跳出循环
      {
        testStep("Execution","Error frame occurs, stop disturb");
        testStep("Execution","Current ticks in the disturbed bit: % d", frmSequence.
CRC.BitSequence[bitPos].segmentLength[0]);
        ChkControl_Stop(handle);
        flag =  0;
      }
    }
  }
  else //5S 内无触发报文,记失败,并跳出循环
  {
    testStepFail("Execution","No disturbance is triggered");
    flag =  0;
  }
}
```

```
    //计算采样点
    calSP = (float)(bitTicksAll-shortenedTicks)/bitTicksAll;
    testStep("Validation","measured sample point: % f", calSP);
    //此处省略与期望采样点的比较
}
```

测试报告如图 4-82 所示。

Time Stamp	Test Step	Title	Verdict
2.373739	Initialization	Set disturbance frame sequence with ID=0x0,BRS=0	
2.373739	Initialization	Initial ticks in the disturbed bit: 320	
2.373739	Initialization	Set trigger frame as ID=0x1	
2.373739	Initialization	Set trigger field as EOF, offset as 11	
2.373739	Execution	Enable distrubance trigger	
2.373739		Error Frame Count: Check Start	
2.373739	Execution	Check whether error frame occurs	
16.325739	Execution	Error frame occurs, stop disturb	
16.325739	Execution	Current ticks in the disturbed bit: 250	
16.325739		Error Frame Count: Check End	
16.325739	Validation	measured sample point: 78.13%	

图 4-82 采样点测试报告示例

可以看到，最初干扰位的 tick 数为 320；干扰至出现错误帧时，剩余 tick 数为 250。故计算其采样点为 78.13% 。

4.7.4 配合 PicoScope 及 CANoe Option Scope 实现 CAN FD 跳变沿测试

跳变沿测试对应“位上升/下降时间”测试项，属于 CAN/CAN FD 总线一致性测试物理层的范畴。该测试项主要验证 CAN/CAN FD 在当前被测 ECU(DUT)内部电路设计下的电气特性。

传统手动测试是通过示波器捕捉总线电平，拖动光标来获取待测跳变沿的时间信息的。这种测试项需要多次采样，手动测试过程既枯燥，又难以快速、准确地获取所需要的测试结果和覆盖度。若需完成该项测试的自动化，可借助 PicoScope 硬件和 CANoe Option Scope。

PicoScope 是 Pico 公司的便携式 USB 示波器，Vector 基于其 5000 和 6000 系列的部分型号进行了二次开发，并在 CANoe Option Scope 中集成了大量 CAPL 函数，以支持在 CAN、CAN FD、LIN 和 FlexRay 等物理层的测试功能中使用，从而实现自动化、半自动化总线物理层测试。支持的功能包括：总线解析、程控捕捉、自定义条件触发、位电平测量、位时间测量、上升/下降沿多项时间参数测量、信号对称性分析、程控展开报文波形、自定义 Mask 区域分析和眼图分析等。

系统连接示意如图 4-83 所示。

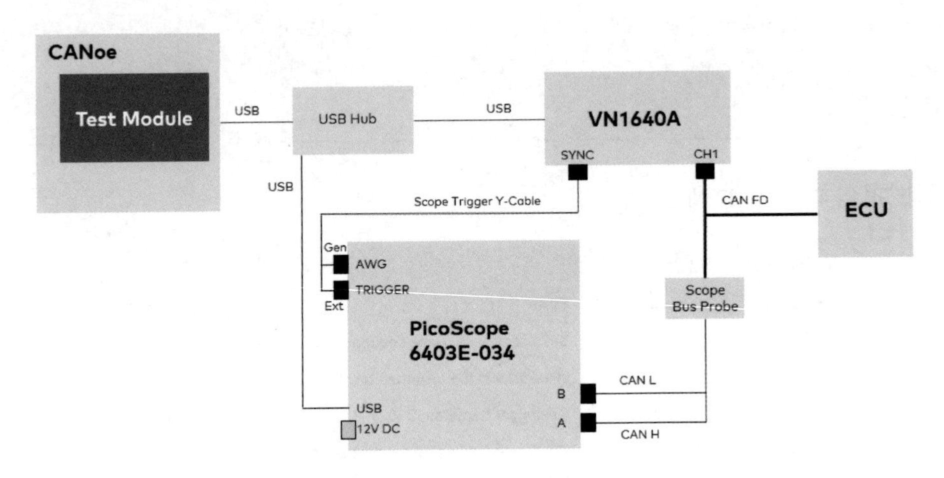

图 4-83 跳变沿测试系统

其中，PicoScope 6403E-034 通过探头线的 D-SUB9 接口连接到 CAN FD 总线网络中，VN1640A 用于总线通信，并通过触发线向 PicoScope 6403E-034 发送触发信号以捕捉对应的总线波形。

参考 3.3.5 小节中的介绍在“Scope”窗口对其进行配置，如图 4-84 所示。在 Scope_1 选项上单击鼠标右键，选择“Configuration”选项，打开“Scope Hardware Configuration”窗口。然后，在“Device type”下拉列表框中选择合适的 PicoScope 型号，并在“Min. samples per bit”微调按钮配置较多的采样点以提高测量精度。

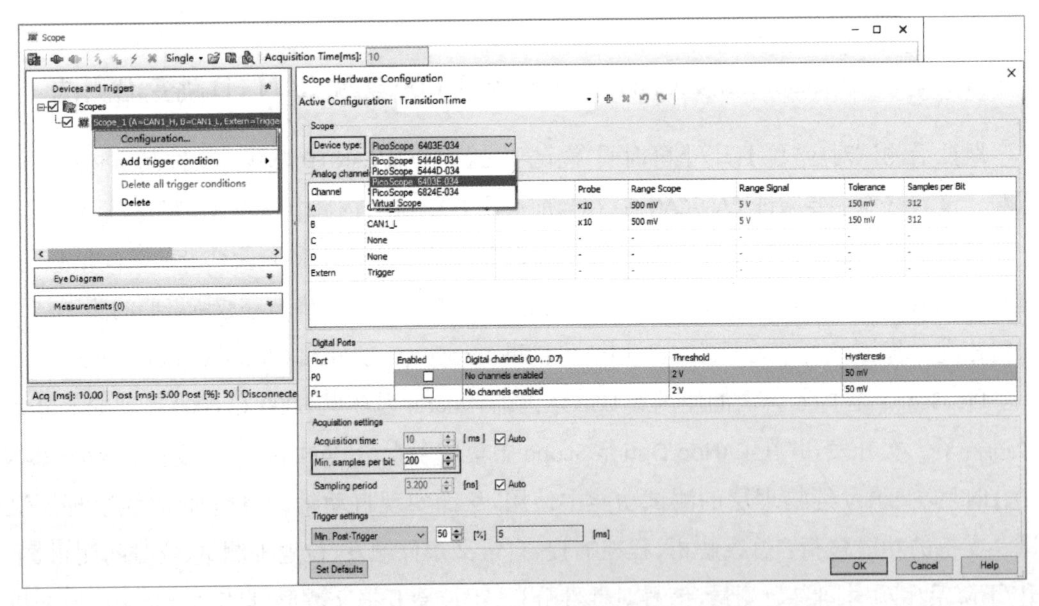

图 4-84 “Scope” 窗口配置

在配置窗口中，还可手动配置触发条件、连接示波器等。但在本节示例中，示波器连接、触发均使用 CAPL 函数完成，示例代码如下：

```
testfunction connectScope()//连接 Scope
{
  long res;

  res =  scopeConnect();//连接 scope
  if (res <  0)//连接失败
  {
     testStepFail("Initialization"," Call to scopeConnect() failed. Return code = % d",
res);
     return;
  }
  else if (res ==  2)//scope 已经连接了
  {
    testStepPass("Initialization","Scope has already connected");
  }
  else if (res ==  1)//开始连接
  {
    //等待连接动作完成
     if (testWaitForScopeEvent(eScopeConnected, 8000) ! =  1)
     {
        testStepFail("Initialization ","Scope event eScopeConnected was not received");
        return;
     }
  }
  testStep("Initialization","USB connection with the scope hardware is established");
}

testfunction triggerScope()//触发 scope 捕捉波形
{
  long res;
```

```
  res =  scopeTriggerNow();//立刻触发
  if (res ! =  1)//触发失败
  {
    testStepFail("Initialization","Call to scopeTriggerNow() failed. Return code = %
d", res);
    return;
  }
  //等待触发动作完成
  if (testWaitForScopeEvent(eScopeTriggered, 50000) ! =  1)
  {
    testStepFail("Initialization ","Scope event eScopeTriggered was not received");
    return;
  }
  testStep("Initialization","Scope hardware triggered successfully");
}
```

对应跳变沿测量使用的主要函数为 testGetWaitScopeSignalTransitionTime，其具体用法请参考帮助文档。此处对于函数中的一个特殊参数“flags”进行简单介绍。该参数通过如下不同位(bit)的置位对应不同的设置。

(1) 第 0 位：0 表示使用以 mV 为单位的绝对阈值电平，1 表示使用以百分比为单位的相对阈值电平。

(2) 第 1～3 位：第 1 位 = 1 表示测量 CAN High；第 2 位 = 1 表示测量 CAN Low；第 3 位 = 1 表示测量 CAN Diff。

(3) 第 4～5 位：第 4 位 = 1 表示测量上升沿；第 5 位 = 1 表示测量下降沿。

(4) 第 6～8 位：保留位，置 0。

(5) 第 9 位：0 表示使用从起始点开始最后一次出现的阈值点；1 表示使用从起始点开始第一次出现的阈值点。

第 1～3 位中仅能有 1 个 bit 置 1，第 4～5 位中也仅能有 1 个 bit 置 1。

第 9 位中第一次及最后一次出现的阈值点位置说明可参考图 4-85。起始点为跳变沿中段位置，从起始点开始沿着波形中的采样点逐步查找超过阈值起始值、终止值的点。如果选择使用最后一次出现的点，则可能出现将其他位置震荡时造成的符合阈值条件的点作为测量结果的情况。因此，通常情况下，建议将此位设置为 1 来测量第一次出现的位置。

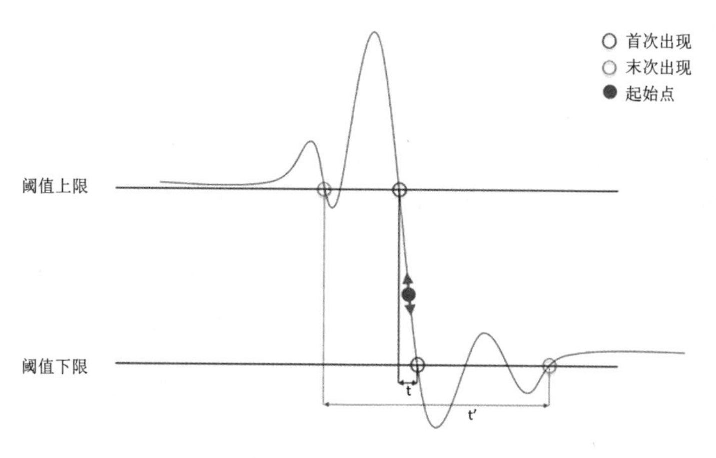

图 4-85　参数“flags”说明

跳变沿测试的示例代码如下：

```
testcase transitionTime()
{
  message * msg; //报文变量
  long res;  //用于获取各函数返回值
  dword flag; //设定跳变沿的捕获规则
  ScopeBitTransitionTimeResult result; //跳变读取沿结果
  ScopeAnalyseHandle handle; //

  connectScope();//自定义函数，连接 scope

  res = testWaitForMessage(3000);//等待总线上出现任意报文
  if(res == 1)
  {
    testGetWaitEventMsgData(msg);//获取触发等待事件的报文信息
    testStepPass("Execution","Message 0x% x is received. Analyze its transition time.",
msg.id);

    triggerScope();//自定义函数，触发 scope 捕捉波形

//将触发报文数据场的第一个字节平铺在 scope 窗口，并截图添加至报告中
testwaitforscopefitdata ( msg, eCAPLScopeDataField _ CAN _ DataField _ Byte _ 1,
eCAPLScopeDataField_CAN_DataField_Byte_1);
    testReportAddWindowCapture("Scope","","");
```

```
    flag = 0x219; //flag= 0x219(10 0001 1001)时表示测上升沿(bit4),目标为 CANdiff(bit3),
使用阈值为百分比(bit0),使用的是第一次出现时间(bit9)
    //分析对象为 msg 的第一个字节,捕获上升沿的区间为 10% - 90%
    res= testGetWaitScopeSignalTransitionTime (msg,eCAPLScopeDataField_CAN_DataField_
Byte_1, eCAPLScopeDataField_CAN_DataField_Byte_1, flag, 10, 90, result, handle);
    if(res== 1)
    {
      testStep("","Average time of rising edge(10% % - 90% % ) is % .6f(ns), max time is
% .6f(ns), min time is % .6f(ns), % d edges is measured", result.averageValue, result.
maxValue, result.minValue, result.countAnalyzedEdges);
      //省略与期望值的比较
    }

    flag = 0x229; //flag= 0x229(10 0010 1001)时表示测下降沿(bit5),目标为 CANdiff(bit3),
使用阈值为百分比(bit0),使用的是第一次出现时间(bit9)
    //分析对象为 msg 的第一个字节,捕获下降沿的区间为 10% - 90%
    res= testGetWaitScopeSignalTransitionTime (msg,eCAPLScopeDataField_CAN_DataField_
Byte_1, eCAPLScopeDataField_CAN_DataField_Byte_1, flag, 10, 90, result, handle);
    if(res== 1)
    {
      testStep("","Average time of falling edge(10% % - 90% % ) is % .6f(ns), max time is
% .6f(ns), min time is % .6f(ns), % d edges is measured", result.averageValue, result.
maxValue, result.minValue, result.countAnalyzedEdges);
      //省略与期望值的比较
    }

  }
  else
  {
    testStepFail("Execution","No message occurs during 3000ms");
  }
  disconnectScope();//自定义函数,断开 scope
}
```

测试中还通过函数 testwaitforscopefitdata 将第一个字节的波形平铺在“Scope”窗口中,并通过函数 testReportAddWindowCapture 将平铺后“Scope”窗口的截图添加在报告中以便查看。最终报告如图 4-86 所示。

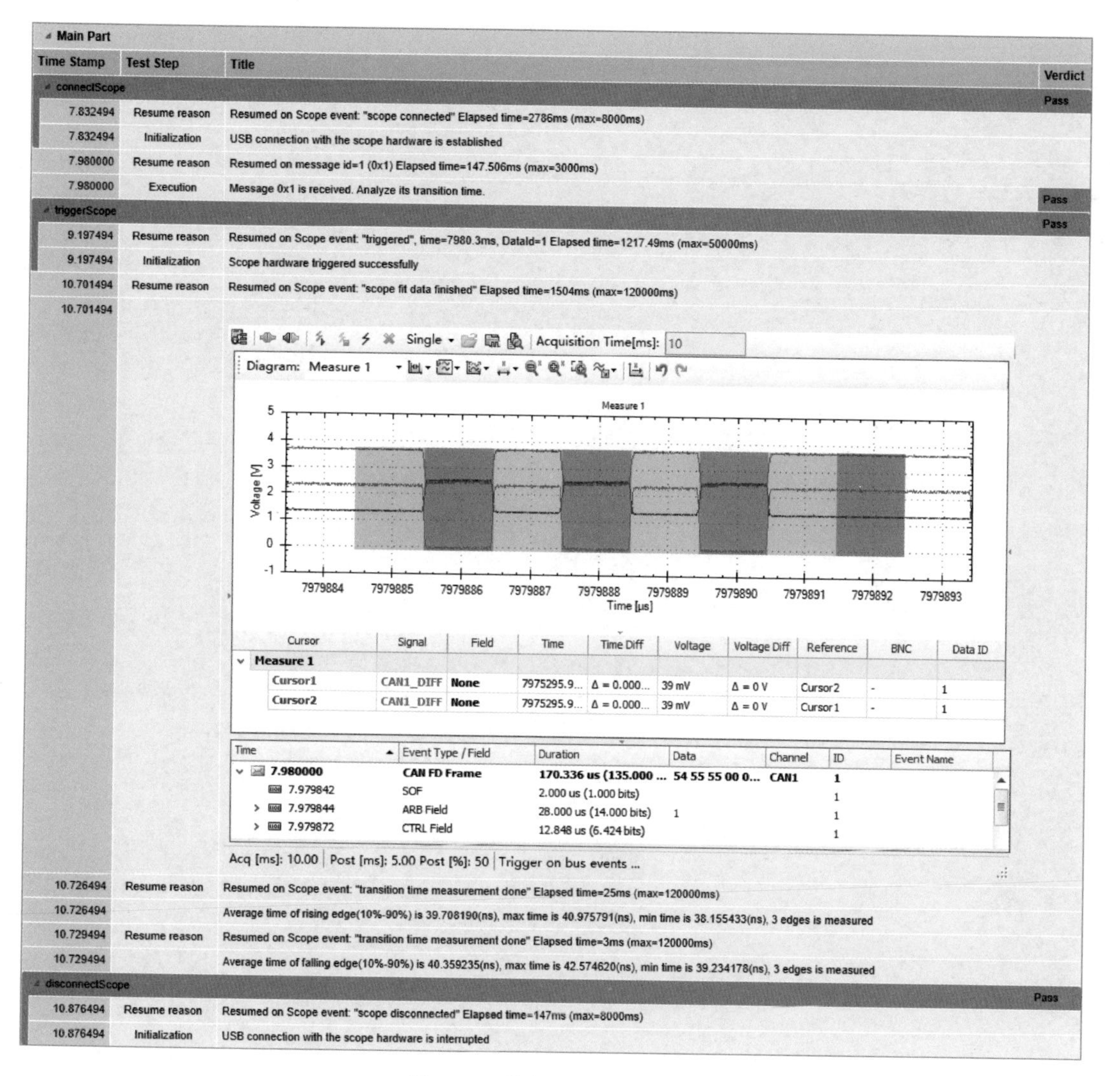

图 4-86 跳变沿测试报告示例

本章部分示例工程请扫描封底二维码下载。

第 5 章　CANoe 诊断功能

■ 5.1 概述

CANoe 的诊断功能支持观测解析多种总线的诊断通信；支持通过 CAPL 或诊断控制台等窗口模拟诊断 Tester 和 ECU；支持基于诊断窗口或测试模块进行诊断测试。此外，CANoe 结合 CANoe.DiVa 工具可实现诊断服务的自动化测试，搭配 vFlash 工具可实现基于模板的自动化刷写。其功能区如图 5-1 所示。

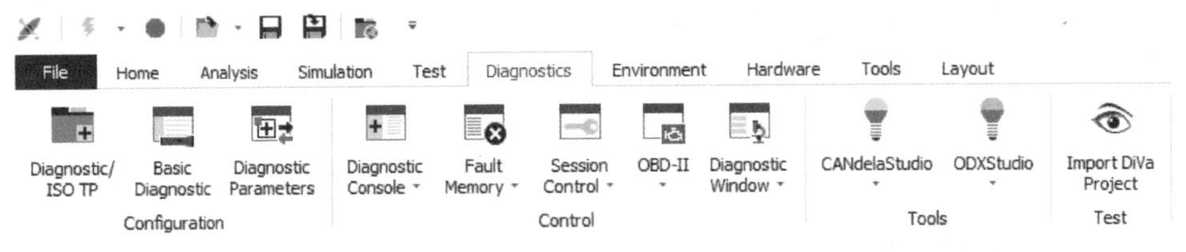

图 5-1 CANoe 诊断功能区

1. **CANoe 诊断功能应用场景**

CANoe 可以用于 ECU 诊断功能开发和使用的所有阶段，包括：

- 诊断功能的系统设计；
- ECU 诊断功能实现；
- 基于 CANoe 测试功能对 ECU 进行诊断测试；
- 诊断相关的规范测试、集成测试、回归测试；
- 诊断故障排除；
- 联合 CANoe.DiVa 自动创建诊断测试模块。

2. **CANoe 支持的诊断通信协议**

CANoe 的诊断通信支持以下相关协议。

- 物理层协议：CAN、LIN、MOST、FlexRay、K-Line 以及 Ethernet。
- 传输层协议：OSEK-TP、VW-TP 以及 DoIP/HSFZ 协议使用的传输层协议 UDP/TCP。
- DoIP（Diagnostic over IP）和 HSFZ（High-Speed-Fahrzeugzugang）。
- 诊断协议：KWP2000、UDS、OBD、J1939（SAE J1939-73）。

部分协议可在帮助文档中查看，见图 5-2。

Protocol Layer	Protocol							
7 - Application layer	J1939 (SAE J1939-73)	UDS (ISO 14229-1) | WWH-OBD (ISO 27145-3)					DoIP/ HSFZ	
6 - Presentation layer		WWH-OBD (ISO 27145-2)						
5 - Session layer		UDS (ISO 14229-2)						
4 - Transport layer		OSEK-TP (ISO/DIS 15765-2)						TCP | UDP
3 - Network layer								IPv4 / IPv6
2 - Data link layer	Vector driver							
1 - Physical layer	CAN	CAN	LIN	MOST	FlexRay	K-Line		Ethernet

图 5-2 CANoe 支持的诊断通信相关协议示意

表 5-1 汇总了 CANoe 诊断功能的图标，其具体使用介绍将在后续章节展开。

表 5-1　诊断功能区图标

图标	名称	激活方式	功能
	Diagnostic/ISO TP	默认激活	添加诊断描述文件，配置传输层、诊断层参数
	Basic Diagnostic	配置窗口导入“Basic Diagnostic Description”后激活	基于 Basic Diagnostic 文件，自定义诊断服务
	Diagnostic Parameters	默认激活	配置需要读取的诊断响应中的参数，对应诊断请求可手动或周期发送
	Diagnostic Console	配置窗口导入诊断描述文件后激活	发送诊断描述文件中定义的服务请求，显示响应
	Fault Memory	配置窗口导入包含有“Fault Memory”模块的诊断描述文件后激活	访问 ECU 的 Fault Memory
	Session Control	配置窗口导入包含有“Session”模块的诊断描述文件后激活	控制 ECU 的会话状态、安全访问以及通信管理设置
	OBD-II	配置窗口 OBD-II 选项中选择 11bit/29bit 寻址模式后激活	支持车载诊断（OBD）功能
	Diagnostic Window	配置窗口导入诊断描述文件后激活，根据诊断数据库包含的模块激活对应的子功能窗口	集中实现 Session Control、Diagnostic Console 等窗口的功能
	CANdelaStudio	默认激活	CANoe 自带 View 版本的 CANdelaStudio，支持打开、查看配置中加载的 CDD 文件
	ODXStudio	默认激活	CANoe 自带 View 版本的 ODXStudio，支持打开、查看配置中加载的 PDX 文件
	Import DiVa Project	安装与 CANoe 软件版本对应的 CANoe.DiVa 插件	导入 DiVa 测试项目

5.2　诊断窗口及配置

5.2.1　诊断数据库管理

使用 CANoe 的诊断功能，首先需要配置诊断描述文件。诊断描述文件即诊断通信的数据库，包含诊断服务和诊断参数等相关信息。

点击 Diagnostic/ISO TP 图标可打开“Diagnostics/ISO TP Configuration”窗口，选择 CAN Networks → CAN → Add Diagnostic Description 添加目标诊断描述文件，如图 5-3 所示。

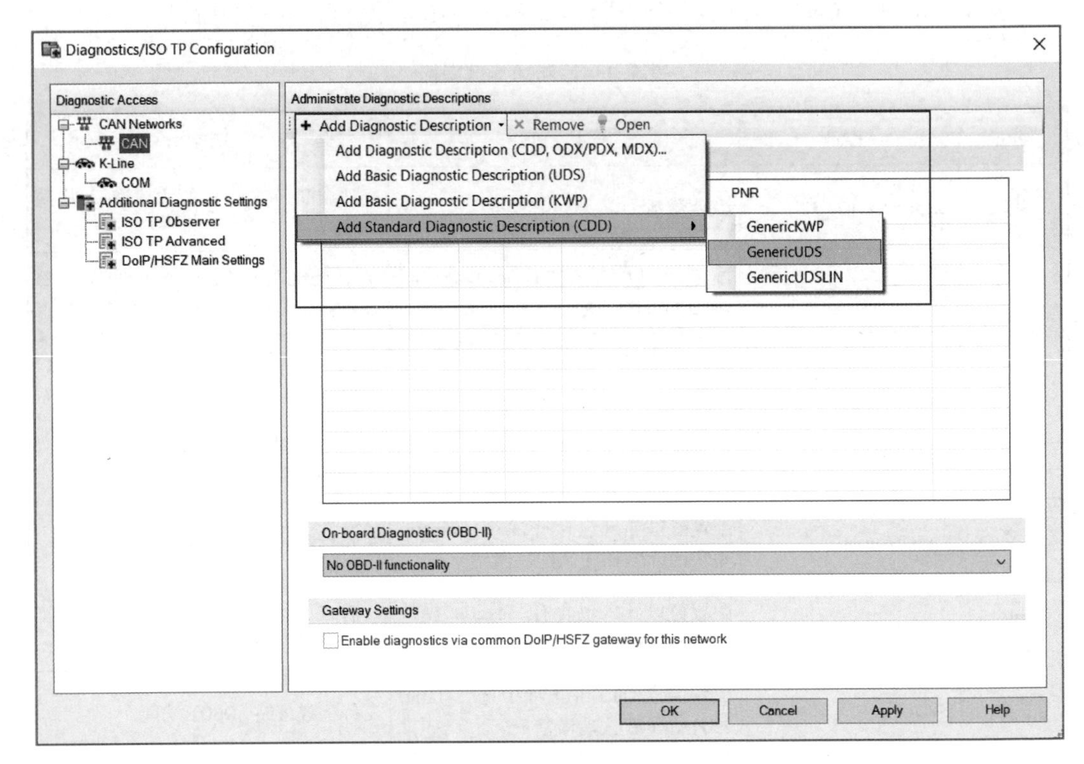

图 5-3　添加诊断描述文件

CANoe 支持导入如下多种类型的诊断描述文件。

- CDD：CDD(CANdela Diagnostic Descriptions)是 Vector 自定义的诊断描述文件格式，由 CANdelaStudio 工具创建。
- ODX/PDX：ODX(Open Diagnostic Data Exchange)是 ASAM 组织定义，并已被 ISO 收录为国际标准的诊断描述文件格式。单个 ODX 文件并不包含足够信息，CANoe 须导入 PDX(Packaged ODX)格式文件。
- MDX：MDX (Multiplex Diagnostic Exchange)文件是基于 OEM 规范定制的诊断描述文件。
- Basic Diagnostic Description（UDS/KWP）：Basic Diagnostic Description 由“Basic Diagnostic”窗口创建，并且可以由用户自定义诊断服务及参数。但 Basic Diagnostic Description 的功能是有限制的，它不包含“Fault Memory”和“Session Control”模块，因此使用该诊断描述文件时，“Fault Memory”窗口和“Session Control”窗口无法激活使用。Basic Diagnostic Description 可以支持一些基本服务，并且可以作为其他诊断描述文件的补充。关于“Basic Diagnostic”窗口的介绍见 5.2.7 小节。
- Standard Diagnostic Description（CDD）：Standard Diagnostic Description 包含 UDS 规

范 ISO 14229 以及 KWP2000 规范 ISO 14230 中定义的服务，以 CDD 格式为基础，不支持被定制。该选项提供了三个通用 CDD 文件（GenericKWP、GenericUDS 和 GenericUDSLIN），用户可根据需求选择导入。

5.2.1.1 配置诊断描述文件

将诊断描述文件导入诊断配置窗口后，可以进一步对诊断描述文件中的参数进行配置，如图 5-4 所示。

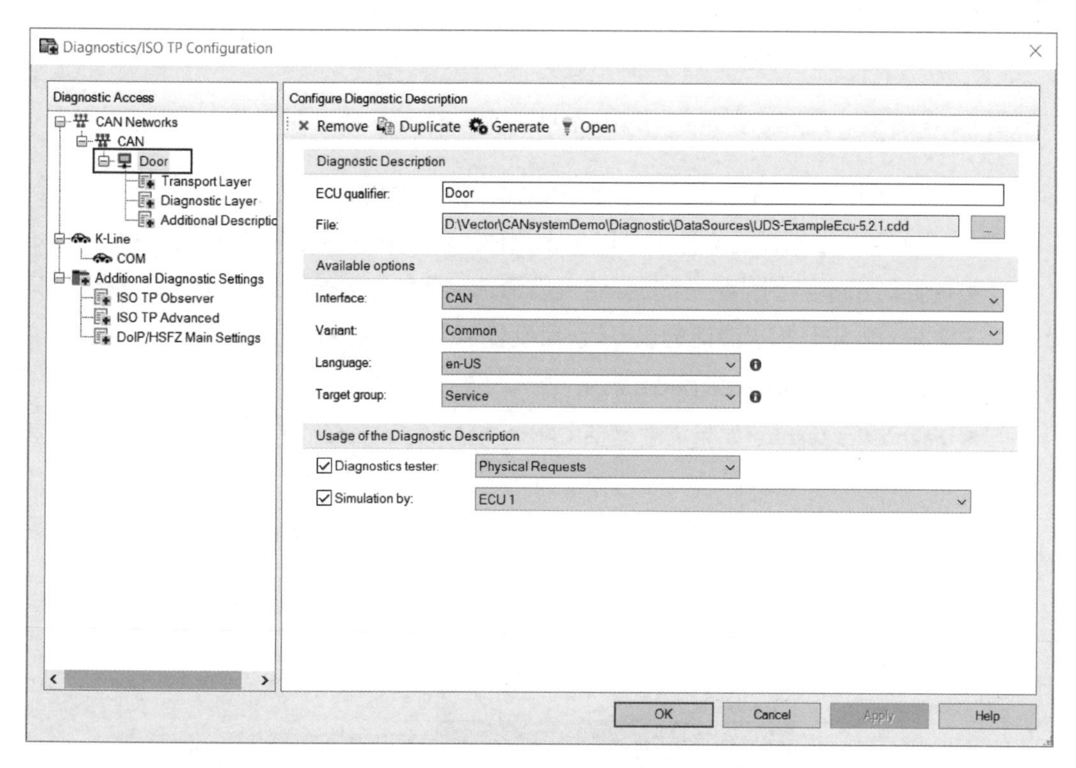

图 5-4 诊断描述配置页面

1. Diagnostic Description

- ECU qualifier：每个加载的诊断描述文件在当前 CANoe 工程中都有唯一的 ECU Qualifier。
- File：当前加载的诊断描述文件的路径，点击右侧 按钮，可以重新加载诊断描述文件。

2. Available options

- Interface：诊断描述文件中的接口定义了用于访问 ECU 的通信参数，但并不是所有的访问类型都在文件中定义，从 CANoe 7.5 开始，CANoe 提供了一些默认接口（前缀为{generated}），可以在配置对话框中选择（图 5-5）。
- Variant：如果诊断描述文件中定义了多个变体，可以在这里指定使用哪一个变

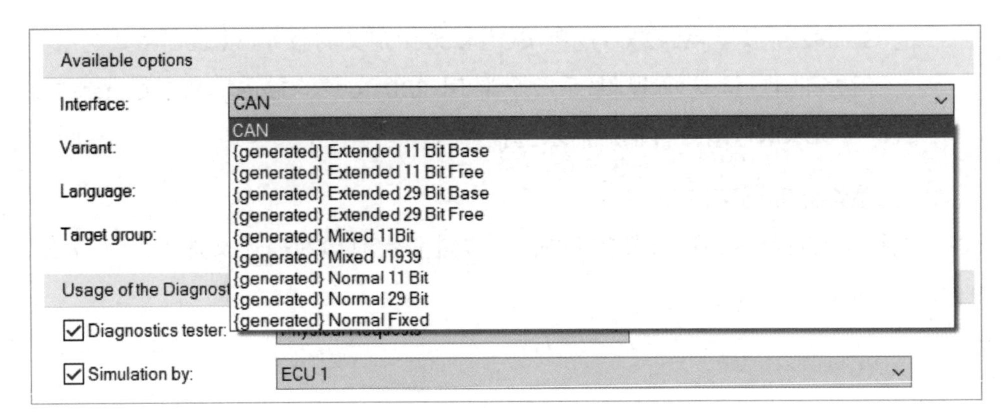

图 5-5　接口选项配置

体。变体决定了哪些服务和参数可以用于诊断通信。

- Language：诊断描述文件中可以包含几种语言版本，必须选择其中的一种。
- Target group：选择某一个目标组可以筛选一些特定的诊断服务，诊断控制台将只会显示特定目标组激活的服务，这项设置不会影响 CAPL 程序。

3. Usage of the Diagnostic Description

- Diagnostics tester：如果需要激活 CANoe 模拟诊断 Tester 与 ECU 的交互功能，需勾选“Diagnostic tester”选项并选择需要的寻址方式（图 5-6）。之后，根据诊断描述文件所包含的内容激活“Diagnostic Console”“Fault Memory”“Session Control”等窗口，用户可使用这些窗口与 ECU 进行交互式通信。

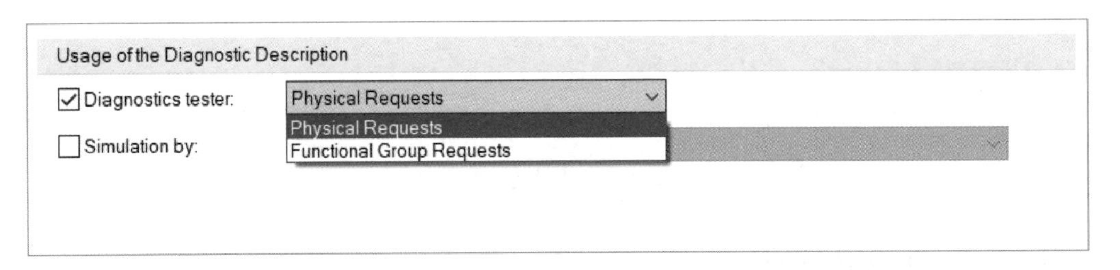

图 5-6　激活 Diagnostic Tester

- 如诊断描述文件中不包含故障内存模型或会话模型的信息，与这些模型对应的“Fault Memory”和“Session Control”窗口将无法使用。
- 如需同时使能物理寻址和功能寻址，配置方法详见 5.5.1 小节内容。

- Simulation by：如需要激活 CANoe 仿真 ECU 的诊断功能，需勾选“Simulation by”选项并指定仿真节点。激活后，CANoe 将会模拟 ECU 对诊断请求作出肯定响应，响应的参数值均使用诊断描述文件中定义的默认值。

5.2.1.2　配置传输层参数

传输层(Transport Layer，也称 TP 层)配置页面可以对传输层相关参数进行配置，勾选“Override manually”选项后可以手动调整相关参数，选择“Reset to defaults”按钮则会将参数重置为诊断描述文件中的默认值(图 5-7)。

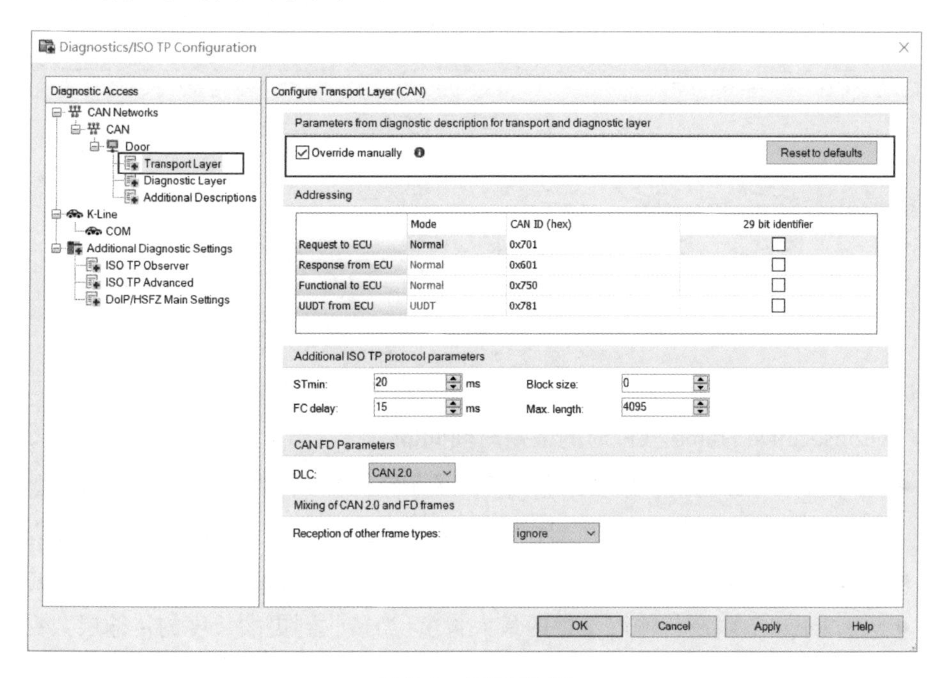

图 5-7　传输层配置

1. Addressing

Tester 和 ECU 之间通过如下的传输通道实现诊断通信。

- Request to ECU：诊断 Tester 向 ECU 发送物理诊断请求。
- Response from ECU：ECU 对物理请求的响应。
- Functional to ECU：诊断 Tester 向一组 ECU 发送诊断请求，目标地址指向该组所有 ECU，通常情况下，ECU 可以给予物理响应或不响应。
- UUDT from ECU：是 OEM 定制的通信方式，一些制造商允许 ECU 针对某一请求发送额外的 UUDT (unacknowledged unsegmented data transport)响应。

对于每一种传输通道，“Mode”列显示所使用的寻址模式 (可在 Interface 中进行更改)，对应的 CAN 报文 ID 及是否是 29 位 ID 则会在“CAN ID(hex)”列与“29 bit identifier”列中显示，可以手动修改各传输通道使用的 CAN 报文 ID 数值，也可以通过复选框激活、停用 29 位标识符(图 5-8)。

2. Additional ISO TP protocol parameters

参数配置区域见图 5-9。

- STmin：流控帧(Flow Control，FC)中的参数，用于接收方告知发送方发送连续帧

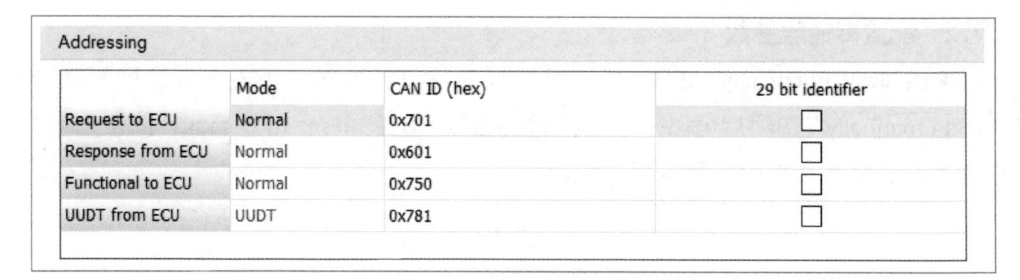

图 5-8　寻址模式参数配置

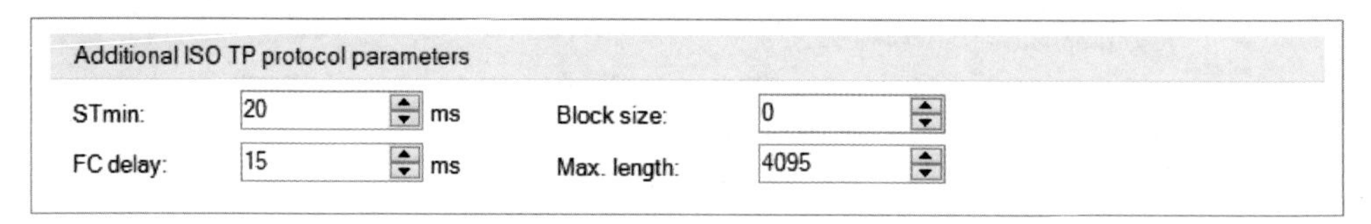

图 5-9　额外 TP 层参数配置

(Consecutive Frame, CF)时的最短时间间隔。

- Block size：流控帧中的参数，用于接收方告知发送方在收到下一条流控帧之前可以发送连续帧的数目。0 表示关闭限制功能，发送方可以一次性将连续帧发送完成。
- FC delay：流控帧与上一条接收到的报文(FF、CF)间的延迟。
- Max. length：限制传输层支持的最大长度，当接收到更大长度的传输层数据时，会报告溢出错误而中止传输。

ISO 15765-2(2015) 规范中最大长度可以到 4 GiB，而 CANoe 目前最多支持 16 MiB。

3. CAN FD Parameters

在“Network Hardware”窗口中配置 CAN Controller 模式为 CAN FD 通信模式后，会使能 CAN FD 参数的配置。首先在“DLC”后的下拉框中选择诊断数据的传输协议是使用 CAN 2.0 还是 CAN FD(同时设置 FD Payload 的最大长度)。如果选择的是 CAN FD 选项中的一个，“Enable BRS”复选框就会激活。激活后，可以通过勾选使能 CAN FD 的通信速率切换功能(图 5-10)。

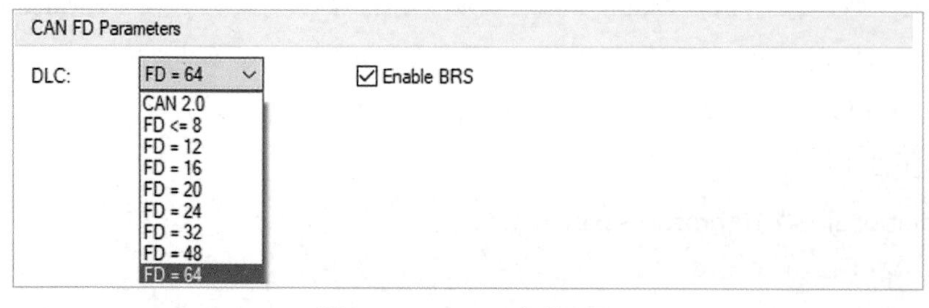

图 5-10　CAN FD 参数配置

4. Mixing of CAN 2.0 and FD frames

CANoe 仿真诊断 Tester 时可以同时处理 CAN 和 CAN FD 报文，通过“Reception of other frame types”下拉选项框可以设置诊断仪接收到与配置类型不匹配的 CAN 报文的行为(图 5-11)。

- ignore：Tester 忽略与配置类型不匹配的 CAN 报文。
- accept：Tester 将接收和处理其他类型的 CAN 报文，但继续以配置类型发送。
- adapt：Tester 不仅接受和处理其他类型的 CAN 报文，而且继续使用该类型发送。

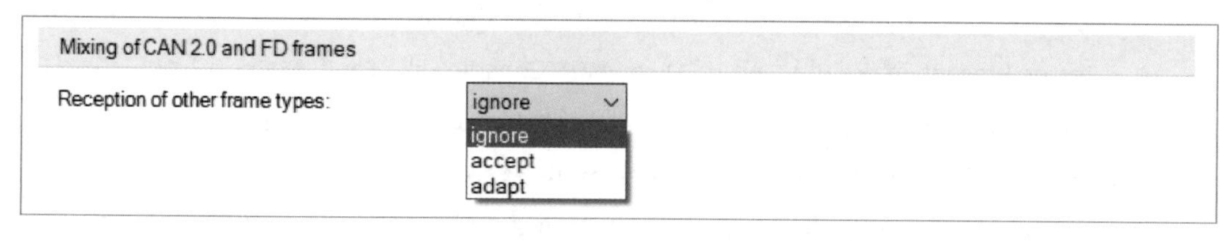

图 5-11　CAN 和 CAN FD 帧混合使用

5.2.1.3　配置诊断层参数

诊断层(Diagnostic Layer)配置窗口可以设置控制台的行为及相关参数，这些参数也可以在运行过程中通过 CAPL 修改和配置。如果诊断描述文件中有一个与网络对应的接口，该窗口会使用诊断描述接口的默认参数。勾选“Override manually”选项后可以手动调整相关参数，选择“Reset to defaults”按钮会将参数重置为诊断描述文件中的默认值(图 5-12)。

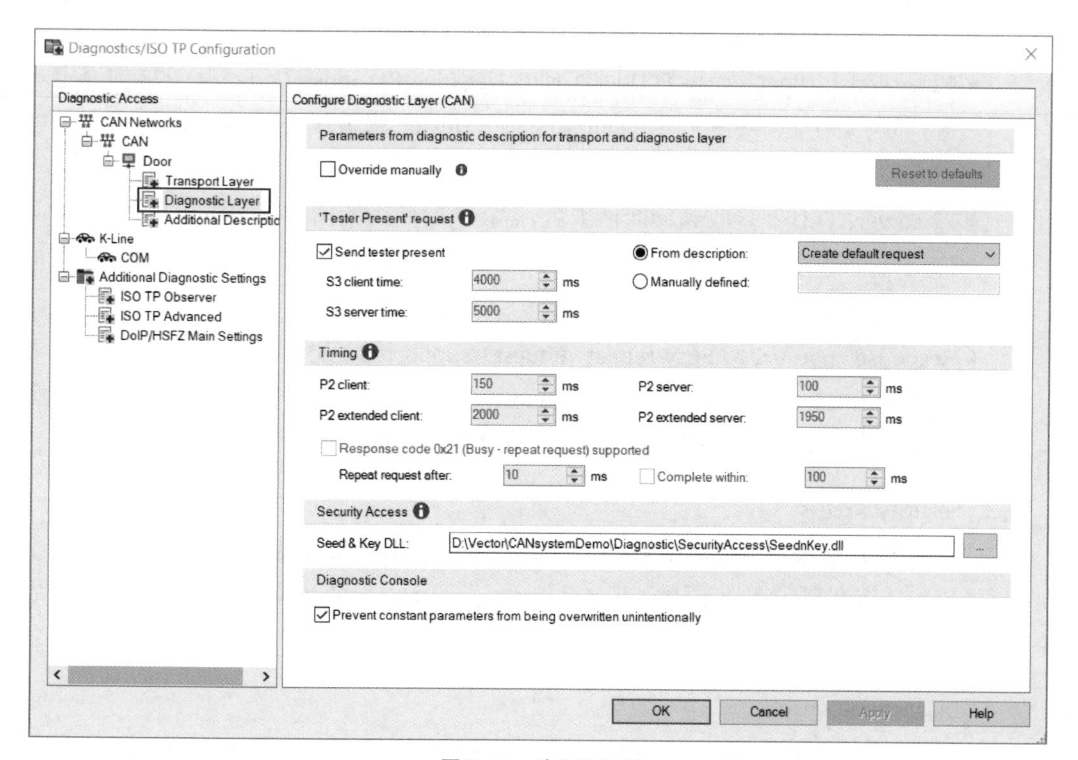

图 5-12　诊断层配置

1. ‘Tester Present’ request

很多 ECU 在诊断通信过程中需要接收 Tester Present（$3E）诊断请求以保持特定的会话状态。该选项区域下的配置选项可以控制在仿真 Tester 时“Diagnostic Console”“Fault Memory”窗口以及不使用 CAPL Callback Interface 的仿真节点发送 Tester Present 请求的行为。

- Send tester present：该复选框可以决定是否要向 ECU 循环发送 Tester Present 请求。如勾选该选项，在 CANoe 测量开始后，诊断工具发送诊断请求并与 ECU 建立诊断会话后即会发送 Tester Present 请求。CANoe 运行过程中如需停止发送 Tester Present 请求，可以点击“Diagnostic Console”或“Fault Memory”窗口的切换（Tester Present on/off）按钮或在 CAPL 中调用 DiagStopTesterPresent 函数。
- S3 client time：Tester 在发送 Tester Present 之前应等待的时间。
- S3 server time：ECU 离开非默认会话的超时时间。这个时间必须大于 S3 client time 的值，否则使用 1.25×S3 Client Time 的值。
- From description：可以从诊断描述文件中定义的 Tester Present 服务中，选择一个服务发送。若诊断描述文件中未定义，可选择自动创建的默认 Tester Present 服务。
- Manually defined：可以通过手动输入字节流（如 0x3E 0x03 0x04）来定义 Tester Present 服务。

2. Timing

- P2 client：Tester 发送请求后，需要在该时间内收到一个肯定响应或否定响应。
- P2 extended client：如果 ECU 回复 NRC（Negative Response Code）为 0x78 的否定响应，即响应挂起（Response Pending），那么 Tester 将继续在该时间内等待 ECU 的响应。
- P2 server：ECU 在接收到诊断请求后，需在该时间内给出诊断响应。
- P2 extended server：ECU 回复 NRC 为 0x78 的否定响应后，需要在该时间内给出下一次诊断响应。
- Response code 0x21（Busy-repeat request）supported：配置 CANoe 在 CAN 总线上接收到 NRC 为 0x21（busy-repeat request）的否定响应后的行为。勾选该复选框，CANoe 作为 Tester 将在设置的时间内重复发送诊断请求。

3. Security Access

如果使用的诊断服务需要 ECU 解锁后才能访问，需要在“Seed & Key DLL”栏指定一个 DLL 文件用于计算解锁所需的密钥。更多关于 Security Access 的相关信息，见 5.4 节诊断安全访问相关内容。

4. Diagnostic Console

该选项区域中的“Prevent constant parameters from being overwritten unintentionally”复

选框可以防止常量参数被无意中改写。激活后，诊断控制台（Diagnostic Console）将不允许改变定义为常量的请求参数值。如需在诊断控制台中改变这些参数的值，需不勾选该复选框。

5.2.1.4　附加诊断描述文件

诊断描述文件有时是由 OEM 提供的，其定义的诊断服务不允许被更改。然而，在开发或测试过程中可能需要使用到原始诊断描述中没有定义的服务。在现有的主描述中添加附加诊断描述（Additional Descriptions）文件可以满足这一需求（图 5-13）。

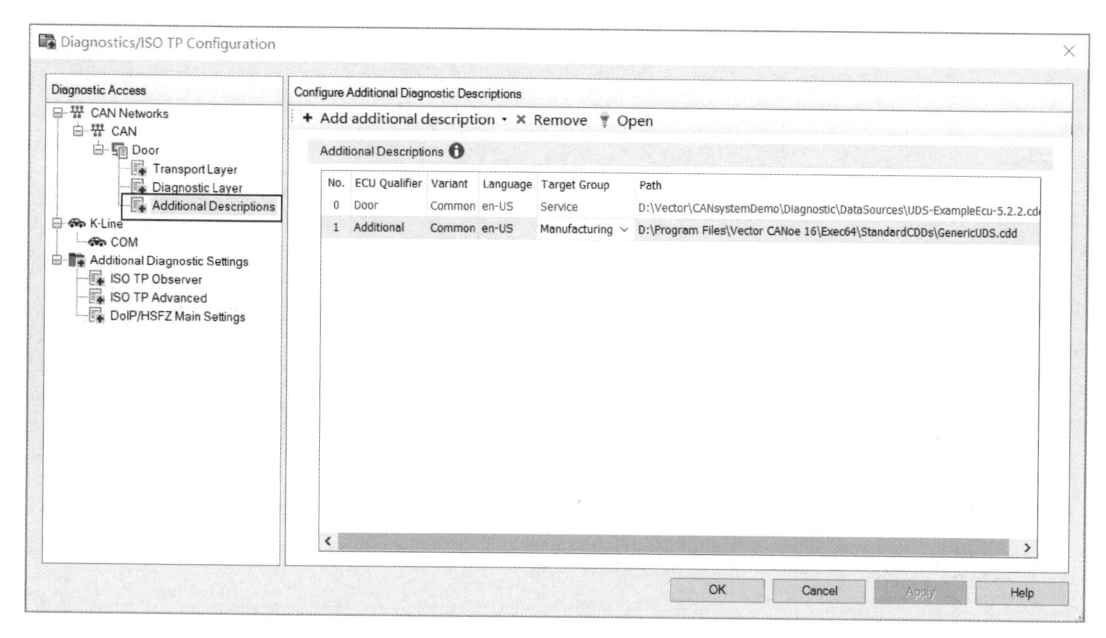

图 5-13　附加诊断配置窗口

附加诊断描述同样是一个诊断描述文件，可以是 CDD、PDX 或 MDX 格式，用于扩展主描述。它共享主描述的通信通道，因此不需要额外的参数化。附加诊断描述可以在诊断窗口（“Diagnostic Console”“Fault Memory”“Session Conrtol”等）以及 CAPL 中使用，也可以用于“Trace”等分析窗口中对诊断信息进行解析。

附加诊断描述列表中会显示当前工程中添加的主描述和附加的诊断描述。主描述的设置不能在该列表中改变；如果附加诊断描述包含多个变体、语言定义或目标组可供选择，可以在表中进行配置。在解析诊断信息时，这些描述是按自上而下的顺序尝试的，可以通过鼠标拖放来改变列表中描述的顺序。

5.2.1.5　其他诊断配置

1. ISO TP Observer

ISO TP Observer 默认基于 ISO/DIS 15765-2（2001-11-01）规范解析通过 CAN 总线传输的报文，并将结果显示在“Trace”窗口中。配置窗口见图 5-14。

（1）Performance

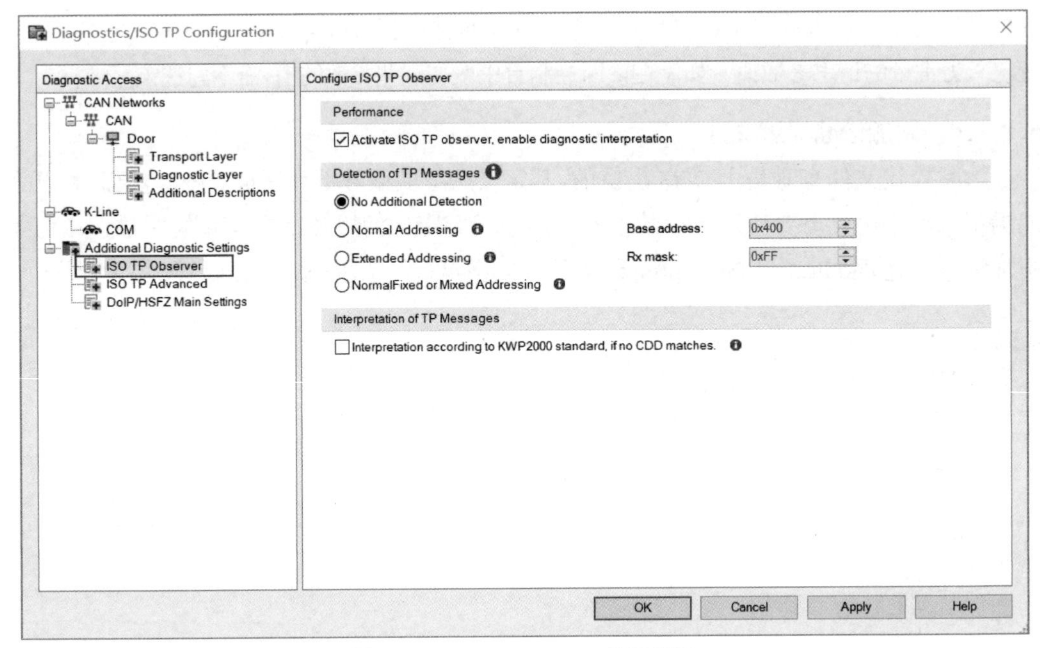

图 5-14　ISO TP Observer 配置页面

勾选该区域中的“Activate ISO TP observer，enable diagnostic interpretation”选项后，“Trace”窗口中将会看到 CAN 数据基于 TP 层的解析。通过“Trace”窗口的预过滤器可以配置希望显示的 TP 层数据类型，如图 5-15 所示。如果不需要 TP 层解析，可以选择不勾选该选项，或是在 ISO TP Observer 过滤器中配置过滤。

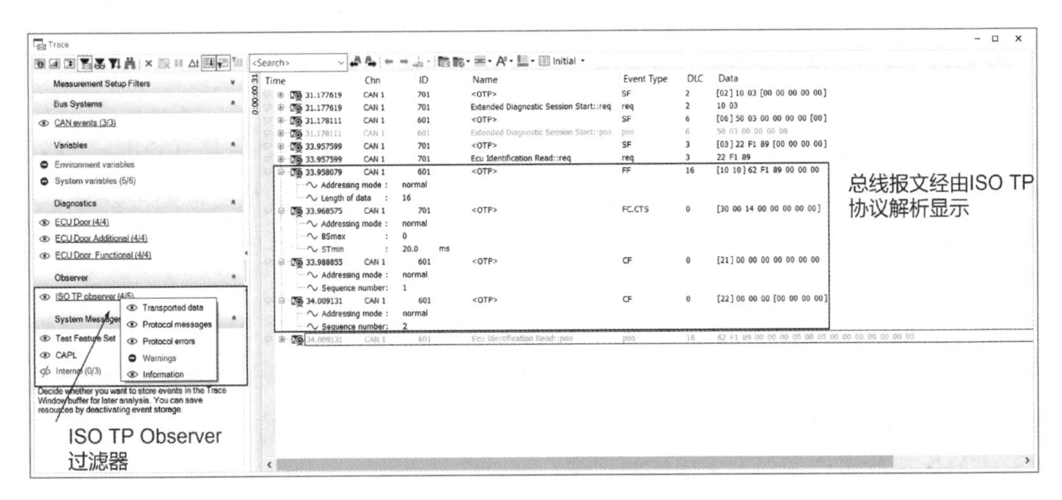

图 5-15　基于 TP 层的报文解析示意

另外，添加了诊断描述文件并激活了 ISO TP Observer 之后，诊断服务的请求和响应也可以同步于总线报文显示在“Trace”窗口中，展开诊断服务详情可以查看请求、响应参数的解析。“Trace”窗口的诊断预过滤器、分析过滤器和列过滤器都可以帮助筛选目标诊断报文（图 5-16）。

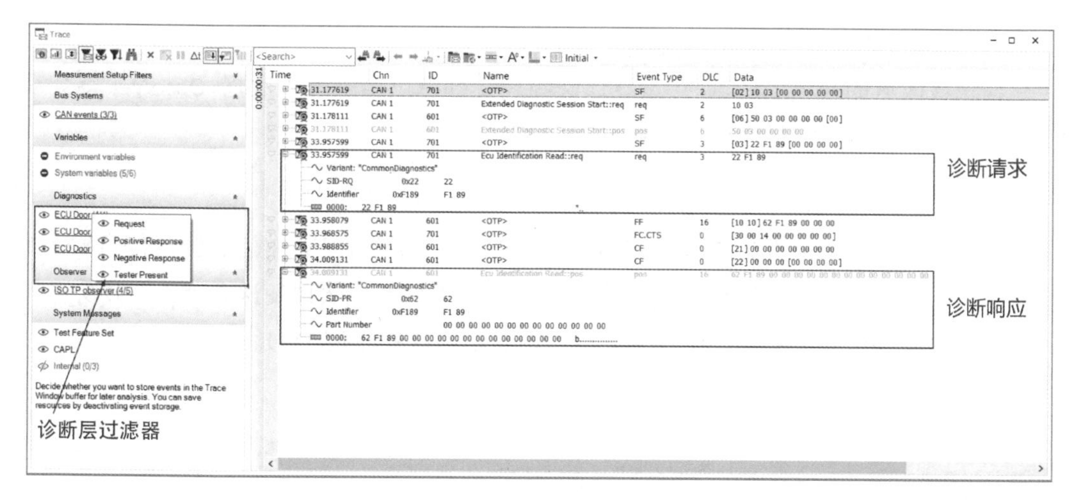

图 5-16　基于诊断层的数据解析

（2）Detection of TP Messages

如果没有配置诊断描述文件或数据库配置不充分，可以在该区域进行额外的 TP 层解析配置。

- No Additional Detection：该选项表示除了使用诊断描述文件中定义的 CAN ID 外，不使用其他标识符来识别 TP 报文。
- Normal Addressing：该选项可以额外编辑一个基础地址和 Rx 掩码，TP 层数据将会根据协议中定义的 Normal Addressing（常规寻址）模式进行解析。
- Extended Addressing：该选项可以额外编辑一个基础地址和 Rx 掩码，TP 层数据将会根据协议中定义的 Extended Addressing（扩展寻址）模式进行解析。
- Normal Fixed or Mixed Addressing：该选项激活后，TP 层数据将会根据协议中定义的 Normal Fixed Addressing（常规固定寻址）或 Mixed Addressing（混合寻址）模式进行解析。

- Normal Addressing：CAN ID 包含完整的寻址信息，8 个数据字节都可以用来数据交换。该模式每个 ECU 需要两个 CAN ID 分别用于诊断数据接收和发送。
- Extended Addressing：Tester 对所有 ECU 的请求共用一个 CAN ID，请求报文第一个数据字节存放 ECU 地址，只有 7 个数据字节用于数据交换，另外每个 ECU 需要一个单独的 CAN ID 用于诊断响应。
- Normal Fixed Addressing：29-bit CAN 通信使用的寻址方式。CAN ID 中包含完整的寻址信息，8 个数据字节都可以用来数据交换。该模式每个 ECU 需要两个 CAN ID 分别用于诊断数据的接收和发送。
- Mixed Addressing：CAN ID 包含完整的寻址信息，但额外使用第一个数据字节存放子网地址，因此只有 7 个数据字节用来数据交换。该模式每个 ECU 需要两个 CAN ID 分别用于诊断数据的接收和发送。

(3) Interpretation of TP Messages

勾选该区域的选项框后，如果没有诊断描述文件可以用于解析数据，Observer 将会基于 KWP2000 协议规范对数据进行解析。

2. ISO TP Advanced

该配置窗口可以设置在“Trace”窗口中是否显示不符合 TP 层规范的告警信息，如 CF 发送是否符合 STmin 的设定、CF 的序号是否正确、错误的 TP 层数据发送者等。在该窗口可以通过勾选对应的复选框来选择“Trace”窗口中显示的信息(图 5-17)。

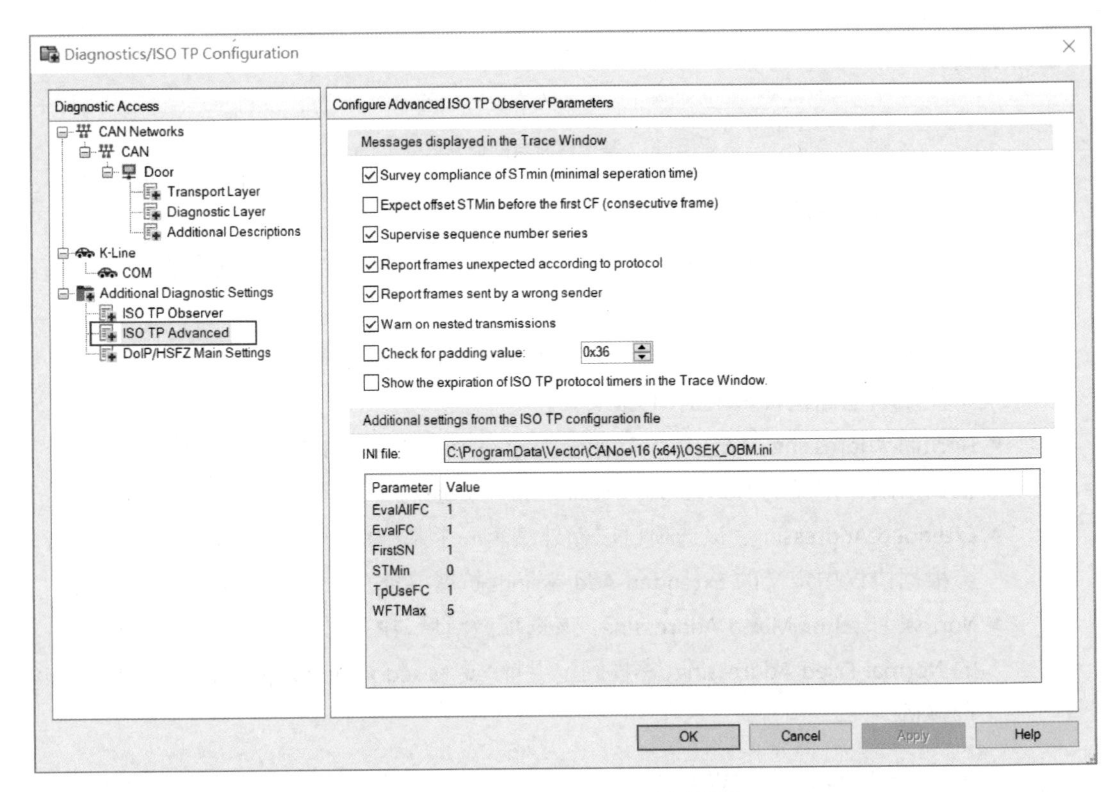

图 5-17 ISO TP Advanced 配置页面

3. DoIP/HSFZ Main Settings

该配置窗口可为基于 IP 传输的诊断协议 (HSFZ/DoIP)设置相关参数，如设置诊断协议版本、激活 DoIP/HSFZ 数据解析、激活 Legacy DoIP 访问模式、设置 Activation Line 等(图 5-18)。

5.2.2 交互式诊断控制台

诊断控制台(Diagnostic Console)从诊断描述文件中获取信息，并提供一种非常简单的方法来支持用户通过交互式操作发送诊断请求，并可显示诊断响应信息、诊断通信错误信息等。

简单地发送诊断描述文件中的服务请求操作流程如下(图 5-19)。

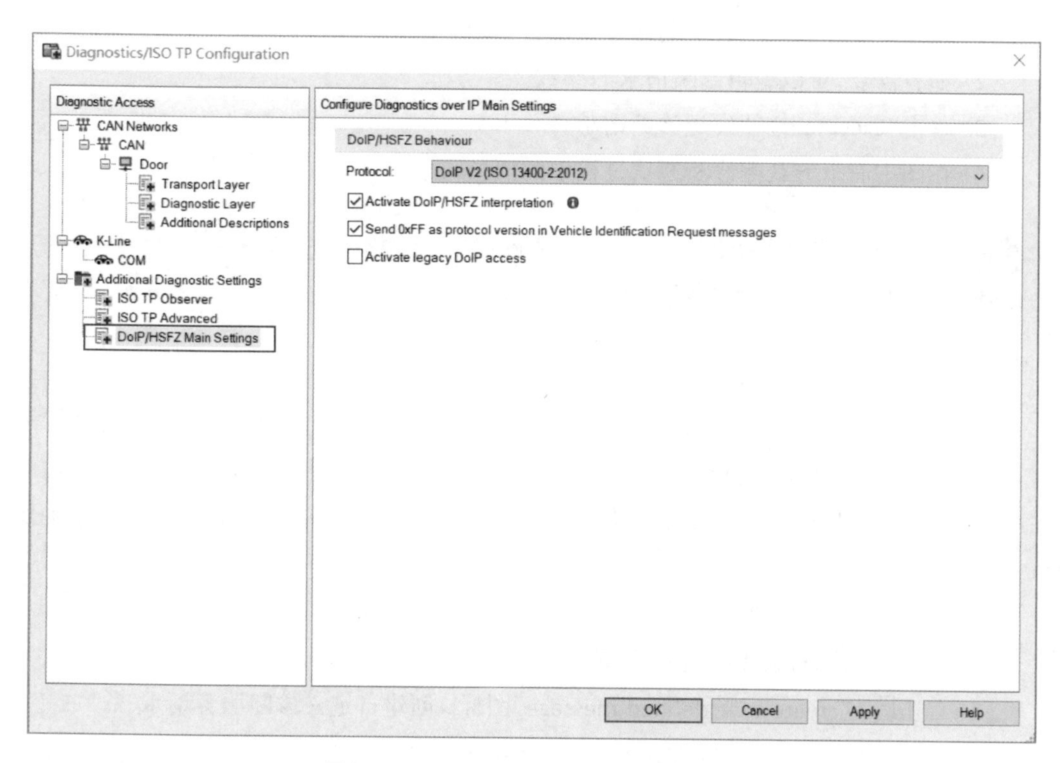

图 5-18　DoIP/HSFZ Main Settings 配置窗口

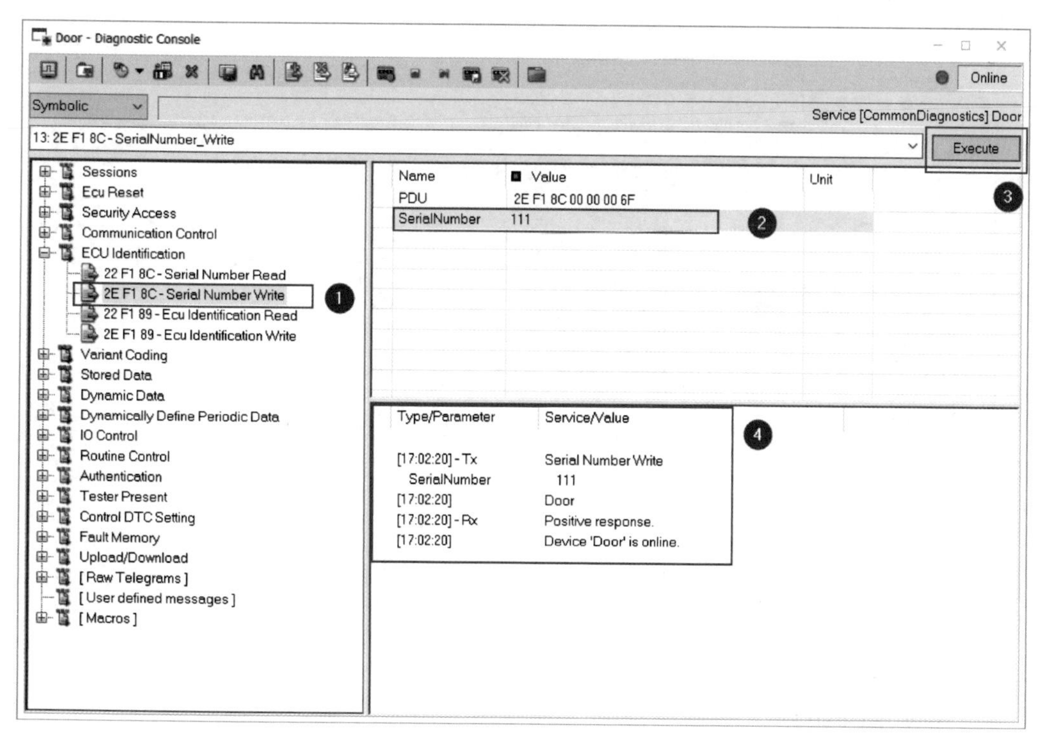

图 5-19　发送诊断请求命令

（1）从图中左侧服务列表中选择需要发送的诊断服务。

（2）如有需要，可以编辑诊断请求的参数。

（3）单击“Execute”按钮发送诊断请求。

（4）在图中右下方观测诊断通信过程中的信息。

诊断控制台发送的请求以及针对此请求的响应对于 CAPL 程序来说是不可见的；同样，CAPL 程序发送的请求及对应的响应也不会在诊断控制台中显示。

1. User-defined Message

User-defined message（用户自定义报文）功能可基于已有的诊断请求及参数值进行配置，为其定义新的名称，并可设定为周期发送。典型的应用是将同一服务对应不同参数值的情况分别存储为不同的自定义报文，以便快捷发送，而不需要在每次发送诊断请求前手动修改参数值。

配置方法如下（图 5-20）。

（1）选中目标诊断服务，设置参数值。

（2）单击（“create user defined message”图标），创建自定义诊断服务请求。

（3）在弹出的对话框中设置服务名称，该对话框还可以设置以一定的周期循环发送服务。

（4）CANoe 工程运行后，可以直接选择[User defined message]下创建的自定义服务，单击“Execute”按钮发送。

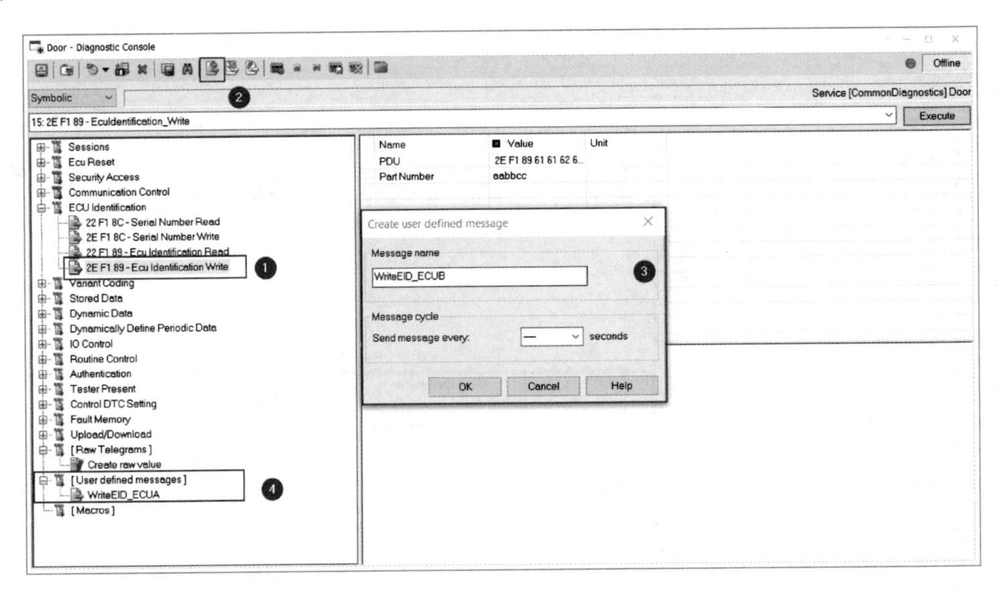

图 5-20 创建 User-defined 服务请求

2. Raw Telegrams

Raw Telegrams（原始报文）功能支持以原始数据的形式定义诊断服务请求（图 5-21）。

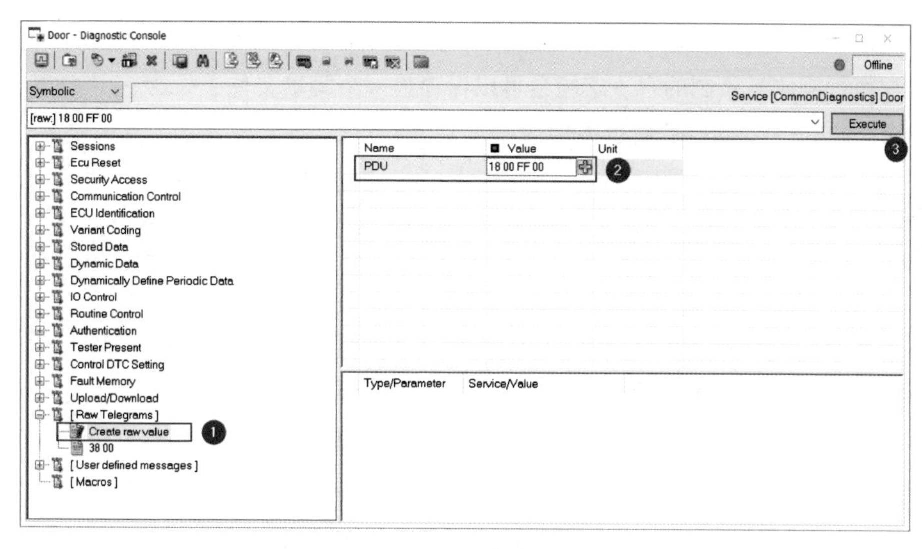

图 5-21　创建 Raw 服务请求

（1）单击[Raw Telegrams]下的“Create raw value”选项，创建一个新服务请求条目。

（2）在“Value”列的文本框中以 16 进制形式（不用额外添加前缀“0x”）输入诊断请求对应的原始数据字节，如 18 00 FF 00。然后，单击右侧的“＋”按钮，就可以将该条信息添加到服务列表中。

（3）CANoe 工程运行后，可以选择添加的原始报文，单击“Execute”按钮发送。

3. Macros

Macros（宏）功能支持在诊断控制台中将一段时间内连续发送的诊断请求记录下来，并在以后重复执行（图 5-22）。可以单击（“Start macro recording”按钮）启动宏记录，并通

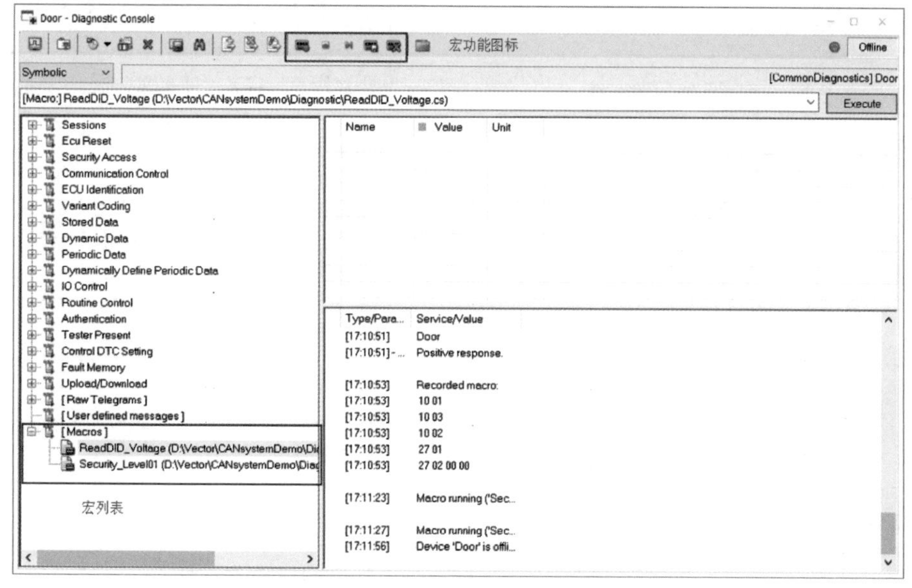

图 5-22　诊断控制台的宏功能

过 ■（“Stop macro recording”按钮）终止记录。单击 ▶|（“Replay last recorded macro”按钮）可以再次执行刚刚被录制的宏。宏指令可以保存为一个脚本文件（* .cs），该脚本也可以导入“Automation Sequences”窗口中执行。

关于“Automation Sequence”窗口宏功能的使用可以参考 2.2.5 小节的内容。

在服务列表中，[Macros]下显示所有在本工程中创建的宏文件，这些宏可以通过双击执行，单击（“Delete macro”按钮）则可以删除不需要的宏。

表 5-2 所示为诊断控制台的窗口工具栏图标及功能，更详细的信息可选中诊断控制台窗口后，按“F1”键链接到帮助文档对应位置查看。

表 5-2　诊断控制台的窗口工具栏图标

图标	名称	功能
	Switch On / Switch Off Tester Present	Test Present（$3E）服务启停按钮
	Display Vehicle System Groups / Diagnostic Classes	显示车辆系统分组或诊断分类
	Display Request History	显示诊断请求历史记录
	Initialize Parameter	初始化当前写服务的参数
	Clear Trace Area	删除当前窗口跟踪区内容
	Activate/deactivate trace logging	诊断跟踪记录文件启停按钮
	Search	搜索功能按钮
	Create user-defined message	创建用户自定义诊断报文
	Delete user-defined message	删除用户自定义诊断报文
	Edit user-defined message	编辑用户自定义诊断报文
	Start macro recording	启动宏记录
	Stop macro recording	停止宏记录
	Replay last recorded macro	播放上一次宏记录
	Store lastly recorded macro as script	将上一次宏记录保存为脚本
	Delete macro	删除宏
	Properties ...	打开属性配置对话框

5.2.3 会话管理和安全访问

诊断会话控制(Diagnostic Session Control)窗口支持以交互的方式控制 ECU 的会话状态、安全访问以及通信管理设置等。用户可以方便地使用该窗口在不同会话状态之间切换,如默认会话、扩展或编程会话;也可以根据需要解锁不同的安全等级。

只有在 ECU 的诊断描述文件中定义了相应的服务,才能在诊断会话控制窗口中使用相应的功能。

诊断会话控制窗口如图 5-23 所示,包含如下选项。

- Sessions:在不同的会话状态下切换。
- Security Access:在关联 Seed&Key DLL 之后,可以在该窗口方便地进行一键安全解锁,不必关心安全密钥的计算和交换细节。

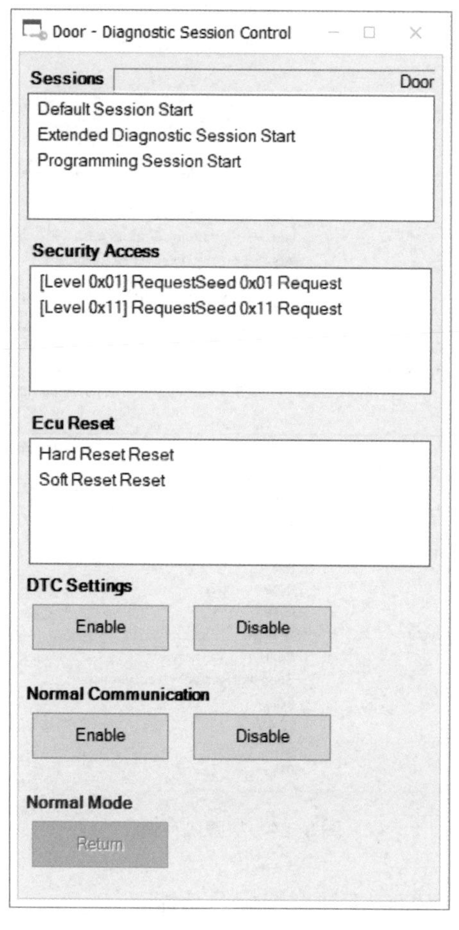

图 5-23 Session Control 窗口

- ECU Reset：发送诊断请求以重置 ECU。
- DTC Settings：启用或禁用 ECU 中的 DTC（Diagnostic Trouble Code，诊断故障码）记录。
- Normal Communication：启用或禁用 ECU 中的正常通信，比如非诊断性通信。
- Normal Mode：此按钮提供 OEM 特有的功能，只有在使用某些 OEM 特有的诊断描述时才被激活。

5.2.4 DTC 访问

故障内存（Fault Memory）窗口（图 5-24）提供了快速、方便访问 ECU 故障代码的方法，支持单次或周期性地读取 DTC。加载包含“Fault Memory”模块的诊断描述文件（CDD、ODX 或 MDX 格式）后，“Fault Memory”窗口将自动激活。根据导入的诊断描述文件使用的标准，可基于 KWP2000 标准请求（$18 02）或 UDS 标准请求（$19 02）读取 DTC。此外，故障内存窗口还支持用户自行定义特殊的诊断故障代码读取、清除方式。

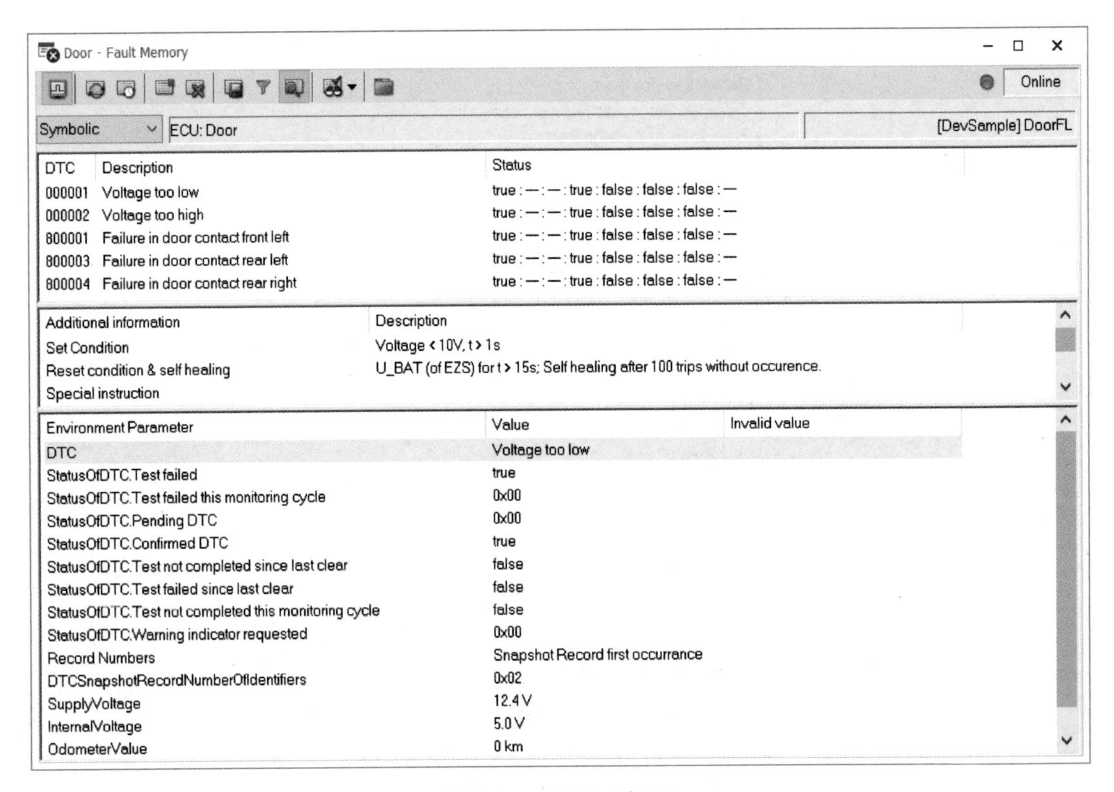

图 5-24　故障内存窗口

表 5-3 所示为故障内存窗口工具栏图标及功能。

表 5-3　故障内存窗口工具栏图标及功能

图标	名称	功能
	Switch On / Switch Off Tester Present	Test Present($3E)服务启停按钮
	Update Fault Memory List	重新读取一次 ECU 故障代码
	Cyclic Update	以一定周期读取 DTC,周期可在属性窗口设置
	Delete DTC	清除选择的 DTC
	Delete All Diagnostic Trouble Codes	清除所有 DTC
	Activate/Deactivate DTC logging	DTC 记录文件启停按钮,记录文件的名称和路径在属性窗口配置,激活后会将窗口的内容写入日志文件
	DTC Filter	开启或关闭 DTC 过滤器,过滤器可在属性窗口中的 Filter 栏定义
	DTC Details	开启或关闭环境数据(Environment Data)的显示。激活后如果读到 DTC 会自动发送查询其环境信息的诊断请求,单击列表中已读到的 DTC 也可手动发送。通过配置可选择读取快照信息(Snapshot)、扩展数据(Extended Data)等。
	Select Display Mode	切换读取 DTC 的请求从而激活下列不同的显示模式。 ● Identified:显示当前在 ECU 中存储的 DTC ● Supported:显示 ECU 支持的所有 DTC ● 显示属性窗口自定义的访问 DTC 的模式
	Properties	打开属性配置对话框

5.2.5　OBD-Ⅱ协议诊断

OBD (On-Board Diagnostics,车载诊断系统)指车辆的自我诊断和报告能力。OBD 使用一个标准化的快速数字通信端口来提供实时数据,除了标准的诊断故障代码外,还可以快速识别和补救车辆内的故障。

在“Diagnostic/ISO TP Configuration”窗口中选择某个 CAN 网络,然后在右下方的“On-board Diagnostics(OBD-Ⅱ)”中配置 11bit/29bit 寻址模式后,“OBS-Ⅱ”窗口以及对应的“Diagnostic Console”和“Fault Memory”窗口都将会激活,如图 5-25 所示。

在“OBD-Ⅱ”窗口(图 5-26)中,可以手动启动网络扫描,向所有 ECU 发送诊断请求并读取对应的响应。该窗口可以根据响应获取所有可用 ECU 及其支持的请求,更新系统状态、实时数据网络、车辆信息以及车载测试结果。

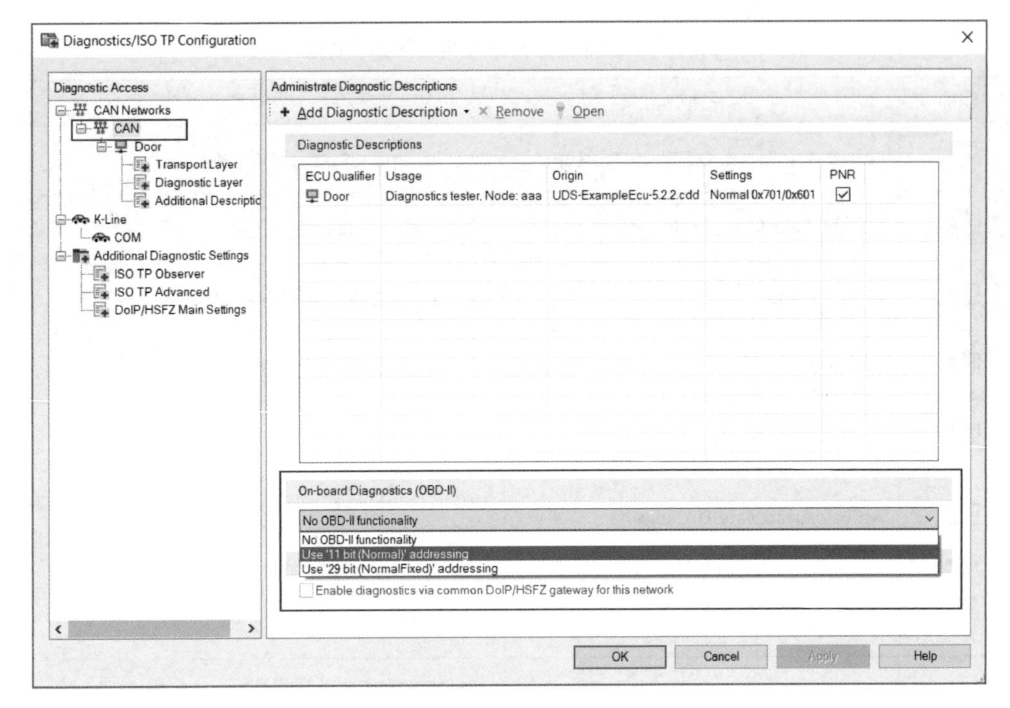

图 5-25　激活 OBD-II 寻址模式

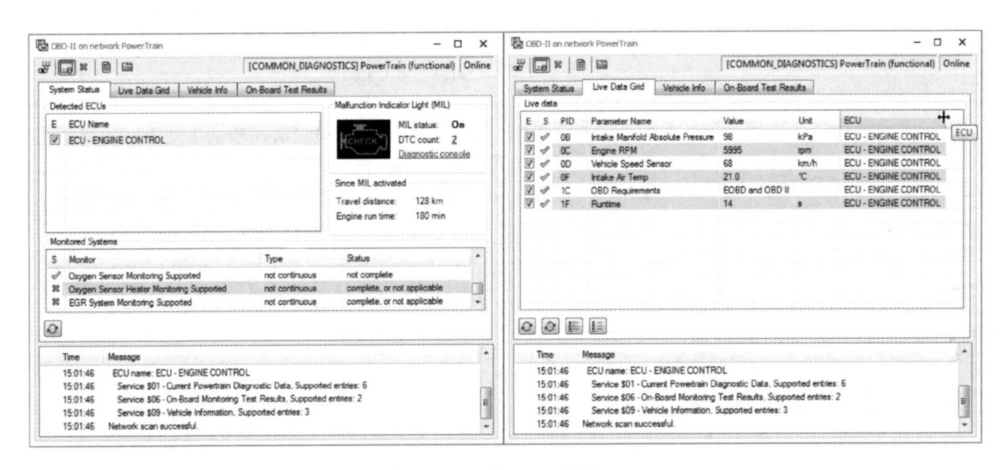

图 5-26　“OBD-II”窗口

5.2.6　诊断参数读取

“Diagnostic Parameters”(诊断参数)窗口可以添加诊断响应的参数并配置发送其对应的诊断请求,诊断请求可以选择用鼠标交互式发送或设置循环发送。响应中包含的参数值可以同步显示在诊断参数窗口以及其他分析窗口中,如“State Tracker”“Data”和“Graphics”窗口,见图 5-27。

“Diagnostic Parameter”窗口的使用需基于诊断描述文件。首先需要在“Diagnostics/ISO

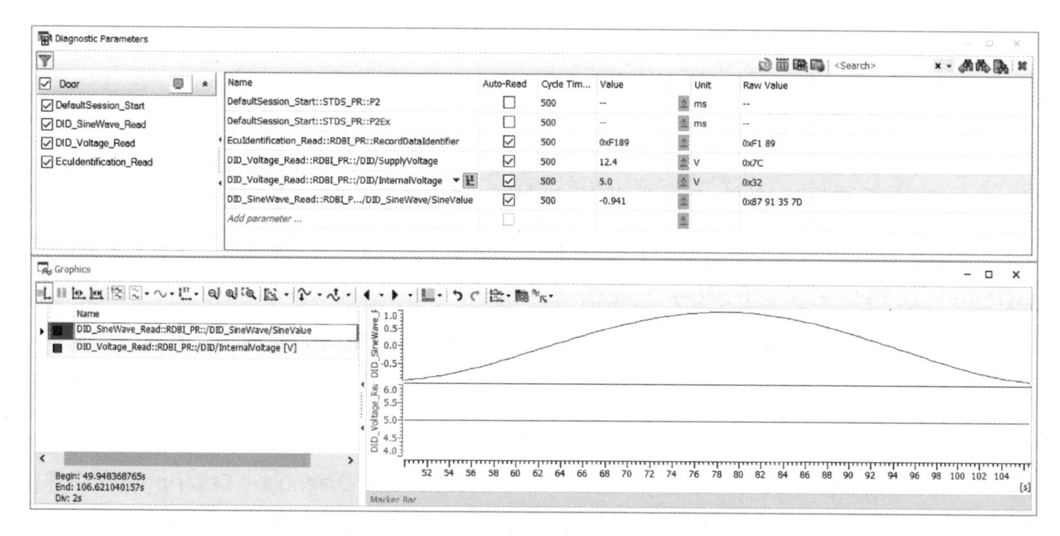

图 5-27 “Diagnostic Parameter”窗口和“Graphics”窗口显示诊断参数

TP Configuration”窗口中配置诊断描述文件,设置为物理寻址模式并激活 ISO TP Observer 的观测。其次,按图 5-28 中所示的三种方式之一添加参数:①通过“Symbol Explorer”窗口拖拽诊断请求对应的肯定响应中的参数插入诊断参数窗口;②通过其他分析窗口拖拽参数到诊断参数窗口;③右键单击列标题,在弹出的“Symbol Selection”窗口中选择目标诊断参数。

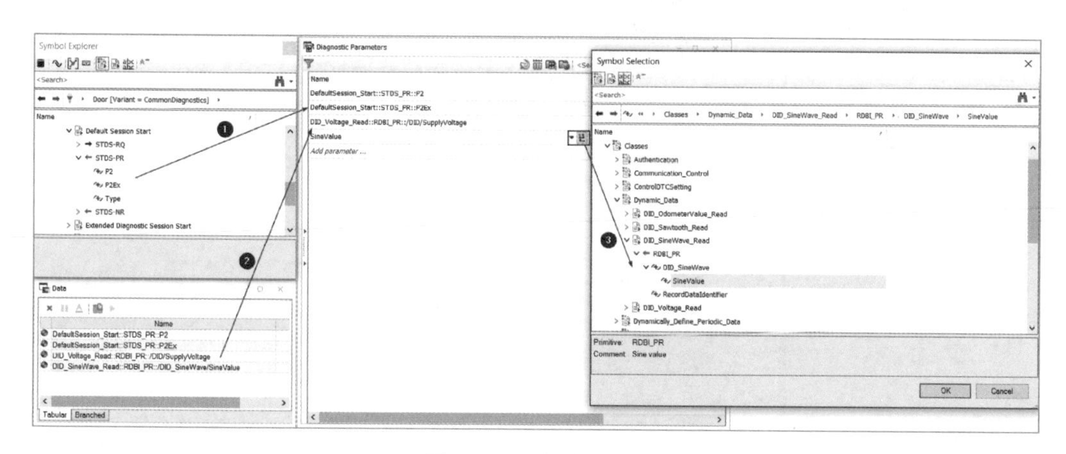

图 5-28 添加诊断参数

- “Diagnostic Parameters”窗口不支持配置为 Functional Group 请求的参数。
- “Diagnostic Parameters”窗口在发送诊断请求前不会自动进行会话切换或解锁 ECU 安全访问,需要通过其他方法确保 ECU 进入正确的会话状态及安全等级。
- 响应只会回复给发送方,CAPL 程序无法访问“Diagnostic Parameters”窗口发出的请求及针对该请求的响应。
- “Diagnostic Parameters”窗口只有在收到 ECU 响应或响应超时后才会向该 ECU 发送新的请求,周期发送时设置的周期时间最好大于相关 ECU 的 P2 时间。

5.2.7 自定义诊断服务

当没有诊断数据库文件或当前诊断描述文件中不包含需要的服务时，若用户依然希望使用 CANoe 的诊断控制台或 CAPL 中的诊断函数，可以基于“Basic Diagnostic Description”使用自定义诊断服务实现这一功能。

自定义诊断服务可以用于描述简单的基于 UDS 或 KWP 的诊断服务，用于 CAN、LIN、FlexRay、以太网（DoIP/HSFZ）以及 K-Line 的 ECU 的诊断通信。自定义诊断服务编辑流程如下。

（1）在“Diagnostic/ISO TP Configuration”窗口中添加 Basic Diagnostic Description（UDS 或 KWP）作为主诊断描述文件或补充诊断描述文件，“Basic Diagnostics”窗口的“Editor”标签页会自动激活（图 5-29）。

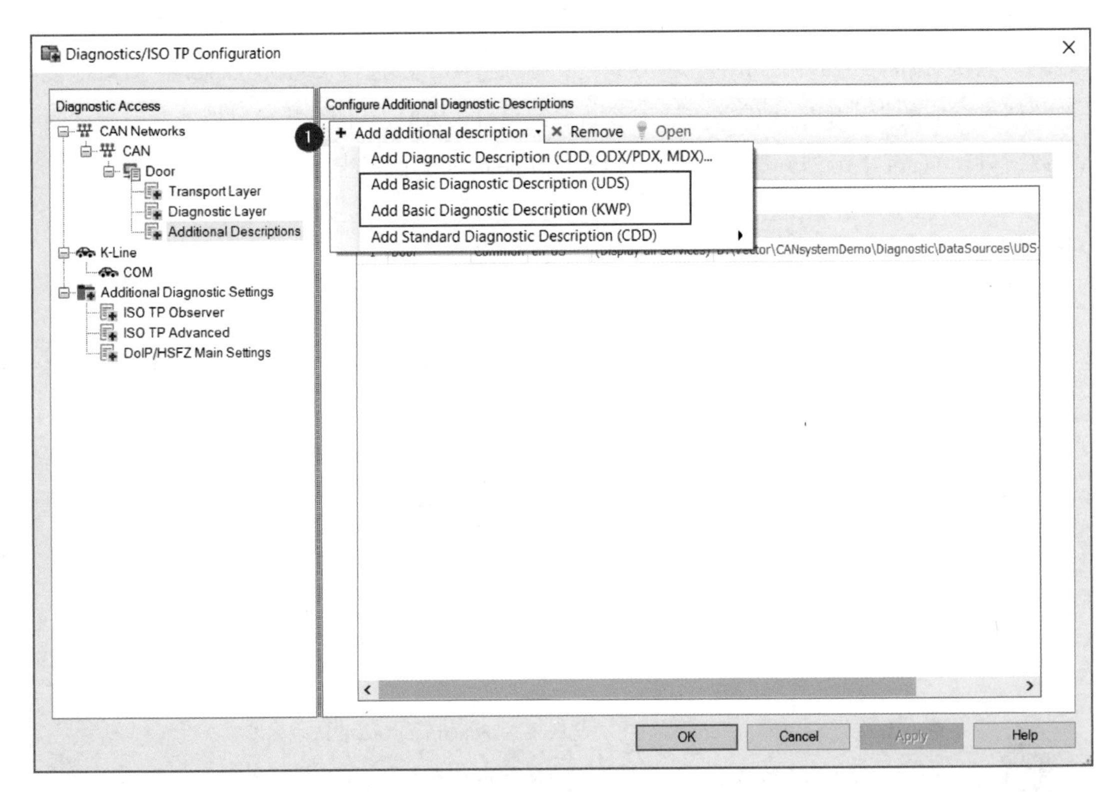

图 5-29　添加 Basic Diagnostic Description

（2）可选择 Diagnostic → Configuration → Basic Diagnostic 打开窗口进行编辑，在左侧的服务模板树状视图处选择定义诊断请求时需要使用的服务模板，单击鼠标右键后选择“Add New Service”选项。

（3）在编辑区域对诊断服务进行编辑，包括诊断服务的名称、请求和响应的 ID

Parameters（Sub-Service ID、Sub-Function ID）和 Parameters。它们均可用于各诊断窗口和“Trace”等分析窗口对诊断服务进行符号化解析，其中，Parameters 区域定义的参数还便于用户在发送诊断请求时编辑数值。

（4）诊断描述编辑完成后，单击“Commit”按钮或保存 CANoe 配置，发布编辑好的诊断服务。

（5）单击“Diagnostics Console”按钮打开对应的诊断控制台窗口，即可发送创建的诊断服务。

步骤（2）～（5）操作如图 5-30 和图 5-31 所示。

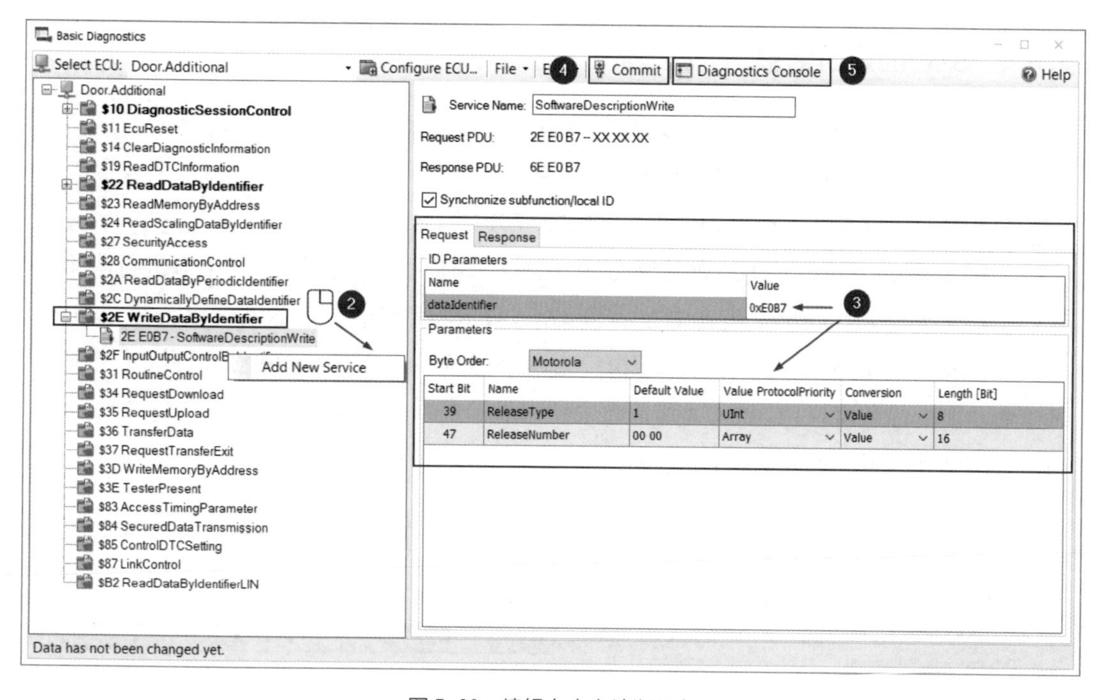

图 5-30　编辑自定义诊断服务

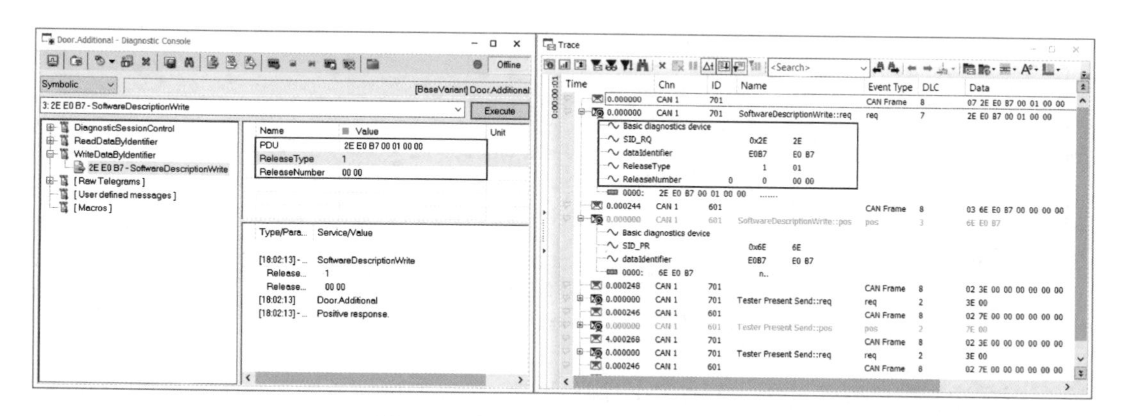

图 5-31　自定义诊断服务的发送和解析

- CANoe 运行过程中，“Basic Diagnostics”窗口的编辑功能被禁用。
- 树状图显示基于 UDS 或 KWP 协议的服务模板，所有用户自定义的服务都需要基于这些服务模板创建和编辑，即用户无法创建一个使用新“Service ID”的诊断服务。
- Basic Diagnostic Description 不包含 Fault Memory Model 和 Session Control Model，因此使用“Basic Diagnostics”窗口添加自定义诊断服务不会激活故障记忆窗口和诊断会话控制窗口。
- 不支持变体、语言切换、基于 Seed&Key DLL 的安全访问。
- Basic Diagnostic Descriptions 会作为 CANoe 配置的一部分储存起来，可以通过工具栏的“File”按钮将编辑的服务配置导出或导至另一个 CANoe 工程中。

5.2.8 多功能诊断配置

Diagnostic Window 是自 CANoe16.0 开始新增的诊断窗口。该窗口目前集成了 Variant Coding、ECU Control、Diagnostic Console 等诊断功能。

- Variant Coding：用于读取、写入和比较 ECU 的变体编码数据。
- ECU Control：切换 ECU 的诊断会话、在 ECU 中启用安全访问以及对 ECU 进行认证。
- Diagnostic Console：发送 ECU 诊断请求，显示和评估收到的诊断响应。

“Diagnostic Window Configuration”窗口由两个区域组成，左侧区域显示的是已经配置好诊断功能的诊断窗口；右侧区域则是尚未使用的诊断功能，可以通过拖放的方式将诊断功能分配到现有或新的诊断窗口中，见图 5-32。

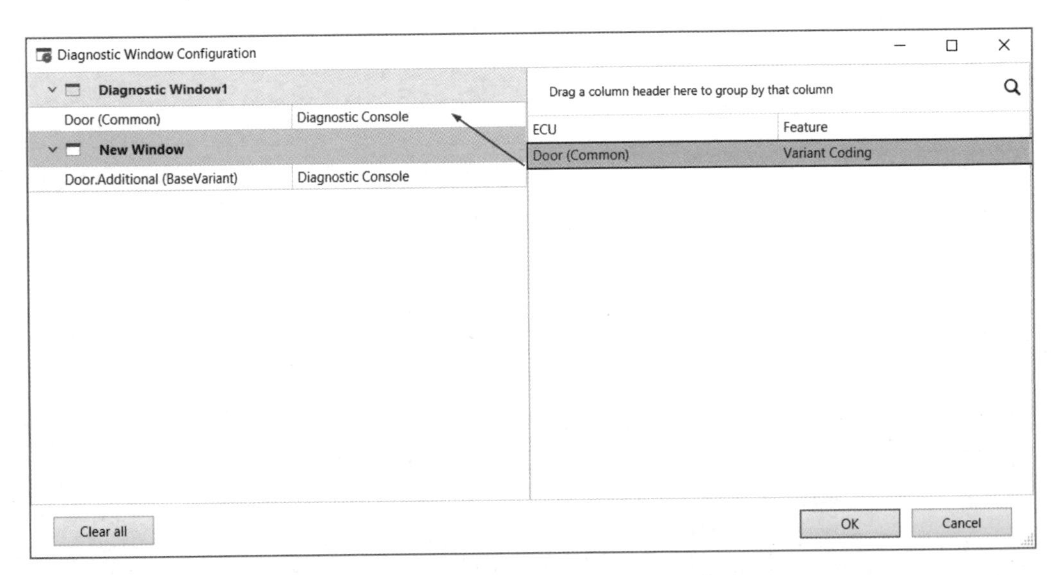

图 5-32 “Diagnostic Window Configuration”窗口

每个诊断窗口可以包含一个或多个诊断功能。可以通过拖放配置各个诊断功能模块的排布（图 5-33）。

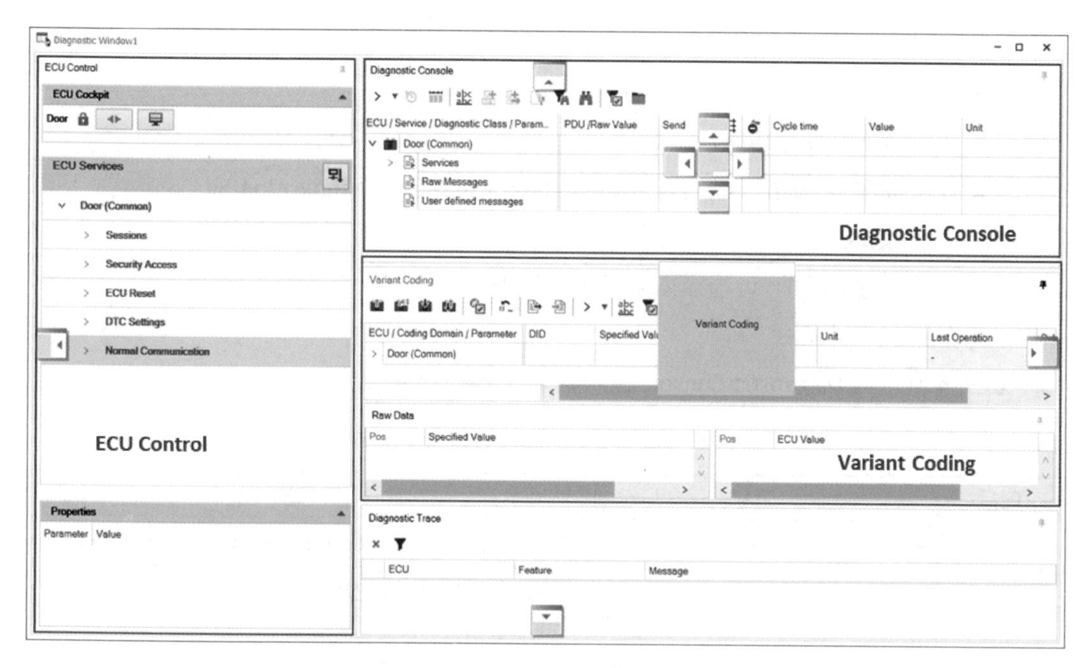

图 5-33　Diagnostic Window

5.2.8.1　Diagnostic Console 模块

Diagnostic Window 中的 Diagnostic Console 模块(图 5-34)支持传统诊断控制台的大部分功能，包括：①单次发送 ECU 的诊断请求，显示和评估相应的诊断响应；②预先参数化(user-defined)诊断服务请求；③原始诊断报文定义功能。此外还新增了如下功能：

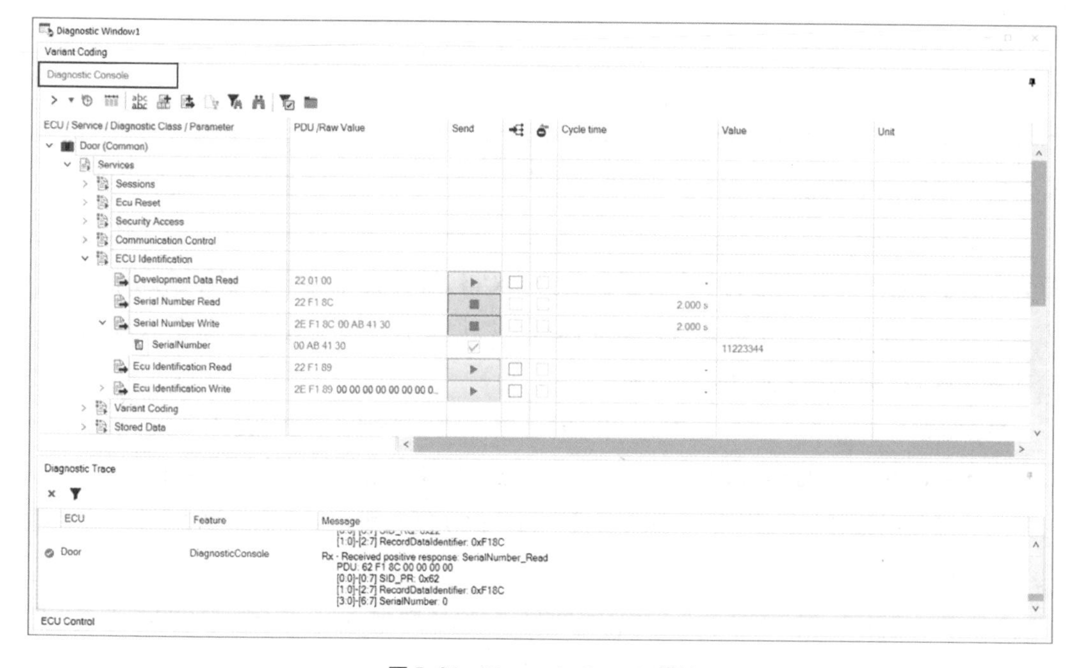

图 5-34　Diagnostic Console 模块

- 周期性发送诊断请求；
- 同一窗口同时显示多个 ECU 的诊断服务；
- 切换物理寻址和功能请求寻址；
- 发送带有 SPRMIB(Suppress Positive Response Message Indication Bit，肯定响应抑制位)的请求；
- 搜索和过滤功能，可选择需要显示的服务；
- 车辆系统组显示。

表 5-4 所示为 Diagnostic Console 模块窗口工具栏图标及功能。

表 5-4 Diagnostic Console 模块工具栏图标

图标	名称	功能
>	Expande/collapse nodes	展开/折叠所有 ECU、Service、Classes 和 Parameter
	History of executed requests	显示诊断请求历史记录
	Best fit all columns	根据数据内容优化列的宽度
abc abc	Show qualifier	显示 Qualifier
	Create raw message	创建原始请求报文
	Create user-defined message	创建用户自定义请求报文
	Display Vehicle System Groups	显示 Vehicle System Group
	Filter search results	过滤搜索的结果
	Search	搜索
	Show only selected items	只显示配置窗口中勾选的选项
	Open Diagnostic Console Configuration	打开配置窗口，配置需显示的诊断服务

5.2.8.2 Variant Coding

“Variant Coding”窗口(图 5-35)旨在读取、写入、导入、导出和比较 ECU 的变体编码数据，对应的诊断描述必须是 CDD、ODX/PDX 或 MDX 格式，并且需要包含变体编码服务。该窗口包含了安全机制，即变体编码数据的读写会根据配置的安全访问要求嵌入在诊断通信序列中执行，比如先认证，再读写操作。

“Variant Coding”窗口仅在 CANoe 启动时可用，由以下两个区域组成。

- ECU/Coding Domain/Parameter：该区域显示数据的指定值、读取的 ECU 数值、单位以及对该数据的最后一次操作(读/写)。ECU 值和指定值之间存在差异时会用高亮背景色突出显示。
- Raw Data：该区域显示当前选中的服务的原始数据，包括指定值和 ECU 值。指定值和 ECU 值之间存在差异的字节以颜色突出显示。

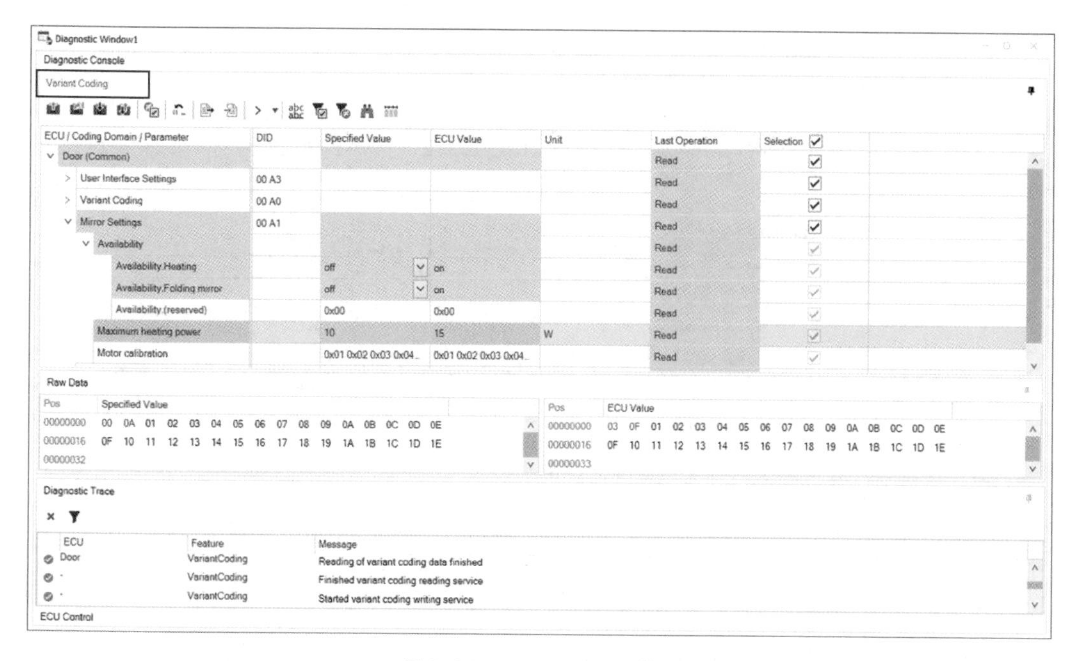

图 5-35 Variant Coding 模块

5.2.8.3 ECU Control

ECU Control 不是独立的窗口，而是可在“Variant Coding”或“Diagnostic Console”窗口中使用的一种诊断功能模块。ECU Control 是“Session Control”窗口的升级版，可用于切换 ECU 诊断会话（$10）、启用 ECU 的安全访问（$27）和进行安全认证服务（$29）。此外，ECU Control 还可以执行 ECU 重置（$11）、DTC 设置（$85）和通信信息传输控制（$28）等服务。

ECU Control 仅在 CANoe 运行时可用，该窗口由以下三个区域组成(图 5-36)。

- ECU Cockpit：可通过该区域的状态图标按钮观察和控制诊断的连接状态包括认证状态（Authentication State）、连接状态（Connection State）以及会话保持状态（Tester Present On/Off）。
- ECU Services：此处显示的诊断功能取决于诊断描述中定义的服务于以及配置的安全文件。例如，在诊断描述文件中包含安全认证（$29）服务并在 Security Configuraiton 中关联了对应的 Security Profile，才会激活 Authenticate 或 Deauthenticate 功能。

UDS $29 Security Profile 配置见 5.4.5 小节内容。

- Properties：显示安全配置文件中的设定参数，可以通过“Properties”栏的选项来设置 Authentication 类型为双向认证还是单向认证以及 Tester 认证使用的证书文件等参数。

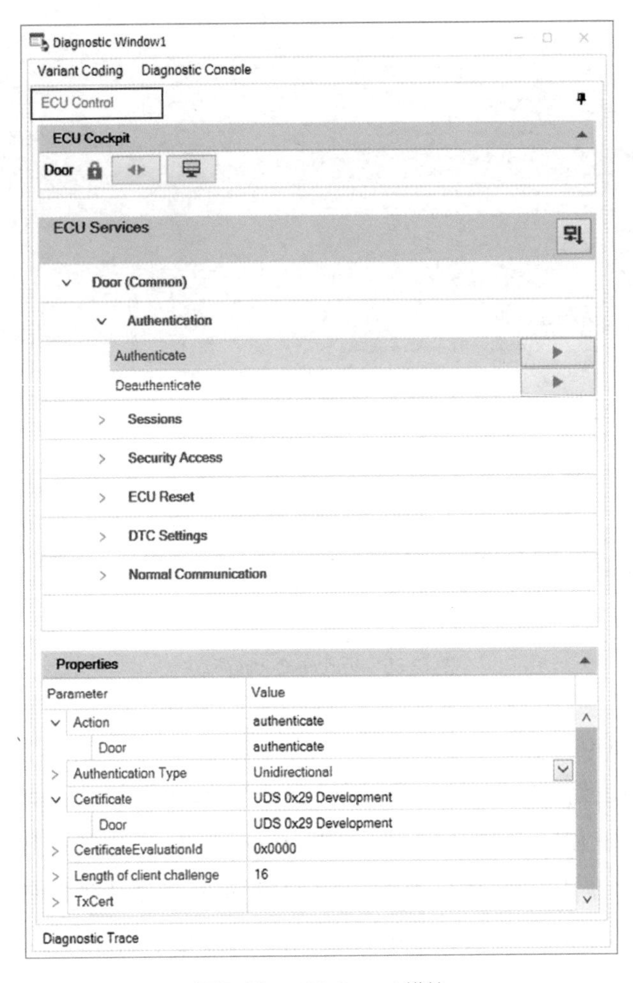

图 5-36　ECU Control 模块

"ECU Cockpit"区域的状态图标说明如下。

(1) 认证状态

🔒表示当前连接是未认证的，🔓表示当前连接已认证。可以通过单击"ECU Services"栏中 Authenticate 或 Deauthenticate 功能右侧的 ▶ 按钮发送相关诊断请求来控制 ECU 的认证状态。

(2) 连接状态

在面向连接的协议(DoIP、K-Line)中，可以通过"ECU Cockpit"栏下的图标观察和手动控制通信连接状态。◀▶表示当前连接断开，单击则会建立连接(例如 DoIP 通信中 Tester 会发起 TCP 连接请求)。建立连接时，状态显示为◀⊢；◀▶则表示当前通信的连接已建立，单击则会中断连接(例如 DoIP 通信中 Tester 会主动断开 TCP 连接)。

(3) 会话保持状态

单击"ECU Cockpit"栏下的🖥按钮，可以激活 ECU "Tester Present"（$3E)服务的发送，

"Tester Present"周期发送时按钮状态会切换为。再次单击则会停止发送"Tester Present"服务。

5.3 基于 CAPL 的诊断

5.3.1 CAPL 访问诊断对象

CAPL 程序使用 diagRequest 和 diagResponse 对象实现诊断服务通信。专用的 CAPL 诊断函数基于 Request/Response 诊断对象可以实现诊断请求/响应的发送，诊断参数值的读写以及诊断请求/响应监测评估等操作。

Request/Response 诊断对象在使用之前需要进行声明和初始化，代码如下：

```
DiagRequest EcuQualifier.ServiceQualifier request;

DiagResponse EcuQualifier.ServiceQualifier response;
```

初始化操作中引用的 ECU Qualifier 和 Service Qualifier 用于标识具体的诊断对象，它们和诊断数据库中定义的服务相对应。使用 CAPL 编程时，可以通过 CAPL 浏览器的"Symbol"窗口访问 ECU 和服务的 Qualifier。

通过选择"Symbols"窗口工具栏诊断相关按钮，可以切换诊断元素的显示，（diagnostic classes）按照诊断类分组显示诊断服务，（diagnostic services）按照诊断服务名称排序显示诊断服务，切换状态则可以选择显示诊断服务及参数的名称还是 Qualifier。在 CAPL 中访问服务及参数时都需要使用 Qualifier。

如图 5-37 所示，CAPL 会使用"Symbols"窗口中三种层级的诊断元素。

（1）ECU Qualifier：用于寻址具体的 ECU，它和"Diagnostic/ISO TP Configuration"窗口中的 ECU Qualifier 一致。

（2）Service Qualifier：对应于诊断数据库中具体的诊断服务。为了更全面地访问诊断服务，每个服务又通过后缀名分为三类，分别代表诊断请求（_RQ）、肯定响应（_PR）和否定响应（_NR）。

（3）Parameter Qualifier：对应于诊断数据库中诊断请求和响应数据字段的参数。它们在每个服务的结构化元素下面，当使用 CAPL 对诊断服务的参数赋值时，可以使用参数对应的 Parameter Qualifier。

- 在 CAPL 程序中访问这些诊断元素，只需将其从"Symbol"窗口中拖放到 CAPL 的编辑窗口。
- 如果使用通配符* 作为 Service Qualifier，那么，声明的诊断对象不基于诊断数据库，称为原始诊断对象。发送原始诊断对象之前必须手动配置其数据字节内容。

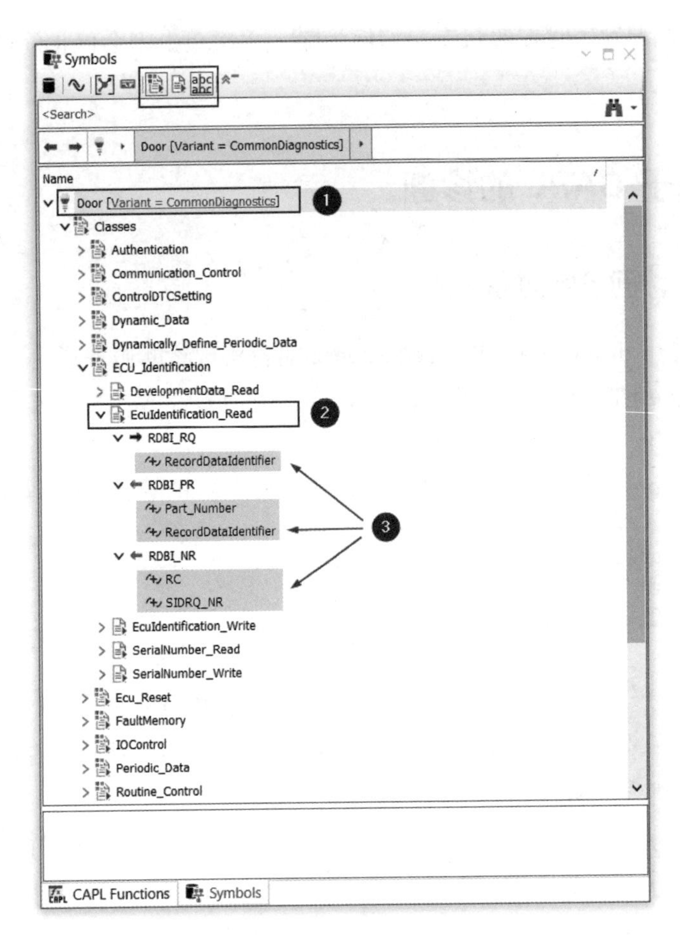

图 5-37 “Symbols”窗口访问诊断对象

5.3.2 诊断 Tester 仿真

Simulation Setup 中的网络节点以及测试节点都可以实现诊断 Tester 的仿真。网络节点可以发送诊断指令以及读取诊断响应。还可以借助 Timer 计时器以及传输层函数实现较复杂的诊断通信。测试节点除可使用基础的诊断函数和传输层函数外，还额外支持基于测试序列实现 Tester 和 ECU 之间的诊断通信和测试。

5.3.2.1 仿真 Tester 的配置

（1）在 Simulation Setup 中添加 Network Node 或 CAPL Test Module，关联 CAPL 脚本文件。

（2）如需基于 CCI（CAPL Callback Interface）仿真 Tester，则需要在节点配置的 Component 中关联对应的传输层动态链接库文件，并参考 5.3.4.3 小节配置 Tester。

（3）诊断 Tester 需要向一个特定的 ECU 发送请求和接收响应，如果有多个诊断 ECU 对象，可以通过切换 diagRequest 的 ECU Qualifier 来明确通信目标。

5.3.2.2 发送诊断请求

1. 发送诊断描述文件中定义的诊断服务请求

首先，需要通过关键字“diagRequest”定义一个诊断请求对象，可以通过从“Symbols”窗口中拖动服务到CAPL浏览器的编辑窗口中；也可以借助CAPL的自动补全功能，通过输入Service Qualifier的一部分，然后选择目标服务对象(图5-38)。

“Symbols”窗口显示Name或Qualifier均可，拖至代码区域后会自动使用对应的Qualifier。

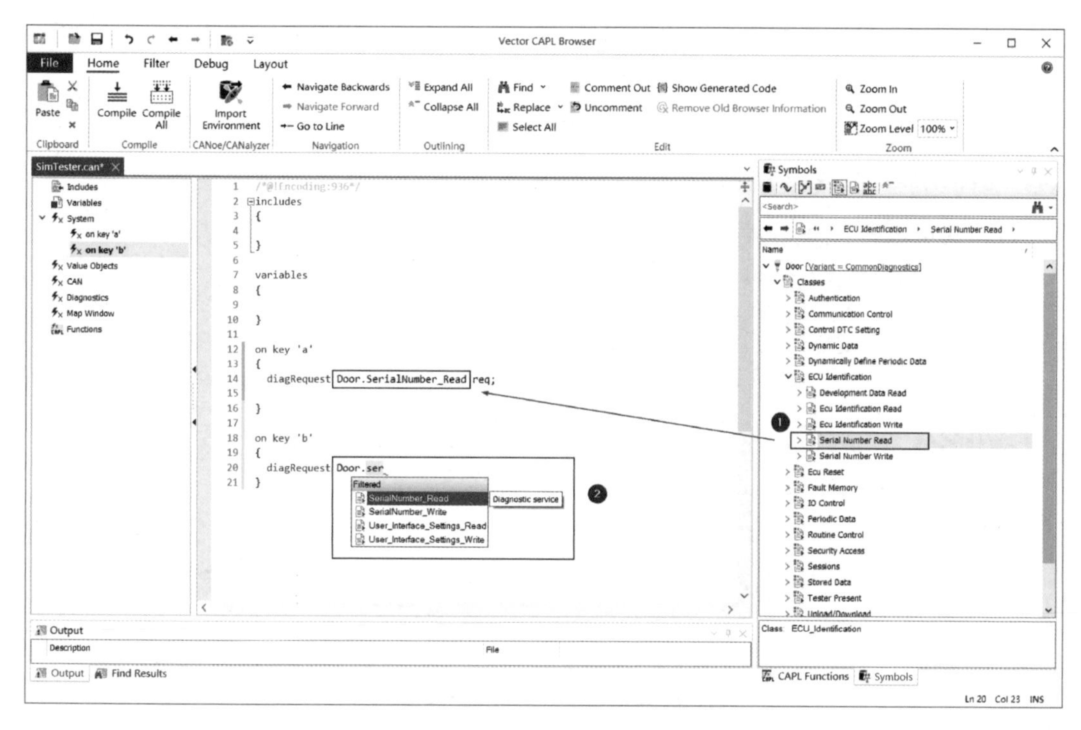

图5-38 CAPL添加诊断请求对象

之后，使用diagSendRequest函数将诊断请求发送出去，该函数的参数为实例化的diagRequest对象(图5-39)。

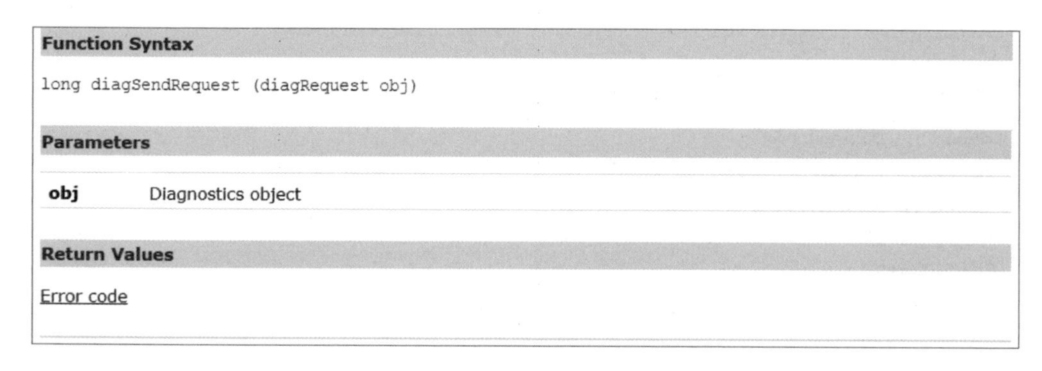

Function Syntax

```
long diagSendRequest (diagRequest obj)
```

Parameters

obj	Diagnostics object

Return Values

Error code

图5-39 diagSendRequest函数说明

示例代码如下：

```
// 基于"diagRequest"创建诊断服务请求
diagRequest Door.Serial_Number_Read myRequest;
// 发送诊断请求
diagSendRequest(myRequest);
```

2. 发送诊断描述文件中未定义的诊断请求

如果要发送一个未在诊断描述中定义的请求，可以定义原始服务请求后逐字节配置完整的请求内容（包括 Service ID 和子功能）。

首先，使用通配符"*"声明 一个 diagRequest 对象，然后根据需求使用 diagResize 函数调整服务的长度（图 5-40）。

Function Syntax

```
long diagResize (diagResponse obj)
long diagResize (diagRequest obj)
long diagResize (diagResponse obj, dword byteCount)
long diagResize (diagRequest obj, dword byteCount)
```

Parameters

obj	Diagnostics object
byteCount	Length of data to send.

Return Values

Error code

图 5-40　diagResize 函数说明

之后，可以使用 diagSetPrimitiveData 函数设置完整的诊断服务内容（图 5-41）。

Function Syntax

```
long diagSetPrimitiveData (diagResponse obj, byte* buffer, DWORD buffersize)
long diagSetPrimitiveData (diagRequest obj, byte* buffer, DWORD buffersize)
```

Parameters

objxt	Diagnostics object
buffer	Input/output buffer
buffersize	Buffer size

Return Values

Number of bytes copied into the buffer or error code

图 5-41　diagSetPrimitiveData 函数说明

示例代码如下：

```
byte request[3] =  {0x22, 0xF1, 0x8C};// 声明 Raw 诊断请求
diagRequest Door.*  req;
diagResize(req, elCount (request)); // 设置诊断请求数据字段大小
diagSetPrimitiveData(req, request, elCount (request)); // 诊断请求数据字段赋值
diagSendRequest(req);
```

5.3.2.3 设置诊断请求参数

部分诊断服务请求会包含一个或多个参数，在发送诊断请求之前，需要根据需求配置其使用的诊断参数值。可以根据参数的类型和长度选择特定的 diagSetParameter 函数。

1. diagSetParameter（数值型）

该函数可以将数值类型的参数设置为指定的值，可以直接对数据字段中数值或经转换公式换算后的物理值赋值(图 5-42)。

Function Syntax

```
long diagSetParameter (diagRequest obj, char parameterName[], double newValue)
long DiagSetParameter (diagRequest obj, long mode, char parameterName[], double newValue)
```

Parameters

obj	Diagnostics object
parameterName	Parameter qualifier (NOT the language-dependent name of the parameter!)
newValue	Numeric value to which the parameter should be set.
mode	Access mode

Return Values

Error code

图 5-42　diagSetParameter 函数访问数值型参数

其中参数“mode”取值对应的参数访问模式如表 5-5 所示。

表 5-5　参数值访问方式

Mode 取值	访问模式	说明
0	numerical	访问通信传输的数值
1	physical	访问传输数值经由转换公式计算后的值
2	coded	以位流（bit form）形式描述的参数值

示例代码如下：

```
diagRequest Door.Additional.Value1_Write req;

//参数“WriteValue”的转换公式为：Phys = 10* numerical + 2
//以下四种诊断参数赋值方式所得结果相同
diagSetParameter(req, "WriteValue",10); // 默认赋值方式，对 numerical value 进行赋值
diagSetParameter(req,0,"WriteValue",10);  // numerical value = 10
diagSetParameter(req,1,"WriteValue",102); // physical value = 102
diagSetParameter(req,2,"WriteValue",0xa); // coded value = 0xa（对参数字节流赋值）

diagSendRequest(req);
```

2. diagSetParameter（**符号型**）

该函数可以将一个参数设置为符号化表示的值，适用于包括数值类型在内的所有参数，用文本表示的参数数据使用该方法赋值较为方便(图 5-43)。

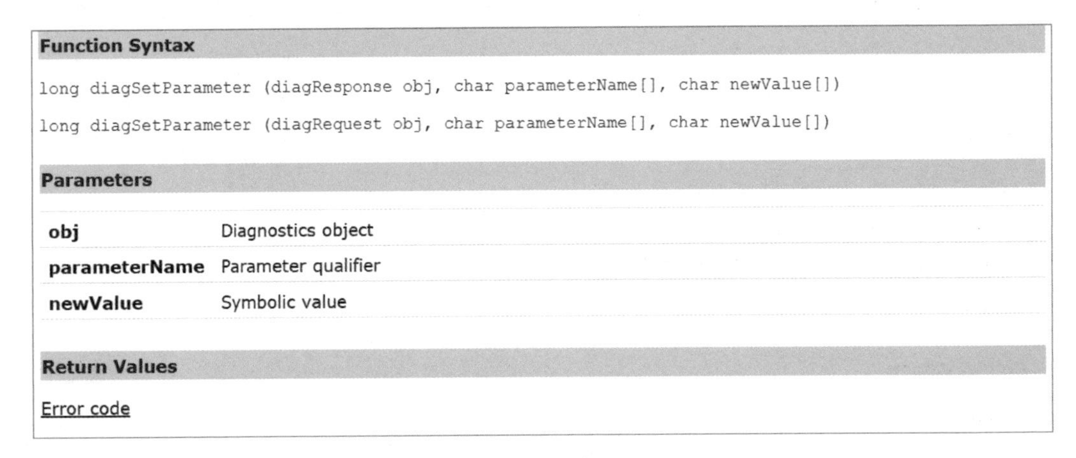

Function Syntax

long diagSetParameter (diagResponse obj, char parameterName[], char newValue[])

long diagSetParameter (diagRequest obj, char parameterName[], char newValue[])

Parameters

obj	Diagnostics object
parameterName	Parameter qualifier
newValue	Symbolic value

Return Values

Error code

图 5-43 diagSetParameter 函数访问符号型参数

示例代码如下：

```
{ // 可以对数值类型的参数赋值，用文本形式表示数值：
  diagRequest Door.Additional.Value1_Write req;
  diagSetParameter(req,"WriteValue","102");
  diagSendRequest(req);
}
```

```
{ //text table 转换后的符号值赋值：
  diagRequest Door.Door_Status_Control req1;
  diagSetParameter(req1,"Door_Contact.Door_contact_front_left","closed");
  diagSetParameter(req1,"Door_Contact.Door_contact_front_right","open");
  diagSendRequest(req1);
}
```

3. diagSetParameterRaw（原始值）

该函数可以直接通过原始的数据字节设置参数的值，是一种通用的诊断参数赋值方法（图 5-44）。其对于数据长度大于 4 字节的参数（如 VIN）赋值较为方便。

Function Syntax

```
long diagSetParameterRaw (diagResponse obj, char parameter[], byte* buffer, DWORD buffersize);
long diagSetParameterRaw (diagRequest obj, char parameterName[], byte* buffer, DWORD buffersize);
```

Parameters

obj	Diagnostics object
parameterName	Parameter qualifier
buffer	Input/output buffer
buffersize	Buffer size

Return Values

error code

图 5-44　diagSetParameterRaw 函数说明

示例代码如下：

```
diagRequest Door.SerialNumber_Write req;
byte serialNumber[11]= {0xFF,0xFF,0xFF,0xFF,0xFF,0xFF,0xFF,0xFF,0xFF,0xFF,0xFF};
long ret;
write("------ Setting of a raw parameter ------");
//以 byte 数组的形式对参数的 Raw value 逐字节进行赋值：
ret= diagSetParameterRaw(req,"SerialNumber",serialNumber,elCount(serialNumber));
if(ret> = 0)
{
  ret =  diagSendRequest(req);
  if(ret> = 0)
    write("Request has been (partially) sent");
```

```
    else
     write("Could not sent request");
  }
  else { write("Could not set parameter"); }
```

4. diagSetPrimitiveData 和 diagSetPrimitiveByte

前面提到过，diagSetPrimitiveData 和 diagSetPrimitiveByte 函数可以用于对自定义的诊断服务赋值，它们同样也适用于基于诊断数据库声明的诊断服务。需要注意的是，其赋值内容是包括服务 ID、子服务 ID、子功能 ID 在内的完整的诊断服务原始数据。

示例代码如下：

```
diagRequest Door.Routine_Control_Flash1_Start req;
dword bytePos = 1; // 考虑到 SID,诊断参数的起始位移为 1;

// 适用于不清楚参数名但知道具体参数值的诊断服务的赋值:
// 也可用于改写数据库中默认的一些参数
DiagSetPrimitiveByte(req,bytePos,0x1);
DiagSetPrimitiveByte(req,bytePos + 1,0x2);
DiagSetPrimitiveByte(req,bytePos + 2,0x3);

diagSendRequest(req);
```

- 为了避免使用无效的数值或符号值，建议在 CAPL 中检查上述对参数赋值的函数的返回值来查看参数是否被成功设置。
- 如果服务中包含一个具有迭代数据类型的参数（如 DTC 的列表），为了在迭代中设置参数，最好使用 diagSetComplexParameter 或 diagSetComplexParameterRaw 函数进行赋值。具体可参考 5.3.2.5 小节内容。
- 如果服务中包含一个长度可变的参数，可以使用 DiagResize 来调整服务的大小。

5.3.2.4 接收和读取响应参数

Tester 发送诊断请求之后，可以通过 on diagResponse 事件来接收和评估 ECU 回复的响应。这个事件只有 CAPL 自身发送的诊断请求返回的响应才能触发，诊断控制台或其他模块发送的诊断请求不会触发该事件。

诊断服务的参数都可以用前缀为“diagSet-”和“diagGet-”的函数来实现数据访问（读/写）。类似于 5.3.2.3 小节的参数赋值相关函数，可以使用 diagGetParameter 和 diagGetParameterRaw 等函数读取接收到的响应中的参数值，可根据参数数据类型及数据长度选用合适的函数。

Tester 可以通过函数 diagIsPositiveResponse 或 diagIsNegativeResponse 来检查收到的响应是肯定响应还是否定响应，另外也可以通过函数 diagGetResponseCode 来判断响应的状态以及读取否定响应的错误代码(图 5-45)。

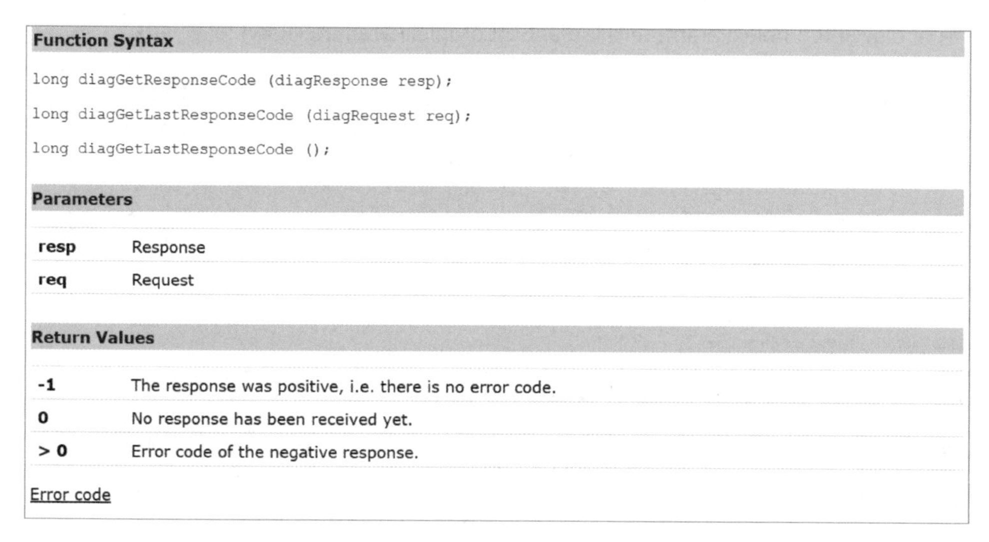

Function Syntax

```
long diagGetResponseCode (diagResponse resp);
long diagGetLastResponseCode (diagRequest req);
long diagGetLastResponseCode ();
```

Parameters

resp	Response
req	Request

Return Values

-1	The response was positive, i.e. there is no error code.
0	No response has been received yet.
> 0	Error code of the negative response.

Error code

图 5-45　diagGetResponseCode 函数说明

示例代码如下：

```
on diagResponse Door.SerialNumber_Read
{
  long ret;
  byte serialNum[13];
  write("------- Reading of a raw parameter -------");
  // 如果是肯定响应,返回一个非零的值
  if(diagIsPositiveResponse(this))
  {
    ret= diagGetParameterRaw(this,"SerialNumber", serialNum,elCount(serialNum));
    if(ret> = 0)
      write("Serial number is: % 02X % 02X etc.", serialNum [0], serialNum [1]);
    else write("Could not retrieve parameter");
  }
  else
  {
    // response 是否定响应时,diagGetResponseCode 返回否定响应代码(NRC)
    write("Negative response code: 0x% 02X", diagGetResponseCode(this));
  }
}
```

5.3.2.5 读取诊断故障代码

读取诊断故障代码服务（$19）的响应可以返回 DTC 和相关状态位的列表。DTC 列表是一个具有迭代类型的参数，长度一般是未知的，这种复杂类型的诊断参数的读取通常使用专用函数 diagGetComplexParameter 或 diagGetComplexParameterRaw（图 5-46）。

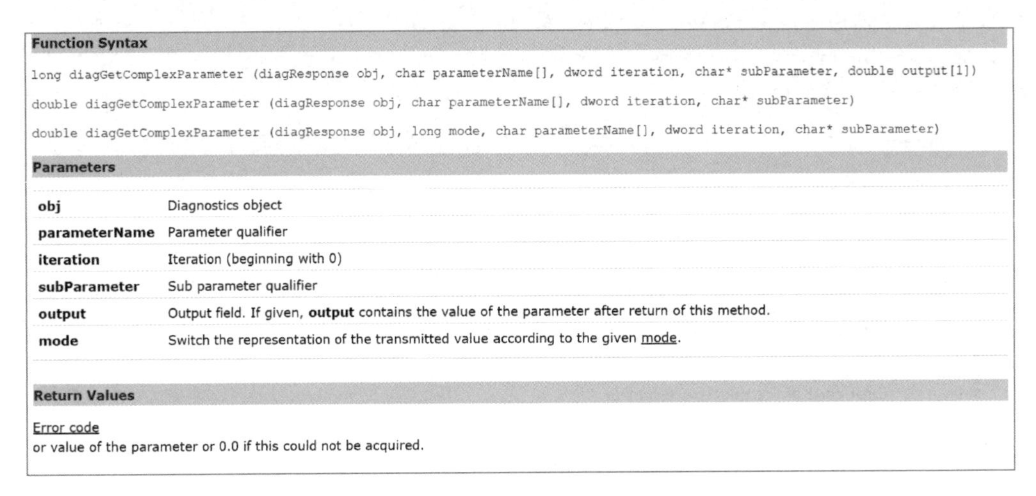

Function Syntax

```
long diagGetComplexParameter (diagResponse obj, char parameterName[], dword iteration, char* subParameter, double output[1])
double diagGetComplexParameter (diagResponse obj, char parameterName[], dword iteration, char* subParameter)
double diagGetComplexParameter (diagResponse obj, long mode, char parameterName[], dword iteration, char* subParameter)
```

Parameters

obj	Diagnostics object
parameterName	Parameter qualifier
iteration	Iteration (beginning with 0)
subParameter	Sub parameter qualifier
output	Output field. If given, **output** contains the value of the parameter after return of this method.
mode	Switch the representation of the transmitted value according to the given mode.

Return Values

Error code
or value of the parameter or 0.0 if this could not be acquired.

图 5-46　diagGetComplexParameter 函数说明

另外，如需获取返回的 DTC 的数量，可使用函数 diagGetIterationCount 获得 DTC 的迭代次数（图 5-47）。

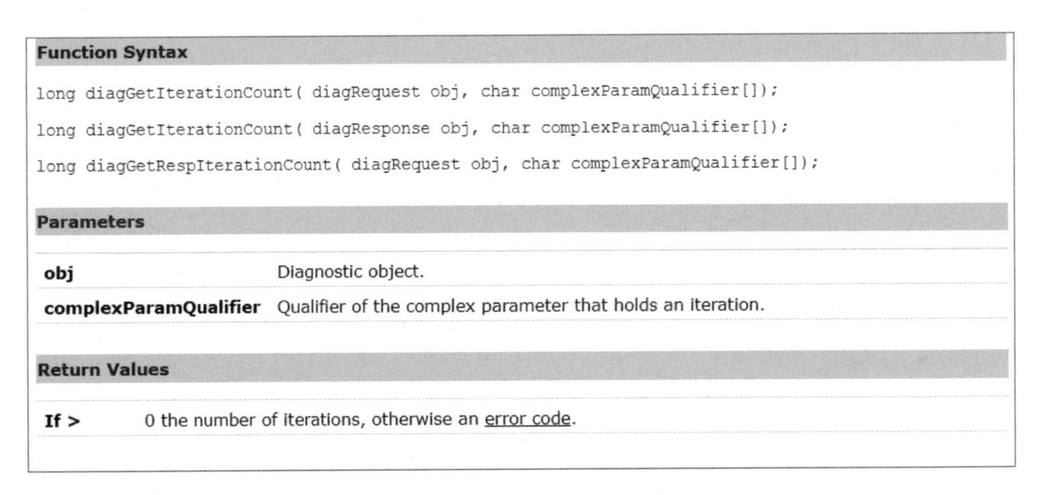

Function Syntax

```
long diagGetIterationCount( diagRequest obj, char complexParamQualifier[]);
long diagGetIterationCount( diagResponse obj, char complexParamQualifier[]);
long diagGetRespIterationCount( diagRequest obj, char complexParamQualifier[]);
```

Parameters

obj	Diagnostic object.
complexParamQualifier	Qualifier of the complex parameter that holds an iteration.

Return Values

If >	0 the number of iterations, otherwise an error code.

图 5-47　diagGetIterationCount 函数说明

示例代码如下：

```
//通过$19 02 读取 DTC
on key '2'
{
```

```
diagRequest Door.FaultMemory_ReadAllIdentified req;
diagSetParameter(req, "DtcStatusMask", 0x09); // 设置状态掩码
diagSendRequest(req);
}
on diagResponse Door.FaultMemory_ReadAllIdentified
{
  long length;
  byte StatusByte;
  byte bit;
  char text[200];
  int i;
  dword DTC;

  if(0 ! = diagIsPositiveResponse(this)) {
  // 获取迭代次数
  length = diagGetIterationCount(this, "ListOfDTC");
  if(length > = 0 ) {
    StatusByte = diagGetParameter(this, "DtcAvailabilityMask");

  //获取 DTC 状态掩码位的值(数值和符号值)
    bit = diagGetParameter(this, "DtcAvailabilityMask.TestFailed");
    diagGetParameter(this,"DtcAvailabilityMask.TestFailed", text, elCount(text));
    for(i= 0;i< length;i ++ )
    {
      // 获取 DTC 的值
      DTC = diagGetComplexParameter(this,"ListOfDTC", i, "DTC");
      diagGetComplexParameter(this, "ListOfDTC", i, "DTC", text, elCount(text));
      // 获取 DTC 状态位的值
      StatusByte = diagGetComplexParameter(this,"ListOfDTC", i, "StatusOfDtc");
      write("DTC 0x% 06X - % s",DTC,text);
      write("StatusByte: 0x% 02X",StatusByte);

      //获取 DTC 状态掩码中 TestFailed 位的符号值
      bit = diagGetComplexParameter(this,"ListOfDTC",i,"StatusOfDtc.TestFailed");
      diagGetComplexParameter(this,"ListOfDTC",i,"StatusOfDtc.TestFailed",
                                     text,elCount(text));
```

```
        write("Test failed: % s - 0x% 02X",text,bit);
        } }
    else { write("Error retrieving iteration length: % d", length); } }
else
  {
    //获取响应 NRC 代码
    diagGetParameter(this, "RC", text, elCount(text));
write("Negative response code: 0x% 02X - % s",
(byte)DiagGetResponseCode(this), text); }
}
```

5.3.2.6　诊断测试函数

使用网络节点创建诊断测试通常需使用大量 on diagResponse 事件来处理响应，在执行包含多个诊断服务的序列时，代码结构会比较复杂，不易理解和跟踪。CANoe 的测试功能集（TFS）通过诊断相关等待函数提供了创建测试序列的可能性。因此，可以创建一个 CAPL 测试模块作为诊断 Tester，将测试功能集和诊断功能集结合，通过诊断测试函数处理和监测基于请求-响应的诊断通信。常用诊断测试函数见表 5-6。

表 5-6　常用诊断测试函数

名称	描述
TestWaitForDiagRequestSent	等待并确认某个诊断请求发送成功
TestWaitForDiagResponse	等待对某个请求的响应
TestWaitForDiagResponseStart	等待某个请求的响应开始发送，例如多帧响应时的首帧
TestWaitForGenerateKeyFromSeed	使用配置的 Seed&Key DLL 通过种子生成安全密钥
TestWaitForUnlockEcu	尝试解锁一个 ECU 并验证 ECU 是否解锁
TestReportWriteDiagObject	将测试步骤与指定的请求或响应对象的解释写入测试报告中
TestReportWriteDiagResponse	在测试报告中写入一个测试步骤，对指定请求对象的接收响应进行文本解释

这些函数只能在 Test Module 或 Test Unit 中使用。

诊断相关的测试函数非常适合应用于请求-响应配对的通信测试场景。比如，发送请求后，可以使用 TestWaitForDiagRequestSent 函数来确保请求报文发送到总线上；之后，使用 TestWaitForDiagResponse 函数等待响应，并使用 diagGetRespParameter 函数获取接收的响应参数。另外，TFS 提供了测试报告功能，可使用 TestReportWriteDiagObject 或 TestReport-WriteDiagResponse 函数将诊断对象写入测试报告，测试报告如图 5-48 所示。

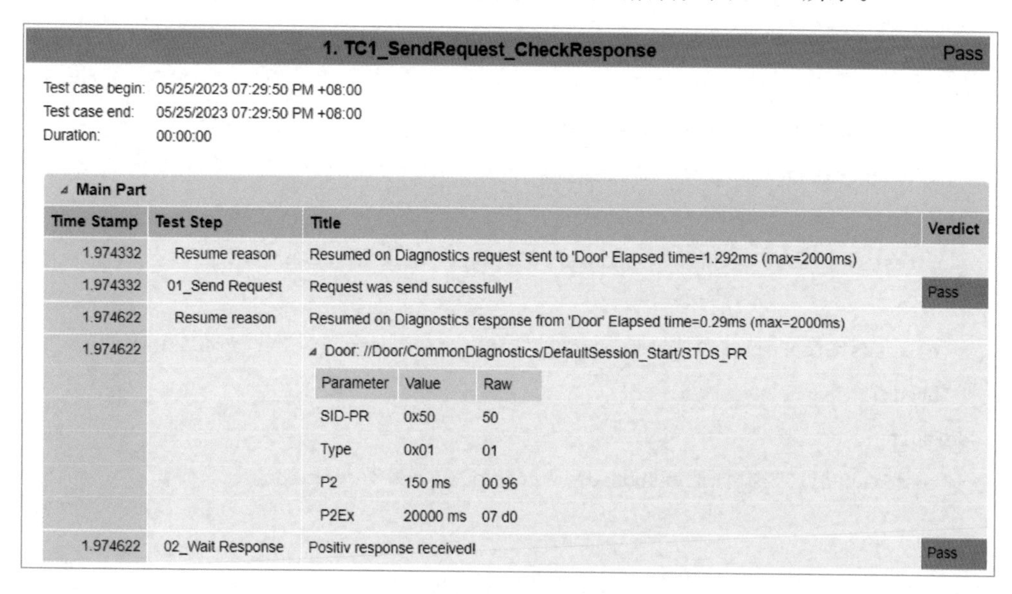

1. TC1_SendRequest_CheckResponse　Pass

Test case begin:　05/25/2023 07:29:50 PM +08:00
Test case end:　05/25/2023 07:29:50 PM +08:00
Duration:　00:00:00

Main Part

Time Stamp	Test Step	Title	Verdict
1.974332	Resume reason	Resumed on Diagnostics request sent to 'Door' Elapsed time=1.292ms (max=2000ms)	
1.974332	01_Send Request	Request was send successfully!	Pass
1.974622	Resume reason	Resumed on Diagnostics response from 'Door' Elapsed time=0.29ms (max=2000ms)	
1.974622		Door: //Door/CommonDiagnostics/DefaultSession_Start/STDS_PR	
1.974622	02_Wait Response	Positiv response received!	Pass

Parameter	Value	Raw
SID-PR	0x50	50
Type	0x01	01
P2	150 ms	00 96
P2Ex	20000 ms	07 d0

图 5-48　测试报告示例

示例代码如下：

```
testcase TC1_SendRequest_CheckResponse()
{
  diagRequest  Door.DefaultSession_Start req;
  diagresponse Door.DefaultSession_Start resp;
  dword waitTimeout =  2000; //ms
  long ret;
  //发送诊断请求并确认诊断请求发送到总线上
  diagSendRequest(req);
  ret =  testWaitForDiagRequestSent(req,waitTimeout);
  if(ret == 1)
   testStepPass("01_Send Request","Request was send successfully!");
  else
   testStepFail("01_Send Request","Request could not be sent!");

  //等待诊断响应并判断是否为肯定响应
  ret =  testWaitForDiagResponse(req,waitTimeout);
  switch(ret)
  {
```

```
    case 0:
      testStepFail("02_Wait Response","No response from ECU!");
      break;
    case 1:
      testReportWriteDiagResponse(req);
      if(diagGetLastResponseCode(req) ==  -1)
      {
        testStepPass("02_Wait Response","Positiv response received!");
      }
      else testStepFail("02_Wait Response","Negative response received");
      break;
    default:
      testStepFail("02_Wait Response","Error occurred during the test!");
  }
}
```

5.3.3 诊断ECU仿真

5.3.3.1 仿真ECU的配置

（1）在“Simulation Setup”窗口中添加一个Network Node用以仿真ECU，关联CAPL脚本文件。

（2）在“Diagnostic/ISO TP Configuration”窗口中导入ECU对应的诊断描述文件。

（3）激活“Simulation By ECU”选项并选择刚才创建的仿真ECU节点。当仿真节点中不关联任何脚本文件或没有部署CAPL代码时，该选项激活后，仿真ECU可以回复CDD中定义的诊断服务并给予默认的肯定响应。

（4）如需基于CCI仿真ECU，则需要在节点配置的Component标签页关联对应的传输层动态链接库文件，并参考5.3.4.2小节配置仿真ECU。

图5-49以流程图的形式展示了搭建仿真诊断ECU的工作流程。

5.3.3.2 发送诊断响应

模拟诊断ECU需要实现其响应接收到的诊断请求的功能。可以通过on diagRequest事件来接收诊断请求并回复诊断响应。在该事件中，可通过使用关键字“this”引用诊断请求的Service Qualifier来声明一个诊断响应对象。

CAPL诊断函数库中对诊断对象数据进行读写的函数在仿真ECU和Tester时均适用，因此，所有“diagGetParameter”和“diagSetParameter”相关函数都可以被仿真ECU用来读取

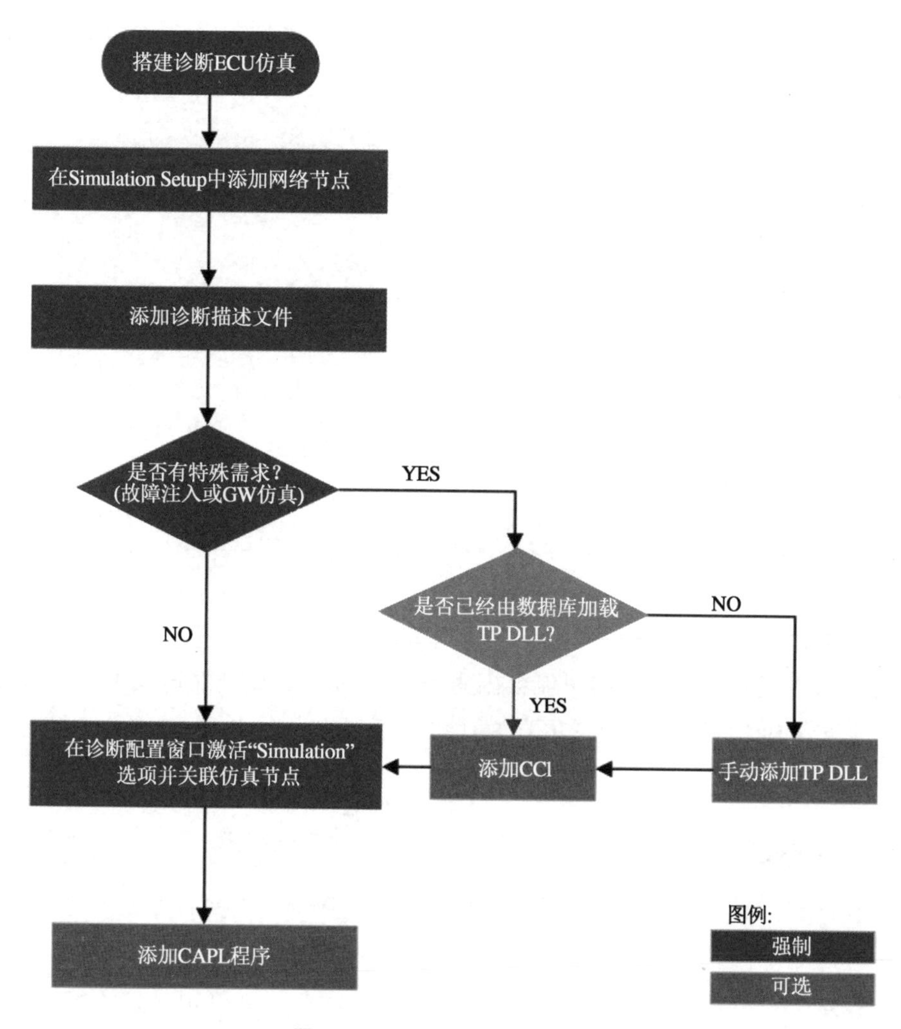

图 5-49　诊断 ECU 仿真工作流程

诊断请求的参数和设置诊断响应的参数。

最后，可以通过 diagSendResponse 或 diagSendPositiveResponse 函数来发送肯定响应。

示例代码如下：

```
on diagRequest *
{
  // this 指代触发事件的诊断请求服务
  diagResponse this resp;
  // 发送肯定响应
  diagSendPositiveResponse(resp);
}
```

```
on diagRequest Door.SerialNumber_Read
{
  diagResponse Door.SerialNumber_Read resp;
  byte serialNumber[11] = { 0xFF,0xFF,0xFF,0xFF,0xFF, 0xFF,0xFF,0xFF,0xFF,0xFF, 0xFF };
  long ret;
    ret  =  diagSetParameterRaw ( resp," SerialNumber ",  serialNumber,  elCount
(serialNumber));

  if(ret > = 0)
  diagSendResponse(resp);
}
```

5.3.3.3 模拟否定响应

真实 ECU 在进行诊断通信时可能会因为一些原因无法及时处理或正常响应诊断请求，而发送包含 NRC 的否定响应。仿真 ECU 可以通过 diagSendNegativeResponse 函数来模拟否定响应（图 5-50）。

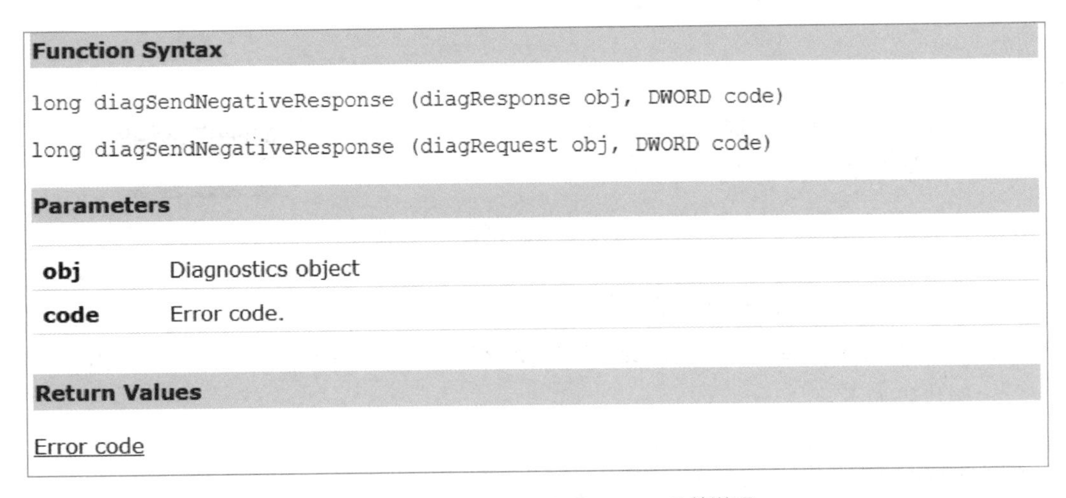
Function Syntax

```
long diagSendNegativeResponse (diagResponse obj, DWORD code)
long diagSendNegativeResponse (diagRequest obj, DWORD code)
```

Parameters

obj	Diagnostics object
code	Error code.

Return Values

Error code

图 5-50　diagSendNegativeResponse 函数说明

否定响应有一个特殊情况，即 NRC 的值为 0x78 时，表示"Response Pending"，也就是说，ECU 正确接收到诊断请求但没来得及在规定的时间内给予应答，希望 Tester 可以继续等待 P2* 时间。使用 CANoe 的诊断控制台或者 CAPL 模拟诊断 Tester 时，会基于规范自动处理接收到的 NRC 0x78 响应。模拟 ECU 实现该特殊行为时可以设置一个定时器，先发送 NRC 0x78 否定响应，再启动定时器，当定时器事件触发时，发送肯定响应。示例代码如下：

```
variables
{
  msTimer posReq;
}

on diagRequest Door.FaultMemory_Clear
{
  // 发送 NRC0x78 否定响应
  DiagSendNegativeResponse(this, 0x78);
  // 设置定时器,计划在定时器触发时给与肯定响应(可选)
  setTimer(posReq, 1000); // 定时器时间应小于 P2*
}

on timer posReq
{
  diagResponse Door.FaultMemory_Clear resp;
  diagSendPositiveResponse(resp);
}
```

5.3.4 CCI (CAPL Callback Interface)

5.3.4.1 CCI 概念

CANoe 实现诊断通信有两种方式：①使用内置诊断通信通道,即“Build-in Diagnostic Channel”,它支持仿真 ECU 以及 Tester 来执行基于 CAN、LIN、K-Line、FlexRay 以及 DoIP/HSFZ 诊断通信;②联合使用 CAPL 回调接口(CCI)与相应的传输层动态链接库来实现诊断通信的通道。

诊断窗口(Diagnostic Console、Fault Memory、Session Control、OBD-Ⅱ Window 等)始终使用内置诊断通道。网络节点和测试节点(Test Module、Test Unit)用于仿真诊断 ECU、Tester 时,以上两种方式都可使用。如果节点 CAPL 代码中没有使用 CCI,CANoe 会自动使用内置的诊断通信通道,部署 CCI 后,则会切换为 CCI 通道(图 5-51)。

CCI 是一套单独的 CAPL 函数,用于连接诊断层和传输层：每当 CAPL 程序发送诊断对象(diagRequest 或 diagResponse)时,其数据会被 CCI 转发到传输层,再由传输层将其传输到总线上。总线上接收到的报文也会经由传输层给到 CCI,转为诊断数据进行处理。

在大多数情况下,无需使用 CCI;当有如下特定需求时,建议使用 CCI。

- 在 CAPL 程序中仿真 ECU 时需要模拟较复杂的行为用于测试真实 Tester。
- 使用当前版本 CANoe 还不支持的传输协议通信。

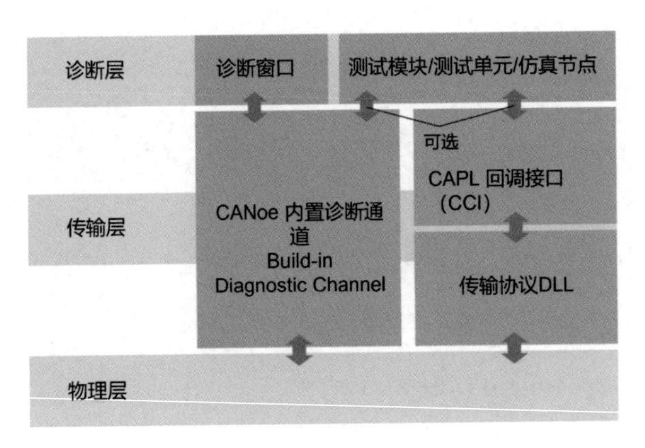

图 5-51　基于 CANoe 诊断的图层模型

- 修改 Build-in Channel 不支持的某些协议参数和行为(如模拟响应延迟、改变填充字节)。
- 实施违反诊断协议的故障注入,对 ECU 的诊断功能进行特殊的测试。

CCI 的使用非常简单,节点只需要配置对应的 TP 层 DLL 和 CCI 头文件,然后在关联的 CAPL 脚本中部署几个函数即可。

不同总线的 CCI 以.cin 格式文件提供,存放在如下路径的文件夹中:

```
% PUBLIC% \Documents\Vector\CANoe\< version> \Reusable\CAPL_Includes\Diagnostics
```

使用时将路径中的〈version〉替换为当前使用的 CANoe 版本,例如如下路径:

```
C:\Users\Public\Documents\Vector\CANoe\16 (x64)\Reusable\CAPL_Includes\Diagnostics
```

TP 层的 DLL 可以在 CANoe 安装路径下的 Exec32 文件夹中找到,例如如下路径:

```
C:\Program Files\Vector CANoe 16\Exec32
```

使用时,需要根据通信类型对应的传输协议选择对应的 CCI 和 TP DLL,对应关系如表 5-7 所示。

表 5-7　传输协议和 CCI 对应表

传输协议	CCI 库文件	对应的 TP DLL
ISO 15765-2 TP on CAN(又称“OSEK TP”)	CCI_CanTP.cin	osek_tp.dll
LIN TP	CCI_LINTP.cin	LINtp.dll
ISO 10681-2 FlexRay TP	CCI_FrISOTP.cin	FlexRayTPISO.dll

（续表）

传输协议	CCI 库文件	对应的 TP DLL
AUTOSAR FlexRay TP	CCI_FrAsrTP.cin	AutosarFlexRayTP3.dll
DoIP/HSFZ	CCI_DoIP.cin	DoIP.dll
K-Line（仅仿真 ECU）	CCI_Kline.cin	—（无须添加）

5.3.4.2 基于 CCI 仿真 ECU

（1）在“Simulation Setup”窗口中添加一个网络节点，如果有使用数据库文件（DBC、ARXML），则鼠标右键单击节点选择 Configuration→ Common→Network node，将网络节点与数据库中定义的节点关联。

（2）在节点配置窗口的“Components”标签页，确认节点已根据数据库关联必要的 TP DLL，或选择 CANoe 安装路径下的 Exec32 文件夹中对应的 DLL 手动添加，这里基于 CAN TP 通信，需添加 OSEK_TP.dll（图 5-52）。

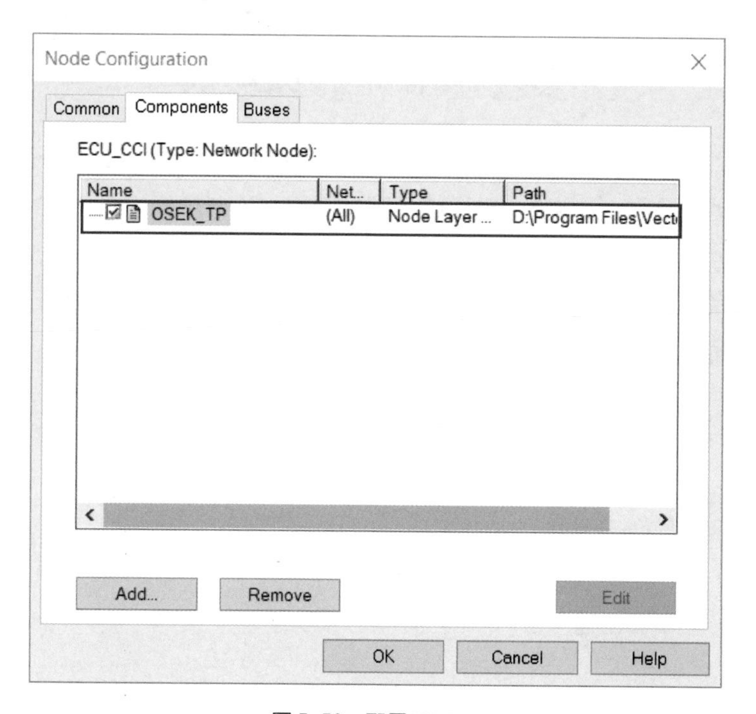

图 5-52 配置 TP DLL

（3）打开 Diagnostic/ISO TP 窗口，为 ECU 添加配置诊断描述文件，并为其指定唯一的“ECU Qualifier”，勾选激活“Simulation by ”选项（图 5-53）。有多个网络节点的情况下，还需通过“Simulation by”后的下拉列表选择目标节点。

（4）将 CCI 文件拷贝至当前 CANoe 工程路径。

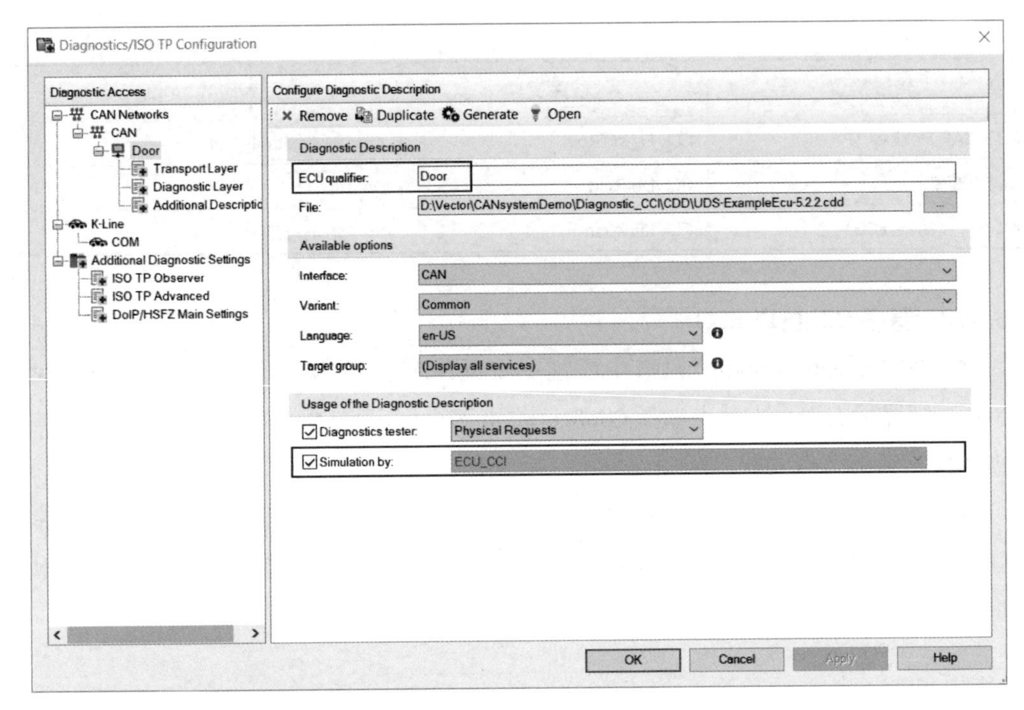

图 5-53　为使用 CCI 的 ECU 设置诊断配置窗口

(5) 在关联的 CAPL 脚本文件中以头文件形式加载 CCI，并定义以下两个全局变量。

- char gECU[]：gECU 为被诊断 ECU 的名称，需与诊断配置窗口中 ECU Qualifier 保持一致。
- int clsTester：该变量是一个标志位，仿真 ECU 时设置为 0(clsTester = 0)。

示例代码如下：

```
includes
{
  //可通过右击“Includes”为 CAN TP 层添加 CCI
  # include "..\CCI_CanTP.cin"
}

variables
{
  //仿真 ECU 节点时，初始化 cIsTester = 0
  dword cIsTester =  0;
  //初始化 ECU 名称，与 Diagnostic/ISO TP 窗口 ECU qualifier 一致
  char gECU[20] =  "Door";
}

on prestart
{
```

```
  //在 Diagnostic/ISO TP 中激活 ECU 仿真或者使用该函数声明
  diagInitEcuSimulation(gECU);
}
// 节点 CAPL 中可直接使用 diagnostic 函数实现诊断服务
// 此示例中"DefaultSession_Start"回复肯定响应,其他服务回复否定响应
on diagRequest Door.DefaultSession_Start
{
  diagresponse this resp;
  diagSendPositiveResponse(resp);
}

on diagRequest *
{
  diagResponse this resp;
  diagSendNegativeResponse(resp,0x11/* ErrorCode* /);
}
```

5.3.4.3 基于 CCI 仿真 Tester

（1）在"Simulation Setup"窗口添加，或选择 Test Module → Test Setup → New Test Environment → Insert CAPL Test Module 添加 CAPL 测试节点。

（2）右键单击节点，选择 Configuration → Components → Add → Add Component，选择 CANoe 安装路径下 Exec32 文件夹中对应的 DLL 手动添加，这里基于 CAN TP 通信，需添加 OSEK_TP.dll（图 5-54）。

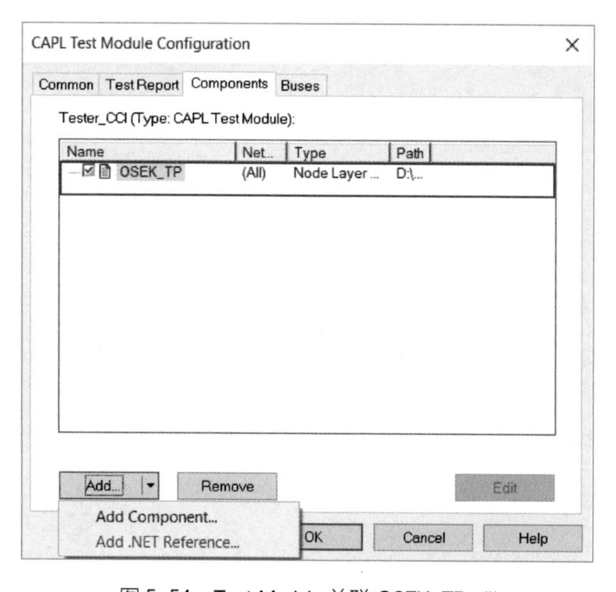

图 5-54　Test Module 关联 OSEK_TP. dll

（3）打开“Diagnostic/ISO TP Configuration”窗口，添加诊断描述文件，并指定ECU的ECU Qualifier。

（4）将CCI文件拷贝至当前CANoe工程路径下。

（5）在关联的CAPL脚本文件中以头文件形式加载CCI，并定义以下两个全局变量。

- char gECU[]：gECU为诊断ECU的名称，需与诊断配置窗口中的ECU Qualifier保持一致。
- int cIsTester：该变量是一个标志位，仿真Tester时为1（cIsTester = 1）。

示例代码如下：

```
includes
{
  //可通过右击“Includes”为CAN TP层添加CCI
  # include "..\CCI_CanTP.cin"
}
variables
{
  //初始化ECU名称，与Diagnostic/ISO TP窗口ECU qualifier一致
  char gECU[20]= "Door";
  //仿真Tester时，初始化cIsTester = 1
  int cIsTester= 1;
}

//测试用例的实现可参考diagnostic相关的测试函数
//示例中发送“DefaultSessionStart”请求并等待是否能收到肯定响应
testcase TC_DefaultSessionStart()
{
  diagRequest Door.DefaultSession_Start req;
  long ret;

  if (0== (ret= diagSendRequest(req)))
    testStepPass("1.1", "diagSendRequest successful");
  else
    testStepFail("1.1", "diagSendRequest failed (error code: % d)",ret);

  if (1== (ret= testWaitForDiagRequestSent(req, 200)))
    testStepPass("1.2", "testWaitForDiagRequestSent successful");
  else
    testStepFail("1.2","testWaitForDiagRequestSent failed(error code: % d)",ret);
```

```
  if(1== (testWaitForDiagResponse(req,1000)))
    testStepPass("1.3","testWaitForDiagResponse successful");
  else
    testStepFail("1.3", "testWaitForDiagResponse failed,error code: % d",ret);

  if( - 1== (diagGetLastResponseCode(req)))
    testStepPass("1.4","positive response received");
  else
    testStepFail("1.4","diagGetLastResponseCode failed (error code: % d)",ret);
}

void MainTest ()
{
  // 设置诊断对象
  if( 0 ! = diagSetTarget( gECU)) write( "Error setting target!");
  // 执行测试用例
  TC_DefaultSessionStart(); // Execute test case
}
```

通常情况下 Tester 不需要部署 CCI，CANoe 内部诊断通道能够覆盖大多数测试用例的实现。如果需要模拟非标准的 Tester 行为，才需要使用到 CCI。二者的不同之处在于，使用内部诊断通道时，不需要包含 CCI 实现的.cin 文件，也不需要定义常量 gECU 和 clsTester。只需要使用 diagSetTarget()设置诊断目标。

更多关于 CCI 的介绍，参考“AN-IND-1-012_CAPL_Callback_Interface.pdf”指导手册，手册所在路径：C:\Program Files\Vector CANoe 16\Doc。

5.4 诊断安全访问

ECU 在进行诊断通信时会为一些服务设置安全访问权限。只有成功解锁 ECU 才能访问特定的诊断服务。基于 CANoe 诊断项目的安全访问可以使用 ECU 专用 DLL 来解锁 ECU，该 DLL 可以根据 ECU 发送的种子(Seed)来计算密钥(Key)。DLL 也可以由 CAPL 代码替代(自行计算)。

5.4.1 Seed＆Key DLL 文件配置

每个 ECU 都有自己的安全访问权限设置。ECU 的 Seed & Key DLL 需要在 CANoe 的

“Diagnostic/ISO TP Configuration”窗口中为每个 ECU 单独配置：在该窗口中导入 ECU 对应的诊断描述文件后，单击“Diagnostic Layer”选项，在“Security Access”选项区域指定 Seed & Key DLL 的路径来加载 DLL（图 5-55）。

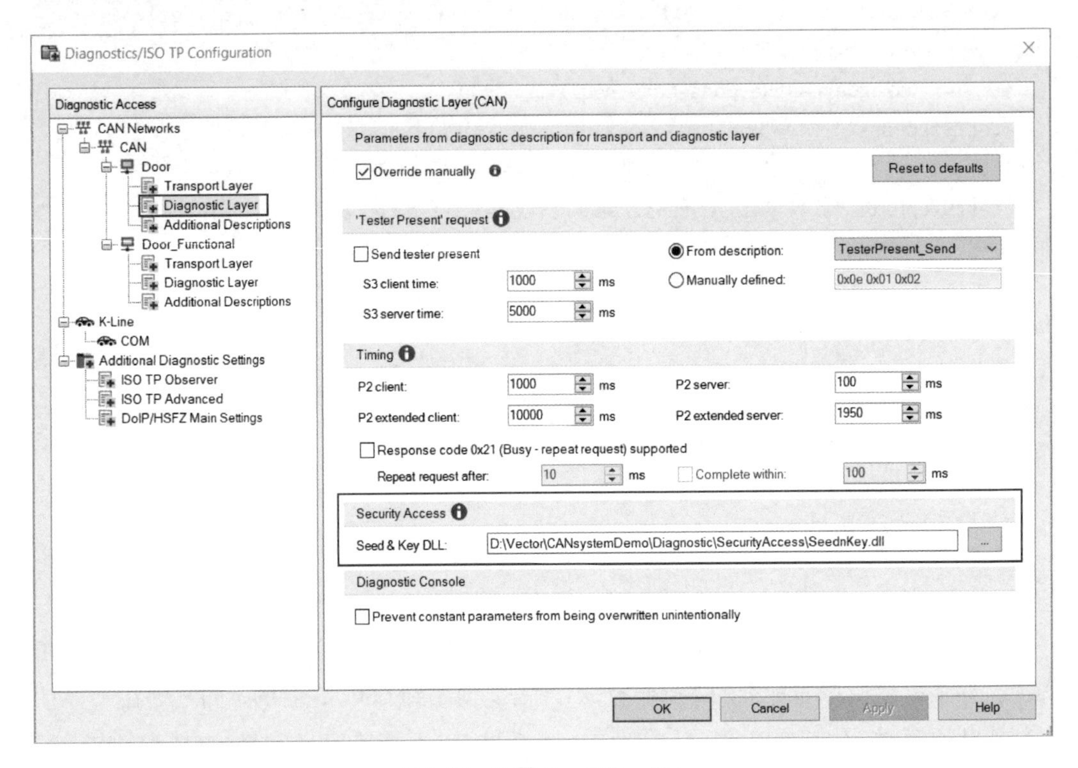

图 5-55　配置 Seed & Key DLL

5.4.2 诊断控制台安全访问

通过诊断控制台可以实现手动解锁。只需要按照安全访问的流程依次发送解锁请求指令，比如按如下步骤实现 Level 1 等级的安全解锁。

（1）双击“27 01-Request Seed 0x01 Request”选项发送请求种子指令（图 5-56）。

（2）在接收 ECU 发送的 Seed 值之后，双击“27 02-Sendkey 0x01 Send”选项发送 Key 值，可以看到此时控制台已经根据 Seed 值和 DLL 中的算法自动计算出 Key 值，从而实现解锁（图 5-57）。

- 安全访问一般需要在特定的会话状态下实现，需要先发送会话切换请求指令以进入正确的会话状态。
- 手动发送 \$27 01、\$27 02 需要注意时间间隔，最好配置诊断服务台周期发送 \$3E 服务以保证维持当前会话状态中。

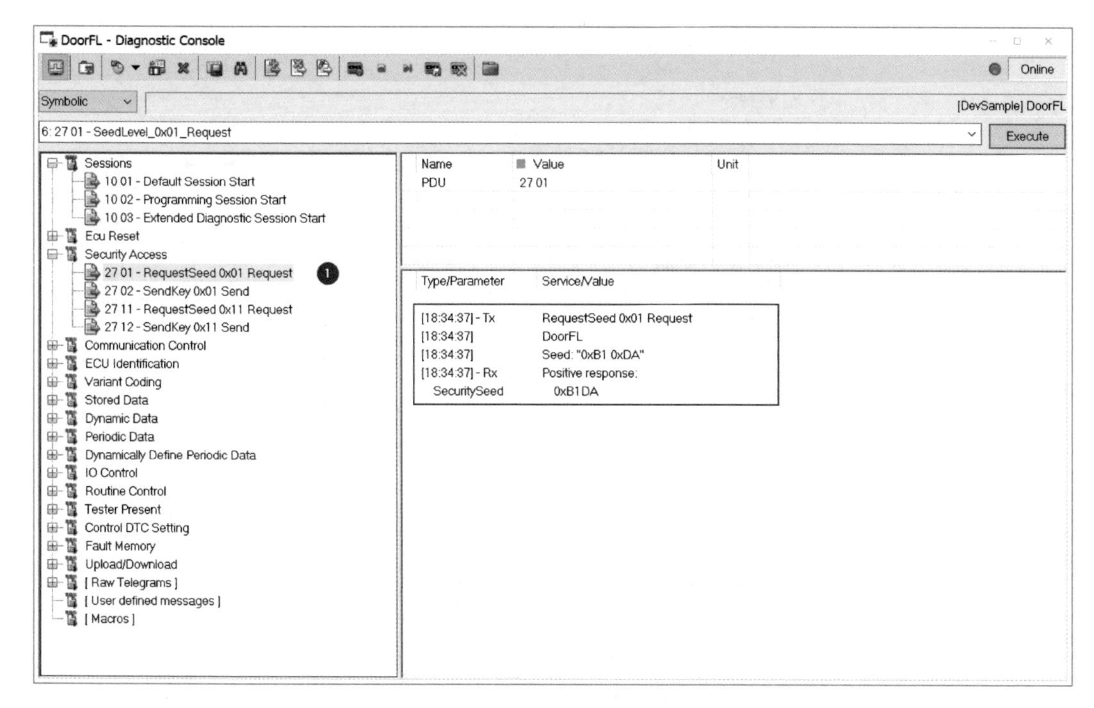

图 5-56　诊断控制台发送 $ 27 01

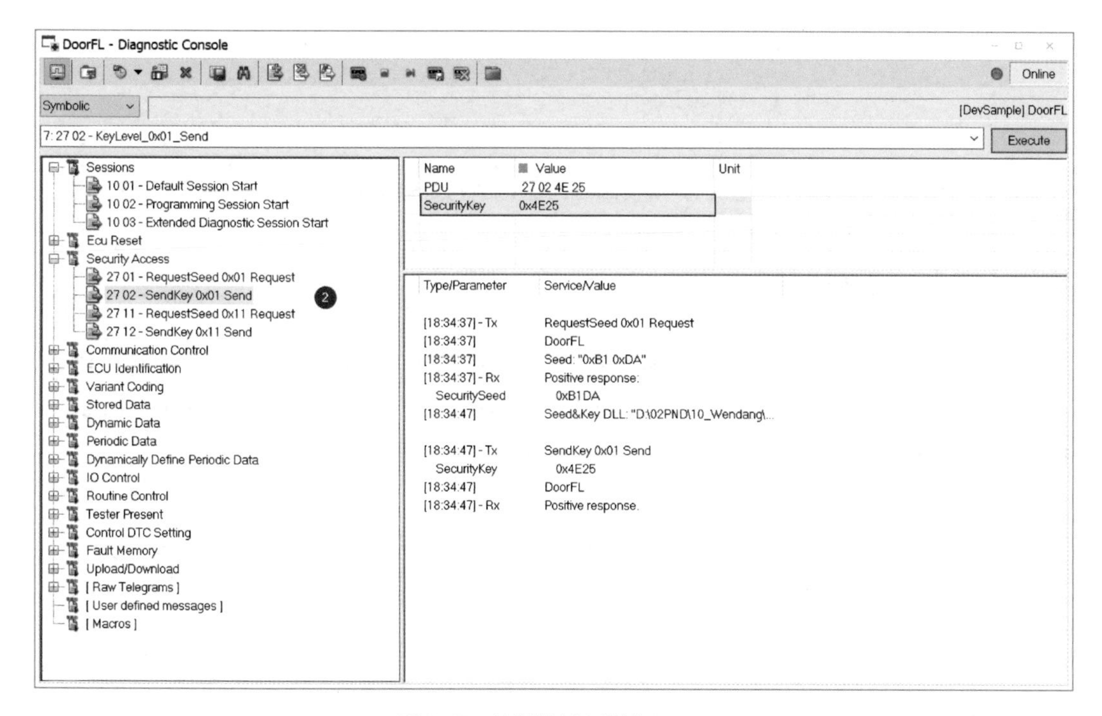

图 5-57　诊断控制台发送 $ 27 02

也可以使用 Session Control 或 ECU Control 面板，单击 Security Access 中不同等级的解锁请求（图 5-58），自动实现对应等级的安全访问。

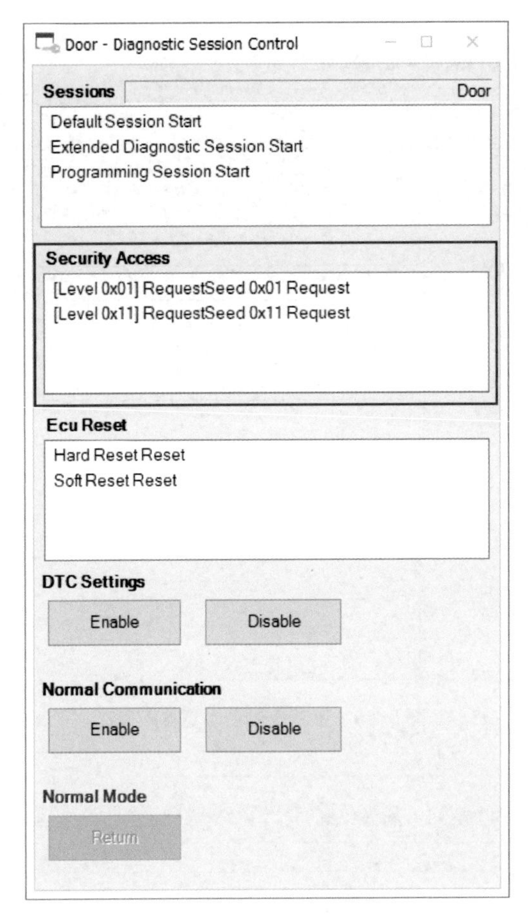

图 5-58　用 Session Control 进行安全访问

5.4.3　CAPL 实现安全访问

可以使用 Network Node 仿真 Tester 解锁，也可以使用 CAPL Tester Module 实现解锁。

在加载 CDD 和对应 Seed&key DLL 的前提下，CAPL 主要基于函数 diagGenerateKeyFromSeed 计算 Key 值。

示例代码如下：

```
variables
{
  dword Length;
  char RxBuffer[255];

  int   gSeedArraySize    = 2;
  int   gSecurityLevel    = 1;
```

```
  char  gVariant[200]   = "DevSample"   ;
  char  gOption[200]   = "" ;
  byte  gKeyArray[8];
  int   gMaxKeyArraySize =  255;
  dword gActualSize      =  0;
  byte  gSeedArray[8];
  char  gDebugBuffer[255];
  diagRequest DoorFL.SeedLevel_0x01_Request gSeedReq;
  diagResponse DoorFL.SeedLevel_0x01_Request gSeedResp;
  diagRequest DoorFL.KeyLevel_0x01_Send gKeyReq;
}

void MainTest ()
{
  SetECUEnterSecurityLevel1();
}

testcase SetECUEnterSecurityLevel1()
{
  long res;
  diagRequest DoorFL.ExtendedDiagnosticSession_Start  req_1;
  int i;
  word securityKey;

  diagSetTarget("Door");
  req_1.SendRequest();        // 发送 10 03 切换至扩展会话状态
if(1==  testWaitForDiagResponse(req_1,500))
{
  TestReportWriteDiagResponse(req_1); // 输出诊断响应
}
// 发送 request seed 诊断请求(27 01)
  diagSendRequest(gSeedReq);
if(1==  testWaitForDiagResponse(gSeedReq, 1000))
{
  TestReportWriteDiagResponse(gSeedReq); // write response to report
}
```

```
// 获取 ECU 发送的 Seed
res= diagGetLastResponse (gSeedReq, gSeedResp);
teststep("1","the return code is % d",res);
diagGetParameterRaw(gSeedResp, "SecuritySeed", gSeedArray, elcount(gSeedArray));
// 基于 Seed 计算 Key 值
res = diagGenerateKeyFromSeed (gSeedArray, gSeedArraySize, gSecurityLevel, gVariant,
gOption, gKeyArray, gMaxKeyArraySize, gActualSize);

  if( 0 == res )
  {
// 发送 send key 诊断请求(27 02)
    gKeyReq.SetParameterRaw("SecurityKey", gKeyArray, gActualSize);
    gKeyReq.SendRequest();
    res= testWaitForDiagRequestSent(gKeyReq, 1000);
    TestReportWriteDiagObject(gKeyReq);
   if (res! = 1)
  {
    teststepfail("3","can not wait the 27 02 request,res =  % d",res);
  }
  }
  else
  {
    testStepFail("4","the error code is % d",res);
  }
}
```

5.4.4 GenerateKey.dll 制作

在 CANoe 示例工程中可以找到生成 CANoe 可访问的 Seed&Key DLL 的完整 Visual Studio 项目。

示例路径如下：

```
C:\Users\Public\Documents\Vector\CANoe\Sample Configurations 16.4.4\CAN\Diagnostics\
UDSSystem\SecurityAccess\Sources
```

示例代码如下：

```
/////////////////////////////////////////////////////////////////////////
/// KeyGeneration.cpp : Defines the entry point for the DLL application.
/////////////////////////////////////////////////////////////////////////

# include < windows.h>
# include "KeyGenAlgoInterfaceEx.h"


BOOL APIENTRY DllMain( HANDLE hModule,
                       DWORD  ul_reason_for_call,
                       LPVOID lpReserved
                                         )
{
    return TRUE;
}


KEYGENALGO_API VKeyGenResultEx GenerateKeyEx(
  const unsigned char*   iSeedArray,      /* Array for the seed [in] * /
  unsigned int           iSeedArraySize, /* Length of the seed [in] * /
  const unsigned int     iSecurityLevel, /* Security level [in] * /
  const char*            iVariant,        /* Name of the active variant [in] * /
  unsigned char*         ioKeyArray,      /* Array for the key [in, out] * /
  unsigned int           iKeyArraySize,   /* Max length of the key [in] * /
  unsigned int&          oSize            /* Length of the key [out] * /
    )
{
    if (iSeedArraySize> iKeyArraySize)
      return KGRE_BufferToSmall;
    for (unsigned int i= 0;i< iSeedArraySize;i++ )
      ioKeyArray[i]= ~ iSeedArray[i];

    oSize= iSeedArraySize;

    return KGRE_Ok;
}
```

如在计算 key 时需使用 AES128 等算法,可自行集成 openssl 等库实现。

5.4.5 UDS $29 安全认证

UDS $29 是 ISO 14229—2020 新增加的诊断服务项，该服务为 Tester 提供一种身份认证的方法，使其能够访问一些出于安全、排放等原因增加访问限制的诊断数据或服务。UDS $29 认证服务独立于 Session State 及 Security Access，当访问的服务、数据需要认证时，即可执行 $29。

CANoe 实现 UDS $29 认证服务要求诊断描述文件中有 $29 服务实例，且在 Security Configuration 中已激活对应的“Security Profile”文件。“Security Profile”文件可以通过 Security Manager 导入或配置，包括证书的加载，加密算法的配置等。

Security Manager 支持诊断通信中安全机制的配置，除了 UDS $29 安全认证服务，还支持基于 TLS 的 DoIP 加密诊断通信。

Security Profile 配置过程如下。

（1）在 CANoe 的“Tools”标签页点击 Security Manager，打开“Vector Security Manager”窗口，选择 Authentication according to UDS service 0x29，单击菜单栏“Add”选项，创建 $29 服务使用的 Security Profile（图 5-59）。

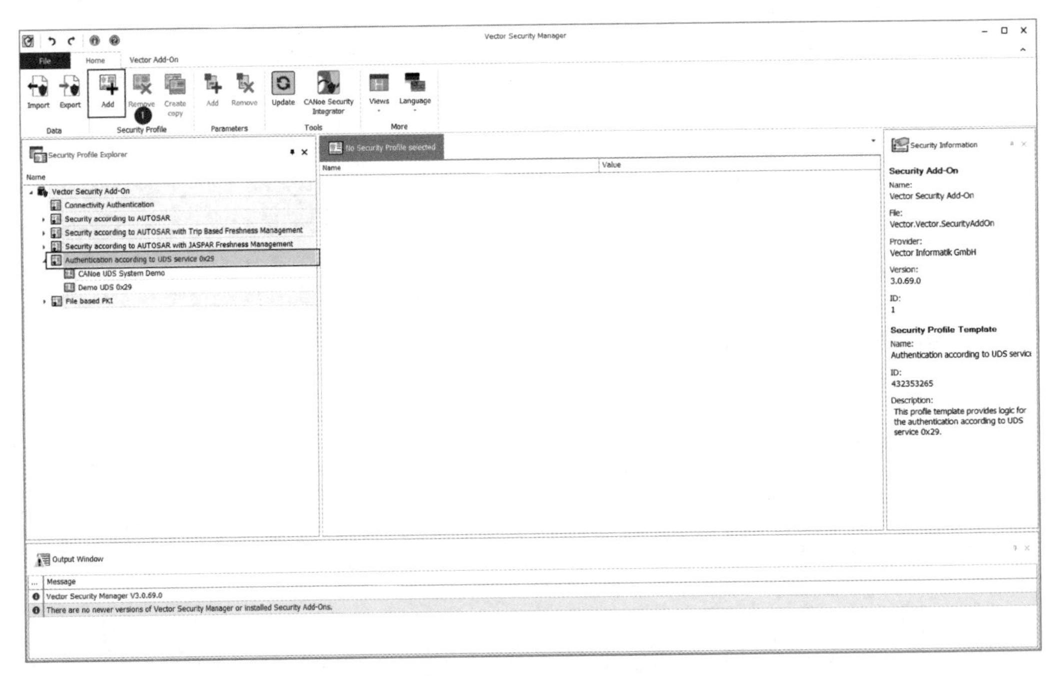

图 5-59 “Vector Security Manager”窗口

（2）选择“X509 Certificates”文件夹，单击“Add”选项，可添加使用的证书文件（图 5-60）。

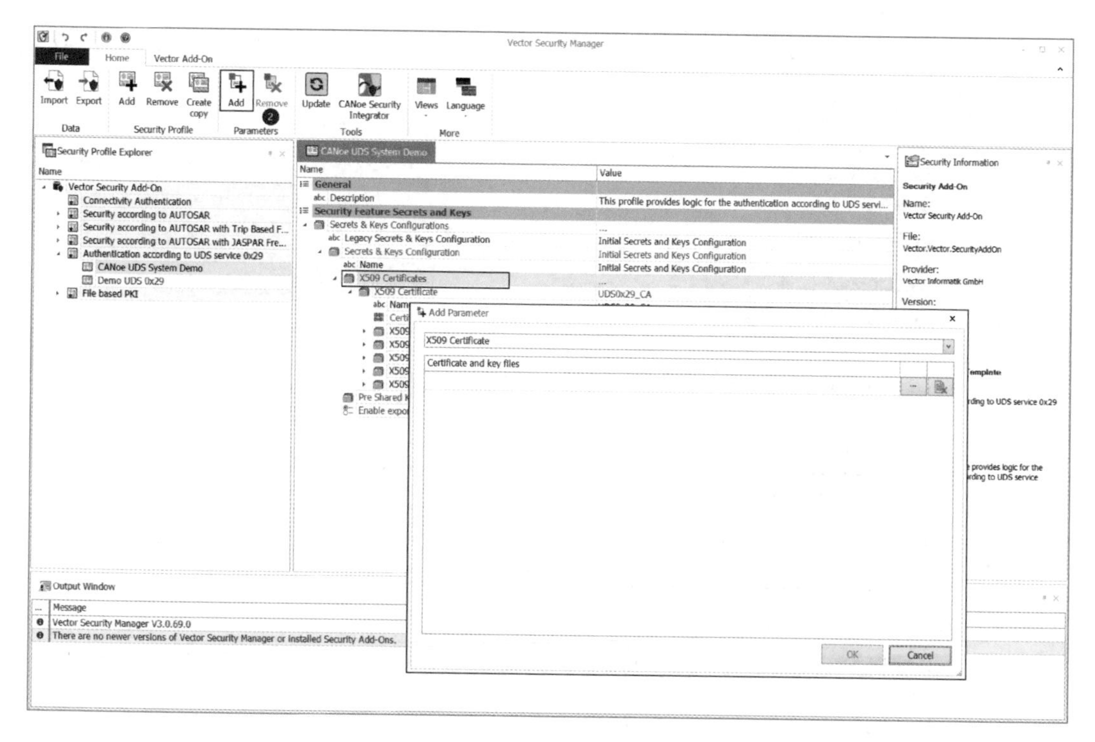

图 5-60　配置证书文件

（3）在“Simulation”标签页下打开“Security Configuration”窗口，在“SecOC and Diagnostics”标签页激活“Use Security”选项，并选择为 $29 服务配置的 Security Profile 文件（图 5-61）。

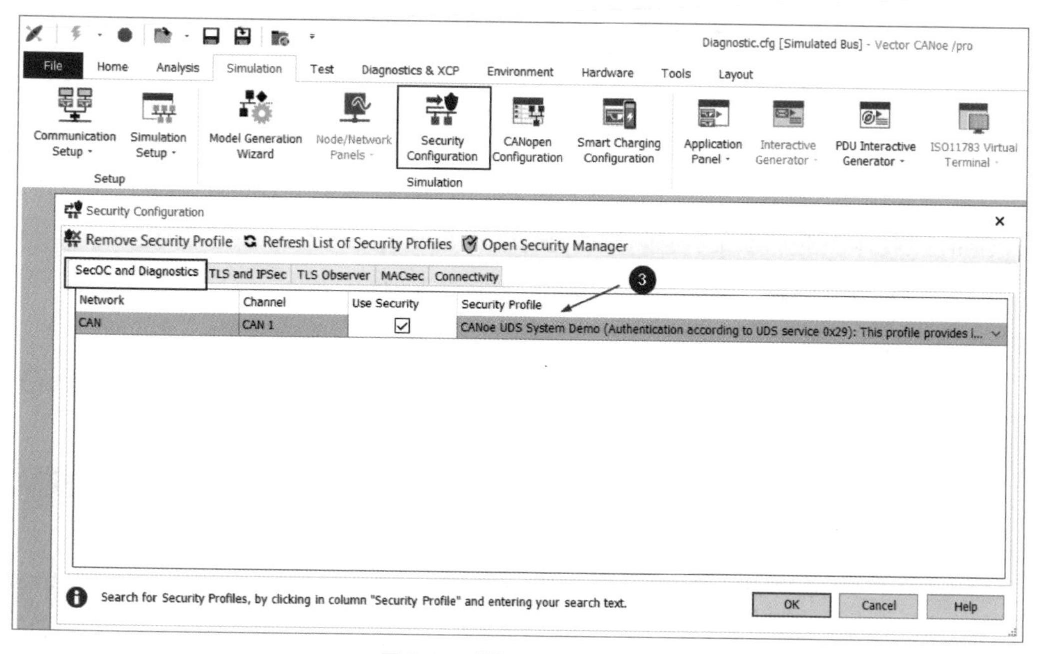

图 5-61　激活 Security Profile

（4）配置完成之后可通过“ECU Control”窗口手动配置 $29 服务的发送，关联的安全机制会自动调用（图 5-62）。

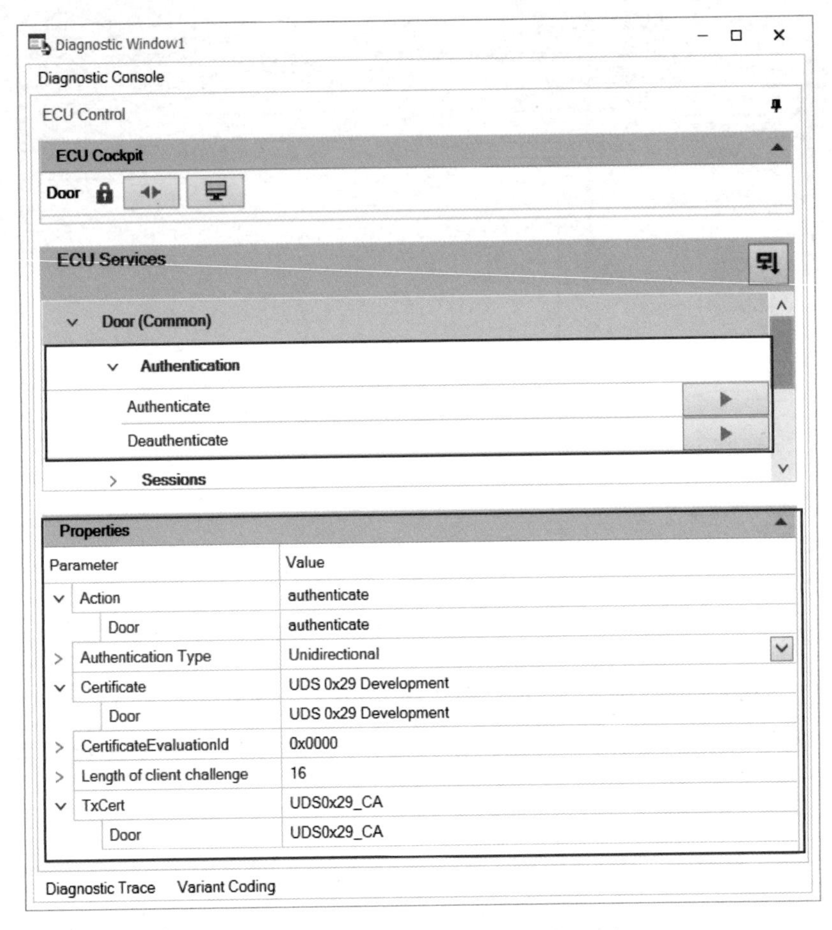

图 5-62　“ECU Control”窗口发送认证服务

（5）配置了 $29 服务对应的 Security Profile 之后，使用“Variant Coding”窗口读写变体编码数据时，会自动先进行验证，再进行读写操作（图 5-63）。

（6）也可以通过 CAPL 函数 diagStartAuthGeneric 进行安全验证。

示例代码如下：

```
on key '3'
{
  long result;
// Action: Authenticate, Cert: "UDS 0x29 Supplier", Type :Unidirectional
  char genericString[200] =  "sec://Authenticate? Action= Authenticate;Cert= UDS 0x29
Supplier;BiDirectionalAuth= 0";
```

```
  /* * *
   * long diagStartAuthGeneric(char ecuQualifier[], char genericString[]);
   * ecuQualifier: Qualifier of the ECU
   * genericString: Generic parameters to select and configure the security
   * source runtime implementation
   * * * /
  result = diagStartAuthGeneric("Door",genericString);
  write("Start 'diagStartAuth' with result = % ld", result);
}

void _Diag_AuthResult(long result)
{
  write("On '_Diag_AuthResult' with result = % d", result);
}
```

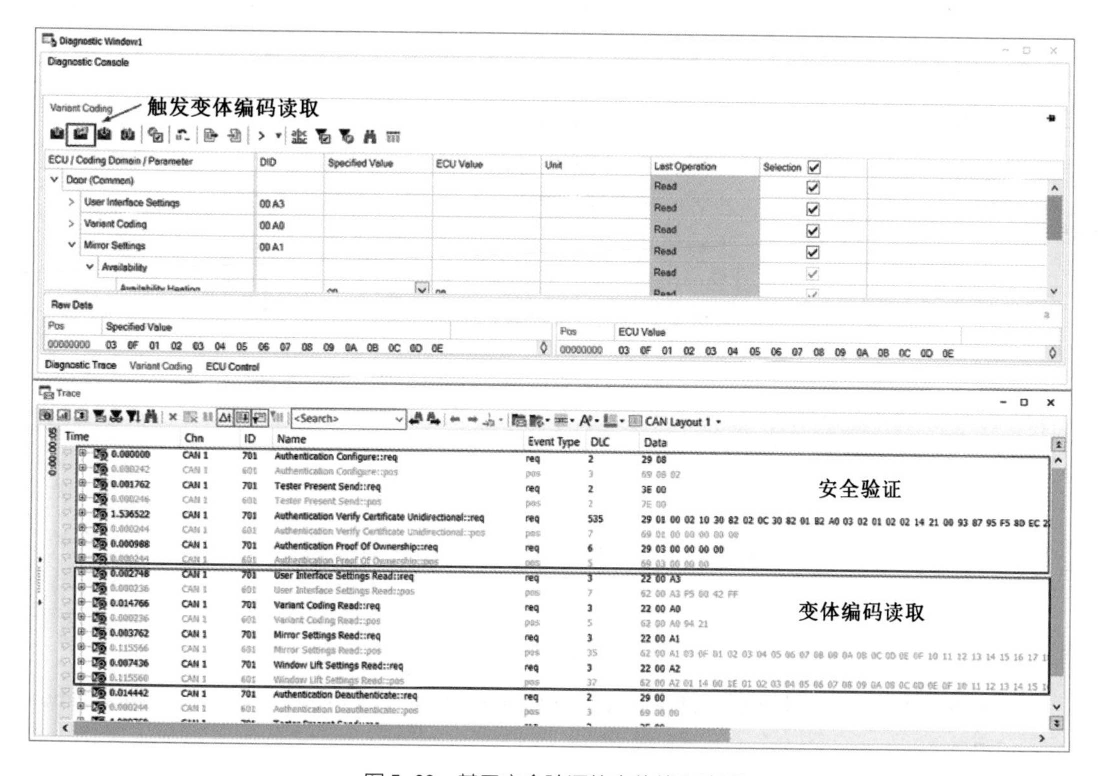

图 5-63　基于安全验证的变体编码读写

5.5 诊断常用案例

5.5.1 基于功能寻址的诊断配置

如果需要在 CANoe 工程中同时使能物理寻址和功能寻址功能，可以参考如下步骤进行配置(图 5-64～图 5-66)。

(1) 导入所需的诊断描述文件，激活“Diagnostic tester”选项并配置为“Physical Requests”。

(2) 单击“Duplicate”选项，复制当前的诊断描述文件。

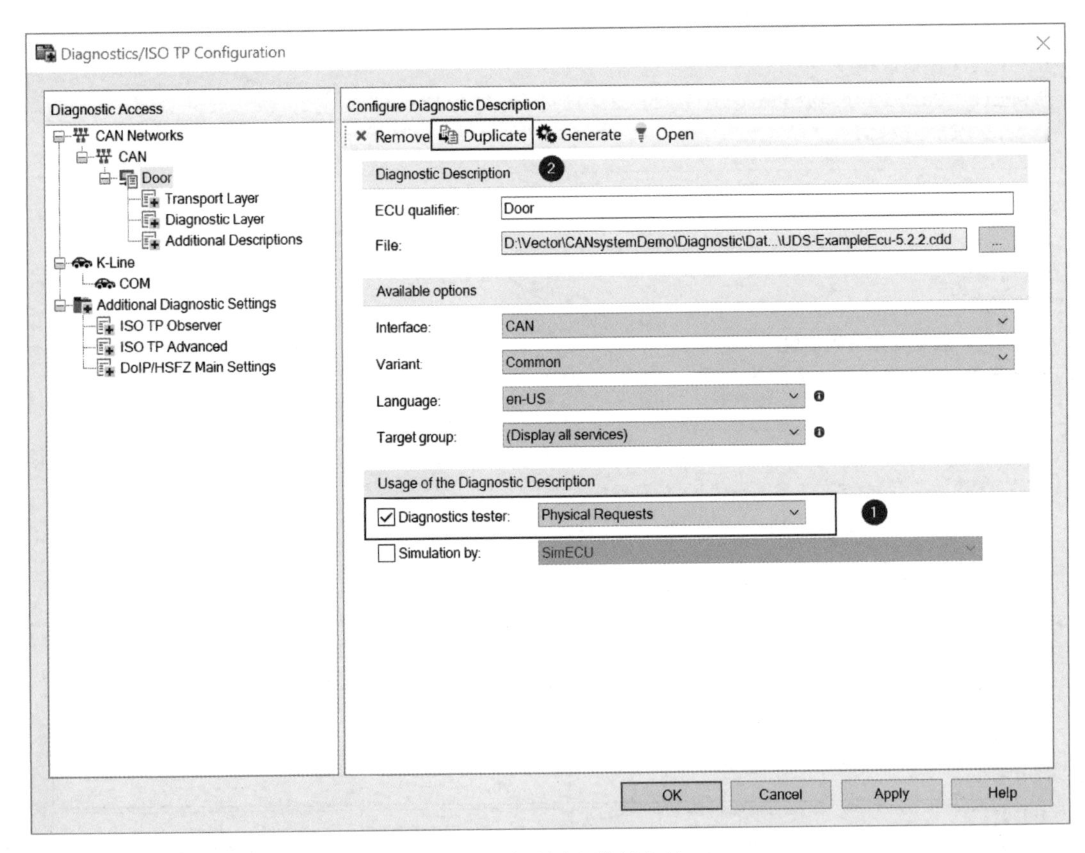

图 5-64 复制诊断描述文件

(3) 在复制出来的诊断对象中激活“Diagnostics tester”选项，设置为“Functional Group Requests”。

(4) 修改复制出来的诊断对象的“ECU qualifier”选项。

(5) 在配置为“Functional Group Requests”的诊断对象中设置功能寻址使用的 ID (图 5-66)。

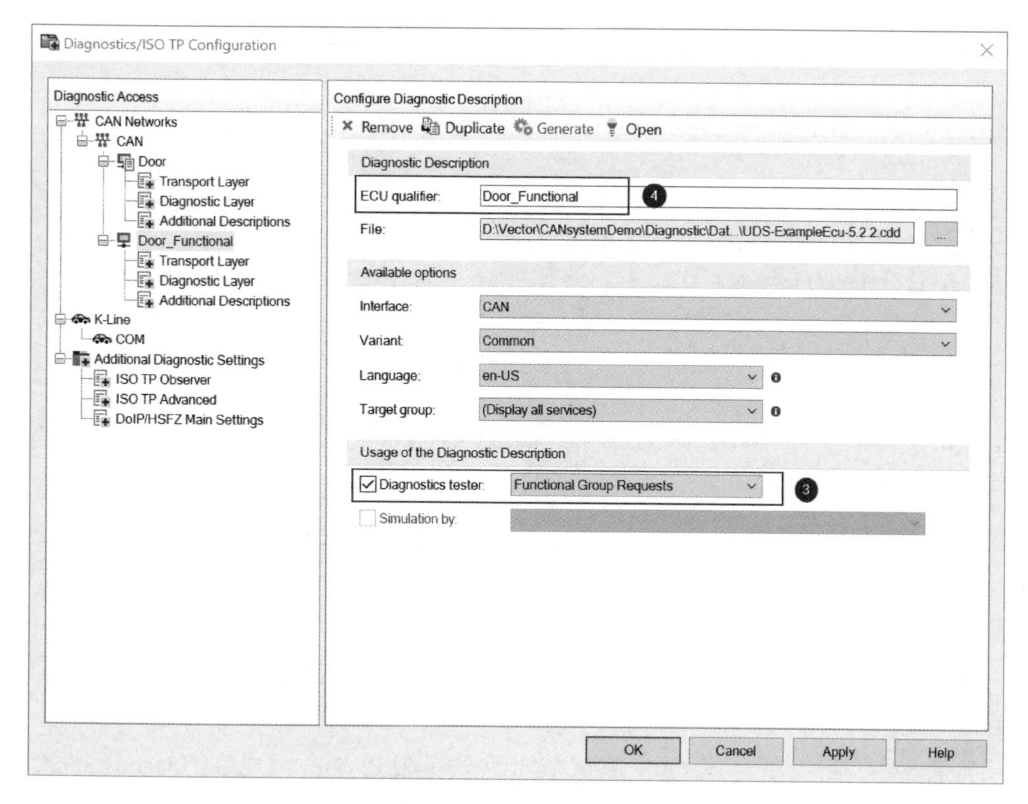

图 5-65　激活 Functional Group Tester

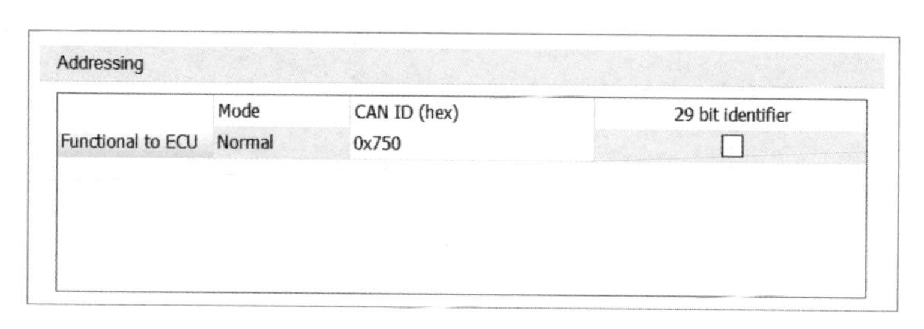

图 5-66　设置功能寻址

（6）配置完成之后，会分别生成基于物理寻址和功能寻址的“Diagnostic Console”“Fault Memory”等诊断功能窗口。

5.5.1.1　CAPL 发送诊断功能请求

如果只加载了一个诊断描述文件（默认配置为物理寻址），可以使用函数 diagSend-Functional 发送功能诊断请求。示例代码如下：

```
diagRequest Door.SerialNumber_Read req;
diagSendFunctional(req);
```

如果在 Diagnostic/ISO TP 中同时配置了物理寻址和功能寻址模式，在 CAPL 中可以通过选择对应的功能寻址的 ECU Qualifier 使用函数 diagSendRequest 发送功能寻址请求。示例代码如下：

```
// 发送物理寻址请求
{
  diagRequest Door.SerialNumber_Read reqPhys;
  diagSendRequest(reqPhys);
}
// 发送功能寻址请求
{
diagRequest Door_Functional.SerialNumber_Read reqFun;
diagSendRequest(reqFun);
}
```

5.5.1.2 功能寻址下禁用 $3E 服务

如果需要禁用功能寻址的 $3E 服务，需参考前文，同时配置基于物理寻址和功能寻址的诊断配置。

如果需要诊断控制台或 CAPL 测试节点默认不发送 $3E，需要在“Diagnostic/ISO TP Configuration”窗口中取消激活“Send tester present”选项（图 5-67）。

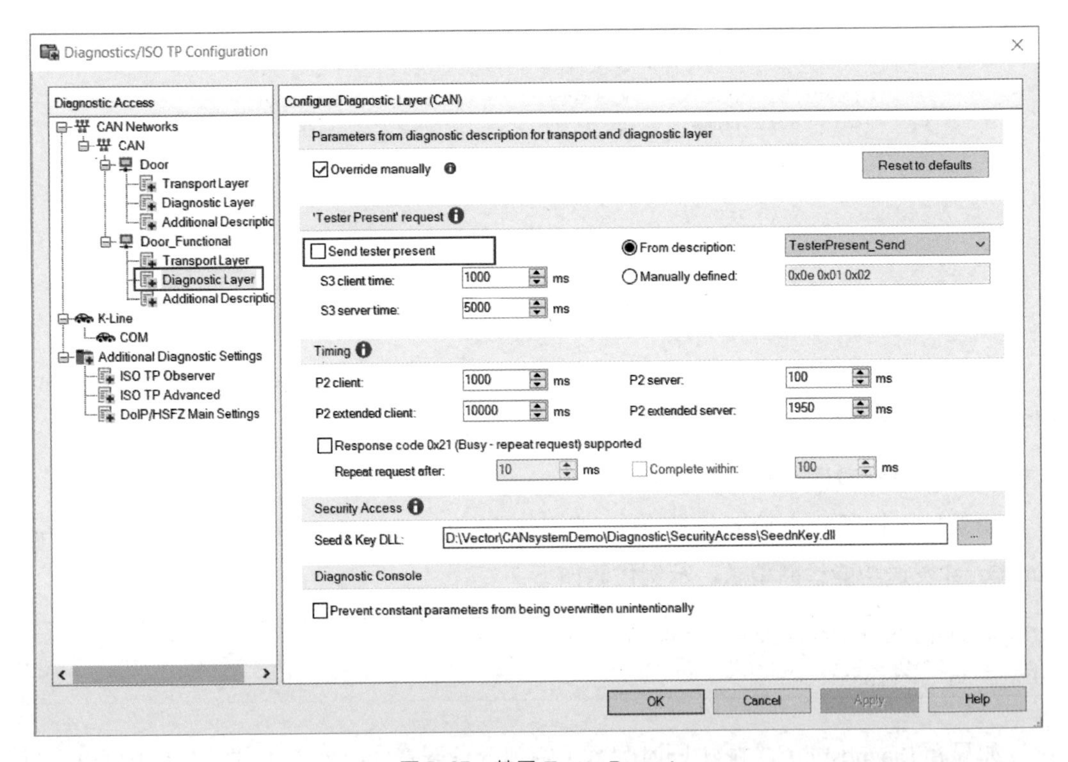

图 5-67　禁用 Tester Present

如果需要在测试运行过程中停止 $3E 服务，则可以在需要的时候调用 DiagStopTester-Present 函数，参数为对应的物理寻址和功能寻址的 ECU Qualifier，示例代码如下：

```
diagStopTesterPresent("Door");
diagStopTesterPresent("Door_Functional");
```

5.5.2 诊断报文填充字节的设置

通常情况下，CAN 诊断报文基于 ISO 传输层协议传输，即使实际诊断数据不足 8 个字节或经由 TP 层分段传输后最后一帧不足 8 个字节，也需要进行填充，使总线报文数据场长度满足 8 个字节。

CANoe 通过以下两种方式发送诊断报文时，都可以实现填充字节的配置。

(1) 诊断控制台发送诊断请求的填充位设置

使用诊断控制台发送诊断请求，报文的填充字节必须通过配置诊断描述文件 CDD/PDX 中的相关属性实现。

可使用 CANdelaStudio 打开 CDD 文件，选择 ECU Information → Support interfaces → CAN，找到总线接口，确认其含有 FillerByteHandling 和 CANFrameFillerByte 两个属性设置。其中，FillerByteHandling 设置为 True 模式，表示使能填充位；“CANFrameFillerByte”可以设置填充字节的值，如图 5-68 所示。

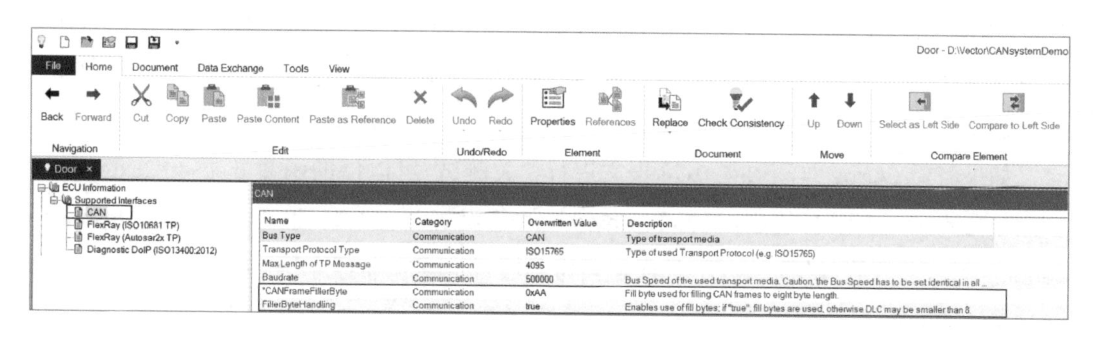

图 5-68　修改 CDD 属性

(2) CAPL 仿真 Tester/ECU 发送的诊断报文的填充位设置

使用 CAPL 发送诊断请求或模拟 ECU 发送诊断响应时，除了可以如前文所述通过配置诊断描述文件的相关属性设置填充字节，也可以通过 TP 层的 CAPL 函数强制修改填充字节的值。

通过 TP 层设置填充位的值，节点需要关联 OSEK_TP.dll，同时建议基于 CCI 来实现 Tester/ECU 的仿真。这样可以直接将功能整合在 CCI 中。CCI 的具体配置可参考 5.3.5 小节的介绍。

使用 CCI 时，如要修改填充字节，仅需修改 CCI_CanTP.cin 文件中全局变量 gOverwrite-PaddingMode 的数值，之后会通过 TP 层函数 CanTpSetPadding 将基于该变量的值来进行填充字节的配置，示例代码如下：

```
variables
{
  /*
  PaddingValue:
    -2    : 读取 CDD 文件中的 Padding 设置
    -1    : 不使能 Padding
   0-255  : 具体的 Padding 字节值
   256    : 使能 Padding 模式,但填充的值可以是随意的(基于之前报文的内容)
  */
  long gOverwritePaddingMode = -2;
// query padding mode from CANoe - set to [-1,256] to specify specific mode!
}
```

5.5.3 等待 NRC 0x78 报文

ISO 14229 规范中规定,否定响应代码(NRC) 0x78 表示诊断请求被正确接收,但 Server 端(ECU)还未完成请求服务相关的操作,无法及时给予肯定、否定的响应,也无法接收另一个请求。Tester 端在接收到 ECU 发送的 NRC 0x78 回复后会延长等待时间(P2*),继续等待 ECU 的响应报文。

CANoe 仿真 Tester 时,接收到 NRC 0x78 回复也会基于规范要求继续等待,不会将 NRC 0x78 报文作为一个普通的否定响应处理。因此,函数 on diagResponse 和 TestWaitForDiag-Response 无法监测到 NRC 0x78 报文。

如果需要 CANoe 监测 NRC 0x78 报文进行相关测试,可以借助函数 diagSetP2Extended,该函数需要和 CCI 联合使用,当参数 timeout 的值设置为 -1 时,会禁用 CCI 对 Response Pending 的处理功能,将 NRC 0x78 的回复当作普通否定响应来对待(图 5-69)。

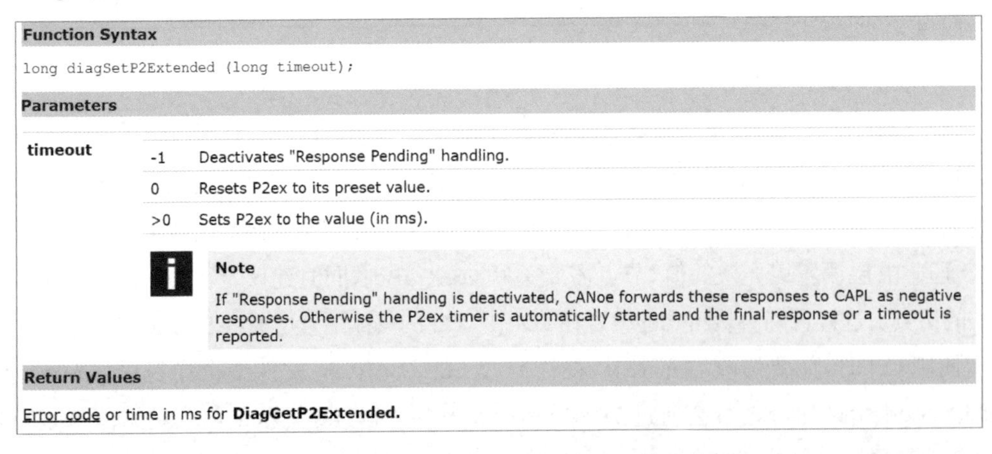
Function Syntax

`long diagSetP2Extended (long timeout);`

Parameters

timeout		
	-1	Deactivates "Response Pending" handling.
	0	Resets P2ex to its preset value.
	>0	Sets P2ex to the value (in ms).

Note

If "Response Pending" handling is deactivated, CANoe forwards these responses to CAPL as negative responses. Otherwise the P2ex timer is automatically started and the final response or a timeout is reported.

Return Values

Error code or time in ms for **DiagGetP2Extended.**

图 5-69　函数 diagSetP2Extended 说明

Tester 节点需关联 OSEK_TP.dll，同时 CAPL includes {}中加载“CCI_CanTP.cin”头文件配置基于 CCI 的 Tester 仿真。调用 diagSetP2Extended(－1)，就可以访问到 NRC 0x78 报文，将其当作一个普通否定响应处理。示例代码如下：

```
testcase TC_TestWaitForNRC78()
{
  diagRequest Door.SerialNumber_Read req;
  long ret;
  //禁用对“Response Pending”处理
  diagSetP2Extended(-1);
  diagSendRequest(req);
  ret =  testWaitForDiagResponse(req,1000);
  if(ret == 1)
  {
    //此时可以等到 ECU 回复 NRC78
    testStepPass("1.1","testWaitForDiagResponse successful");
    if(0x78 == diagGetLastResponseCode(req))
         testStepPass("1.2","received NRC78 message");
    else testStepFail("1.2","Response code =  % x",diagGetLastResponseCode(req));
  }
 else testStepFail("1.1","testwaitforNRC78 failed");
}
```

5.5.4 CANoe 实现刷写测试

Vector 提供专门的刷写工具 vFlash，其基于定制化模板 vFlashTemplate 工作，可基于不同 OEM 的总线刷写规范实现高效的 ECU 刷写。它可以通过图形界面进行控制，也可以作为库集成到 CANoe.DiVa 及 CANoe 环境中，再结合硬件(VN 总线接口卡及 VT System)搭建刷写测试系统，可以实现刷写功能的正向、逆向自动化测试。

用户也可以基于 CANoe 的 CAPL 函数来实现完整的刷写功能和刷写测试，需要基于刷写规范定义的流程使用 CAPL 代码发送相应的诊断请求并判断 ECU 的响应内容来逐步实现。

1. 刷写流程

刷写流程因不同 OEM 的规范或不同车型而有所区别，但大致包括如下三个主要环节(图 5-70)。

(1) 预编程阶段(Pre-programming)：进行刷写前总线网络的准备工作，如关闭 DTC 及应用通信功能。

(2) 主编程阶段(Main programming)：进行刷写工作，如应用数据或程序下载。

（3）后编程阶段（Post-programming）：重启网络，恢复通信。

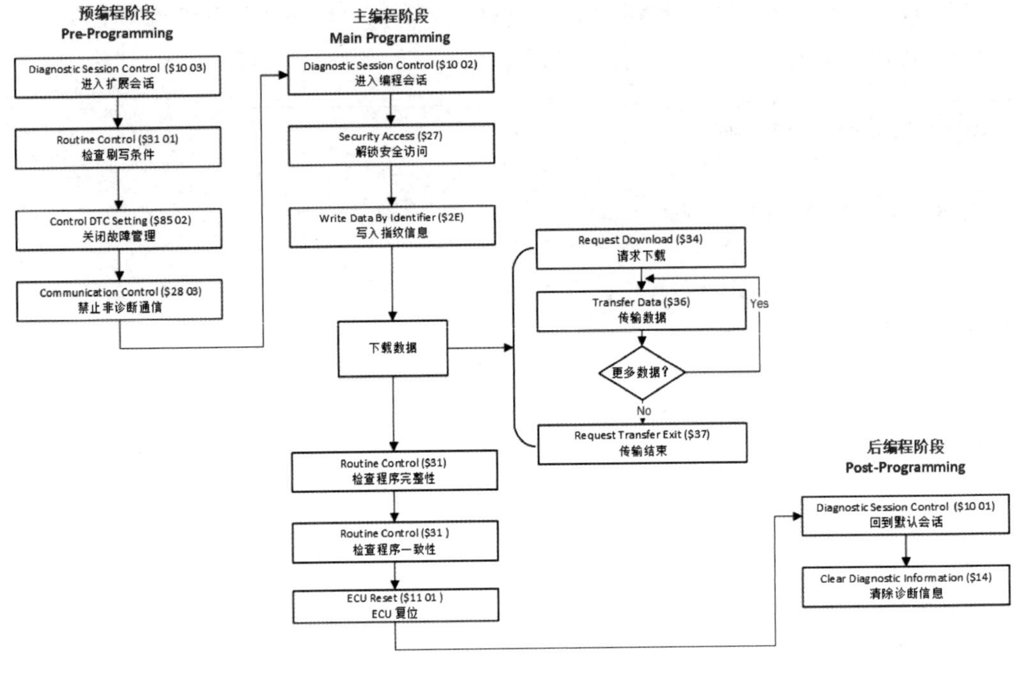

图 5-70　刷写流程示意

2. CAPL 实现

CAPL 实现刷写测试主要分为两部分工作：一是读取刷写文件中的数据并通过数据传输服务发送给 ECU，二是基于诊断测试流程发送刷写流程涉及的诊断请求并等待 ECU 的响应。

刷写文件的格式一般为.hex，.s19 或 OEM 自定义的二进制格式，这种格式的文件可以通过 CAPL 文件函数（如 OpenFileRead）来实现刷写数据的读取，CAPL 代码可参考 2.4.5.2 小节相关内容。另外，可以将刷写文件的处理函数封装成 CAPL DLL，CAPL DLL 可以启用新的线程，提高文件的处理速率，也可以更方便地实现压缩、加密格式文件数据的读取。

诊断请求的发送和响应的读取可基于 CCI 仿真诊断 Tester 实现，需考虑到在刷写过程中 ECU 会进行如编程、擦除程序等操作，无法立即给予服务请求应答，从而发送 NRC0x78 推迟响应这种情况。Tester 需要设定最长等待时间或接收 Response Pending 的最大次数来保证通信。

示例代码如下：

```
testcase TC1_ReprogrammingECU()
{
  long ret;
  /* ====================== PRE - PROGRAMMING====================== * /
  //切换到扩展会话
```

```
  if(1== DL_ChangeToExtenedSession())
    testStepPass("1.1","Switch to extended session successfully");
  else testStepFail("1.1","Switch to extended session failed");return;
  //… following flash steps…
}
long DL_ChangeToExtenedSession()
{
  long resultOfRequest;
  diagrequest *  req1003;
  int index =  0;
  DiagSetPrimitiveByte(req1003,0,0x10);
  DiagSetPrimitiveByte(req1003,1,0x03);
  diagSendRequest(req1003);
  resultOfRequest =  DL_TestWaitForResponseResult(req1003);
  return resultOfRequest;
}
// 考虑到 NRC78 的情况,需要延长 Tester 的等待时间
long DL_TestWaitForResponseResult(diagRequest *  req)
{
  int index =  0;
  long resultOfRequest;
  diagSetP2Extended(- 1);
  resultOfRequest =  testWaitForDiagResponse(req,P2);//等待 P2 时间
  if(resultOfRequest == 1){
    resultOfRequest =  diagGetLastResponseCode(req);
    if(resultOfRequest == 0x78){
      while(index <  maxPendingRespNumber)
      {
        resultOfRequest =  testWaitForDiagResponse(req,P2E);//等待 P2Extended 时间
        if(resultOfRequest == 1)
        {
          resultOfRequest =  diagGetLastResponseCode(req);
          if(resultOfRequest ! = 0x78)break;
          index ++ ;
        }
        else break;
      }
    }
    }
  return resultOfRequest;
}
```

本章部分示例工程请扫描封底二维码下载。

第 6 章　CANoe 常见问题分析及解决

■ 6.1　支持方式

在使用 CANoe 软件过程中，或多或少都会遇到一些问题，如何能够快速地定位及解决这些问题呢？通常情况下用户可以采用以下三种方式。

（1）Vector 有专门、高效的支持团队及时响应用户提出的问题，并帮助用户快速处理问题，用户可以选择 CANoe → File → Support，提交 CANoe 中遇到的问题并提供一些必要的信息及文件，如图 6-1 所示。

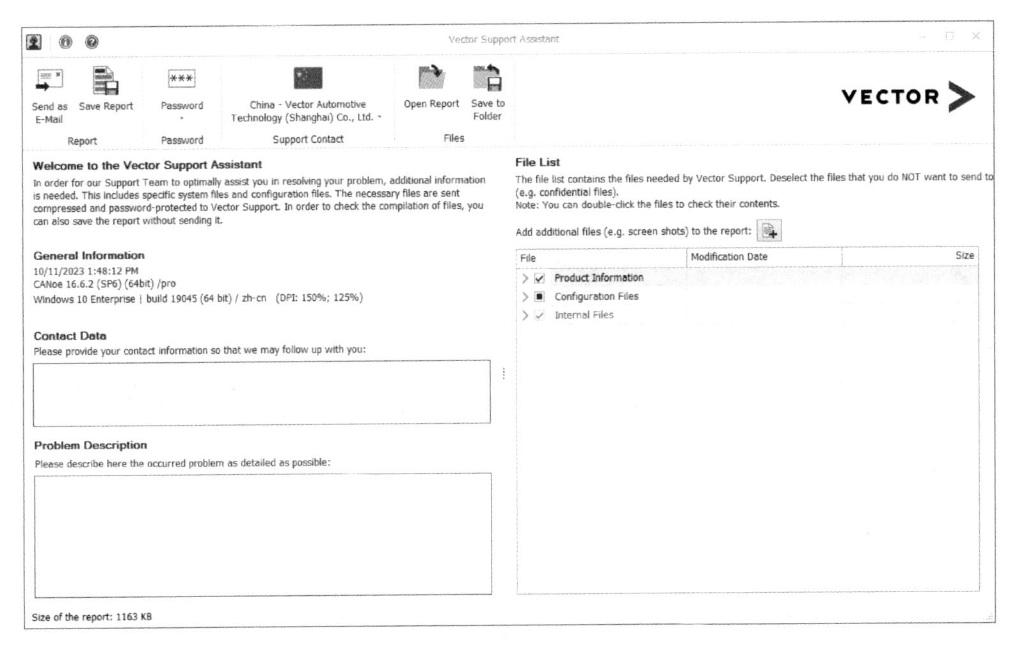

图 6-1　“Vector Support Assistant”窗口

（2）Vector 给用户提供一个专门的知识库，供用户查找问题并查看解决方法。用户可以通过链接 https://portal.vector.com/web/vector-cn-knowledgebase 注册，登录后可以查看所有的问题及解决方法。该知识库覆盖了大部分客户的问题并将持续更新。

（3）用户可通过邮件发送问题，Vector 会第一时间响应。邮箱地址：support@cn.vector.com。

■ 6.2　常见问题示例分析

由于篇幅有限，仅举几个常见问题作为示例供用户参考。

6.2.1　如何用 CAPL 修改总线波特率

有两种方法可以使用 CAPL 更改波特率，使用函数 setBtr 或 canSetConfiguration/

canFdSetConfiguration。

（1）setBtr 函数的语法如图 6-2 所示。

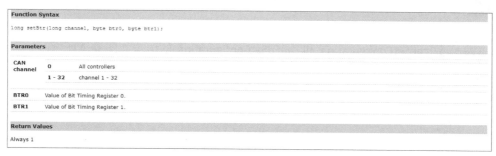

Function Syntax

long setBtr(long channel, byte btr0, byte btr1);

Parameters

CAN channel	0	All controllers
	1 - 32	channel 1 - 32
BTR0	Value of Bit Timing Register 0.	
BTR1	Value of Bit Timing Register 1.	

Return Values

Always 1

图 6-2　setBtr 函数语法

示例代码如下：

```
SetBtr(0,0x00,0x3a); //设置控制器参数
resetCan(); // 重置 CAN 控制器
```

此函数仅适用于 CAN，不适用于 CAN FD。该函数的参数是 CAN 通道序号和两个总线时序寄存器：BTR0 和 BTR1。这两个寄存器参数对应 CAN 控制器中的寄存器实际使用的数值，用于确定所需要的波特率、采样点、采样数和同步跳转宽度。因此，波特率并不是直接作为参数输入，而是需要通过这两个寄存器的数值来确定。

要获得正确的参数值，用户可以使用 CANoe 的硬件配置窗口进行查看，如图 6-3 所示。选择所需的 CAN 通道→Setup。在 Baud rate[kBaud]中配置波特率后，可以在图 6-3 中的红框列表中看到 BTR0 和 BTR1 对应不同采样点（Sampling Point）、采样数（BTL Cycles）和同步跳转宽度（SJW）的所有有效值。可选择 BTR 值作为函数 setBtr 的输入。

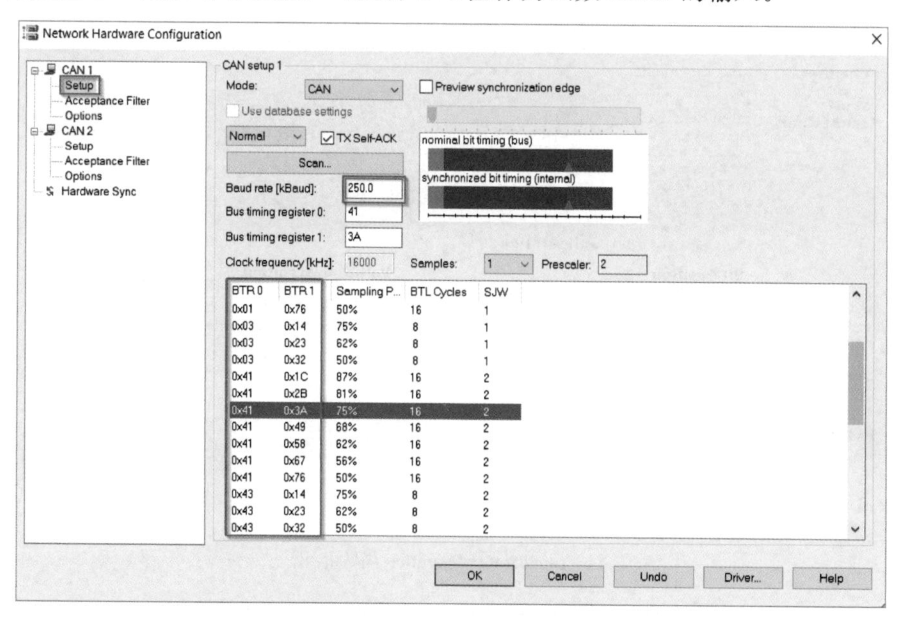

图 6-3　CAN → canSettings 参数获取

请确保使用 CAPL 函数 resetCAN()执行 CAN 控制器的重置。

（2）函数 canSetConfiguration 和 canFdSetConfiguration 的语法如图 6-4 所示。

Function Syntax

```
long canSetConfiguration(long channel, canSettings settings);
```

Parameters

Channel The CAN channel.

struct **canSettings**

```
{
float baudrate; //in bit/s
unsigned char tseg1, tseg2; //length of the time segments 1 and 2 in time quanta
unsigned char sjw; //sync jump width in time quanta
unsigned char sam; //number of sampling points (1 or 3)
unsigned int flags; //see description below
};
```

Flags for **canSetConfiguration**:

Bit Position	Value, Description
0	0: Normal mode 1: Silent mode (acknowledge not created)
All others	Reserved, and must be 0.

Return Values

1	success
0	error

（a）canSetConfiguration 函数介绍

Function Syntax

```
long canFdSetConfiguration(long channel, canSettings abrSettings, canSettings dbrSettings);
```

Parameters

Channel The CAN channel.

struct **canSettings**

```
{
float baudrate; //in bit/s
unsigned char tseg1, tseg2; //length of the time segments 1 and 2 in time quanta
unsigned char sjw; //sync jump width in time quanta
unsigned char sam; //number of sampling points (1 or 3). Only valid for CAN. For
CAN FD "sam" is hard coded to 1.
unsigned int flags; //see description below
};
```

Flags Bit **canFdSetConfiguration**:

Bit Position	Value, Description
0	0: normal mode 1: silent mode (acknowledge not created)
All others	Reserved, and must be 0.

Return Values

1	success
0	error

（b）canFdSetConfiguration 函数介绍

图 6-4　canSetConfiguration/canFdSetConfiguration 语法

示例代码如下：

```
int ret;
int channel = 1;
canSettings settings;
settings.baudrate = 1000000;
settings.tseg1= 5;
settings.tseg2= 2;
settings.sjw= 2;
settings.sam= 1;
settings.flags = 0;

write("Set 1 MB");
ret = canSetConfiguration(channel, settings);

ret = canGetConfiguration(channel, settings);
if (ret)
{
  write("Settings: baud= % f, tseg1= % d, tseg2= % d, sjw= % d, sam= % d, flags= 0x% x",
        settings.baudrate, settings.tseg1, settings.tseg2, settings.sjw, settings.
sam, settings.flags);
}
```

以上两种函数对应 CAN 和 CAN FD。用户可以在实例化的 canSettings 中直接设置所需的波特率。与函数 setBdr 一样，用户必须确保波特率是当前 CAN 控制器配置中可选的值。在代码中，通过 canSettings 定义 CAN 控制器中的如下成员参数。

（1）baudrate: 波特率。

（2）tseg1 和 tseg2：时间段 1 和时间段 2 的长度。

（3）sjw：同步跳转宽度。

（4）sam：采样点数（1 或 3）。

（5）flags：标志位，可设定是否发送 ack。

有关这些设置的说明，请参阅 CANoe 帮助文档。在编程时，获取这些值的方法在 CAN 和 CAN FD 之间略有不同。

（1）CAN（图 6-5）。

- “Bit rate[kBit/s]”方框中可输入所需的波特率，对应 canSettings 中的 Baudrate。

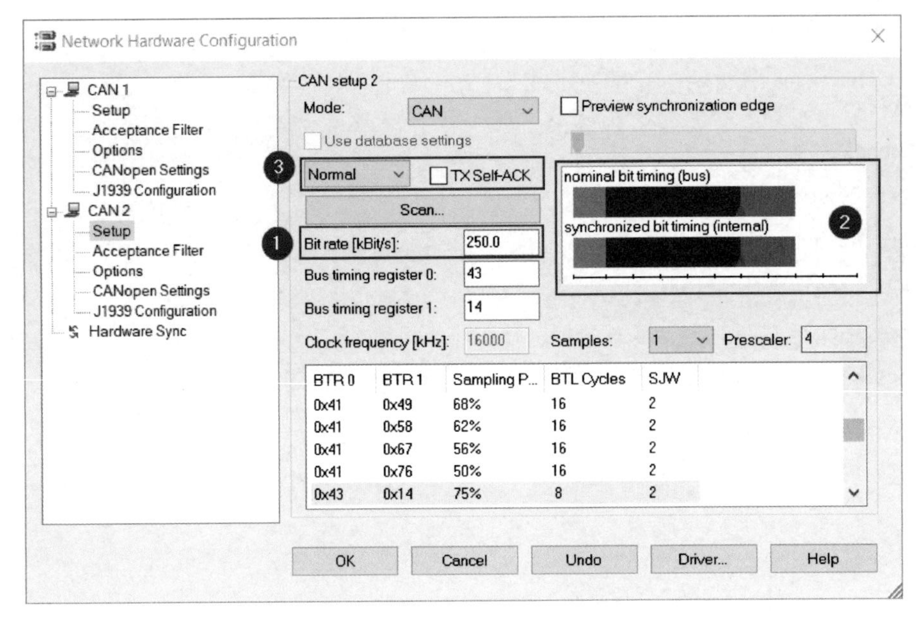

图 6-5　CAN FD → canSettings 参数获取

- 选择某一采样点配置项后，tseg1 和 tseg2 的值会在右侧预览中显示，具体数值可分别通过蓝色部分（tseg1）和绿色部分（tseg2）对应的时间刻度份额获得。
- CAN 设置为 Normal 模式时，即对应 canSettings 中“flags”值为 0 的情况。

（2）CAN FD。

输入所需的波特率后，单击“Sample Point［%］”选项后面的三个点，将打开位时序配置对话框，如图 6-6 所示。用户可以根据需要选择 tseg1、tseg2 和 sjw 的值。CAN FD 的采样点数始终为 1。对于正常模式，flags 值为 0。

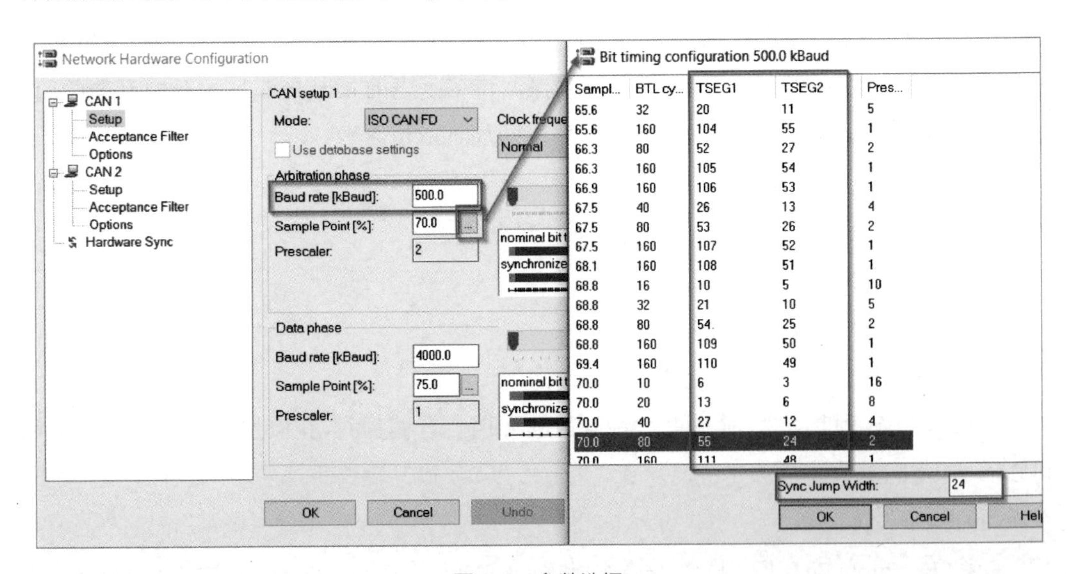

图 6-6　参数选择

更改波特率后，可以使用函数 canGetConfiguration 和 canFdGetConfigurations 获取配置参数值，从而验证波特率的修改是否成功。函数用法和示例可在帮助文档中获得。

总线配置的更改仅在运行过程中生效。停止测量后，“网络硬件配置”对话框中看不到任何变化。

6.2.2 用 Python 调用 CANoe COM API 的常见问题及解决方法

越来越多的工程师喜欢用 Python 语言做相关的测试工作，那么 CANoe 与 Python 如何一起使用呢？在使用的过程中会面临什么样的问题呢？

本文档的某些部分引用了 pywin32 包中的 makepy.py 模块。此模块从已注册的 COM 类型库创建一个.py 文件，其中包含有关 COM 服务器的可用 COM 组件的信息，并且可以在客户端程序的实现过程中提供帮助。有关其功能的更多信息，请参阅 pywin32 包的文档。可以在 Python 安装目录中的以下路径“Lib\site-packages\win32com\HTML\docindex.html”找到该文档。

1. 问题一

安装 pywin32 包成功，但是在使用 win32com 模块运行 Python 脚本时，显示错误为“ImportError”。当导入 win32api 时，DLL 加载失败，显示为“找不到指定的模块”。

解决方法：这通常是安装问题，建议用以下方法尝试。

［**方法** 1］　尝试重新安装 pywin32 包。

［**方法** 2］　进入 Python 安装目录，打开子文件夹\Lib\site-packages\pywin32_system32 并将其中的两个 DLL 复制并粘贴到\Lib\site-packages\win32 文件夹。

2. 问题二

当试图访问 COM 组件的属性时，客户端显示如下的属性错误：

AttributeError：“～XXX”对象没有属性“～YYY”

解决方法：此问题发生的原因比较多，解决方法也各不相同，需要根据具体情况针对性处理。

［**方法** 1］　如果系统上安装了多个 CANoe 版本，建议注册最新版本的 COM 组件。如果注册的是老版本，更容易出现此错误。

在 CANoe 帮助文档 Technical References | COM Interface | Object Hierarchy 中可查看所有可用的 COM 接口对象，点击具体对象可查看详情，其中包括该对象与 CANoe 版本的对应关系，如图 6-7 所示。

如果注册的是老版本的 CANoe，可能会因版本不支持该对象而显示上述属性错误。

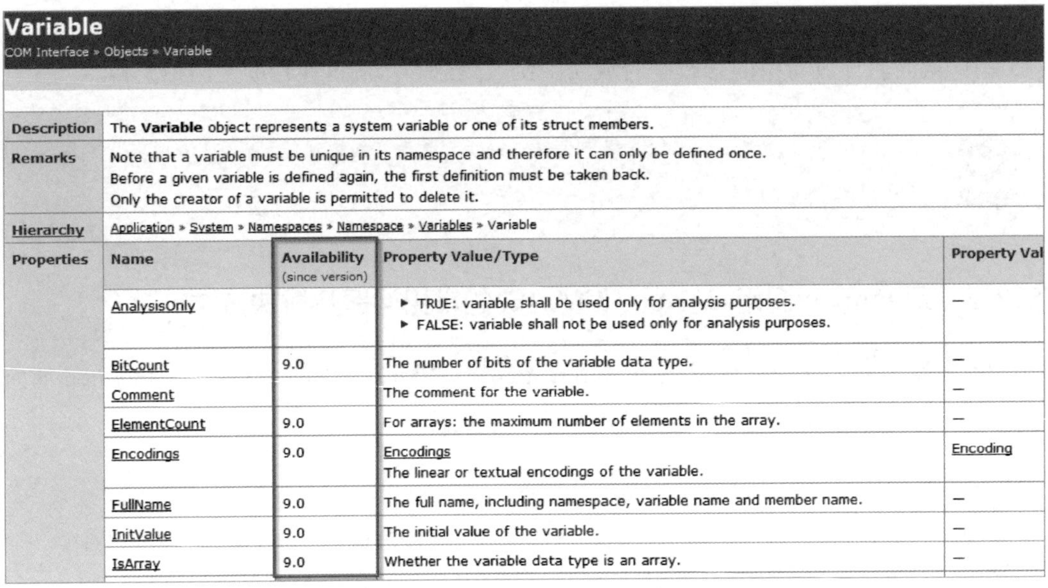

Variable

COM Interface » Objects » Variable

Description	The **Variable** object represents a system variable or one of its struct members.			
Remarks	Note that a variable must be unique in its namespace and therefore it can only be defined once. Before a given variable is defined again, the first definition must be taken back. Only the creator of a variable is permitted to delete it.			
Hierarchy	Application » System » Namespaces » Namespace » Variables » Variable			
Properties	**Name**	**Availability** (since version)	**Property Value/Type**	**Property Val**
	AnalysisOnly		▸ TRUE: variable shall be used only for analysis purposes. ▸ FALSE: variable shall not be used only for analysis purposes.	–
	BitCount	9.0	The number of bits of the variable data type.	–
	Comment		The comment for the variable.	–
	ElementCount	9.0	For arrays: the maximum number of elements in the array.	–
	Encodings	9.0	Encodings The linear or textual encodings of the variable.	Encoding
	FullName	9.0	The full name, including namespace, variable name and member name.	–
	InitValue	9.0	The initial value of the variable.	–
	IsArray	9.0	Whether the variable data type is an array.	–

图 6-7　COM 接口属性与 CANoe 版本对应表

注册新版本的 CANoe 可使用 CANoe16.0 中自带的工具 Vector Tool Manager。已注册的版本后方会有 COM Server 标识，选中已注册的老版本，点击鼠标右键后，选择 Unregister as COM Server，再选择需要注册的新版本，鼠标右键点击后选择 Register as COM Server，如图 6-8 所示。

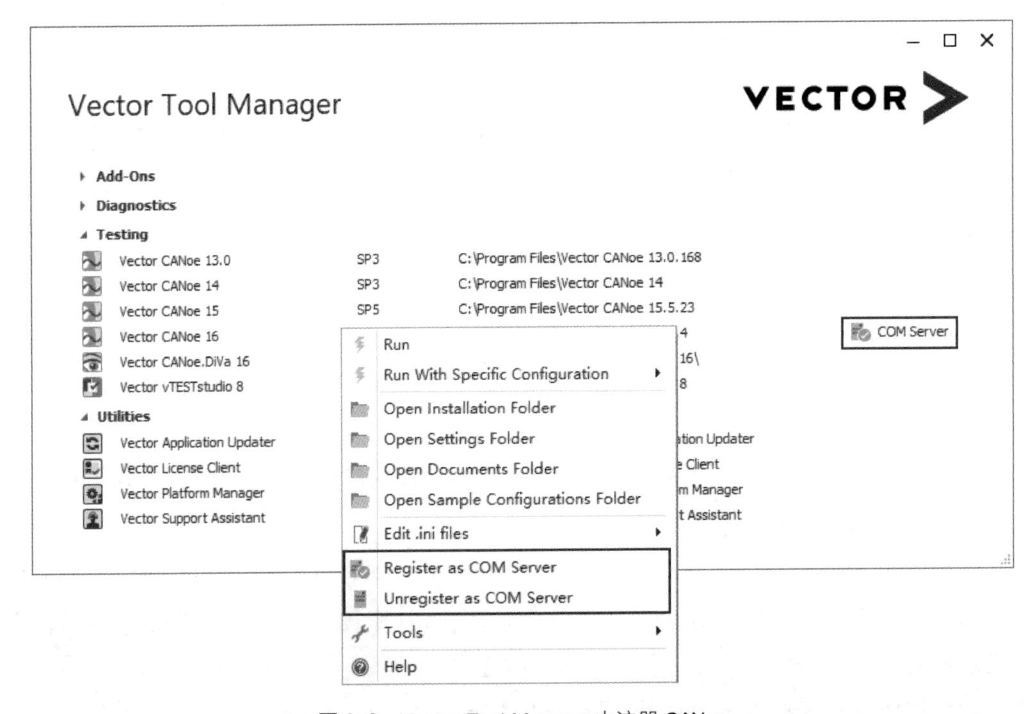

图 6-8　Vector Tool Manager 中注册 CANoe

［方法 2］ 如果已注册正确的 CANoe 版本后仍提示上述错误，可以使用 win32com.client.CastTo 方法并将 COM 对象显式转换为其最新的接口版本。示例代码如下：

```
from win32com.client import *
from win32com.client.connect import *

mApp = DispatchEx('CANoe.Application')

mMeasurement = mApp.Measurement
mSystem = mApp.System
mNamespaces = mSystem.Namespaces
mNamespace = mNamespaces.Item("MyNamespace")
mVariables = mNamespace.Variables
mVariable = mVariables.Item("MyVariable")

# Casting mVariable to interface version IVariable11
mVariable = win32com.client.CastTo(mVariable, 'IVariable11')

print(mVariable.Value)
print(mVariable.Type)
```

以上示例显示了如何用 CastTo 将 COM 组件中的 Variables 对象的接口版本转换为 IVariable11。COM 组件的可用接口版本可以在 CANoe 安装路径下的 Exec32\COMdev 文件夹中的文件 CANoe.h 中找到，或者在 win32com 库运行 makepy.py 时，在% TEMP% \gen_py\中创建的 CANoe 类型库的 Python 文件(图 6-8)中找到。

［方法 3］ 删除 CANoe 类型库上执行 makepy.py 时创建的 Python 文件。该文件位于% TEMP% \gen_py\中，如图 6-9 所示。

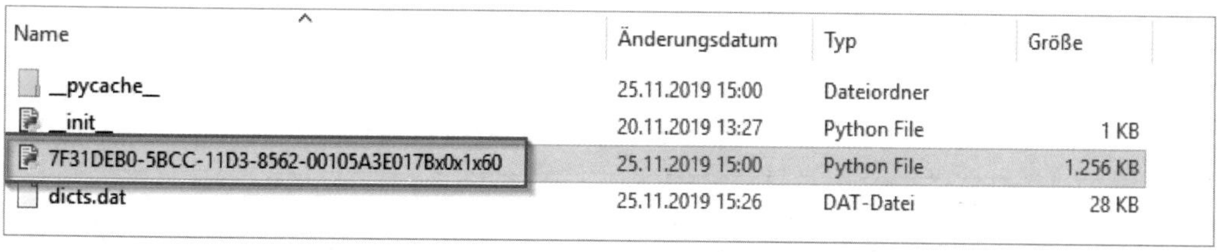

Name	Änderungsdatum	Typ	Größe
__pycache__	25.11.2019 15:00	Dateiordner	
__init__	20.11.2019 13:27	Python File	1 KB
7F31DEB0-5BCC-11D3-8562-00105A3E017Bx0x1x60	25.11.2019 15:00	Python File	1.256 KB
dicts.dat	25.11.2019 15:26	DAT-Datei	28 KB

图 6-9 makepy.py 自动创建的 Python 文件

删除文件后，不再需要转换对象，但是需要使用 Dispatch 或 DispatchEx 实例化 CANoe.Application 的对象。

6.2.3 如何在 CANoe 中实现网关

网关用于将消息从一个总线网络转发到另一个总线网络。可以通过对报文进行操作实现。以下是一个常见的用例，网关将 CAN1 网络上收到的所有报文转发到 CAN2 网络上，反之亦然。

在第一个 CAN 网络（CAN1）的仿真设置中添加一个节点，右键选择 Configuration → Buses 配置节点，同时分配到另一网络（CAN2）上。设置好后，两个网络的仿真设置窗口都会显示带有一个网桥图标的节点模块，该模块就是网关。为网关节点配置一个.can 文件，通过 CAPL 实现路由功能，示例代码如下：

```
on message CAN1.*
{
message CAN2.*  msg2;

if(this.dir ==  rx) //只对 CAN1 上收到的报文进行转发
{
msg2 =  this;
output(msg2); //将报文发送到 CAN2
}
}

on message CAN2.*
{
message CAN1.*  msg1;

if(this.dir = =  rx) //只对 CAN2 上收到的报文进行转发
{
msg1 =  this;
output(msg1); //将报文发送到 CAN1
}
}
```

这个例子在转发报文时并未修改其中的数据内容，如果需要改变某个报文中的字节或顺序，可以在转发前手动修改报文对象中的相关属性。

以上只是一个非常简单的网关功能，如果想要实现更加复杂的网关，只需要在以上代码中加入更多的功能逻辑即可实现。

6.2.4 如何修复 License

问题描述：更新完最新版驱动和 Vector License Client 后，在 Vector License Client 中仍无法正常显示新模式 license 信息；或者，license 所在的设备状态不正常（图 6-10 和图 6-11），导致无法正常使用 license。

解决方法：须修复 license，使其与 Vector License Server 同步。

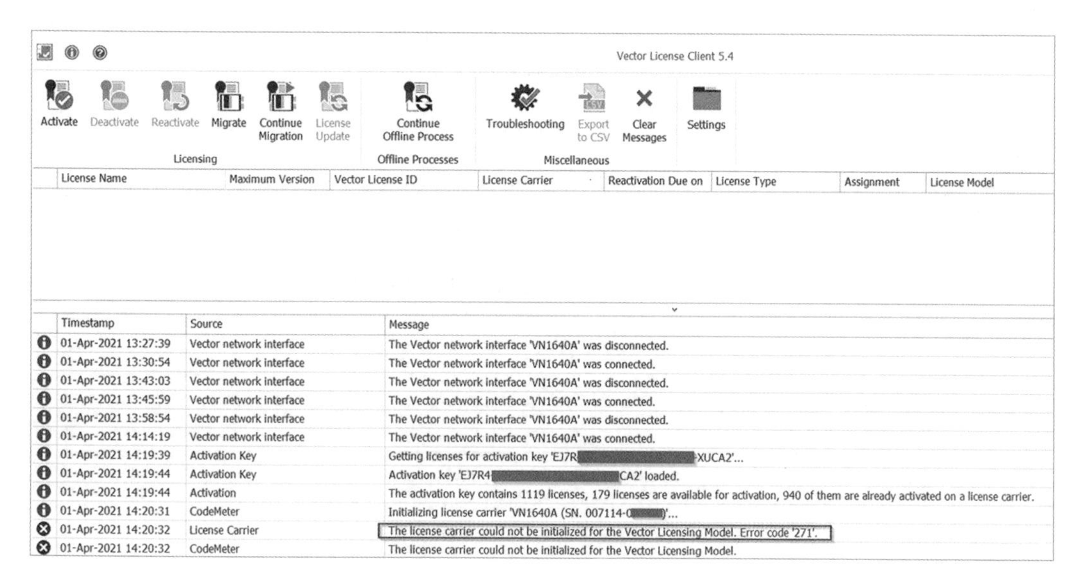

图 6-10　License 模型错误“271”

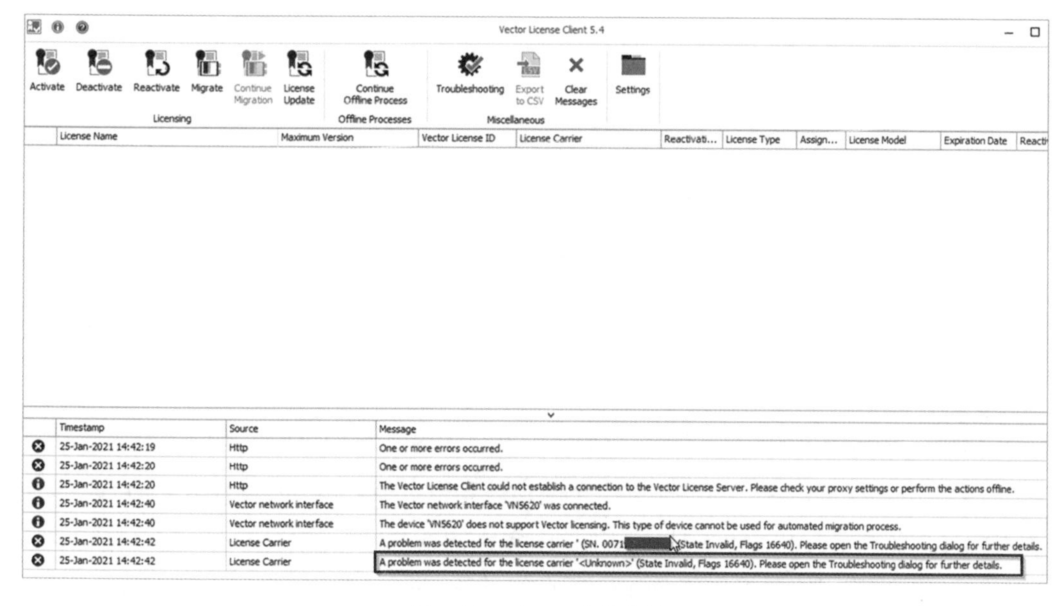

图 6-11　License 载体失效

1. 在线修复(推荐)

(1) 先根据计算机操作系统确保已安装最新的 Vector License Client 和驱动。

① Win 10 系统。

- 驱动：https://download.vector.com/drivers/Vector_Driver_Setup.zip
- Vector License Client：https://vector.com/vlc

② Win 7 系统。

- 驱动：https://download.vector.com/drivers/Vector_Driver_Setup_20_30_5.zip
- Vector License Client：Vector License Client 6.1

确保下载到本地盘并使用管理员权限安装。

(2) 打开最新版 Vector License Client，单击菜单栏中的“Settings”按钮，按图 6-12 所示的方式测试网络设置是否正常。

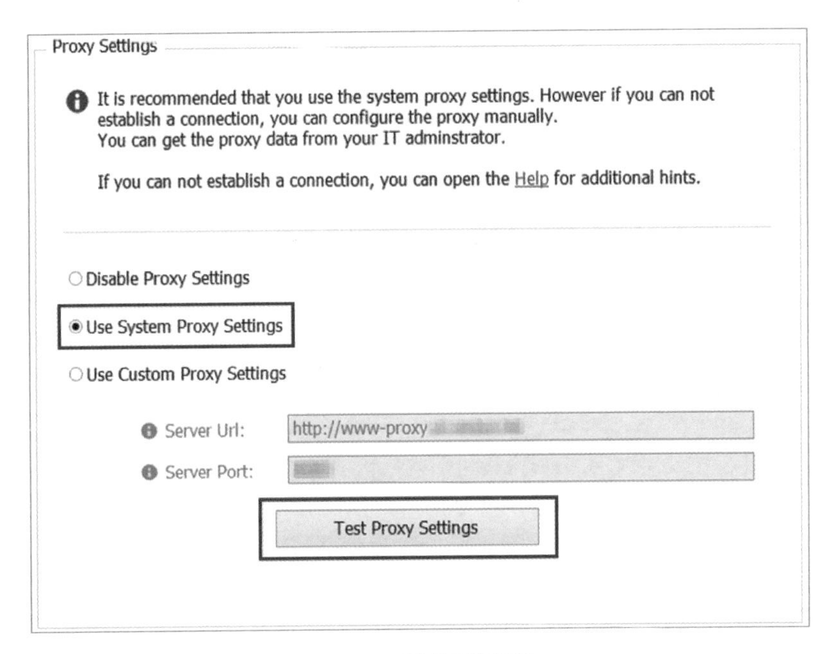

图 6-12　测试网络设置

(3) 若 Proxy Settings 测试失败，可联系所在公司的 IT 部门设置正确的代理服务器。

(4) 若 Proxy Settings 正常，将硬件连接到计算机上(若 license 是激活在 Local PC 上的，则无需此步骤)，打开 Vector License Client，单击图 6-13 所示的“Troubleshooting”按钮，在弹出的窗口中选择需要修复的 license 所在的设备，并单击图 6-14 所示的“Repair”选项即可自动完成修复过程。

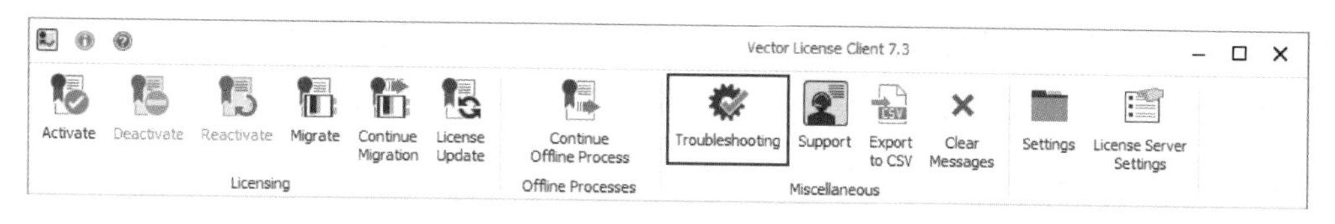

图 6-13　Troubleshooting

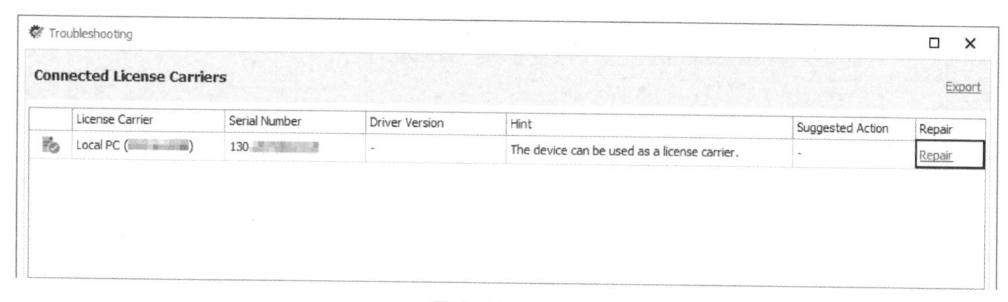

图 6-14　Repair

2. 离线修复

若无法在线修复，可采用离线修复方式。同样，可先根据计算机操作系统确保已安装最新的 Vector License Client 和驱动。

① Win 10 系统。

- 驱动：https://download.vector.com/drivers/Vector_Driver_Setup.zip
- Vector License Client：https://vector.com/vlc

② Win 7 系统。

- 驱动：https://download.vector.com/drivers/Vector_Driver_Setup_20_30_5.zip
- Vector License Client：Vector License Client 6.1

确保下载到本地盘并使用管理员权限安装。

[**情况一**]

计算机可以联网，但无法连接 Vector License Server。

这种情况下，可以通过 Vector Offline Licensing 网站（网址：https://portal.vector.com/vector-offline-licensing/），完成离线修复。

请务必确保以下四个步骤都完成，否则会影响后续 license 的相关操作。

（1）连接硬件（若 license 是激活在 Local PC 上的，则无需此步骤）。在计算机上打开最新版 Vector License Client，单击图 6-13 中的“Troubleshooting”按钮，在弹出的窗口中选择需要修复的 license 所在的设备，并单击图 6-14 中的“Repair”选项，弹出的窗口如图 6-15 所示。单击 Step 1 后的“Create Context File ...”按钮并保存 VLC 文件。

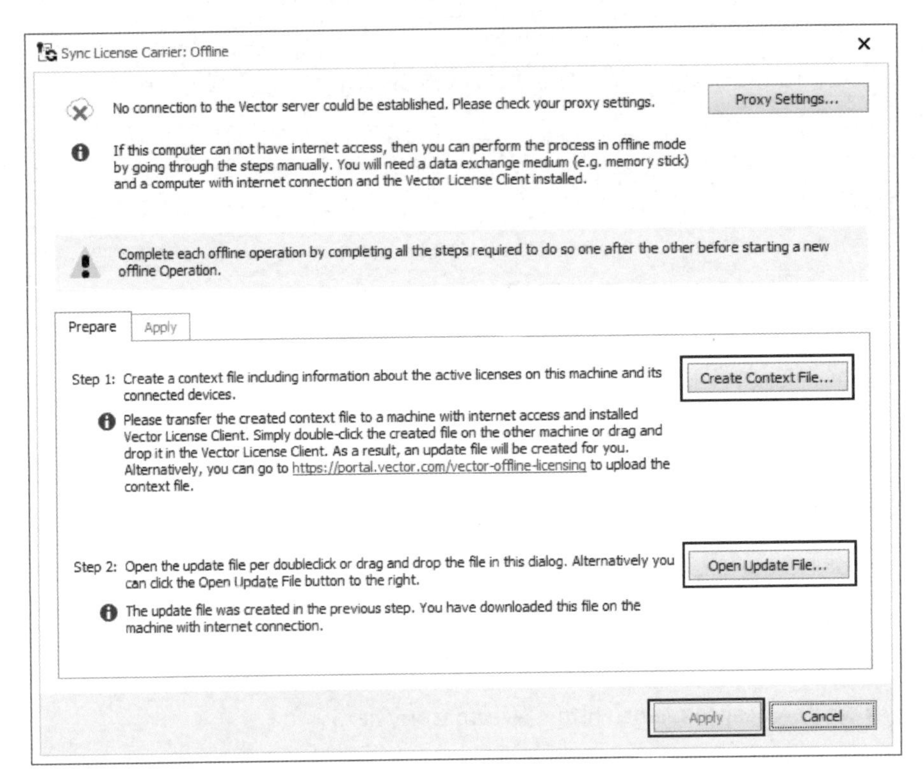

图 6-15　离线修复 License

(2) 将生成的 VLC 文件上传至 Vector Offline Licensing 网站，自动生成 VLU 文件并保存。

(3) 打开 Vector License Client，依旧单击图 6-13 中的“Troubleshooting”按钮，在弹出的窗口中选择需要修复的 license 所在的设备，并单击图 6-14 中的“Repair”选项，接着在弹出的窗口图 6-15 中单击 Step 2 后的“Open Update File ...”按钮，导入 VLU 文件后单击“Apply”按钮，在弹出的“Confirm License Operation”对话框中单击“Save Confirmation ...”保存 VLR 文件(图 6-16)。

(4) 最后将 VLR 文件再次上传至 Vector Offline Licensing 网站，完成离线修复步骤。

[**情况二**]

计算机完全无法连接外网。这种情况下，可执行以下步骤，将 VLC 文件直接发至邮箱 support@cn.vector.com 进行后续处理。

(1) 连接硬件(若 license 是激活在 Local PC 上的，则无需此步骤)。在计算机上打开最新版 Vector License Client，单击图 6-13 中的“Troubleshooting”按钮，在弹出的窗口中选择需要修复的 license 所在的设备，并单击图 6-14 中的“Repair”选项。

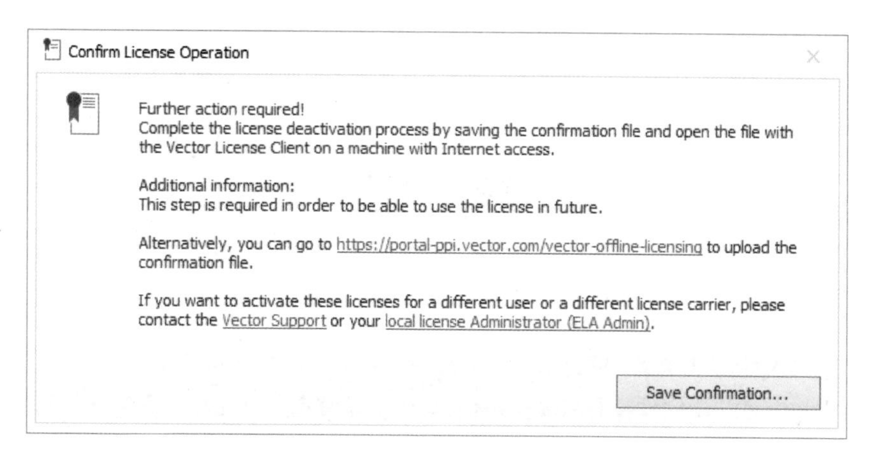

图 6-16　确认 License 操作

（2）在弹出的窗口图 6-15 中单击“Create Context File ...”按钮并保存 VLC 文件。

（3）将 VLC 文件发送至邮箱 support@cn.vector.com，并请描述需求。

（4）收到邮箱 support@cn.vector.com 回复的 VLU 文件后保存，打开 Vector License Client，单击图 6-13 中的“Troubleshooting”按钮，在弹出的窗口中选择需要修复的 license 所在的设备，并单击图 6-14 中的“Repair”选项，接着在图 6-15 的窗口中单击“Open Update File ...”按钮，导入 VLU 文件后单击“Apply”按钮，在弹出的“Confirm License Operation”对话框中单击“Save Confirmation ...”按钮保存 VLR 文件。

（5）最后，将 VLR 文件再次发送至邮箱 support@cn.vector.com。

请务必确保完成以上五个步骤，否则会影响后续 license 的相关操作。

展　望

通过阅读本书以及软件操作实践，相信读者已经掌握了 CANoe 的基础特性和使用方法。如本书前言所述，CANoe 的功能非常强大，但是由于篇幅有限，本书只介绍了 CANoe 功能的冰山一角。随着 CANoe 软件的普及和用户对于新特性及高阶应用需求的增多，后续将适时地推出更多 CANoe 系列的书籍，包括但不限于以下几个主要方面。

1. Automotive Ethernet

基于 IEEE802.3 的以太网网络正越来越多地用于各种汽车应用中。CANoe Option Ethernet 配合 VN5000/VT6306 系列以太网硬件可支持包含 10BASE-T1S/100BASE-T1/1000BASE-T1/1000BASE-T/MultiG Base-T1/2.5G, 5G, 10GBASE-T 等多种 PHY，并支持车载以太网的各层协议如 TCP、UDP、DoIP、SOME/IP、AVB/TSN、XCP、AUTOSAR PDU 等的分析、仿真、测试功能，借助 Communication Setup 窗口创建通信对象和仿真模型可实现基于 SOA 的通信。CANoe 中提供针对多种应用的示例工程，并集成了 TC8 测试用例库，可帮助用户实现在通信、诊断、测试、标定、充电、ADAS 等领域的应用。

2. Security

CANoe 可以通过 Vector Security Manager 配置基于 OSI 不同层的网络安全协议，如 SecOC、UDS $29、TLS、DTLS、IPsec、MACsec，提供 PKI（Public Key Infrastructure）模板进行证书管理和安全配置。其中 SecOC 支持 AUTOSAR 规范定义的 Trip-based、Time-based 新鲜度值的管理，支持 MAC（Message Authentication Code）的生成与验证，并提供 API 用于仿真测试；TLS 支持 1.2 和 1.3 版本的通信仿真与监听解析，从而实现基于 TLS 通信的上层应用如 DoIP、SOME/IP、SmartCharging 等。此外，Vector 还支持对 OEM 特定需求进行定制开发，例如实现 OEM 私有的 SecOC 机制、访问 OEM 后台进行证书管理。

3. Smart Charging

CANoe Option SmartCharging 覆盖了全球现有的充电标准，包括基于以太网通信的 CCS（Combined Charging System）如 DIN 70121、ISO 15118-2/-3/-20 和 NACS（North American Charging Standard），基于 J1939 通信的 GB/T 27930 和基于 CAN 通信的 CHAdeMO，提供现成

的示例工程配合 VT/VN 硬件用于 EVSE/EV 的功能仿真、充电时序控制、通信数据解析与记录、故障注入等。针对各充电标准的一致性和互操作性测试提供 EVSE/EV 测试包，包括集成测试脚本源码的 vTESTstudio 工程和集成仿真环境的 CANoe 工程，搭配标准或定制的测试台架，为用户提供省时省力的一站式解决方案。

4. ADAS

CANoe 中提供基于 ASAM OSI 规范的 ADAS Object 的接口，可将总线数据中包含的信息转化为 ADAS 对象，或与第三方仿真环境通过 MATLAB 或 C-API 实现 ASAM OSI 数据流交互，并可通过 Trace、Scene 等分析窗口对 ADAS 对象进行可视化分析。自带场景编辑器 Scenario Editor 用于简单场景仿真，也可以集成 DYNA4 或其他第三方工具用于更细致的场景仿真和车辆动力学仿真，结合 Communication Setup 中的应用模型（基于 Python、CAPL 或 C# ）以及测试 API 实现闭环 HIL 系统验证。还可根据被测应用的接口生成 SIL Adapter，实现对纯软件级别的被测系统的访问和数据交换，以便直接在开发环境中测试 ADAS 算法。

CANoe 还提供 Option Car2x，用于支持包括国标、欧标、美标在内的 V2X 通信仿真、测试，进一步完善 ADAS 解决方案。

5. IoT

CANoe 的互联服务功能（Connectivity Features Services，CFS）是 CANoe 面向物联网（Internet of Things，IoT）互联应用场景开发的仿真和测试功能，可支持 MQTT、DDS、HTTP 等多种协议的通信交互。配合 VH4110 IoT Enabler 可使支持 LAN/WLAN/BLE 等的无线智能设备和传感器能够直接连接到 CANoe，从而实现相关通信和测试。

6. SOA

CANoe 中 Communication Concept 模块着重于实现车辆架构中以服务为导向的通信，即 SOA 通信。可实现 AUTOSAR Adaptive 及 AUTOSAR Classic 系统的残余总线仿真和网络通信测试。支持 ARXML、FIBEX、vCDL、vCODM 等多种格式的数据库的导入和合并，通过 vCDL Editor 或 Model Editor 可轻松扩展数据库文件或数据模型。Communication Concept 中应用层服务与所使用的传输网络无关，用户可通过 Binding 功能链接应用层和传输层，例如通过 SOME/IP 绑定可实现基于以太网的通信，使用 Abstract 绑定可实现模拟节点间独立于网络媒介的应用层通信。

7. DevOps

软件定义汽车在行业内已经形成了一定的共识，随之而来的是 ECU 软件复杂度的提升，同时越来越多的 IT 企业开发流程也被汽车企业所采纳。CANoe 系列软件也支持新的开发流程，比如 CANoe4SW SE 既能部署在 Window 操作系统，也可以部署在 Linux 操作系统中，可以更好地支持 CI/CT。同时 CANoe 工程也可以直接导出成 CANoe4SW SE 工程。

随着软件代码量及复杂度的增加，SIL 变得越来越重要，对于纯软件系统测试，无论被测系统是基于个人 PC、虚拟机还是云端部署，所使用的操作系统是 Windows 还是 Linux，CANoe4SW 无疑都是最好的测试工具之一。

为了更好地兼容第三方软件进行 SIL 测试，Vector 也提供开源免费的 SIL Kit 供用户使用，用于连接测试工具、仿真与模拟器、被控对象模型、软件算法等。

CANoe 特性非常多，本书就不一一罗列了，每个新版本都会有新的特性出现，如对新产品有兴趣或在使用中遇到任何问题，欢迎与编者联系。